"十三五"职业教育国家规划教材
住房和城乡建设部"十四五"规划教材
全国住房和城乡建设职业教育教学指导委员会规划推荐教材

# 给排水工程施工技术

(第五版)

(给排水工程技术专业适用)

边喜龙　主　编
夏远征　主　审

中国建筑工业出版社

图书在版编目（CIP）数据

给排水工程施工技术 / 边喜龙主编. — 5 版. — 北京：中国建筑工业出版社，2024.5（2025.11重印）
住房和城乡建设部"十四五"规划教材 "十三五"职业教育国家规划教材 全国住房和城乡建设职业教育教学指导委员会规划推荐教材：给排水工程技术专业适用
ISBN 978-7-112-29754-2

Ⅰ.①给… Ⅱ.①边… Ⅲ.①给排水系统-工程施工-高等职业教育-教材 Ⅳ.①TU991

中国国家版本馆 CIP 数据核字（2024）第 074685 号

本书主要介绍了给水排水工程施工中常见的施工方法和施工技术。全书共分 10 个教学单元，分别介绍了土石方工程、施工排水及地基处理、给水排水管道开槽与不开槽施工、给水排水管道水下施工、建筑内部给水排水管道及卫生器具安装、给水排水机械设备安装与制作、给水排水构筑物施工、管道及设备的防腐与保温、给水排水管道的维护与修理。同时，编写了一定数量的工程实例。

本书可供高等职业院校给排水工程技术、市政工程技术专业师生使用，亦可供从事本专业及相关专业施工的工程技术人员参考。

为了便于教学，作者特别制作了配套课件，任课教师可通过如下三种途径索取：
邮箱：jckj@cabp.com.cn
电话：(010) 58337285
建工书院 http://edu.cabplink.com

责任编辑：吕　娜　王美玲
责任校对：李美娜

"十三五"职业教育国家规划教材
住房和城乡建设部"十四五"规划教材
全国住房和城乡建设职业教育教学指导委员会规划推荐教材
## 给排水工程施工技术
（第五版）
（给排水工程技术专业适用）
边喜龙　主　编
夏远征　主　审

\*

中国建筑工业出版社出版、发行（北京海淀三里河路 9 号）
各地新华书店、建筑书店经销
北京鸿文瀚海文化传媒有限公司制版
北京云浩印刷有限责任公司印刷

\*

开本：787 毫米×1092 毫米　1/16　印张：24¼　字数：526 千字
2024 年 7 月第五版　2025 年 11 月第三次印刷
定价：59.00 元（附数字资源及赠教师课件）
ISBN 978-7-112-29754-2
（42741）

版权所有　翻印必究
如有内容及印装质量问题，请联系本社读者服务中心退换
电话：(010) 58337283　QQ：2885381756
（地址：北京海淀三里河路 9 号中国建筑工业出版社 604 室　邮政编码：100037）

# 出版说明

党和国家高度重视教材建设。2016年，中办国办印发了《关于加强和改进新形势下大中小学教材建设的意见》，提出要健全国家教材制度。2019年12月，教育部牵头制定了《普通高等学校教材管理办法》和《职业院校教材管理办法》，旨在全面加强党的领导，切实提高教材建设的科学化水平，打造精品教材。住房和城乡建设部历来重视土建类学科专业教材建设，从"九五"开始组织部级规划教材立项工作，经过近30年的不断建设，规划教材提升了住房和城乡建设行业教材质量和认可度，出版了一系列精品教材，有效促进了行业部门引导专业教育，推动了行业高质量发展。

为进一步加强高等教育、职业教育住房和城乡建设领域学科专业教材建设工作，提高住房和城乡建设行业人才培养质量，2020年12月，住房和城乡建设部办公厅印发《关于申报高等教育职业教育住房和城乡建设领域学科专业"十四五"规划教材的通知》（建办人函〔2020〕656号），开展了住房和城乡建设部"十四五"规划教材选题的申报工作。经过专家评审和部人事司审核，512项选题列入住房和城乡建设领域学科专业"十四五"规划教材（简称规划教材）。2021年9月，住房和城乡建设部印发了《高等教育职业教育住房和城乡建设领域学科专业"十四五"规划教材选题的通知》（建人函〔2021〕36号）。为做好"十四五"规划教材的编写、审核、出版等工作，《通知》要求：（1）规划教材的编著者应依据《住房和城乡建设领域学科专业"十四五"规划教材申请书》（简称《申请书》）中的立项目标、申报依据、工作安排及进度，按时编写出高质量的教材；（2）规划教材编著者所在单位应履行《申请书》中的学校保证计划实施的主要条件，支持编著者按计划完成书稿编写工作；（3）高等学校土建类专业课程教材与教学资源专家委员会、全国住房和城乡建设职业教育教学指导委员会、住房和城乡建设部中等职业教育专业指导委员会应做好规划教材的指导、协调和审稿等工作，保证编写质量；（4）规划教材出版单位应积极配合，做好编辑、出版、发行等工作；（5）规划教材封面和书脊应标注"住房和城乡建设部'十四五'规划教材"字样和统一标识；（6）规划教材应在"十四五"期间完成出版，逾期不能完成的，不再作为《住房和城乡建设领域学科专业"十四五"规划教材》。

住房和城乡建设领域学科专业"十四五"规划教材的特点，一是重点以修订教育部、住房和城乡建设部"十二五""十三五"规划教材为主；二是严格按照专业标准规范要求编写，体现新发展理念；三是系列教材具有明显特点，满足不同层次和类型的学校专业教学要求；四是配备了数字资源，适应现代化教学的要求。规划教材的出版凝聚了作者、主审及编辑的心血，得到了有关院校、出版单位的大力支持，教材建设管理过程有严格保障。希望广大院校及各专业师生在选用、使用过程中，对规划教材的编写、出版质量进行反馈，以促进规划教材建设质量不断提高。

住房和城乡建设部"十四五"规划教材办公室

2021 年 11 月

# 序　言

全国住房和城乡建设职业教育教学指导委员会市政工程专业指导委员会（以下简称"专业指导委员会"）是受教育部委托，由住房和城乡建设部牵头组建和管理，对市政工程专业职业教育和培训工作进行研究、咨询、指导和服务的专家组织，每届任期五年。专业指导委员会的主要职能包括，开展市政工程专业人才需求预测分析，提出市政工程专业技术技能人才培养的职业素质、知识和技能要求，指导职业院校教师、教材、教法改革，参与职业教育教学标准体系建设，开展产教对话活动，指导推进校企合作、职教集团建设，指导实训基地建设，指导职业院校技能竞赛，组织课题研究，实施教育教学质量评价，培育和推荐优秀教学成果，组织市政工程专业教学经验交流活动等。

专业指导委员会成立以来，在住房和城乡建设部人事司和全国住房和城乡建设职业教育教学指导委员会的领导下，组织了"市政工程技术专业""给排水工程技术专业"理论教材、实训教材以及市政工程类职教本科教材的编审工作。

本套教材的编审坚持贯彻以能力为本位，以实用为主导的指导思路，毕业的学生具备本专业必需的文化基础、专业理论知识、专业技能和职业素养，成为能胜任市政工程类专业设计、施工、监理、运维及物业设施管理的高素质技术技能人才；坚持以就业为导向，走产学研结合发展道路的办学方针，以提高质量为核心，以增强专业特色为重点，创新教材体系，深化教育教学改革，为我国建设行业发展提供具有爱岗敬业精神的人才支撑和智力支持。专业指导委员会在总结近几年教育教学改革与实践的基础上，通过开发新课程，更新课程内容，增加实训教材，构建了新的教材体系，充分体现了其先进性、创新性、适用性，反映了国内外最新技术和研究成果，突出高等职业教育的特点。

"市政工程技术""给排水工程技术"专业教材的编写工作得到了教育部、住房和城乡建设部人事司的支持，在全国住房和城乡建设职业教育教学指导委员会的领导下，专业指导委员会聘请全国各高职院校本专业多年从事"市政工程技术""给排水工程技术"专业教学、研究、设计、施工的副教授以上的专家担任主编和主审，同时吸收工程一线具有丰富实践经验的工程技术人员及优秀中青年教师参加编写。该系列教材的出版凝聚了全国各高职高专院校"市政工程技术""给排水工程技术"专业同行的心血，也是他们多年来教学、工作的结晶。值此教材出版之际，专业指导委员会谨向全体主编、主审及参编人员致以崇高的敬意。对大力支持这套教材出版的中国建筑工业出版社表示衷心的感谢，向在编写、审稿、出版过程中给予关心和帮助的单位和同仁致以诚挚的谢意。本套教材全部获评住房和城乡建设部"十四五"规划教材，得到了业内人士的肯定。深信本套教材将会受到高职高专院校和从事本专业工程技术人员欢迎，必将推动市政工程类专业的建设和发展。

全国住房和城乡建设职业教育教学指导委员会<br>
市政工程专业指导委员会

# 第五版前言

近年来，随着给水排水工程施工技术的发展，新技术、新工艺、新设备、新材料不断涌现，这对高等职业院校"给排水工程施工技术"课程的教学提出了新标准、新要求。本教材根据全国住房和城乡建设职业教育教学指导委员会市政工程类专业分指导委员会编制的《高等职业学校给排水工程技术专业教学标准》中"给排水工程施工技术"课程教学标准编写。本教材既体现了高等职业教育的特点，也吸收了多年来积累的给水排水工程施工技术教学经验。本教材的内容基本涵盖了给水排水工程建设中的先进技术和施工工艺及常见的综合性的施工方法。为了便于学生掌握教学内容，提高学生的职业能力，本教材精选了一定数量的工程实例。在使用本教材时，可根据各学校的教学时数及地域特点，对章节进行酌情增减。

本教材由黑龙江建筑职业技术学院边喜龙担任主编。由哈尔滨供水集团公司夏远征担任主审。

本教材具体编写分工为：黑龙江建筑职业技术学院边喜龙（教学项目1、7）；内蒙古建筑职业技术学院谭翠萍（教学项目4、10）；黑龙江建筑职业技术学院王诗乐（教学项目3）；铁力市市政管理处马洪玲（教学项目2、6）；黑龙江建筑职业技术学院齐世华（教学项目9）；四川建筑职业技术学院杨转运（教学项目5）；广西建筑职业技术学院黄永光（教学项目8），黑龙江建筑职业技术学院（教学资源）。

本教材在编写过程中得到了有关单位的支持，提出了许多宝贵意见和建议，同时，编者还参考了有关文献资料，吸收了其中的技术成就和实践经验，在此一并表示衷心谢意。

限于编者的水平和经验的不足，书中难免存在缺点和欠妥之处，恳请读者批评指正。

编者
2023年12月

# 第四版前言

近年来，随着给水排水工程施工技术的发展，新技术、新工艺、新设备、新材料不断涌现，这对高等职业院校"给排水工程施工技术"课程的教学提出了新标准、新要求。本教材根据全国住房和城乡建设职业教育教学指导委员会市政工程类专业分指导委员会编制的《高等职业学校给排水工程技术专业教学标准》中"给排水工程施工技术"课程教学标准编写。本教材既体现了高等职业教育的特点，也吸收了多年来积累的给水排水工程施工技术教学经验。本教材的内容基本涵盖了给水排水工程建设中的先进技术和施工工艺及常见的综合性的施工方法。为了便于学生掌握教学内容，提高学生的职业能力，本教材精选了一定数量的工程实例。在使用本教材时，可根据各学校的教学时数及地域特点，对章节进行酌情增减。

本教材由黑龙江建筑职业技术学院边喜龙担任主编。由哈尔滨供水集团公司夏远征担任主审。

本教材具体编写分工为：黑龙江建筑职业技术学院边喜龙（教学单元1）；内蒙古建筑职业技术学院谭翠萍（教学单元4、10）；黑龙江建筑职业技术学院王诗乐（教学单元3）；铁力市市政管理处马洪玲（教学单元2、6）；黑龙江建筑职业技术学院齐世华（教学单元9）；四川建筑职业技术学院杨转运（教学单元5）；广东建设职业技术学院杨永峰（教学单元7）；广西建筑职业技术学院黄永光（教学单元8）。

本教材在编写过程中得到了有关单位的支持，提出了许多宝贵意见和建议，同时，编者还参考了有关文献资料，吸收了其中的技术成就和实践经验，在此一并表示衷心谢意。

限于编者的水平和经验的不足，书中难免存在缺点和欠妥之处，恳请读者批评指正。

编者<br>2019 年 8 月

# 第三版前言

近年来,给水排水工程施工技术有很大的发展,高等职业院校对"给排水管道工程施工技术"课程的教学也提出了新的要求,本教材针对高等职业教育的特点,吸取了多年积累的教学经验,根据高职高专教育土建类专业教学指导委员会市政工程类专业分指导委员会编制的《高等职业教育给排水工程技术专业教学基本要求》中"给排水工程施工技术"课程教学标准编写,其内容基本上涵盖了近年来给水排水管道工程建设中的先进技术和施工方法及常见的综合性的施工技术。为了便于学生掌握教学内容,提高学生的实践能力,作者精选了一定数量的工程实例。在使用本教材时,可根据各校的教学要求,对章节进行酌情增减。

本教材由黑龙江建筑职业技术学院边喜龙担任主编。由广西建筑职业技术学院范柳先担任主审。

本教材具体编写分工为:黑龙江建筑职业技术学院边喜龙(教学单元1、2、4、10);河南城建学院田长勋(教学单元3、6);黑龙江建筑职业技术学院齐世华(教学单元9);四川建筑职业技术学院孟锦根(教学单元5);广东建设职业技术学院杨永峰(教学单元7);广西建筑职业技术学院黄永光(教学单元8)。

本教材在编写过程中得到了有关单位的支持,提出了许多宝贵意见和建议,同时,编者还参考了有关文献资料,吸收了其中的技术成就和实践经验,在此一并表示衷心谢意。

限于编者的水平和经验的不足,书中难免存在缺点和欠妥之处,恳请读者批评指正。

编者
2015 年 3 月

# 第二版前言

本书是普通高等教育"十一五"国家级规划教材，本教材是根据全国高职高专教育土建类专业教学指导委员会会议确定的"给水排水工程施工技术"课程教学大纲及教学基本要求、结合高等职业教育特点编写的。

近年来，给水排水工程施工技术有了很大的发展。高等职业学校对给水排水工程施工技术课程的教学也提出了新的要求，同时又有与本专业相关规范的新版的发行，因此，本版教材针对高等职业教育的特点和多年来积累的教学经验，充分吸收了近年来给水排水工程建设中的先进技术和施工方法，其内容基本上概括了现阶段我国在给水排水工程施工中常见的综合性的施工技术。为了便于学生掌握教学内容，提高学生的实践能力，精选了一定数量的工程实例。在使用本教材时，可根据各校的教学要求，对章节进行酌情增减。

本教材由黑龙江建筑职业技术学院边喜龙担任主编，由广西建筑职业技术学院范柳先担任主审。

本教材具体编写分工为：黑龙江建筑职业技术学院边喜龙（第一、第二章）广州大学市政学院邓曼适（第四章）；河南城建学院田长勋（第三、第六章）；黑龙江建筑职业技术学院齐世华（第九章）；四川建筑职业技术学院孟锦根（第五、第十章）；广东建设职业技术学院杨永峰（第七章）；广西建设职业技术学院黄永光（第八章）。

本教材在编写过程中得到了有关单位的支持，提出了许多宝贵意见和建议，同时，编者还参考了有关文献资料，吸收了其中的技术成就和实践经验，在此一并表示衷心的谢意。

限于编者的水平和经验的不足，书中难免存在缺点和欠妥之处，恳请读者批评指正。

2011 年 9 月

# 第一版前言

本书是高等职业学校土建类专业给水排水工程技术专业的教材，本教材是根据全国高职高专教育土建类专业教学指导委员会制定的《给水排水工程施工技术》课程教学大纲及教学基本要求、结合高等职业教育特点编写的。

近年来，给水排水工程施工技术有了很大的发展。高等职业院校对给水排水工程施工课程的教学也提出了新的要求，因此，本教材针对高等职业教育的特点和多年来积累的教学经验，充分吸收了近年来给水排水工程建设中的先进技术和施工方法，其内容基本上概括了现阶段我国在给水排水工程施工中常见的综合性的施工技术。为了便于学生掌握教学内容，提高学生的实践能力，精选了一定数量的工程实例。在使用本教材时，可根据各校的教学要求，对章节进行酌情增减。

本教材由黑龙江建筑职业技术学院边喜龙担任主编。由广西建设职业技术学院范柳先担任主审。

本教材具体编写分工为：黑龙江建筑职业技术学院边喜龙（第一、第二、第四章）；平顶山工学院田长勋（第三、第六、第九章）；四川建筑职业技术学院孟锦根（第五、第十章）；广东建设职业技术学院杨永峰（第七章）；广西建设职业技术学院黄永光（第八章）。

本教材在编写过程中得到了有关单位的支持，提出了许多宝贵意见和建议，特别是黑龙江建筑职业技术学院谷峡、广州大学市政技术学院吕宏德提供了大量资料，同时，编者还参考了有关文献资料，吸收了其中的技术成就和实践经验，在此一并表示衷心谢意。

限于编者的水平和经验的不足，书中难免存在缺点和欠妥之处，恳请读者批评指正。

编者

2005 年 12 月

# 目　　录

**教学项目 1　土石方工程** ………………………………………………………………… 1
　1.1　土的性质与分类 ……………………………………………………………………… 2
　1.2　给水排水厂（站）场地平整 ………………………………………………………… 10
　1.3　沟槽及基坑的土方施工 ……………………………………………………………… 18
　1.4　沟槽支撑 ……………………………………………………………………………… 25
　1.5　土方回填 ……………………………………………………………………………… 30
　1.6　土石方工程冬、雨期施工 …………………………………………………………… 34
　1.7　土石方工程的质量要求及安全技术 ………………………………………………… 35
　复习思考题 ………………………………………………………………………………… 36
　课后拓展 …………………………………………………………………………………… 37

**教学项目 2　施工排水及地基处理** …………………………………………………… 39
　2.1　明沟排水 ……………………………………………………………………………… 40
　2.2　人工降低地下水位 …………………………………………………………………… 42
　2.3　地基处理 ……………………………………………………………………………… 64
　复习思考题 ………………………………………………………………………………… 75
　课后拓展 …………………………………………………………………………………… 75

**教学项目 3　给水排水管道开槽施工** ………………………………………………… 76
　3.1　测量与放线 …………………………………………………………………………… 77
　3.2　下管与稳管 …………………………………………………………………………… 79
　3.3　给水管道施工 ………………………………………………………………………… 82
　3.4　排水管道施工 ………………………………………………………………………… 91
　3.5　PE、PVC 管道施工 …………………………………………………………………… 98
　3.6　管道工程质量检查与验收 …………………………………………………………… 104
　复习思考题 ………………………………………………………………………………… 112
　课后拓展 …………………………………………………………………………………… 112

**教学项目 4　给水排水管道不开槽施工** ……………………………………………… 114
　4.1　概述 …………………………………………………………………………………… 115
　4.2　掘进顶管 ……………………………………………………………………………… 118
　4.3　盾构法 ………………………………………………………………………………… 141
　4.4　其他暗挖法 …………………………………………………………………………… 167
　4.5　盾构施工方案编制实例 ……………………………………………………………… 170
　复习思考题 ………………………………………………………………………………… 180

课后拓展 ································································································· 180
**教学项目 5　给水排水管道水下施工** ························································· 181
　5.1　水下沟槽开挖 ······················································································· 183
　5.2　水下管道接口 ······················································································· 187
　5.3　水下管道敷设 ······················································································· 190
　　复习思考题 ····························································································· 195
　　课后拓展 ································································································· 195
**教学项目 6　建筑内部给水排水管道及卫生器具安装** ·································· 196
　6.1　施工准备与配合土建施工 ······································································ 197
　6.2　钢管加工与连接 ··················································································· 199
　6.3　非金属管的连接 ··················································································· 211
　6.4　管道安装 ······························································································ 214
　6.5　卫生器具安装 ······················································································· 224
　6.6　建筑内部管道工程质量检查 ··································································· 231
　　复习思考题 ····························································································· 235
　　课后拓展 ································································································· 236
**教学项目 7　给水排水机械设备安装与制作** ················································ 237
　7.1　水泵的安装 ··························································································· 238
　7.2　鼓风机安装 ··························································································· 245
　7.3　非标设备制作 ······················································································· 258
　　复习思考题 ····························································································· 271
　　课后拓展 ································································································· 271
**教学项目 8　给水排水构筑物施工** ······························································ 273
　8.1　检查井等附属构筑物施工 ······································································ 274
　8.2　钢筋混凝土构筑物施工 ········································································· 282
　8.3　沉井工程施工 ······················································································· 306
　8.4　管井施工 ······························································································ 318
　8.5　大口井施工 ··························································································· 324
　　复习思考题 ····························································································· 326
　　课后拓展 ································································································· 326
**教学项目 9　管道及设备的防腐与保温** ······················································· 327
　9.1　管道及设备的表面处理 ········································································· 328
　9.2　管道及设备的防腐 ················································································ 330
　9.3　管道及设备的保温 ················································································ 337
　　复习思考题 ····························································································· 345
　　课后拓展 ································································································· 346
**教学项目 10　给水排水管道的维护与修理** ················································· 347
　10.1　室外给水系统的维护与修理 ································································· 348

10.2 室外排水系统的维护与修理 ········································· 353
10.3 管道非开挖修复技术 ················································· 355
复习思考题 ····································································· 370
课后拓展 ········································································ 370
**参考文献** ········································································ 371

# 教学项目 1
# 土石方工程

**教学目标**

通过土的性质、分类方法、场地平整、沟槽断面形式、沟槽支撑方法、土方回填方法、土方质量要求及安全技术等知识点的学习,使学生能够合理选择沟槽断面形式,计算土方量,会编制沟槽支撑施工方案及土石方施工方案。

**素质目标**

养成安全意识,理解脚踏实地工作的重要意义。

给水排水工程施工都是由土石方工程开始的。土石方工程是其他分部工程施工的先行，并且工程量较大；同时，土石方工程受土的种类、性质、水文地质条件、气候条件影响很大。因此，研究土石方工程，对做好给水排水工程施工是非常重要的。

## 1.1 土的性质与分类

### 1.1.1 土的组成

土是由岩石风化生成的松散沉积物，是由矿物颗粒（固相）、水（液相）和空气（气相）组成的三相体系，如图 1-1（a）所示。

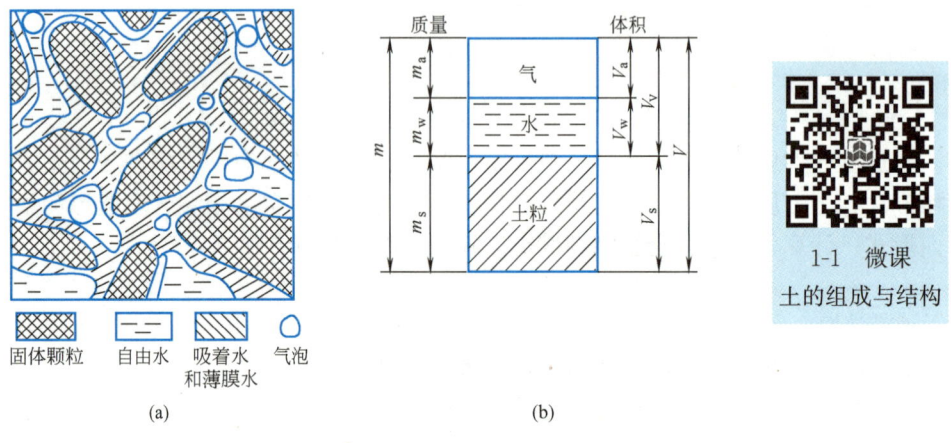

图 1-1 土的组成及三相图
（a）土的组成；（b）土的三相图

$V$—土样的体积；$V_s$—土样中固体颗粒的体积；$V_v$—土样中孔隙的体积；
$V_w$—土样中水的体积；$V_a$—土样中气体的体积；$m_a$—土样中气体的质量；
$m_s$—土样的固体颗粒的质量；$m_w$—土样中水的质量

矿物颗粒构成土的骨架，空气和水填充骨架间的孔隙，这就是土的三相组成。土的三相组成比例，反映了土的物理状态，如干燥、稍湿或很湿、密实、稍密实或松散。这些最基本的物理性质指标，对评价土石方工程的性质，进行土的工程分类具有重要的意义。

土的三相物质是混合分布的，取一土样将其三相的各部分集合起来，由图 1-1（b）表示。图中各指标定义：

$m_s$——土粒的质量；
$m_w$——土中水的质量；
$m_a$——土中气的质量（$m_a \approx 0$）；
$m$——土的质量，$m = m_s + m_w$；
$V_s$——土粒的体积；
$V_w$——土中水的体积；
$V_a$——土中气的体积；
$V$——土的体积，$V = V_s + V_w + V_a$。

土的结构主要是指土体中土粒的排列与连接。土的结构有单粒结构、蜂窝结构和绒絮结构,如图 1-2 所示。

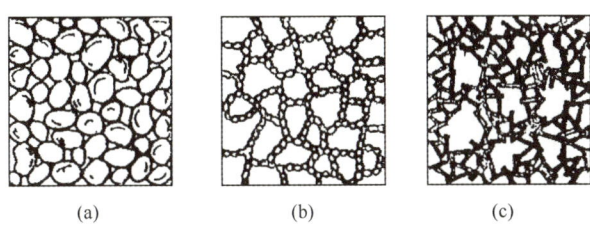

图 1-2 土的结构
(a) 单粒结构;(b) 蜂窝结构;(c) 绒絮结构

具有单粒结构的土是由砂粒等粗土组成,土粒排列越密实,土的强度越大。具有蜂窝结构的土是由粉粒串联而成,存在着大量的孔隙,结构不稳定。绒絮结构与蜂窝结构类似,所以研究土的结构对工程施工是非常重要的。

#### 1.1.2 土的性质

土的性质对土石方稳定性、施工方法及工程量均有很大影响。

1. 土的物理性质

(1) 土的质量密度和重力密度

天然状态单位体积土的质量称为土的质量密度,简称土的密度,用符号 $\rho$ 表示。天然状态单位体积土所受的重力称为土的重力密度,简称土的重度,用符号 $\gamma$ 表示。

1-2 微课
土的性质与分类

$$\rho = m/V \quad (1-1)$$
$$\gamma = G/V = m \cdot g/V = \rho \cdot g \quad (1-2)$$

式中    $m$——土的质量,t;

           $V$——土的体积,m³;

           $G$——土的重力,kN;

           $g$——重力加速度,m/s²。

天然状态下土的密度值变化较大,通常砂土 $\rho = 1.6 \sim 2.0 \text{t/m}^3$,黏性土和粉砂 $\rho = 1.8 \sim 2.0 \text{t/m}^3$。通常砂土 $\gamma = 16 \sim 20 \text{kN/m}^3$,黏性土和粉砂 $\gamma = 18 \sim 20 \text{kN/m}^3$。

(2) 土粒相对密度

土粒单位体积的质量与同体积的 4℃时纯水的质量相比,称为土粒相对密度,用符号 $d_s$ 表示。土粒相对密度见表 1-1。

$$d_s = m_s/V_s \cdot 1/\rho_w \quad (1-3)$$

式中    $\rho_w$——4℃时水的单位体积质量为 1t/m³。

土粒相对密度参考值            表 1-1

| 土的类别 | 砂 土 | 粉 土 | 黏 性 土 ||
|---|---|---|---|---|
| | | | 粉质黏土 | 黏土 |
| 土粒相对密度 | 2.65~2.69 | 2.70~2.71 | 2.72~2.73 | 2.73~2.74 |

(3) 土的含水量

土中水的质量与土颗粒质量之比的百分数称为土的含水量，用符号 $w$ 表示。

$$w = m_w/m_s \times 100\% \tag{1-4}$$

含水量是表示土的湿度的一个指标。天然土的含水量变化范围很大。含水量小，土较干；反之土很湿或饱和。

(4) 土的干密度和干重度

土的单位体积内颗粒的质量称为土的干密度，用符号 $\rho_d$ 表示；土的单位体积内颗粒所受重力称为土的干重度，用符号 $\gamma_d$ 表示。

$$\rho_d = m_s/V \tag{1-5}$$

$$\gamma_d = G_s/V = m_s \cdot g/V = \rho_d \cdot g \tag{1-6}$$

式中　$G_s$——土颗粒所受的重力，kN。

一般土的干密度为 1.3~1.8t/m³，土的干密度愈大，表明土愈密实，工程上常用这一指标控制回填土的质量。

(5) 土的孔隙比与孔隙率

土中孔隙体积与颗粒体积相比称为孔隙比，用符号 $e$ 表示；土中孔隙体积与土的体积之比的百分数称为土的孔隙率，用符号 $n$ 表示。

$$e = V_v/V_s \tag{1-7}$$

$$n = V_v/V \times 100\% \tag{1-8}$$

孔隙比是表示土的密实程度的一个重要指标。一般来说，$e<0.6$ 的土是密实的，土的压缩性小；$e>1.0$ 的土是疏松的，土的压缩性高。

(6) 土的饱和重度与土的有效重度

土中孔隙完全被水充满时土的重度称为饱和重度，用符号 $\gamma_{sat}$ 表示；地下水位以下的土受到水的浮力作用，扣除水的浮力，单位体积上所受的重力称为土的有效重度，用符号 $\gamma'$ 表示。

$$\gamma_{sat} = (G_s + V_w \cdot \gamma_w)/V \tag{1-9}$$

$$\gamma' = (G_s - \gamma_w \cdot V_s)/V \tag{1-10}$$

或

$$\gamma' = \gamma_{sat} - \gamma_w \tag{1-11}$$

式中　$\gamma_w$——水的重度，kN/m³。

$$\gamma_w = \rho_w \cdot g \tag{1-12}$$

土的饱和重度一般为 18~23kN/m³。

(7) 土的饱和度

土中水的体积与孔隙体积之比的百分数称为土的饱和度，用符号 $S_r$ 表示。

$$S_r = V_w/V_v \times 100\% \tag{1-13}$$

根据饱和度 $S_r$ 的数值可把细砂、粉砂等土分为稍湿、很湿和饱和三种湿度状态，见表 1-2。

砂土湿度状态划分　表 1-2

| 湿度 | 稍湿 | 很湿 | 饱和 |
| --- | --- | --- | --- |
| 饱和度 $S_r$（%） | $S_r \leq 50$ | $50 < S_r \leq 80$ | $S_r > 80$ |

(8) 土的可松性和压密性

土的可松性是指天然状态下的土经开挖后土的结构被破坏，因松散而体积增大，这种现象称为土的可松性。

土经过开挖、运输、堆放而松散，松散土与原土体积之比用可松性系数 $K_1$ 表示：

$$K_1 = V_2/V_1 \qquad (1\text{-}14a)$$

土经回填后，其体积增加值用最后可松性系数表示：

$$K_2 = V_3/V_1 \qquad (1\text{-}14b)$$

式中 $V_1$——开挖前土的自然状态下体积；

$V_2$——开挖后土的松散体积；

$V_3$——压实后土的体积。

可松性系数的大小取决于土的种类，见表1-3。

**土的可松性系数**　　　　　　　　　　　　　　表1-3

| 土的名称 | 体积增加百分比(%) | | 可松性系数 | |
|---|---|---|---|---|
| | 最初 | 最后 | $K_1$ | $K_2$ |
| 砂土、粉土<br>种植地、淤泥、淤泥质土 | 8～17<br>20～30 | 1～2.5<br>3～4 | 10.8～1.17<br>1.20～1.30 | 1.01～1.03<br>1.03～1.04 |
| 粉质黏土、潮湿土、砂土混碎(卵)石、粉质黏土、混碎(卵)石、素填土 | 14～28 | 1.5～5 | 1.14～1.28 | 1.02～1.05 |
| 黏土、重粉质黏土、砾石土、干黄土、黄土混碎(卵)石、粉质黏土、混碎(卵)石、压实素填土 | 24～80 | 4～7 | 1.24～1.30 | 1.04～1.07 |
| 重黏土、黏土、混碎(卵)石、卵石土、密实黄土、砂岩 | 26～32 | 6～9 | 1.26～1.32 | 1.06～1.09 |
| 泥灰岩<br>软质岩石、次硬质岩石<br>硬质岩石 | 33～37<br>30～45<br>45～50 | 11～15<br>10～20<br>20～30 | 1.33～1.37<br>1.30～1.45<br>1.45～1.50 | 1.11～1.15<br>1.10～1.20<br>1.20～1.30 |

注：1. $K_1$ 是用于计算挖方工程量装运车辆及挖土机械的主要参数。

2. $K_2$ 是计算填方所需挖土工程的主要参数。

3. 最初体积增加百分比 $=(V_2-V_1)/V_1 \times 100\%$。

4. 最后体积增加百分比 $=(V_3-V_1)/V_1 \times 100\%$。

土的压缩性是指土经回填压实后，使土的体积减小的现象。

土的压实或夯实程度用压实系数表示，压实系数用符号 $\lambda_c$ 表示：

$$\lambda_c = \rho_d/\rho_{d\max} \qquad (1\text{-}15)$$

式中 $\rho_d$——土的控制干密度；

$\rho_{d\max}$——土的最大干密度。

土的密实度与土的含水量有关。其含水量的大小会影响土的密实度，实践证明应控制土的最佳含水量，在土方回填时应具有最佳含水量，当土的自然含水量低于最佳含水量20%时，土在回填前要洒水渗浸。土的自然含水量过高，应在压实或夯实前晾晒。

在地基主要受力层范围内，按不同结构类型，要求压实系数达到 0.94 以上。

2. 土的力学性质

（1）土的抗剪强度

土的抗剪强度就是某一受剪面上抵抗剪切破坏时的最大剪应力，土的抗剪强度可由剪切试验确定，如图 1-3 所示。土样放在面积为 $A$ 的剪切盒内，施加一个竖向压力 $N$ 和水平力 $T$ 的作用，在剪切面上产生剪切应力 $\tau$。$\tau$ 随水平力 $T$ 增大而增大。$T$ 增加到 $T'$ 时在剪切面上土颗粒发生相互错动，土样破坏。此时的剪切应力 $\tau$：

$$\tau = T'/A \tag{1-16}$$

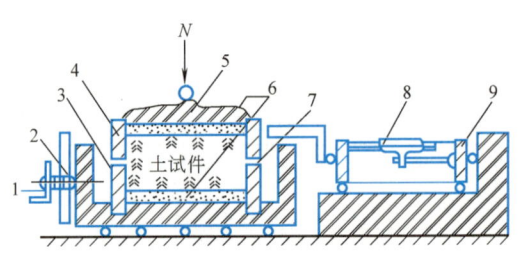

图 1-3　土的剪应力试验装置示意

1—手轮；2—螺杆；3—下盒；4—上盒；5—传压板；
6—透水石；7—开缝；8—测量计；9—弹性量力环

土样内产生的法向应力 $\sigma$：

$$\sigma = P/A \tag{1-17}$$

$\tau$ 与 $\sigma$ 成正比。

砂是散粒体，颗粒间没有相互的黏聚作用，因此砂的抗剪强度即为颗粒间的摩擦力。即

$$\tau = \sigma \cdot \tan\varphi \tag{1-18}$$

式中　$\varphi$——内摩擦角。

黏性土颗粒很小，由于颗粒间的胶结作用和结合水的连锁作用，产生黏聚力。即

$$\tau = \sigma \cdot \tan\varphi + c \tag{1-19}$$

式中　$c$——黏聚力。

黏性土的抗剪强度由内摩擦力和一部分黏聚力组成。

工程上需用的砂土 $\varphi$ 值和黏土 $\varphi$ 值及黏聚力 $c$ 值都应由土样试验求得。

不同的土抗剪强度不同，即使同一种土，其密实度和含水量不同，抗剪强度也不同。抗剪强度决定着土的稳定性，抗剪强度愈大，土的稳定性愈好，反之，亦然。

完全松散的土自由地堆放在地面上，土堆的斜坡与地面构成的夹角，称为自然倾斜角。因此要保证土壁稳定，必须有一定边坡，边坡以 $1:n$ 表示，如图 1-4 所示。

$$n = a/h \tag{1-20}$$

式中　　$n$——边坡率;
　　　　$a$——边坡的水平投影长度;
　　　　$h$——边坡的高度。

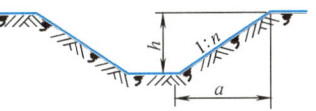

图 1-4　挖方边坡

含水量大的土,土颗粒间产生润滑作用,使土颗粒间的内摩擦力或黏聚力减弱,土的抗剪强度降低,土的稳定性减弱,因此,应留有较缓的边坡。当沟槽上荷载较大时,土体会在压力作用下产生滑移,因此,边坡也要缓或采用支撑加固。

(2) 侧土压力

地下给水排水构筑物的墙壁和池壁、地下管沟的侧壁、施工中沟槽的支撑、顶管工作坑的后背以及其他各种挡土结构,都受到土的侧向压力作用,如图 1-5 所示。这种土压力称为侧土压力。

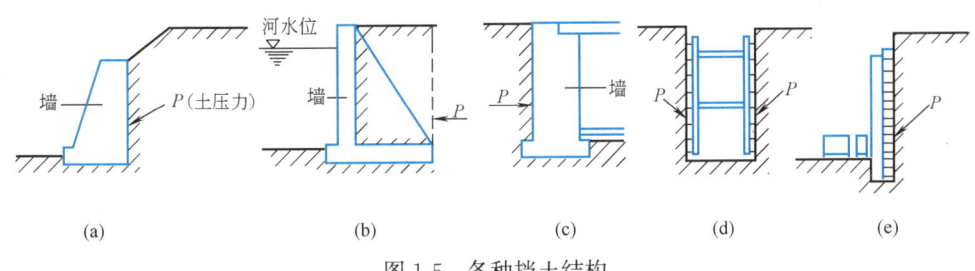

图 1-5　各种挡土结构
(a) 挡土墙;(b) 河堤;(c) 池壁;(d) 支撑;(e) 顶管工作坑后背

根据挡土墙受力后的位移情况,侧土压力可分为以下三种:

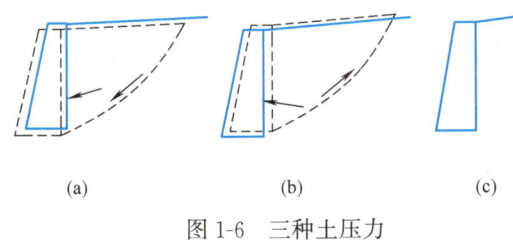

图 1-6　三种土压力
(a) 主动土压力;(b) 被动土压力;(c) 静止土压力

1) 主动土压力。挡土墙在墙后土压力作用下向前移动或移动土体随着下滑,当达到一定位移时,墙后土达极限平衡状态,此时作用在墙背上的土压力就称为主动土压力,如图 1-6 (a) 所示。

2) 被动土压力。挡土墙在外力作用下向后移动或转动,挤压填土,使土体向后位移,当挡土墙向后达到一定位移时,墙后土体达到极限平衡状态,此时作用在墙背上的土压力称为被动土压力,如图 1-6 (b) 所示。

3) 静止土压力。挡土墙的刚度很大,在土压力作用下不产生移动和转动,墙后土体处于静止状态,此时作用在墙背上的土压力称为静止土压力,如图 1-6 (c) 所示。

上述三种土压力,在相同条件下,主动土压力最小,被动土压力最大,静止土压力介于两者之间。三种土压力可按库仑土压力理论或者朗肯土压力理论进行计算。

掌握土的压力,对于处理施工中的支撑工作坑后背、各类挡土墙的结构是极其重要的。

3. 土的工程分类及野外鉴别方法

(1) 土的分类

土的种类很多，分类方法也很多，一般按土的组成、生产年代和生产条件对土进行分类。按现行国家规范《建筑地基基础设计规范》GB 50007 将地基土分为岩石、碎石土、砂土、粉土、黏性土、人工填土六类。每类又可以分成若干小类。

1) 岩石。在自然状态下颗粒间连接牢固，呈整体或具有节理裂隙的岩体。

2) 碎石土。粒径大于 2mm 的颗粒占全重 50％以上，根据颗粒级配和占全重百分率不同，分为漂石、块石、卵石、碎石、圆砾和角砾，如表 1-4 所示。

3) 砂土。粒径大于 2mm 的颗粒含量不大于全重 50％的土。砂土根据粒径和占全重的百分率不同，又分为砾砂、粗砂、中砂、细砂和粉砂，如表 1-5 所示。

碎石土的分类　　　　　　　　　　表 1-4

| 土的名称 | 颗粒形状 | 土的颗粒在干燥时占全部重量百分比 |
|---|---|---|
| 漂石、块石 | 圆形及亚圆形为主、棱角形为主 | 粒径大于 200mm 的颗粒超过全重 50％ |
| 卵石、碎石 | 圆形及亚圆形为主、棱角形为主 | 粒径大于 20mm 的颗粒超过全重 50％ |
| 圆砾、角砾 | 圆形及亚圆形为主、棱角形为主 | 粒径大于 2mm 的颗粒超过全重 50％ |

注：定名时应根据表中粒径分组由大到小以最先符合者确定。

砂土的分类　　　　　　　　　　表 1-5

| 土的名称 | 土的颗粒在干燥时占全部重量的百分比 |
|---|---|
| 砾砂 | 粒径大于 2mm，且小于等于 2mm 的颗粒占全重 25％~50％ |
| 粗砂 | 粒径大于 0.5mm，且小于等于 0.5mm 的颗粒超过全重 50％ |
| 中砂 | 粒径大于 0.25mm，且小于等于 0.25mm 的颗粒超过全重 50％ |
| 细砂 | 粒径大于 0.075mm 的颗粒超过全重 50％ |
| 粉砂 | 粒径大于 0.075mm 的颗粒不超过全重 50％ |

4) 粉土。粉土性质介于砂土与黏性土之间。塑性指数 $I_p \leqslant 10$。当 $I_p$ 接近 3 时，其性质与砂土相似；当 $I_p$ 接近 10 时，其性质与粉质黏土相似。

5) 黏性土。黏土按其粒径级配、矿物成分和溶解于水中的盐分等组成情况的指标，分为粉土、粉质黏土和黏土。

6) 人工填土。

按其生成分为素填土、杂填土和冲填土三类。

① 素填土。由碎石土、砂土、黏土组成的填土，经分层压实的统称素填土，又称压实填土。

② 杂填土。含有建筑垃圾、工业废渣、生活垃圾等杂物的填土。

③ 冲填土。由水力冲填泥砂产生的沉积土。

(2) 土的工程分类及野外鉴别方法

按土石坚硬程度和开挖方法及使用工具，将土分为八类，见表 1-6。

土的工程分类　　　　　　　　　　　　　　　　　　　　　　表 1-6

| 土的分类 | 土(岩)的分类 | 密度 (t/m³) | 开挖方法及工具 |
|---|---|---|---|
| 一类土 (松软土) | 略有黏性的砂土、粉土、腐殖土及疏松的种植土、泥炭 (淤泥) | 0.6~1.5 | 用锹、少许用脚蹬或用锄头挖掘 |
| 二类土 (普通土) | 潮湿的黏性土和黄土,软的盐土和碱土,含有建筑材料碎屑、碎石、卵石的堆积土和植土 | 1.1~1.6 | 用锹、需用脚蹬,少许用镐 |
| 三类土 (坚土) | 中等密实的黏性土或黄土,含有碎石、卵石或建筑材料碎屑的潮湿的黏性土或黄土 | 1.8~1.9 | 主要用镐、条锄,少许用锹 |
| 四类土 (砂砾坚土) | 坚硬密实的黏性土或黄土,含有碎石、砾石的中等密实黏性土或黄土,硬化的重盐土,软泥灰岩 | 1.9 | 全部用镐、条锄挖掘,少许用撬棍 |
| 五类土 (软岩) | 硬的石炭纪黏土;胶结不紧砾岩;软的、节理多的石灰岩及贝壳石灰岩;坚实白垩 | 1.2~2.7 | 用镐或撬棍、大锤挖掘,部分使用爆破方法 |
| 六类土 (次坚石) | 坚硬的泥质页岩,坚硬的泥灰岩;角砾状花岗岩;泥灰质石灰岩;黏土质砂岩;云母页岩及砂质页岩;风化花岗岩、片麻岩及正常岩;密石灰岩等 | 2.2~2.9 | 用爆破方法开挖,部分用风镐 |
| 七类土 (坚石) | 白云岩;大理石;坚实石灰岩;石灰质及石英质的砂岩;坚实的砂质页岩;以及中粗花岗岩等 | 2.5~2.9 | 用爆破方法开挖 |
| 八类土 (特坚石) | 坚实细粒花岗岩;花岗片麻岩、闪长岩、坚实角闪岩、辉长岩、石英岩、安山岩、玄武岩、最坚实辉绿岩、石灰岩及闪长岩等 | 2.7~3.3 | 用爆破方法开挖 |

在野外粗略地鉴别各类土的方法,分别参见表 1-7 和表 1-8。

碎石土、砂土野外鉴别方法　　　　　　　　　　　　　　表 1-7

| 类别 | 土的名称 | 观察颗粒粗细 | 干燥时的状态及强度 | 湿润时用手拍击状态 | 黏着程度 |
|---|---|---|---|---|---|
| 碎石土 | 卵(碎)石 | 一半以上的颗粒超过 20mm | 颗粒完全分散 | 表面无变化 | 无黏着感觉 |
| | 圆(角)砾 | 一半以上的颗粒超过 2mm | 颗粒完全分散 | 表面无变化 | 无黏着感觉 |
| 砂土 | 砾砂 | 约有 1/4 以上的颗粒超过 2mm | 颗粒完全分散 | 表面无变化 | 无黏着感觉 |
| | 粗砂 | 约有 1/2 以上的颗粒超过 0.5mm | 颗粒完全分散,但有个别胶结一起 | 表面无变化 | 无黏着感觉 |
| | 中砂 | 约有 1/2 以上的颗粒超过 0.25mm | 颗粒基本分散,局部胶结但一碰即散 | 表面偶有水印 | 无黏着感觉 |
| | 细砂 | 大部分颗粒与粗豆米粉近似 | 颗粒大部分分散,少量胶结,部分稍加碰撞即散 | 表面有水印 | 偶有轻微黏着感觉 |
| | 粉砂 | 大部分颗粒与小米粉近似 | 颗粒少部分分散,大部分胶结,稍加压力可分散 | 表面有显著翻浆现象 | 偶有轻微黏着感觉 |

土的野外鉴别方法　　　　　　　　　　表 1-8

| 土的名称 | 湿润时用刀切 | 湿土用手捻摸时的感觉 | 土的状态 | | 湿土搓条情况 |
| --- | --- | --- | --- | --- | --- |
| | | | 干土 | 湿土 | |
| 黏土 | 切面光滑,有黏力阻力 | 有滑腻感,感觉不到有砂粒,水分较大时很黏手 | 土块坚硬用锤才能打碎 | 易黏着物体,干燥后不易剥去 | 塑性大,能搓成直径小于 0.5mm 的长条,手持一端不易断裂 |
| 粉质黏土 | 稍有光滑面,切面平整 | 稍有滑腻感,有黏着感,感觉到有少量砂粒 | 土块用力可压碎 | 能黏着物体,干燥后易剥去 | 有塑性,能搓成直径为 0.5~2.0mm 土条 |
| 粉土 | 无光滑面,切面粗糙 | 有轻微黏着感或无黏滞感,感觉到砂粒较多 | 土块用手捏或抛扔时易碎 | 不易黏着物体,干燥后一碰就掉 | 塑性小,能搓成直径为 2~3mm 的短条 |
| 砂土 | 无光滑面,切面粗糙 | 无黏滞感,感觉到全是砂粒 | 松散 | 不能黏着物体 | 无塑性,不能搓成土条 |

## 1.2 给水排水厂（站）场地平整

### 1.2.1 场地平整及土方量计算

场地平整就是将天然地面改为工程上所要求的设计平面。场地设计平面通常由设计单位在总图竖向设计中确定,由设计平面的标高和天然地面的标高差,可以得到场地各点的施工高度（填挖高度）,由此可以计算场地平整的土方量。其计算步骤如下：

（1）划分方格网。根据已有地形图（一般 1/500 的地形图）划分成若干个方格网,其边长为 10m×10m、20m×20m 或 40m×40m。

（2）计算施工高度。根据方格网,将自然地面标高与设计地面标高分别标注在方格网角点的右上角和右下角,自然地面标高与设计地面标高差值,即各角点的施工高度,将其填在方格网的左上角,挖方为（＋）,填方为（－）。

（3）计算零点位置。在一个方格网内同时有填方或挖方时,要先算出方格网边的零点位置,并标注在方格网上。将零点连线就得到零线,它是填方区和挖方区的分界线,在此线上各点施工高度等于零。零点位置可按下式计算（图 1-7）：

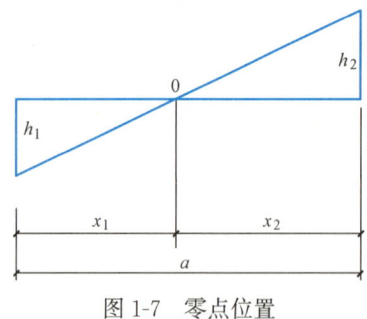

图 1-7　零点位置

$$x_1 = a \cdot h_1/(h_1+h_2) \quad (1-21)$$
$$x_2 = a \cdot h_2/(h_1+h_2) \quad (1-22)$$

式中　$x_1$、$x_2$——角点至零点的距离,m；
　　　$h_1$、$h_2$——相邻两角的施工高度,m,计算时均采用绝对值；
　　　$a$——方格网的边长,m。

（4）计算方格土方工程量。方格土方工程量计算公式,参见表 1-9。

常用方格网点计算公式　　　　　　　表1-9

| 项目 | 图式 | 计算公式 |
|---|---|---|
| 一点填方或挖方（三角形） | | $V = \dfrac{1}{2}bc \cdot \dfrac{\sum h}{3} = \dfrac{bch_3}{6}$<br>当 $b=c=a$ 时，$V = \dfrac{a^2 h_3}{6}$ |
| 二点填方或挖方（梯形） | | $V_- = \dfrac{b+c}{2} \cdot a \cdot \dfrac{\sum h}{4} = \dfrac{a}{8}(b+c)(h_1+h_3)$<br>$V_+ = \dfrac{d+e}{2} \cdot a \cdot \dfrac{\sum h}{4} = \dfrac{a}{8}(d+e)(h_2+h_4)$ |
| 三点填方或挖方（五角形） | | $V_- = \dfrac{1}{2}bc \cdot \dfrac{\sum h}{3} = \dfrac{bch_3}{6}$<br>$V_+ = \left(a^2 - \dfrac{bc}{2}\right)\dfrac{\sum h}{5} = \left(a^2 - \dfrac{bc}{2}\right)\dfrac{h_1+h_2+h_4}{5}$ |
| 四点填方或挖方（正方形） | | $V_+ = \dfrac{a^2}{4}\sum h = \dfrac{a^2}{4}(h_1+h_2+h_3+h_4)$ |

(5) 将计算的各方格土方工程列表汇总，分别求出总的挖方工程量和填方工程量。

### 1.2.2 土方调配

土方工程量计算完成后，即可进行土方的调配工作。土方调配，就是对挖土的利用、堆弃和填方三者之间关系进行综合协调处理的过程。一个好的土方调配方案，应该使土方运输量或费用达到最小，而且又能方便施工。为使土方调配工作做到更好，应掌握如下原则：

(1) 力求使挖方与填方基本平衡和就近调配使挖方与运距的乘积之和尽可能为最小，亦即使土方运输和费用最小。

(2) 考虑近期施工与后期利用相结合的原则；考虑分区与全场相结合的原则；还应尽可能与大型地下建筑物的施工相结合，使土方运输无对流和乱流的现象。

(3) 合理选择恰当的调配方向、运输路线，使土方机械和运输车辆的功率能得到充分发挥。

(4) 土质好的土使用在回填质量要求高的地区。

总之，土方的调配必须根据现场的具体情况、有关资料、进度要求、质量要求、施工方法与运输方法综合考虑的原则，进行技术经济比较，选择最佳的调配方案。

为了更直观地反映场地调配的方向及运输量，一般应绘制土方调配图表，其编制程序如下：

(1) 划分调配区。在场地平面图上先划出挖、填方区的分界线；根据地形及地理条件，可在挖方区和填方区适当地分别划出若干调配区。

(2) 计算各调配区的土方工程量，标在图上。

(3) 求出每对调配区之间的平均运距。平均运距即挖方区土方重心至填方区土方重心的距离。

(4) 进行土方调配。采用线性规划中的"表上作业法"进行。

(5) 画出土方调配图，如图1-8所示。

(6) 列出土方量调配平衡表，参见表1-10。

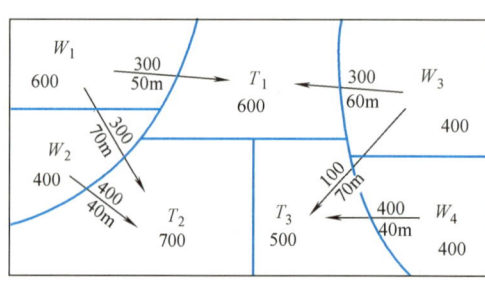

图1-8 土方调配图

注：箭头指示线上面的数字表示土方量（m³）、箭头指示线下面的数字表示运距（m）；
$W$ 为挖方区；$T$ 为填方区。

土方量调配平衡表　表1-10

| 挖方区编号 | 挖方数量 (m³) | 填方区编号、填方数量(m³) | | | |
|---|---|---|---|---|---|
| | | $T_1$ | $T_2$ | $T_3$ | 合计 |
| | | 600 | 700 | 500 | 1800 |
| $W_1$ | 600 | 300 | 300 | | |
| $W_2$ | 400 | | 400 | | |
| $W_3$ | 400 | 300 | | 100 | |
| $W_4$ | 400 | | | 400 | |
| 合计 | 1800 | | | | |

【例1-1】某给水厂场地开挖的土方规划方格网，如图1-9所示。方格边长 $a=20$m，方格角点右上角标注为地面标高，右下角标注为设计标高，单位均以米（m）计，试计算其土方量。

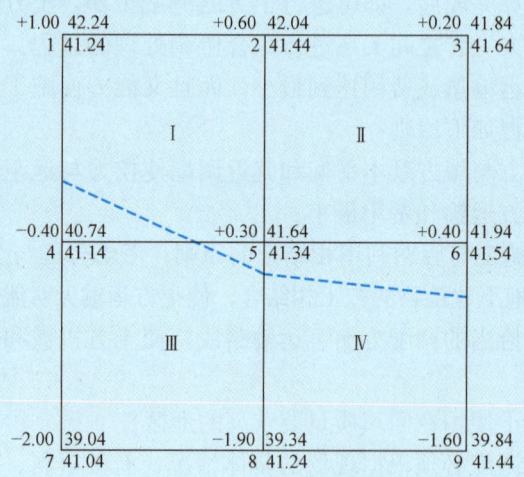

图1-9 土方规划方格图

【解】1. 计算各角点施工高度

施工高度＝地面标高－设计标高

如1点，施工高度＝42.24－41.24＝＋1.0m，其他计算如上，标在角点的左上角，（＋）为挖方，（－）为填方。

## 2. 计算零点位置，确定零点线位置

在方格网中任一边的两端点的施工高度符号不同时，在这条边上肯定存在着零点。

如1—4边上的零点计算，零点距角点4的距离：
$$x_4 = h_4/(h_4+h_1) \cdot a = 0.4/(0.4+1.0) \times 20 = 5.71\text{m}$$

4—5边上零点距角点5的距离：
$$x_5 = h_5/(h_4+h_5) \cdot a = 0.3/(0.3+0.4) \times 20 = 8.57\text{m}$$

5—8边上零点距角点8的距离：
$$x_8 = h_8/(h_5+h_8) \cdot a = 1.9/(0.3+1.9) \times 20 = 17.27\text{m}$$

6—9边上零点距角点6的距离：
$$x_6 = h_6/(h_6+h_9) \cdot a = 0.4/(0.4+1.6) \times 20 = 4.0\text{m}$$

将各零点连接成线，即可确定零点线位置，如图虚线所示。

## 3. 计算方格土方量

按方格网底面积图形计算方格土方量，计算公式见表1-9。

方格网Ⅰ的土方量：
$$V_{\text{Ⅰ}(-)} = 1/6 \cdot b \cdot c \cdot h_4 = 1/6 \times 5.71 \times (20-8.57) \times 0.4 = 4.35\text{m}^3$$
$$V_{\text{Ⅰ}(+)} = (a^2-bc/2) \cdot (h_1+h_2+h_5)/5$$
$$= [20^2 - 1/2 \times 5.71(20-8.57)] \times (1.0+0.6+0.3)/5 = 139.6\text{m}^3$$

方格网Ⅱ的土方量：
$$V_{\text{Ⅱ}(+)} = a^2/4 \cdot (h_2+h_3+h_5+h_6) = 20^2/4 \times (0.6+0.2+0.3+0.4) = 150\text{m}^3$$

同理，方格网Ⅲ的土方量：
$$V_{\text{Ⅲ}(+)} = 1.17\text{m}^3$$
$$V_{\text{Ⅲ}(-)} = 256.28\text{m}^3$$

方格网Ⅳ的土方量：
$$V_{\text{Ⅳ}(+)} = 17.67\text{m}^3$$
$$V_{\text{Ⅳ}(-)} = 291.11\text{m}^3$$

## 4. 土方量汇总

方格网总挖方量 $V_{(+)} = V_{\text{Ⅰ}(+)} + V_{\text{Ⅱ}(+)} + V_{\text{Ⅲ}(+)} + V_{\text{Ⅳ}(+)}$
$$= 139.60 + 150 + 1.17 + 17.67$$
$$= 308.44\text{m}^3$$

方格网总填方量 $V_{(-)} = V_{\text{Ⅰ}(-)} + V_{\text{Ⅱ}(-)} + V_{\text{Ⅲ}(-)} + V_{\text{Ⅳ}(-)}$
$$= 4.35 + 0 + 256.28 + 291.11 = 551.74\text{m}^3$$

### 1.2.3 场地土方施工

场地土方施工由土方开挖、运输、填筑等施工过程组成。

#### 1. 场地土方开挖与运输

场地土方开挖与运输通常采用人工、半机械化、机械化和爆破等方法，目前

主要采用机械化施工法。下面介绍几种常用的施工机械。

（1）推土机

推土机是土方工程施工时的主要机械之一，是在拖拉机上安装推土板等工作装置的机械。

推土机施工特点是：构造简单，操作灵活，运输方便，所需工作面较小，功率较大，行驶速度快，易于转移，可爬30°左右的缓坡。

目前我国生产的推土机有：红旗100、T-120、T-180、黄河220、T-240和T-320等。推土板有钢丝绳操纵和用油操纵两种。油压操纵的T-180型推土机外形，如图1-10所示。

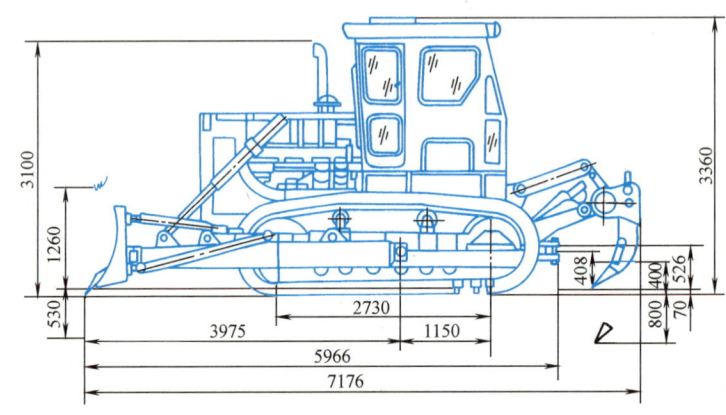

图1-10　T-180型推土机外形图

推土机多用于场地清理和平整，在其后面可安装置，以破松硬土和冻土，还可以牵引其他无动力土方施工机械，可以推挖一～三类土，经济运距在100m以内，效率最高时运距为60m。

图1-11　下坡推土

推土机的生产效率主要取决于推土刀推移土的体积及切土、推土、回程等工作循环时间，所以缩短推土时间和减少土的损失是提高推土效率的主要影响因素。施工时可采用下坡推土（图1-11）、并列推土（图1-12）和利用前次推土的槽形推土（图1-13）等方法。

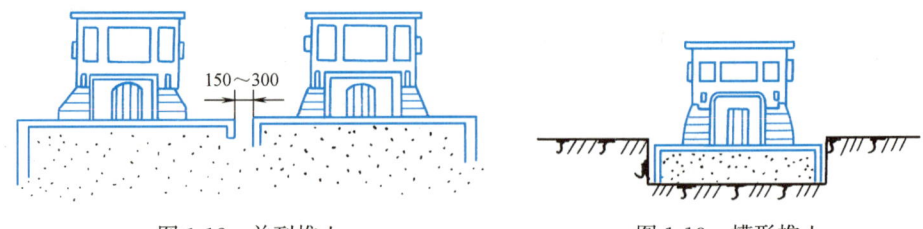

图1-12　并列推土　　　　　图1-13　槽形推土

（2）铲运机

铲运机是一种能综合完成土方施工工序的机械，在场地土方施工中广泛采用。铲运机有拖式铲运机（图1-14a）和自行式铲运机（图1-14b）两种。常用铲运机铲斗容量一般为3～12m³。

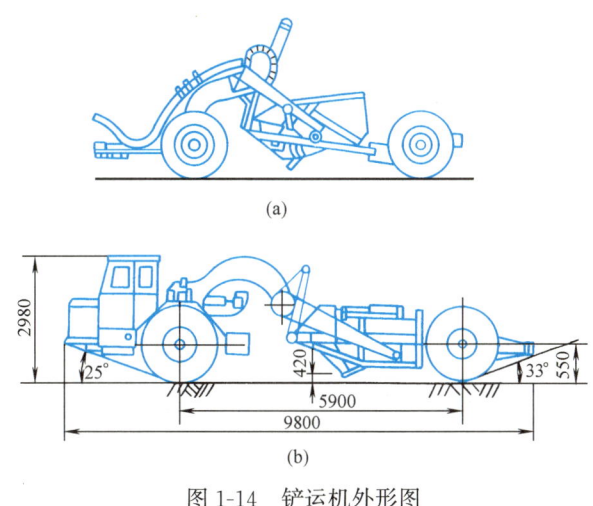

图 1-14　铲运机外形图
（a）拖式铲运机；（b）自行式铲运机

铲运机操纵简单灵活，行驶速度快，生产效率高，且运转费用低。宜用于场地地形起伏不大，坡度在20°以内，土的天然含水量不超过27%的大面积场地平整。当铲运三～四类较坚硬土时，宜先与松土机配合，以减少机械磨损，提高施工效率。

自行式铲运机适用于运距在800～3500m的大型土方工程施工，运距在800～1500m范围内的生产效率最高。

2. 场地填方与压实

场地平整施工常采用环形路线，如图1-15所示。

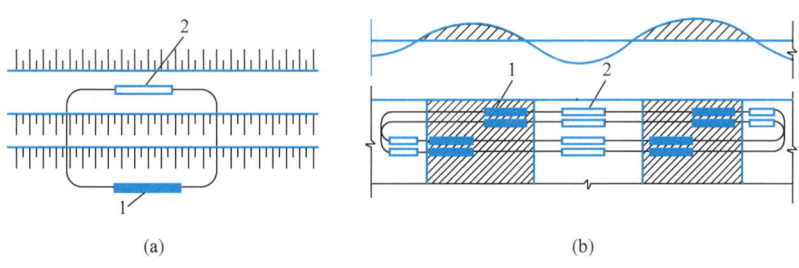

图 1-15　铲运机环形路线作业
（a）环形路线；（b）大环形路线
1—铲土；2—卸土

（1）填方的质量要求

在场地土方填筑工程中，只有严格遵守施工验收规范，正确选择填料和填筑方法，才能保证填土的强度和稳定性。

1) 填方施工前基底处理：根据填方的重要性及填土厚度确定天然地基是否需要处理。

当填方厚度在1.0～1.5m以上时可以不处理；当在建筑物和构筑物地面以下或填方厚度小于0.5m的填方，应清除基底的草皮和垃圾；当在地面坡度不大于

1/10 的平坦地上填方时，可不清除基底上草皮；当在地面坡度大于 1/5 的山坡上填方时，应将基底挖成阶梯形，阶宽不小于 1m；当在水田、池塘或含水量较大的松软地段填方时，应根据实际情况采取适当措施处理，如排水疏干、全部挖土、抛块石等。

2) 填方土料的选择：用于填方的土料应保证填方的强度和稳定性。土质、天然含水量等应符合有关规定。含水量大的黏性土，含有 5% 以上的水溶性硫酸土，有机质含量在 8% 以上的土一般都不做回填用。一般同一填方工程应尽量采用同一类土填筑，若填方土料不同时，必须分层铺填。

3) 填筑方法：填方每层铺土厚度和压实次数应根据土质、压实系数和机械性能来确定，按表 1-11 选用。填方施工应接近水平地分层填土、压实和测定压实后土的干密度，检验其压实系数和压实范围符合设计要求后，才能填筑上层。分段填筑时，每层接缝处应做成斜坡形，碾迹重叠 0.5～1.0m。上下层错缝距离不应小于 1.0m。

填方每层的铺土厚度和压实次数　　表 1-11

| 压实机具 | 每层铺土厚度(mm) | 每层压实次数(次) | 压实机具 | 每层铺土厚度(mm) | 每层压实次数(次) |
| --- | --- | --- | --- | --- | --- |
| 平碾 | 200～300 | 6～8 | 蛙式打夯机 | 200～250 | 3～4 |
| 羊足碾 | 200～350 | 8～16 | 人工打夯 | 不大于 200 | 3～4 |

注：人工打夯时，土块粒径不应大于 5cm。

4) 填方的质量：填土必须具有一定的密实度，填土密实度以设计规定的控制干密度 $\rho_d$ 作为检查标准。

土的最大干密度一般在试验室由击实试验确定，再根据规范规定的压实系数，即可算出填土的近似干密度 $\rho_d$ 的值。在填土施工时，土的实际干密度不小于 $\rho_d$ 时，则符合质量要求。

土的实际干密度可用"环刀法"测定。其取样组数：基坑回填每 20～50m² 取样一组；基槽、管沟回填每层长度 20～50m 取样一组；室内填土每层按 100～500m² 取样一组；场地平整填土每层按 400～900m² 取样一组，取样部位应在每层压实后的下半部。试样取出后称出土的自然密度并测出含水量，然后用下式计算土的实际密度 $\rho_0$。

$$\rho_0 = \rho/(1+0.01w) \tag{1-23}$$

式中　$\rho$——土的自然密度，t/m³；

　　　$w$——土的天然含水量。

(2) 填方压实的影响因素

填方压实质量与许多因素有关，其中主要影响因素为：压实功、土的含水量及每层铺土厚度。

1) 压实功的影响：压实机械在土上施加功，土的密度增加，但土的密度大小并不与机械施加功成正比例。土的密度与机械所耗功的关系如图 1-16 所示。当土的含水量一定，在开始压实时，土的密度急剧增加，待到接近土的最大密度时，压实功虽然增加许多，而土的密度则没有变化，因此，在实际施工中应选择合适的压实机械和压实遍数。

2) 含水量的影响:在同一压实功条件下,填土的含水量对压实质量有直接影响,较干燥的土不易压实,较湿的土也不易压实。当土的含水量最佳时,土经压实后的密度最大,压实系数最高。各种土的最佳含水量和最大干密度见表1-12。工地简单检验方法一般是用手握成团,落地开花为宜。实际施工中,为保证土的最佳含水量,当土过湿时,应翻松晒干,当土过干时,则应洒水湿润。

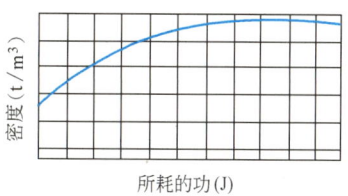

图1-16 土的密度与压实功的关系示意图

**土的最佳含水量和最大干密度参考表**　　　　表1-12

| 项目 | 土的种类 | 变动范围 | | 项目 | 土的种类 | 变动范围 | |
|---|---|---|---|---|---|---|---|
| | | 最佳含水量(%)(重量比) | 最大干密度(g/cm³) | | | 最佳含水量(%)(重量比) | 最大干密度(g/cm³) |
| 1 | 砂土 | 8~12 | 1.80~1.88 | 3 | 粉质黏土 | 12~15 | 1.85~1.95 |
| 2 | 黏土 | 10~23 | 1.58~1.70 | 4 | 粉土 | 16~22 | 1.61~1.80 |

注:1. 表中土的最大密度应根据现场实际达到的数字为准。
　　2. 一般性的回填可不做此项测定。

3) 铺土厚度的影响:土在压实功的作用下地基应力是随深度增加而减少的。而压实机械的作用深度与压实机械、土的性质和含水量等有关。要保证压实土层各点的密实度都满足要求,铺土厚度应小于压实机械压土时的作用深度。但是铺土过厚,要压很多遍才能达到规定的密实度;铺土过薄,则也要增加机械的总压实遍数。所以铺土厚度应能使土方达到规定的密实度,而机械功耗费最少,这一铺土厚度称为最优铺土厚度。按表1-11选用。

在进行大规模场地平整时,可根据现场具体情况和地形条件、工程量大小、工期等要求,合理组织机械化施工。如采用铲运机、挖土机及推土机开挖土方;用松土机松土、装载机装土、自卸汽车运土;用推土机平整土层;用碾压机械进行压实,如图1-17所示。

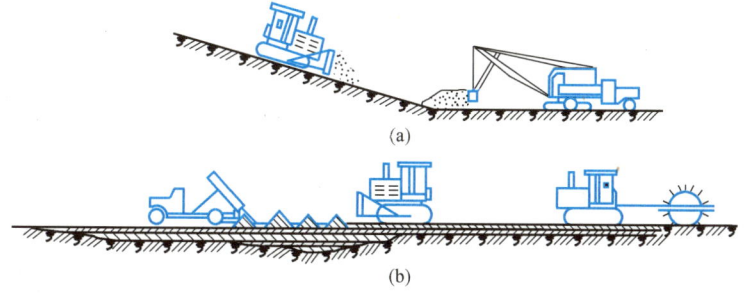

图1-17 场地平整综合机械化施工
(a) 挖方区;(b) 填方区

组织机械化施工,应使各个机械或各机组的生产协调一致,并将施工区划分为若干施工段进行流水作业。

## 1.3 沟槽及基坑的土方施工

### 1.3.1 沟槽断面

常用的沟槽断面形式有直槽、梯形槽、混合槽和联合槽等,如图 1-18 所示。

正确地选择沟槽断面形式,可以为管道施工创造良好的施工作业条件。在保证工程质量和施工安全的前提下,减少土方开挖量,降低工程造价,加快施工速度。要合理选择沟槽断面形式,应综合考虑土的种类、地下水情况、管道断面尺寸、埋深和施工环境等因素。

沟槽底宽由下式确定,如图 1-19 所示。

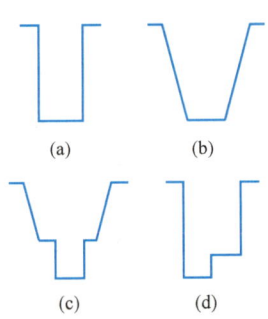

图 1-18 沟槽断面种类
(a) 直槽;(b) 梯形槽;
(c) 混合槽;(d) 联合槽

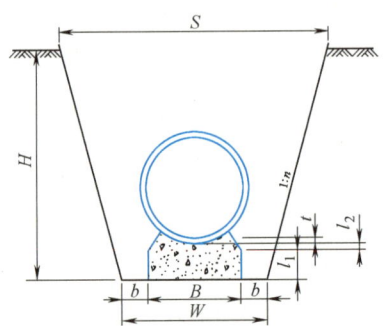

图 1-19 沟槽底宽和挖深
$t$—管壁厚度;$l_1$—基础厚度;
$l_2$—管座厚度

1-3 微课 沟槽及基坑的土方施工

$$W = B + 2b \tag{1-24}$$

式中 $W$——沟槽底宽,m;
　　$B$——基础结构宽度,m;
　　$b$——工作面宽度,m。

沟槽上口宽度由下式计算:

$$S = W + 2nH \tag{1-25}$$

式中 $S$——沟槽上口的宽度,m;
　　$n$——沟槽槽壁边坡率;
　　$H$——沟槽开挖深度,m。

工作面宽度 $b$ 决定于管道断面尺寸和施工方法,每侧工作面宽度参见表 1-13。

沟槽底部每侧工作面宽度　　　　表 1-13

| 管道结构宽度 (mm) | 沟槽底部每侧工作面宽度 | | 管道结构宽度 (mm) | 沟槽底部每侧工作面宽度 | |
|---|---|---|---|---|---|
| | 非金属管道 | 金属管道或砖沟 | | 非金属管道 | 金属管道或砖沟 |
| 200~500 | 400 | 300 | 1100~1500 | 600 | 600 |
| 600~1000 | 500 | 400 | 1600~2500 | 800 | 800 |

注:1. 管道结构宽度:无管座时,按管道外皮计;有管座时,按管座外皮计;砖砌或混凝土管沟按管沟外皮计。
　　2. 沟底需设排水沟时,工作面应适当增加。
　　3. 有外防水的砖沟或混凝土沟,每侧工作面宽度宜取 800mm。

沟槽开挖深度按管道设计纵断面确定。

当采用梯形槽时，其边坡的选定，应按土的类别并符合表 1-14 的规定。不需支撑的直槽边坡一般采用 1∶0.05。当槽深 $h$ 不超过下列数值可开挖直槽并不需要支撑。

砂土、砂砾土　　　　　　$h<1.0\mathrm{m}$
砂质粉土、粉质黏土　　　$h<1.25\mathrm{m}$
黏土　　　　　　　　　　$h<1.5\mathrm{m}$

深度在 5m 以内的沟槽、基坑（槽）的最大边坡　　表 1-14

| 土的类别 | 最大边坡(1∶$n$) | | |
| --- | --- | --- | --- |
|  | 坡顶无荷载 | 坡顶有静载 | 坡顶有动载 |
| 中密的砂土 | 1∶1.00 | 1∶1.25 | 1∶1.50 |
| 中密的碎石土（充填物为砂土） | 1∶0.75 | 1∶1.00 | 1∶1.25 |
| 硬塑的粉土 | 1∶0.67 | 1∶0.75 | 1∶1.00 |
| 中密的碎石类土（充填物为黏性土） | 1∶0.50 | 1∶0.67 | 1∶0.75 |
| 硬塑的粉质黏土、黏土 | 1∶0.33 | 1∶0.50 | 1∶0.67 |
| 老黄土 | 1∶0.10 | 1∶0.25 | 1∶0.33 |
| 软土（经井点降水后） | 1∶1.00 | — | — |

### 1.3.2　沟槽土方量计算

1. 沟槽土方量计算

沟槽土方量计算通常采用平均法，由于管径的变化、地面起伏的变化，为了更准确地计算土方量，应沿长度方向分段计算，如图 1-20 所示。

其计算公式：

$$V_1 = 1/2(F_1+F_2) \cdot L_1 \tag{1-26}$$

式中　$V_1$——各计算段的土方量，$\mathrm{m}^3$；
　　　$L_1$——各计算段的沟槽长度，m；
　　　$F_1$、$F_2$——各计算段两端断面面积，$\mathrm{m}^2$。

将各计算段土方量相加即得总土方量。

2. 基坑土方量计算

基坑土方量可按立体几何中柱体体积公式计算，如图 1-21 所示。

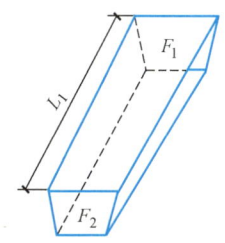

图 1-20　沟槽土方量计算

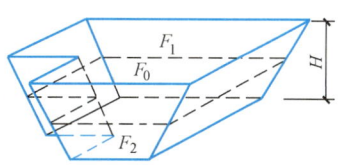

图 1-21　基坑土方量计算

其计算公式为:

$$V = H/6(F_1 + 4F_0 + F_2) \tag{1-27}$$

式中　$V$——基坑土方量，$m^3$；
　　　$H$——基坑深度，m；
　　　$F_1$、$F_2$——基坑上、底面面积，$m^2$；
　　　$F_0$——基坑中断面面积，$m^2$。

1-4 微课
给水管道施工图

【例 1-2】 已知某一给水管线纵断面图设计如图 1-22 所示，土质为黏土，无地下水，采用人工开槽法施工，其开槽边坡采用 1:0.25，工作面宽度 $b=0.4m$，计算土方量。

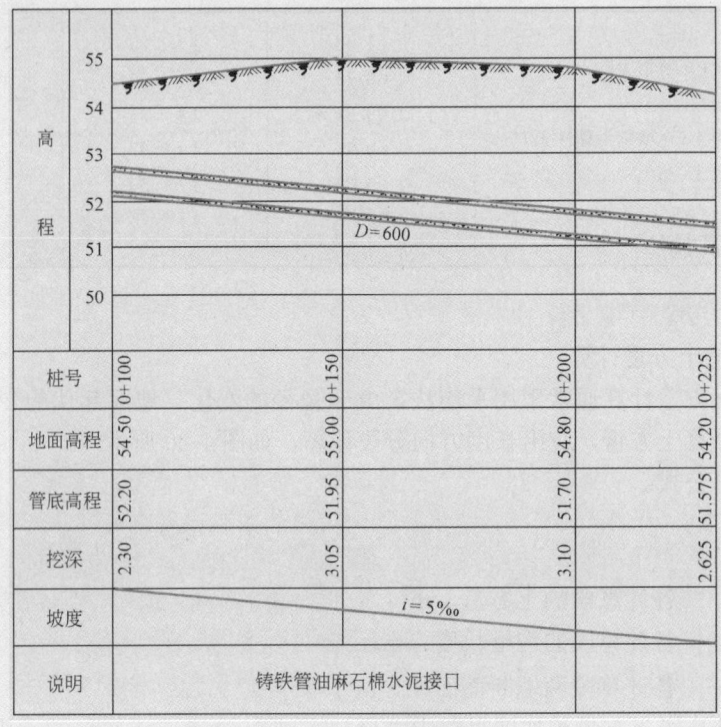

图 1-22　管线纵断面图

【解】 根据管线纵断面图，可以看出地形是起伏变化的。为此将沟槽按桩号 0+100 至 0+150，0+150 至 0+200，0+200 至 0+225，分三段计算。

1. 各断面面积计算

(1) 0+100 处断面面积：

沟槽底宽 $W = B + 2b = 0.6 + 2 \times 0.4 = 1.4m$

沟槽上口宽度 $S = W + 2nH_1 = 1.4 + 2 \times 0.25 \times 2.3 = 2.55m$

沟槽断面面积 $F_1 = 1/2(S+W) \times H_1 = 1/2(2.55+1.4) \times 2.30 = 4.54m^2$

(2) 0+150 处断面面积：

沟槽底宽 $W = B + 2b = 0.6 + 2 \times 0.4 = 1.4m$

沟槽上口宽度 $S = W + 2nH_2 = 1.4 + 2 \times 0.25 \times 3.05 = 2.925 \mathrm{m}$

沟槽断面面积 $F_2 = 1/2(S+W) \times H_2 = 1/2(2.925+1.4) \times 3.05 = 6.595 \mathrm{m}^2$

（3）0+200 处断面面积：

沟槽底宽 $W = B + 2b = 0.6 + 2 \times 0.4 = 1.4 \mathrm{m}$

沟槽上口宽度 $S = W + 2nH_3 = 1.4 + 2 \times 0.25 \times 3.10 = 2.95 \mathrm{m}$

沟槽断面面积 $F_3 = 1/2(S+W) \times H_3 = 1/2(2.95+1.4) \times 3.10 = 6.74 \mathrm{m}^2$

（4）0+225 处断面面积：

沟槽底宽 $W = B + 2b = 0.6 + 2 \times 0.4 = 1.4 \mathrm{m}$

沟槽上口宽度 $S = W + 2nH_4 = 1.4 + 2 \times 0.25 \times 2.625 = 2.71 \mathrm{m}$

沟槽断面面积 $F_4 = 1/2(S+W) \times H_4 = 1/2(2.71+1.4) \times 2.625 = 5.39 \mathrm{m}^2$

2. 沟槽土方量计算

（1）桩号 0+100 至 0+150 段的土方量：

$V_1 = 1/2(F_1+F_2) \cdot L_1 = 1/2(4.54+6.595) \times (150-100) = 278.38 \mathrm{m}^3$

（2）桩号 0+150 至 0+200 段的土方量：

$V_2 = 1/2(F_2+F_3) \cdot L_2 = 1/2(6.595+6.74) \times (200-150) = 333.38 \mathrm{m}^3$

（3）桩号 0+200 至 0+225 段的土方量：

$V_3 = 1/2(F_3+F_4) \cdot L_3 = 1/2(6.74+5.39) \times (225-200) = 151.63 \mathrm{m}^3$

故沟槽总土方量 $V = \sum V_i = V_1 + V_2 + V_3$

$= 278.38 + 333.38 + 151.63 = 763.39 \mathrm{m}^3$

### 1.3.3 沟槽及基坑的土方开挖

1. 土方开挖的一般原则

（1）合理确定开挖顺序。保证土方开挖的顺序进行，应结合现场的水文、地质条件，合理确定开挖顺序。如相邻沟槽和基坑开挖时，应遵循先深后浅或同时进行的施工顺序。

（2）土方开挖不得超挖，减小对地基土的扰动。采用机械挖土时，可在设计标高以上留 20cm 土层不挖，待人工清理。即使采用人工挖土也不得超挖。如果挖好后不能及时进行下一工序时，可在基底标高以上留 15cm 土层不挖，待下一工序开始前再挖除。

（3）开挖时应保证沟槽槽壁稳定，一般槽边上缘至弃土坡脚的距离应不小于 0.8~1.5m，堆土高度不应超过 1.5m。

（4）采用机械开挖沟槽时，应由专人负责掌握挖槽断面尺寸和标高。施工机械离槽边上缘应有一定的安全距离。

（5）软土、膨胀土地区开挖土方或进入季节性施工时，应遵照有关规定。

2. 开挖方法

土方开挖方法分为人工开挖和机械开挖两种。为了减轻繁重的体力劳动，加快施工速度，提高劳动生产率，应尽量采用机械开挖。

沟槽、基坑开挖常用的施工机械有单斗挖土机和多斗挖土机两个种类。

(1) 单斗挖土机

单斗挖土机在沟槽或基坑开挖施工中应用广泛，种类很多。按其工作装置不同，分为正铲、反铲、拉铲和抓铲等；按其操纵机构的不同，分为机械式和液压式两类，如图 1-23 所示。目前，多采用的是液压式挖土机，它的特点是能够比较准确地控制挖土深度。

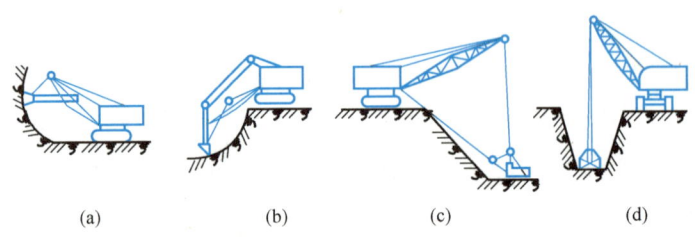

图 1-23 挖土机
(a) 正铲；(b) 反铲；(c) 拉铲；(d) 抓铲

(2) 多斗挖土机

多斗挖土机种类：按工作装置分，有链斗式和轮斗式两种；按卸土方法分，有装卸土皮带运输器和未装卸土皮带运输器两种。

多斗挖土机由工作装置、行走装置和动力操纵及传动装置等部分组成，如图 1-24 所示。

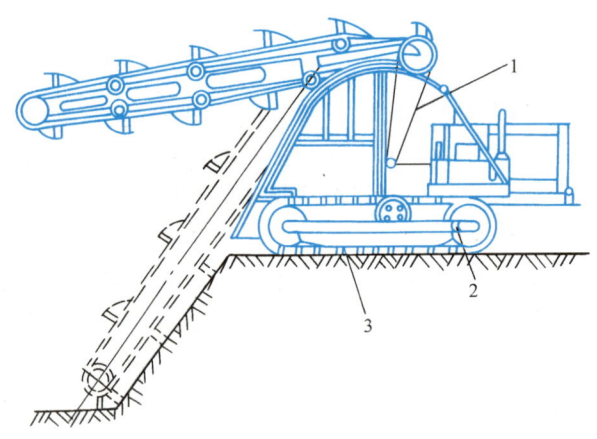

图 1-24 多斗挖土机
1—传动装置；2—工作装置；3—行走装置

多斗挖土机与单斗挖土机相比，其优点为挖土作业是连续的，生产效率较高；沟槽断面整齐；开挖单位土方量所消耗的能量低；在挖土的同时能将土自动地卸在沟槽一侧。

多斗挖土机不宜开挖坚硬的土和含水量较大的土。宜于开挖黄土、粉质黏土和砂质粉土等。

3. 开挖质量标准

(1) 不扰动天然地基或地基处理符合设计要求。

(2) 槽壁平整，边坡坡度符合施工设计规定。

(3) 沟槽中心每侧净宽，不应小于管道沟槽底部开挖宽度的一半。

(4) 槽底高程允许偏差：开挖土方时为±20mm，开挖石方时为+20mm，-200mm。

4. 沟槽、基坑土方工程机械化施工方案的选择

大型工程的土方工程施工中应合理地选择机械，使各种机械在施工中配合协调，充分发挥机械效率，保证工程质量、加快施工进度、降低工程成本。因此，在施工前要经过经济和技术分析比较，制定出合理的施工方案，用以指导施工。

(1) 制定施工方案的依据

1) 工程类型及规模；

2) 施工现场的工程及水文地质情况；

3) 现有机械设备条件；

4) 工期要求。

(2) 施工方案的选择

在大型管沟、基坑施工中，可根据管沟基坑深度、土质、地下水及土方量等情况，结合现有机械设备的性能、适合条件，采取不同的施工方法。

开挖沟槽常优先考虑采用挖沟机，以保证施工质量，加快施工进度。也可以用反向挖土机挖土，根据管沟情况，采取沟端开挖或沟侧开挖。

大型基坑施工可以采用正铲挖土机挖土，自卸汽车运土；当基坑有地下水时，可先用正铲挖土机开挖地下水位以上的土，再用反向铲或拉铲或抓铲开挖地下水位以下的土。

采用机械挖土时，为了不使地基土遭到破坏，管沟或基坑底部应留20～30cm厚土层，由人工清理整平。

(3) 挖沟机的生产率计算

挖沟机的生产率为：

$$Q = 0.06 \cdot n \cdot q \cdot K_c \cdot 1/K_s \cdot K \cdot K_h \quad (1-28)$$

式中 $Q$——挖沟机的生产率，$m^3/h$；

$n$——土斗每分钟挖掘次数；

$q$——土斗容量，L；

$K_c$——土斗充盈系数；

$K_s$——土的可松性系数；

$K$——土的开挖难易程度系数；

$K_h$——时间利用系数。

在一定的土质条件下，提高挖沟机的生产率的主要途径是加快开挖时的行驶速度。但应考虑皮带运输器的运送能力是否能够及时将土方卸出。

(4) 单斗挖土机与自卸汽车配套计算

1) 单斗挖土机生产率计算。

单斗挖土机生产率计算式为:

$$Q = 60 \cdot n \cdot q \cdot K_1 \cdot K_2 \tag{1-29}$$

式中　$Q$——单斗挖土机每小时挖土量,$m^3/h$;

　　　$n$——每分钟工作循环次数;

　　　$q$——土斗容量,$m^3$;

　　　$K_1$——土的影响系数,按土的等级确定:Ⅰ级土约为1.0;Ⅱ级土约为0.95;Ⅲ级土约为0.8;Ⅳ级土约为0.55;

　　　$K_2$——工作时间利用系数,侧向装土时,为0.68~0.72;侧向推土时,为0.78~0.88。

2) 挖土机数量确定。根据土方量大小和工期,可确定挖土机数量(台):

$$N = Q/(Q_d \cdot T \cdot C \cdot K_B) \tag{1-30}$$

式中　$N$——挖土机数量,台班;

　　　$Q$——土方量,$m^3$;

　　　$Q_d$——挖土机生产率,$m^3/台班$;

　　　$T$——工期,工作日;

　　　$C$——每天工作班数;

　　　$K_B$——时间利用系数,一般为0.75~0.95。

若挖土机数量已定,工期可按下式计算:

$$T = Q/N \cdot (Q_d \cdot C \cdot K_B) \quad (工作日) \tag{1-31}$$

3) 车配套计算。自卸汽车装载容量$Q_1$,一般宜为挖土机容量的3~5倍。

自卸汽车的数量$N_1$(台),应保证挖土机连续工作,可按下式计算:

$$N_1 = T_1/t_1 \tag{1-32}$$

$$T_1 = t_1 + 2L/V_c + t_2 + t_3$$

$$t_1 = nt$$

$$n = Q_1 \cdot K_s / q \cdot K_c \cdot \gamma \tag{1-33}$$

式中　$T_1$——自卸汽车每一工作循环延续时间,min;

　　　$t_1$——自卸汽车第$n$次装车时间,min;

　　　$n$——自卸汽车第$n$次装土次数;

　　　$t$——挖土机每次作业循环的延续时间,如国产$W_1$-100型正向铲挖土机为25~40s;

　　　$q$——挖土机斗容量,$m^3$;

　　　$K_c$——土斗充盈系数,取0.8~1.1;

　　　$K_s$——土的最初可松性系数;

　　　$\gamma$——土的重力密度,一般取17kN/$m^3$;

　　　$L$——运距,m;

　　　$V_c$——重车与空车的平均速度,m/min,一般取300~500m/min(20~30km/h);

　　　$t_2$——卸车时间,一般为1min;

$t_3$——操纵时间（包括停放待装、等车、让车等），一般取 2～3min。

## 1.4 沟槽支撑

### 1.4.1 支撑的目的及要求

支撑的目的就是为防止施工过程中土壁坍塌，创造安全的施工环境。

支撑是一种临时性挡土结构，一般情况下，当土质较差、地下水位较高、沟槽和基坑较深而又必须挖成直槽时均应支设支撑。支设支撑既可减少挖方量和施工占地面积，又可保证施工安全，但增加了材料消耗，有时还影响后续工序操作。

支撑结构应满足下列要求：

（1）牢固可靠，支撑材料的质地和尺寸合格。

（2）在保证安全可靠的前提下，尽可能节约材料，采用工具式钢支撑。

（3）方便支设和拆除，不影响后续工序的操作。

### 1.4.2 支撑的种类及其适用的条件

在施工中应根据土质、地下水情况、沟槽深度、开挖方法、地面荷载等因素确定是否支设支撑。

支撑的形式分为水平支撑、垂直支撑和板桩撑等几种。

水平支撑、垂直支撑由撑板、横梁或纵梁、横撑组成。

水平支撑的撑板水平设置，根据撑板之间有无间距又分为断续式水平支撑和连续式水平支撑或井字水平支撑三种。

垂直支撑的撑板垂直设置，各撑板间密接铺设，可在开槽过程中边开槽边支撑。在回填时可边回填边拔出撑板。

1-5 微课
沟槽及基坑支撑

**1. 断续式水平支撑**

断续式水平支撑的组成，如图 1-25 所示，适用于土质较好的、地下含水量较小的黏性土及挖土深度小于 3.0m 的沟槽或基坑。

**2. 连续式水平支撑**

连续式水平支撑的组成，如图 1-26 所示。适用于土质较差及挖土深度在 3～5m 的沟槽或基坑。

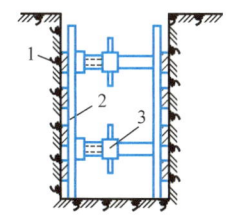

图 1-25 断续式水平支撑
1—撑板；2—纵梁；3—横撑（工具式）

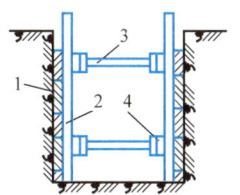

图 1-26 连续式水平支撑
1—撑板；2—纵梁；3—横撑；4—木楔

**3. 井字支撑**

井字支撑的组成，如图 1-27 所示。它是断续式水平支撑的特例。一般适用于沟槽的局部加固，如地面上有建筑或有其他管线距沟槽较近。

### 4. 垂直支撑

垂直支撑的组成，如图1-28所示。它适用于土质较差、有地下水并且挖土深度较大时采用。这种方法支撑和拆撑，操作时较为安全。

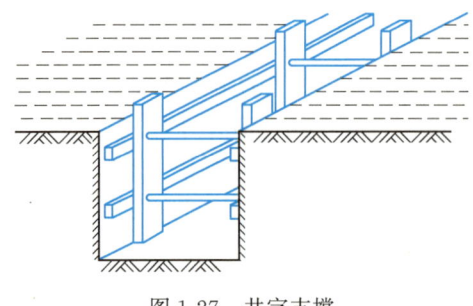

图1-27 井字支撑

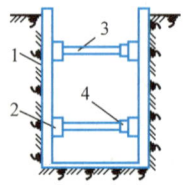

图1-28 垂直支撑
1—撑板；2—横梁；3—横撑；4—木楔

### 5. 板桩撑

板桩撑分为钢板桩、木板桩和钢筋混凝土桩等数种。

板桩撑是在沟槽土方开挖前就将板桩打入槽底以下一定深度。其优点是：土方开挖及后续工序不受影响，施工条件良好。

板桩撑用于沟槽挖深较大、地下水丰富、有流砂现象或砂性饱和土层及采用一般支撑法不能解决时。

（1）钢板桩

钢板桩基本分为平板桩与波浪形板桩两类，每类中又有多种形式。目前常用钢板桩为槽钢或工字钢组成，其断面形式如图1-29所示。

钢板桩的轴线位移不得大于50mm，垂直度不得大于1.5‰，如图1-30所示。

（2）木板桩

木板桩所用木板厚度应按设计要求制作，其允许偏差±10mm，同时要校核其强度。为了保证板桩的整体性和水密性，木板桩应做成凹凸榫，凹凸榫应相互吻合，平整光滑。

木板桩虽然打入土中一定深度，尚需要辅以横梁和横撑，如图1-31所示。

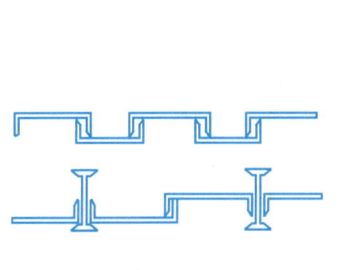 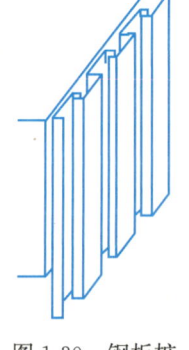 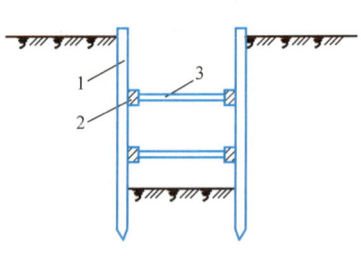

图1-29 钢板桩断面　　图1-30 钢板桩　　图1-31 木板桩
　　　　　　　　　　　　　　　　　　　　1—撑板；2—横梁；3—横撑

### 1.4.3 支撑的材料要求

支撑材料的尺寸应满足设计的要求。一般取决于现场已有材料的规格，施工时常根据经验确定。

（1）木撑板 一般木撑板长 2~4m，宽度为 20~30cm，厚 5cm。

（2）横梁 截面尺寸为 10cm×15cm~20cm×20cm。

（3）纵梁 截面尺寸为 10cm×15cm~20cm×20cm。

（4）横撑 采用 10cm×10cm~15cm×15cm 的方木或采用直径大于 10cm 的圆木。为支撑方便尽可能采用工具式撑杠，如图 1-32 所示。横撑水平间距宜 1.5~3.0m。垂直间距不宜大于 1.5m。

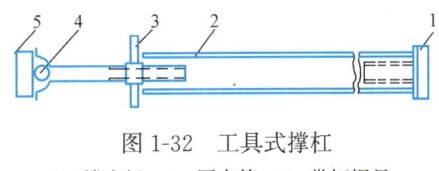

图 1-32 工具式撑杠
1—撑头板；2—圆套管；3—带柄螺母；
4—球铰；5—撑头板

撑板也可采用金属撑板，如图 1-33 所示。金属撑板每块长度分 2m、4m、6m 几种类型。

横梁和纵梁通常采用槽钢。

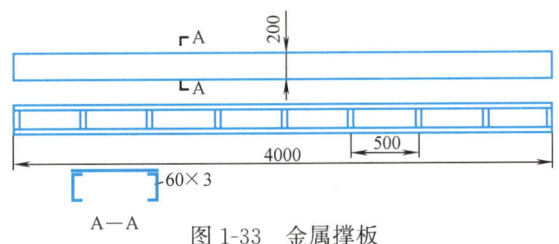

图 1-33 金属撑板

### 1.4.4 支撑的支设和拆除

**1. 水平支撑和垂直支撑的支设**

沟槽挖到一定深度时，开始支设支撑，先校核沟槽开挖断面是否符合要求的宽度，然后用铁锹将槽壁找平，按要求将撑板紧贴于槽壁上，再将纵梁或横梁紧贴撑板，继而将横撑支设在纵梁或横梁上。若采用木撑板时，使用木楔、扒钉将撑板固定于纵梁或横梁上，下边钉一木托防止横撑下滑。支设施工中一定要保证横平竖直，支设牢固可靠。

施工中，如原支撑妨碍下一工序进行时、原支撑不稳定时、一次拆撑有危险时或因其他原因必须重新安设支撑时，需要更换纵梁和横撑位置，这一过程称为倒撑，倒撑操作应特别注意安全，必须先制定好安全措施。

**2. 板桩撑的支设**

主要介绍钢板桩的施工过程，板桩施工要正确选择打桩方式、打桩机械和流水段划分，保证打入后的板桩，有足够的刚度，且板桩墙面平直，对封闭式板桩墙要封闭合拢。

打桩方式，通常采用单独打入法、双层围囹插桩法和分段复打法三种。

打桩机具设备，主要包括桩锤、桩架及动力装置三部分。

桩锤——其作用是对桩施加冲击力，将桩打入土中。

桩架——其作用是支持桩身和将桩锤吊到打桩位置，引导桩的方向，保证桩锤按要求方向冲击。

动力装置——包括启动桩锤用的动力设施。

(1) 桩锤选择

桩锤的类型应根据工程性质、桩的种类、密集程度、动力及机械供应和现场情况等条件来选择。

桩锤有落锤、单动汽锤、双动汽锤、柴油打桩锤、振动桩锤等。

根据施工经验，双动汽锤、柴油打桩锤更适用于打设钢板桩。

(2) 桩架的选择

桩架的选择应考虑桩锤的类型、桩的长度和施工条件等因素。

桩架的形式很多，常用有下列几种。

1) 滚筒式桩架。行走靠两根钢滚筒垫上滚动，优点是结构比较简单，制作容易，如图 1-34 所示。

2) 多功能桩架。多功能桩架的机动性和适应性很强，适用于各种预制桩及灌注桩施工，如图 1-35 所示。

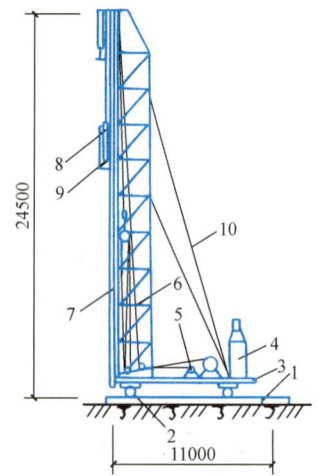

图 1-34　滚筒式桩架

1—枕木；2—滚筒；3—底座；4—锅炉；
5—卷扬机；6—桩架；7—龙门；8—蒸汽锤；9—桩帽；10—缆绳

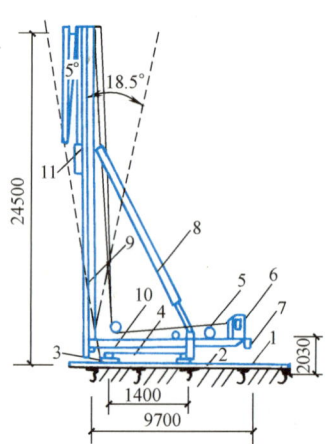

图 1-35　多功能桩架

1—枕木；2—钢轨；3—底盘；4—回转平台；5—卷扬机；6—司机室；7—平衡重；8—撑杆；9—挺杆；
10—水平调整装置；11—桩锤与桩帽

3) 履带式桩架。移动方便，比多功能桩架灵活，适用于各种预制桩和灌注桩施工，如图 1-36 所示。

(3) 钢板桩打设

钢板桩打设的工艺过程为：钢板桩矫正→安装围囹支架→钢板桩打设→轴线修正和封闭合拢。

1) 钢板桩的矫正。对所有要打设的钢板桩进行修整矫正。保证钢板桩的外形平直。

2) 安装围囹支架。围囹支架的作用是保证钢板桩垂直打入和打入后的钢板桩墙面平直，围囹支架由围囹组成，其形式平面上有单面围囹和双面围囹之分，高度上有单层、双层和多层之分，如图1-37和图1-38所示。围囹支架多为钢制，必须牢固，尺寸要准确。围囹支架每次安装的长度视具体情况而定，最好能周转使用，以节约钢材。

3) 钢板桩打设。先用吊车将钢板桩吊至插桩点处进行插桩，插桩时锁口要对准，每插入一块即套上桩帽轻轻加以锤击。在打桩过程中，为保证钢板桩的垂直度，用两台经纬仪在两个方向加以控制，为防止锁口中心线平面位移，可在打桩进行方向的钢板桩锁口处设卡板，阻止板桩位移。同时在围囹上预先标出每块板桩的位置，以便随时检查校正。

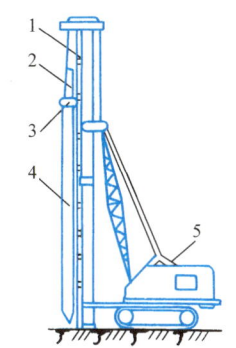

图1-36 履带式桩架
1—导柱；2—桩锤；3—桩帽；
4—桩；5—吊车

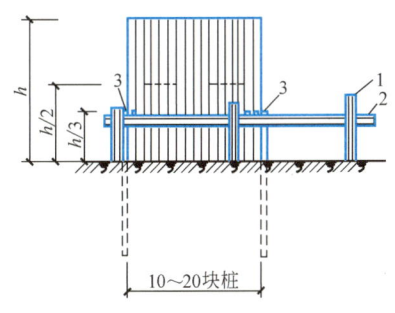

图1-37 单层围囹
1—围囹桩；2—围囹；3—两端先打入的定位桩

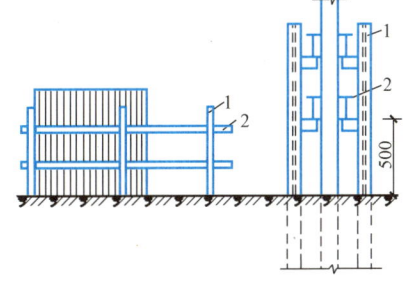

图1-38 双层围囹
1—围囹桩；2—围囹

钢板桩分几次打入，打桩时，开始打设的第一、二块钢板桩的打入位置和方向要确保精度，它可以起样板导向作用，一般每打入1m测量1次。

4) 轴线修正和封闭合拢。沿长边方向打至离转角约尚有8块钢板桩时停止，量出到转角的长度和增加长度，在短边方向也按照上述方法进行。

根据长、短两边水平方向增加的长度和转角的尺寸，将短边方向的围囹桩分开，用千斤顶向外顶出，进行轴线外移，经核对无误后再将围囹和围囹桩重新焊接固定。

在长边方向的围囹内插桩，继续打设，插打到转角桩后，再转过来接着沿短边方向插打两块钢板桩。

根据修正后的轴线沿短边方向继续向前插打，最后一块封闭合拢的钢板桩，设在短边方向从端部算起的三块板桩的位置处。

当钢板桩内的土方开挖后，应在基坑或沟槽内设横撑，若基坑特别大或不允许设横撑时，则可设置锚杆来代替横撑。

**3. 支撑的拆除**

沟槽或基坑内的施工过程全部完成后，应将支撑拆除，拆除时必须边回填土边拆除，拆除时必须注意安全，继续排除地下水，避免材料的损耗。

水平支撑拆除时，先松动最下一层的横撑，抽出最下一层撑板，然后回填土。回填完毕后，再拆除上一层撑板，依次将撑板全部拆除。最后将纵梁拔出。

垂直支撑拆除时，先松动最下一层的横撑，拆除最下一层的横梁，然后回填土。回填完毕后，再拆除上一层横梁，依次将横梁拆除。最后拔出撑板或板桩，垂直撑板或板桩一般采用倒链或吊车拔出。

## 1.5 土方回填

1-6 微课 沟槽土方回填

给水排水管道施工完毕，并经检验合格后及时进行土方回填，以保证管道的正常位置，避免沟槽（基坑）坍塌，而且尽可能早日恢复地面交通。

回填施工包括返土、摊平、夯实、检查等施工过程。其中关键是夯实，应符合设计所规定的密实度要求。依据《给水排水管道工程施工及验收规范》GB 50268—2008 要求，刚性管道沟槽回填土压实度见表 1-15，柔性管道沟槽回填土压实度见表 1-16。

刚性管道沟槽回填土压实度　　　表 1-15

| 序号 | 项目 | | | 最低压实度(%) | | 检查数量 | | 检查方法 |
|---|---|---|---|---|---|---|---|---|
| | | | | 重型击实标准 | 轻型击实标准 | 范围 | 点数 | |
| 1 | 石灰土类垫层 | | | 93 | 95 | 100m | | 用环刀法检查或采用现行国家标准《土工试验方法标准》GB/T 50123 中其他方法 |
| 2 | 沟槽在路基范围外 | 胸腔部分 | 管侧 | 87 | 90 | 两井之间或 1000m² | 每层每侧一组（每组3点） | |
| | | | 管顶以上 500mm | 87±2(轻型) | | | | |
| | | | 其余部分 | ≥90(轻型)或按设计要求 | | | | |
| | | 农田或绿地范围表层 500mm 范围内 | | 不宜压实，预留沉降量，表面整平 | | | | |
| 3 | 沟槽在路基范围内 | 胸腔部分 | 管侧 | 87 | 90 | 两井之间或 1000m² | 每层每侧一组（每组3点） | 用环刀法检查或采用现行国家标准《土工试验方法标准》GB/T 50123 中其他方法 |
| | | | 管顶以上 250mm | 87±2(轻型) | | | | |
| | | 由沟槽底算起的深度范围 (mm) | ≤800 | | | | | |
| | | | 快速路及主干路 | 95 | 98 | | | |
| | | | 次干路 | 93 | 95 | | | |
| | | | 支路 | 90 | 92 | | | |
| | | | >800~1500 | | | | | |
| | | | 快速路及主干路 | 93 | 95 | | | |
| | | | 次干路 | 90 | 92 | | | |
| | | | 支路 | 87 | 90 | | | |
| | | | >1500 | | | | | |
| | | | 快速路及主干路 | 87 | 90 | | | |
| | | | 次干路 | 87 | 90 | | | |
| | | | 支路 | 87 | 90 | | | |

注：表中重型击实标准的压实度和轻型击实标准的压实度，分别以相应的标准击实试验法求得的最大干密度为 100%。

**柔性管道沟槽回填土压实度**　　　　　　　　　　　表 1-16

| 槽内部位 | | 压实度（%） | 回填材料 | 检查数量 | | 检查方法 |
|---|---|---|---|---|---|---|
| | | | | 范围 | 点数 | |
| 管道基础 | 管底基础 | — | 中、粗砂 | — | — | 用环刀法检查或采用现行国家标准《土工试验方法标准》GB/T 50123 中其他方法 |
| | 管道有效支撑角范围 | ≥95 | | 每 100m | 每层每侧一组（每组 3 点） | |
| 管顶以上 500mm | 管道两侧 | ≥95 | 中、粗砂,碎石屑,最大粒径小于 40mm 的砂砾或符合要求的原土 | 两井之间或每 1000m² | | |
| | 管道两侧 | ≥90 | | | | |
| | 管道上部 | 85±2 | | | | |
| 管顶 500～1000mm | | ≥90 | 原土回填 | | | |

注：回填土的压实度，除设计要求用重型击实标准外，其他皆以轻型击实标准试验获得的最大干密度为 100%。

### 1.5.1 回填土方夯实方法

沟槽回填土夯实通常采用人工夯实和机械夯实两种方法。

管顶 50cm 以下部分返土的夯实，应采用轻夯，夯击力不应过大，防止损坏管壁与接口，可采用人工夯实。

管顶 50cm 以上部分返土的夯实，应采用机械夯实。常用的夯实机械有蛙式夯、内燃打夯机、履带式打夯机及轻型压路机等几种。

**1. 蛙式夯**

蛙式夯由夯头架、拖盘、电动机和传动减速机构组成，如图 1-39 所示。该机具轻便、构造简单，目前广泛采用。

例如功率为 2.8kW 蛙式夯，在最佳含水量条件下，铺土厚 200cm，夯击 3～4 遍，压实系数可达 0.95 左右。

**2. 内燃打夯机**

内燃打夯机又称"火力夯"，一般用来夯实沟槽、基坑、墙边墙角，同时返土方便。

**3. 履带式打夯机**

履带式打夯机，如图 1-40 所示。用履带起重机提升重锤，夯锤重 9.8～39.2kN，夯击高度为 1.5～5.0m。夯实土层的厚度可达 3m，它适用于沟槽上部夯实或大面积夯土工作。

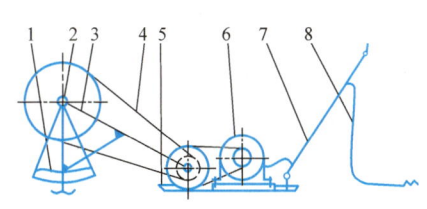

图 1-39 蛙式夯构造示意
1—偏心块；2—前轴装置；3—夯头架；4—传动装置；
5—拖盘；6—电动机；7—操纵手柄；8—电器控制设备

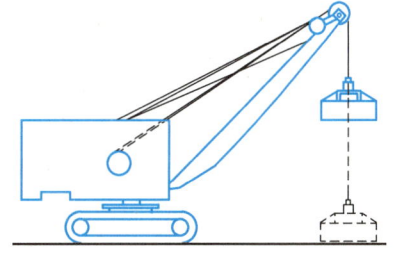

图 1-40 履带式打夯机

4. 压路机

沟槽上层夯实，常采用轻型压路机，工作效率较高。碾压的重叠宽度不得小于 20cm。

### 1.5.2 沟槽回填的压实作业的要求

1. 刚性管道沟槽回填的压实作业的规定

(1) 回填压实应逐层进行，且不得损伤管道。

(2) 管道两侧和管顶以上 500mm 范围内胸腔夯实，应采用轻型压实机具，管道两侧压实面的高差不应超过 300mm。

(3) 管道基础为土弧基础时，应填实管道支撑角范围内腋角部位；压实时，管道两侧应对称进行，且不得使管道位移或损伤。

(4) 同一沟槽中有双排或多排管道的基础底面位于同一高程时，管道之间的回填压实应和管道与槽壁之间的回填压实对称进行。

(5) 同一沟槽中有双排或多排管道但基础底面的高程不同时，应先回填基础较低的沟槽；回填至较高基础底面高程后，再按上一款规定回填。

(6) 分段回填压实时，相邻段的接槎应呈台阶形，且不得漏夯。

(7) 采用轻型压实设备时，应夯夯相连；采用压路机时，碾压的重叠宽度不得小于 200mm。

(8) 采用压路机、振动压路机等压实机械压实时，其行驶速度不得超过 2km/h。

(9) 接口工作坑回填时底部凹坑应先回填压实至管底，然后与沟槽同步回填。

2. 柔性管道沟槽回填的压实作业的规定

(1) 回填前，检查管道有无损伤或变形，有损伤的管道应修复或更换。

(2) 管内径大于 800mm 的柔性管道，回填施工时应在管内设有竖向支撑。

(3) 管基有效支承角范围应采用中粗砂填充密实，与管壁紧密接触，不得用土或其他材料填充。

(4) 管道半径以下回填时应采取防止管道上浮、位移的措施。

(5) 管道回填时间宜为一昼夜中气温最低时段，从管道两侧同时回填，同时夯实。

(6) 沟槽回填从管底基础部位开始到管顶以上 500mm 范围内，必须采用人工回填；管顶 500mm 以上部位，可用机械从管道轴线两侧同时夯实；每层回填高度应不大于 200mm。

(7) 管道位于车行道下，铺设后即修筑路面或管道位于软土地层以及低洼、沼泽、地下水位高地段时，沟槽回填宜先用中、粗砂将管底腋角部位填充密实后，再用中、粗砂分层回填到管顶以上 500mm。

(8) 回填作业的现场试验段长度应为一个井段或不少于 50m，因工程因素变化改变回填方式时，应重新进行现场试验。

(9) 柔性管道回填至设计高程时，应在 12～24h 内测量并记录管道变形率，管道变形率应符合设计要求；设计无要求时，钢管或球墨铸铁管道变形率应不超过 2%，化学建材管道变形率应不超过 3%；当超过时，应采取下列处理措施：

1）挖出回填材料至露出管径 85% 处，管道周围内应人工挖掘以避免损伤管壁；

2）挖出管节局部有损伤时，应进行修复或更换；

3）重新夯实管道底部的回填材料；

4）选用适合回填材料重新回填施工，直至设计高程；

5）重新检测管道变形率。

柔性管道回填密实度如图 1-41 所示。

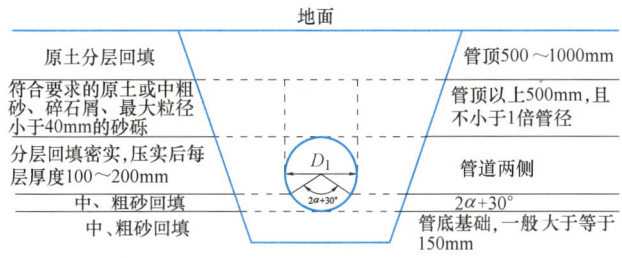

图 1-41　柔性管道回填密实度

（10）钢管或球墨铸铁管道的变形率超过 3% 时，化学建材管道变形率超过 5% 时，应挖出管道，并会同设计单位研究处理。

### 1.5.3　土方回填的施工

沟槽回填前，应建立回填制度。根据不同的夯实机具、土质、密实度要求、夯击遍数、走夯形式等确定返土厚度和夯实后厚度。

沟槽回填前，管道基础混凝土强度和抹带水泥砂浆接口强度不应小于 5MPa，现浇混凝土管渠的强度达到设计规定；砖沟或管渠顶板应装好盖板。

沟槽回填顺序，应按沟槽排水方向由高向低分层进行。

还土一般用沟槽原土，槽底到管顶以上 50cm 范围内，不得含有机物、冻土以及大于 50mm 的砖、石等硬块，冬季回填时在此范围以外可均匀掺入冻土，其数量不得超过填土总体积的 15%，并且冻块尺寸不得超过 100mm。

回填时，槽内不得有积水，不得回填淤泥、腐殖土及有机质。

沟槽两侧应同时回填夯实，以防管道位移。回填土时不得将土直接砸在抹带接口和防腐绝缘层上。

夯实时，胸腔和管顶上 50cm 内，夯击力过大，将会使管壁和接口或管沟壁开裂，因此，应根据管道线管沟强度确定夯实方法，管道两侧和管顶以上 50cm 范围内，应采用轻夯压实，两侧压实面的高度不应超过 30cm。

每层土夯实后，应检测密实度。测定的方法有环刀法和贯入法两种。采用环刀法时，应确定取样的数目和地点。由于表面土常易夯碎，每个土样应在每层夯实土的中间部分切取。土样切取后，根据自然密度、含水量、干密度等数值，即可算出密实度。

回填应使槽上土面略呈拱形，以免日久因土沉陷而造成地面下凹。拱高，一一般为槽宽的 1/20，常取 15cm。

## 1.6 土石方工程冬、雨期施工

### 1.6.1 土石方工程的冬期施工

土石方冻结后开挖困难，施工复杂，需要采取些特殊的施工方法，如土的保温法、冻土破碎法。

1. 土的保温法

在土冻结之前，采取一定的措施使土免遭冻结或减少冻结深度，常采用耙松法和覆盖法。

（1）表层土耙松法

将表层土翻松，作为防冻层，减少土的冻结深度。根据经验，翻松的深度应不小于 30cm。

（2）覆盖法

用隔热材料覆盖在开挖的沟槽（基坑）上面，作为保温层以缓解、减少冻结，常用的保温材料一般为干砂、锯末、草叶等。其厚度视气温而定，一般为 15~20cm。

2. 冻土破碎法

冻土破碎采用的机具和方法，应根据土质、冻结深度、机具性能和施工条件等确定，常用重锤击碎、冻土爆破等方法。

（1）重锤击碎法

重锤由吊车作起重架，重锤下落锤击冻结的土。其装置如图 1-42 所示。

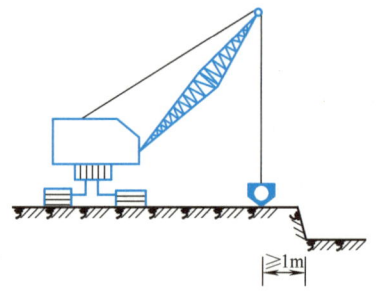

图 1-42 重锤装置

1-7 微课
土石方冬、雨期施工

重锤击碎法适用于冻结深度较小的土。

重锤击土振动较大，在市区或靠近精密仪表、变压器等处，不宜采用。

（2）冻土爆破法

冻土爆破法常用爆破炮孔垂直设置，炮孔深度一般为冻土层厚度的 0.7~0.8，炮孔间距和排距应根据炸药性能、炮孔直径和起爆方法确定。

在施工中只要计划周密，措施得当，管理妥善，避免安全事故的发生，就可以加快施工速度，收到良好的经济效益。

3. 回填

由于冻土孔隙率比较大，土块坚硬，压实困难，当冻土解冻后往往造成很大沉降，因此冬期回填土时应注意以下几点：

（1）沟槽（基坑）可用含有冻土块的土回填，但冻土块体积不超过填土总体积的15%。

（2）低至管顶0.5m范围内不得用含有冻土块的回填土。

（3）位于铁路、公路及人行道路两侧范围内的平整填方，可用含有冻土块的土分层回填，但冻土块尺寸不得大于10cm，而且冻土块的体积不得超过回填土总体积的15%。

1）冬期土方回填前，应清除基底上的冰雪和保温材料；

2）冬期土方回填应连续分层回填，每层填土厚度较夏季小，一般为20cm。

### 1.6.2 土石方工程的雨期施工

雨水的降落，增加了土的含水量，施工现场泥泞，增加了施工难度，施工工效降低，施工费用提高，因此，要采取有效措施，搞好雨期施工。

（1）雨期施工的工作面不宜过大，应逐段完成，尽可能减少雨水对施工的影响；雨期施工前，应检查原有排水系统，保证排水畅通，防止地面水流入沟槽，应在沟槽地势高一侧设挡墙或排水沟。

（2）雨期施工时，应落实技术安全措施，保证施工质量，使施工顺利进行。

（3）雨期施工时，应保证现场运输道路畅通，道路路面应加铺炉渣、砂砾和其他防滑材料。

（4）雨期施工时，应保证边坡稳定，边坡应缓一些或加设支撑，并加强对边坡和支撑的检查。

（5）雨期施工时，对横跨沟槽的便桥应进行加固，钉防滑木条。

## 1.7 土石方工程的质量要求及安全技术

### 1.7.1 土石方工程的质量要求

（1）沟槽（基坑）的基底的土质，必须符合设计要求，严禁扰动。

（2）土石方的基底处理，必须符合设计要求和施工规范的规定。

（3）填方时，应分层夯实，其控制干密度或压实系数应满足要求。

（4）土方工程外形尺寸的允许偏差及检验方法见表1-17。

土方工程外形尺寸的允许偏差及检验方法    表1-17

| 项次 | 项　目 | 允许偏差(mm) | | | | | 检验方法 |
| --- | --- | --- | --- | --- | --- | --- | --- |
| | | 基坑、基槽、管沟 | 挖方、填方、场地平整 | | 排水沟 | 地(路)基面层 | |
| | | | 人工施工 | 机械施工 | | | |
| 1 | 标高 | +0 −50 | ±50 | ±100 | +0 −50 | +0 −50 | 用水准仪检查 |
| 2 | 长度、宽度（由设计中心线向两边量） | −0 | −0 | −0 | +100 −0 | — | 用经纬仪、拉线和尺检查 |

续表

| 项次 | 项目 | 允许偏差(mm) | | | | | 检验方法 |
|---|---|---|---|---|---|---|---|
| | | 基坑、基槽、管沟 | 挖方、填方、场地平整 | | 排水沟 | 地(路)基面层 | |
| | | | 人工施工 | 机械施工 | | | |
| 3 | 边坡坡度 | $-0$ | $-0$ | $-0$ | $-0$ | | 观察或用坡度尺检查 |
| 4 | 表面平整度 | — | — | — | — | 20 | 用2m靠尺和楔形塞尺检查 |

注：1. 地（路）面基层的偏差只适用于直接在挖、填方上做地（路）面的基层。
2. 本表项次3的偏差是指边坡坡度不应偏陡。

### 1.7.2 土石方工程的安全技术

（1）了解场地内的各种障碍物，在特殊危险地区中，挖土应采用人工开挖，并做好安全防护措施。

（2）开挖基槽时，两人操作间距不小于2.5m，多台机械开挖时，挖土机间距应小于10m，挖土应由上而下，逐层进行，严禁采取先挖底脚或掏洞的操作方法。

（3）通过沟槽的通道应有便桥，便桥应牢固可靠，并设有扶手栏杆和防滑条。

（4）在市区主要干道下开挖沟槽时，在沟槽两侧应设有护屏，对横穿道路的沟槽，夜间应设有红色信号灯。

（5）开挖沟槽时，应根据土质和挖深要求严格放坡，开挖后的土应堆放在距沟槽上口边缘1.0m以外，堆土高度不超过1.5m。

（6）在较深的沟槽下作业时应戴安全帽，应设上下梯子。

（7）吊运土方时，吊用工具应完好牢固，起吊时下方严禁有人。

（8）当沟槽支设支撑后，严禁人员攀登，特别是雨后应加强检查。

（9）开挖沟槽时应随时注意土壁变化情况，如有裂纹或部分坍塌现象时，应及时采取措施。

（10）所需材料应堆放在距沟槽上口边缘1.0m以外的地方。

（11）沟槽回填土时，支撑的拆除应与回填配合进行，在保证安全的前提下，尽量节约材料。

（12）当土石方工程施工难度大时，要编制安全施工的技术措施，向施工人员进行技术交底，严格按施工操作规程进行。

### 复习思考题

1. 土石方工程施工的特点是什么？
2. 什么是土的天然含水量，对土方施工有什么影响？
3. 什么是土的可松性，如何表示，有什么用途？
4. 如果将400m³砂质粉土开挖运走，实际需运走的土是多少？如果需要回填400m³砂质粉土，问需要挖方的体积是多少（$k_s=1.10$，$k'_s=1.02$）？

5. 土方调配意义及其基本原则是什么？
6. 土方开挖常用哪几种机械，各有什么特点？
7. 试述影响填方压实的因素，怎样控制压实程度。
8. 沟槽断面有几种形式，选择断面形式应考虑哪些因素？
9. 各种支撑方法及适用条件是什么？
10. 试述沟槽土方回填的注意事项及质量要求。
11. 叙述土方冬、雨期施工的注意事项。
12. 某给水厂场地土方规划调配方格网如图 1-43 所示。方格右上角为设计标高，右下角为地面标高，单位以"m"计。试计算其土方数量。

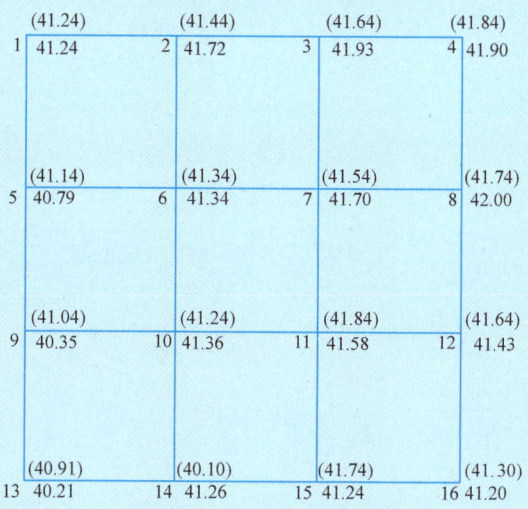

图 1-43 土方调配方格网

13. 某处开挖（人工法）一段污水管道沟槽。长度 60m，土质为三类土，管材为混凝土管，管径 $D=500$mm。沟槽始端挖深为 3.5m，末端挖深 4m，试计算其土方量。

## 课后拓展

某地区市政给水管网施工工地正在施工中，沟槽挖好后，工人下到沟槽内进行管道安装，沟槽槽壁突然坍塌，事故直接造成 3 名工人死亡，4 人受伤，造成了非常大的经济损失。事后查明，施工单位对安全生产工作重视不足，没有设置地面安全巡查人员，施工人员安全意识淡化，究其原因是安全习惯没有养成，对土石方的特点不了解。应深刻吸取事故教训。

有这样一个故事，从前有一个小和尚出家后，开始学剃头。老和尚先让他在冬瓜上练习，小和尚每次练习完剃头后，将剃刀随手插在冬瓜上。后来在给老和尚剃头时，也将剃刀随手插在了老和尚的头上。

这个故事告诉我们，习惯性的坏行为危害很大。在实际工作中有很多的事故都与习惯性的坏行为有关，这种行为我们在工作中称之为"习惯性违章"。习惯性违章发生的主要原因是行为人的安全思想认识不深,存在侥幸心理,错误地认为习惯性违章不算违章,殊不知这种细小的违章行为却埋下了安全事故发生的种子,成为灾难发生的根源。美国学者海因星曾经对55万起各种工伤事故进行过分析,其中80%是由于习惯性违章所致。

在生产操作中,好习惯将使我们的工作更安全,坏习惯只能害人害己,因此我们每个人都必须养成良好的安全生产习惯,万万不能违章行事,尤其不能养成为习惯性违章。只有大家从自身做起,将麻痹赶出我们的思想,将习惯性违章赶出我们的工作,让严守规程、遵章守纪的思想和行为深深根植在我们的手中、我们的心中,相信事故与我们无缘,我们企业安全的天空会是一片明朗。

# 教学项目 2
# 施工排水及地基处理

**Chapter 02**

### 教学目标

通过涌水量计算、降水方法、降水施工的学习，学生会编制降水施工方案；通过地基处理方法的学习，学生会编制地基处理方案。

### 素质目标

理解"水能载舟也能覆舟"的道理，提高安全风险意识。

施工排水主要指地下水的排除，同时也包括地面水的排除。

坑（槽）开挖时使坑（槽）内的水位低于原地下水位，导致地下水易于流入坑（槽）内，地面水也易于流入坑（槽）内。由于坑（槽）内有水，使施工条件恶化，严重时，会使坑（槽）壁土体坍落，地基承载力下降，影响土的强度和稳定性，会导致给水排水管道、新建的构筑物或附近的已建构筑物破坏。因此，在施工时必须做好施工排水。

施工排水有明沟排水和人工降低地下水位排水两种方法。

不论采用哪种方法，都应将地下水位降到槽底以下一定深度，改善槽底的施工条件；稳定边坡；稳定槽底；防止地基承载力下降。

## 2.1 明沟排水

### 2.1.1 明沟排水

坑（槽）开挖时，为排除渗入坑（槽）的地下水和流入坑（槽）内的地面水，一般可采用明沟排水。

明沟排水是将流入坑（槽）内的水，经排水沟将水汇集到集水井，然后用水泵抽走的排水方法，如图2-1所示。

明沟排水通常是当坑（槽）开挖到接近地下水位时，先在坑（槽）中央开挖排水沟，使地下水不断地流入排水沟，再开挖排水沟两侧土。如此一层层挖下去，直至挖到接近槽底设计高程时，将排水沟移至沟槽一侧或两侧。开挖过程，如图2-2所示。

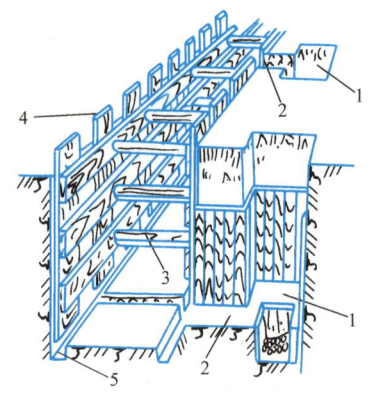

图2-1 明沟排水系统

1—集水井；2—进水口；3—横撑；4—竖撑板；5—排水沟

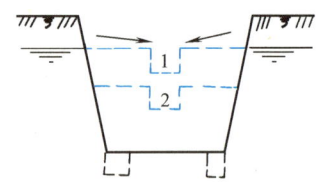

图2-2 排水沟开挖示意

排水沟的断面尺寸，应根据地下水量及沟槽的大小来决定，一般排水沟的底宽不小于0.3m，排水沟深应大于0.3m，排水沟的纵向坡度不应小于1‰，且坡向集水井。若在稳定性较差的土中，可在排水沟内埋设多孔排水管，并在周围铺卵石或碎石加固，也可在排水沟内设支撑。集水井一般设在管线一侧或设在低洼处，以减少集水井土方开挖量；为便于集水井集水，应设在地下水来水方向上游的坑（槽）一侧，同时在基础范围以外。通常集水井距坑（槽）底应有1～2m的距离。

集水井直径或宽度，一般为 0.7~0.8m，集水井底与排水沟底应有一定的高差，一般开挖过程中集水井底始终低于排水沟底 0.7~1.0m，当坑（槽）挖至设计标高后，集水井底应低于排水沟底 1~2m。

集水井间距应根据土质、地下水量及水泵的抽水能力确定，一般间隔 50~150m 设置一个集水井。一般都在开挖坑（槽）之前就已挖好。

目前主要是用人工开挖集水井，为防止开挖时或开挖后集水井井壁的塌方，必须进行加固。

在土质较好、地下水量不大的情况下，通常采用木框法加固。

在土质不稳定、地下水量较大的情况下，通常先打入一圈至井底以下约 0.5m 的板桩加固。也可以采用混凝土管下沉法。

集水井井底还需铺垫约 0.3m 厚的卵石或碎石组成反滤层，以免从井底涌入大量泥砂造成集水井周围地面塌陷。

为保证集水井附近的槽底稳定，集水井与槽底有一定距离，在坑（槽）与集水井间设进水口，进水口的宽度一般为 1~1.2m。为了保证进水口的坚固，应采用木板、竹板支撑。

排水沟、进水口需要经常疏通，集水井需要经常清除井底的积泥，保持必要的存水深度以保证水泵的正常工作。集水井排水常用的水泵有离心泵、潜水泵和潜污泵。

（1）离心泵　离心泵的选择，主要根据流量和扬程。离心泵的安装，应注意吸水管接头不漏气及吸水头部至少沉入水面以下 0.5m，以免吸入空气，影响水泵的正常使用。

（2）潜水泵　这种泵具有整体性好、体积小、重量轻、移动方便及开泵时不需灌水等优点，在施工排水中广泛应用。

潜水泵使用时，应注意不得脱水空转，也不得抽升含泥砂量过大的泥浆水，以免烧坏电机。

（3）潜污泵　潜污泵是泵与电动机连成一体潜入水中工作，由水泵、三相异步电动机以及橡胶圈密封、电器保护装置等四部分组成。该型泵的叶轮前部装一搅拌叶轮，它可将作业面下的泥砂等杂质搅起抽吸排送。

明沟排水是一种常用的简易的降水方法，适用于少量地下水，以及槽内的地表水和雨水的排除。软土或土层中含有细砂、粉砂或淤泥层时，不宜采用这种方法。

### 2.1.2 涌水量计算

合理选择水泵型号，应计算总涌水量。

1. 干河床

$$Q = 1.36KH^2 / [\lg(R+r_0) - \lg r_0] \tag{2-1}$$

式中　$Q$ ——基坑总涌水量，$m^3/d$；

$K$ ——渗透系数，m/d，见表 2-1；

$H$ ——稳定水位至坑底的深度，m，当基底以下为深厚透水层时，$H$ 值可增加 3～4m；

$R$——影响半径，m，见表 2-1；

$r_0$——基坑半径，m。矩形基坑，$r_0=u\cdot(L+B)/4$；不规则基坑，$r_0=(F/\pi)^{\frac{1}{2}}$。其中 $L$ 与 $B$ 分别为基坑的长与宽，$F$ 为基坑面积；$u$ 值见表 2-2。

各种岩层的渗透系数及影响半径　　　　表 2-1

| 岩层成分 | 渗透系数(m/d) | 影响半径(m) |
| --- | --- | --- |
| 裂隙多的岩层 | >60 | >500 |
| 碎石、卵石类地层，纯净无细砂粒混杂均匀的粗砂和中砂 | >60 | 200～600 |
| 稍有裂隙的岩层 | 20～60 | 150～250 |
| 碎石、卵石类地层，混合大量细砂粒物质 | 20～60 | 100～200 |
| 不均匀的粗粒、中粒和细粒砂 | 5～20 | 80～150 |

$u$ 值　　　　表 2-2

| B/L | 0.1 | 0.2 | 0.3 | 0.4 | 0.5 | 0.6 |
| --- | --- | --- | --- | --- | --- | --- |
| u | 1.0 | 1.0 | 1.12 | 1.16 | 1.18 | 1.18 |

2. 基坑近河流

$$Q=1.36KH^2/\lg(2D/r_0) \tag{2-2}$$

式中　$D$——基坑距河边的距离，m；

其余同式（2-1）。

选择水泵时，水泵总排水量一般采用基坑总涌水量的 1.5～2.0 倍。

## 2.2　人工降低地下水位

人工降低地下水位排水就是在含水层中布设井点进行抽水，地下水位下降后形成降落漏斗。如果坑（槽）底位于降落漏斗以上，就基本消除了地下水对施工的影响。地下水位是在坑（槽）开挖前预先降低的，并维持到坑（槽）土方回填，如图 2-3 所示。

人工降低地下水位一般有轻型井点、喷射井点、电渗井点、管井井点、深井井点等方法。本节主要阐述轻型井点降低地下水位。各类井点适用范围见表 2-3。

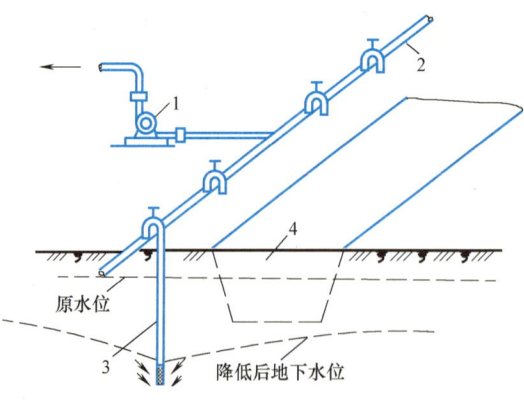

图 2-3　人工降低地下水位
1—水泵；2—集水总管；3—井点管；4—管沟

各种井点的适用范围 表 2-3

| 井点类型 | 渗透系数(m/d) | 降低水位深度(m) | 井点类型 | 渗透系数(m/d) | 降低水位深度(m) |
| --- | --- | --- | --- | --- | --- |
| 单层轻型井点 | 0.1~50 | 3~6 | 电渗井点 | <0.1 | 根据选用的井点确定 |
| 多层轻型井点 | 0.1~50 | 6~12 | 管井井点 | 20~200 | 根据选用的水泵确定 |
| 喷射井点 | 0.1~20 | 8~20 | 深井井点 | 10~250 | >15 |

### 2.2.1 轻型井点

轻型井点又分为单层轻型井点和多层轻型井点两种。

单层轻型井点适用于粉砂、细砂、中砂、粗砂等，渗透系数为 0.1~50m/d，降深小于 6m。多层轻型井点渗透系数为 0.1~50m/d，降深为 6~12m。轻型井点降水效果显著，应用广泛，并有成套设备可选用。

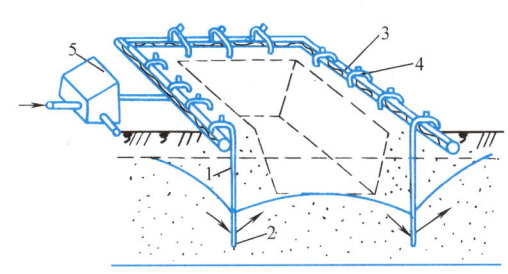

图 2-4 轻型井点系统的组成
1—井点管；2—滤水管；3—总管；
4—弯联管；5—抽水设备

1. 轻型井点的组成

轻型井点由滤水管、井点管、弯联管、总管和抽水设备所组成，如图 2-4 所示。

（1）滤水管

滤水管是轻型井点的重要组成部分，埋设在含水层中，一般采用直径 38~55mm、长 1~2m 的镀锌钢管制成，管壁上呈梅花状钻 5.0mm 的孔眼，间距为 30~40mm，滤水管的进水面积按下式计算：

$$A = 2m\pi r_d L_L \quad (2-3)$$

式中  $A$ ——滤水管进水面积，$m^2$；

$m$ ——孔隙率，一般取 20%~30%；

$r_d$ ——滤水管半径，m；

$L_L$ ——滤水管长度，m。

为了防止土颗粒进入滤水管，滤水管外壁应包滤水网。滤水网的材料和网眼规格应根据含水层中土颗粒粒径和地下水水质而定。一般可用黄铜丝网、钢丝网、尼龙丝网、玻璃丝等制成。滤网一般包两层，内层滤网网眼为 30~50 个/$cm^2$，外层滤网网眼为 3~10 个/$cm^2$。为避免滤孔淤塞，使水流通畅，在滤水管与滤网之间用 10 号钢丝绕成螺旋形将其隔开，滤网外面再围一层 6 号钢丝。也有用棕代替滤水网包裹滤水管，这样可以降低造价。

滤水管下端用管堵封闭，也可安装沉砂管，使地下水中夹带的砂粒沉积在沉砂管内。滤水管的构造，如图 2-5 所示。

为了提高滤水管的进水面积，防止土颗粒涌入井点内，提高土的竖向渗透性，可在滤水管周围建立直径 40~50cm 的过滤层，如图 2-6 所示。

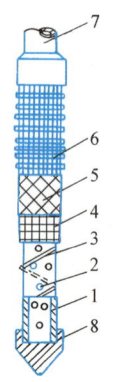

图 2-5　滤水管构造
1—钢管；2—管壁上的滤水孔；3—钢丝；
4—细滤网；5—粗滤网；6—粗钢丝保护网；
7—井点管；8—铁头

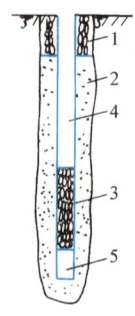

图 2-6　井点的过滤砂层
1—黏土；2—填料；3—滤水管；
4—井点管；5—沉砂管

(2) 井点管

井点管一般采用镀锌钢管制成，管壁上不设孔眼，直径与滤水管相同，其长度视含水层埋设深度而定，井点管与滤水管间用管箍连接。

(3) 弯联管

弯联管用于连接井点管和总管，一般采用内径 38~55mm 的加固橡胶管，该种弯联管安装和拆卸都很方便，允许偏差较大。也可采用弯头管箍等管件组装而成，该种弯联管气密性较好，但安装不方便。

(4) 总管

总管一般采用直径为 100~150mm 的钢管，每节长为 4~6m，在总管的管壁上开孔焊有直径与井点管相同的短管，用于弯联管与井点管的连接，短管的间距应与井点布置间距相同，但是由于不同的土质、不同降水要求，所计算的井点间距不同，因此，应根据实际情况而定。总管上短管间距通常按井点间距的模数而定，一般为 1.0~1.5m，总管间采用法兰连接。

2-1　动画
轻型井点抽水
设备

(5) 抽水设备

轻型井点通常采用射流泵或真空泵抽水设备，也可采用自引式抽水设备。

射流式抽水设备是由水射器和水泵共同工作来实现的，其设备组成简单，工作可靠，减少泵组的压力损失，便于设备的保养和维修。射流式抽水设备工作过程如图 2-7 所示。离心水泵从水箱抽水，水经水泵加压后，高压水在射流器的喷口出流形成射流，产生一定的真空度，使地下水经井点管、总管进入水射器，经过能量变换，将地下水提升到水箱内，一部分水经过水泵加压，使射流器工作，另一部分水经水管排除。

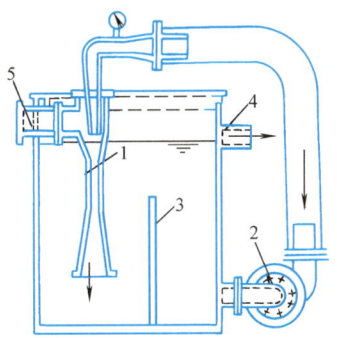

图 2-7 射流式抽水设备
1—射流器；2—加压泵；3—隔板；4—排水口；5—接口

射流式抽水设备技术性能参见表 2-4。

射流式抽水设备技术性能　　　表 2-4

| 项　目 | 型　号 | | | |
| --- | --- | --- | --- | --- |
| | QJD-45 | QJD-60 | QJD-90 | JS-45 |
| 抽水深度(m) | 9.6 | 9.6 | 9.6 | 10.26 |
| 排水量(m³/h) | 45 | 60 | 90 | 45 |
| 工作水压(MPa) | ≥0.25 | ≥0.25 | ≥0.25 | ≥0.25 |
| 电机功率(kW) | 7.5 | 7.5 | 7.5 | 7.5 |
| 外形尺寸(mm) 长×宽×高 | 1500×1010×850 | 2227×600×850 | 1900×1680×1030 | 1450×960×760 |

真空式抽水设备是真空泵和离心泵联合机组，如图 2-8 所示。真空式抽水设备的地下水位降落深度为 5.5～6.5m。此外，抽水设备组成复杂，连接较多，不容易保证降水的可靠性。

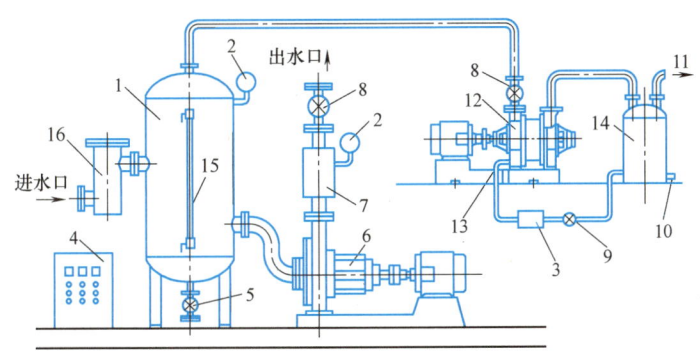

2-2 动画
轻型井点法降水

图 2-8 真空式抽水设备
1—真空罐；2—真空表；3—过滤器；4—电控柜；5—排污阀；6—水泵；
7—调压器；8—闸阀；9—球阀；10—放水口；11—排气口；12—真空泵；
13—工作液入口；14—汽水分离器；15—液位计；16—过滤器

自引式抽水设备是用离心水泵直接自总管抽水,地下水位降落深度仅为2~4m。

无论采用哪种抽水设备,为了提高水位降落深度,保证抽水设备的正常工作,除保证整个系统连接的严密性外,还要在地面下1.0m深度的井点管外填黏土密封,避免井点与大气相通,破坏系统的真空。

2. 轻型井点设计

轻型井点的设计包括:平面布置,高程布置,涌水量计算,井点管的数量、间距和抽水设备的确定等。井点计算由于受水文地质和井点设备等诸多因素的影响,所计算的结果只是近似数值,对重要工程,其计算结果必须经过现场试验进行修正。

(1) 轻型井点布置

总的布置原则是所有需降水的范围都包括在井点围圈内,若在主要构筑物基坑附近有一些小面积的附属构筑物基坑,应将这些小面积的基坑包括在内。井点布置分为平面布置和高程布置。

1) 平面布置。根据基坑平面形状与大小,土质和地下水的流向,降低地下水的深度等要求而定。当沟槽宽度小于2.5m,降水深度小于4.5m时,可采用单排线状井点,如图2-9所示,布置在地下水流的上游一侧;当基坑或沟槽宽度较大,或土质不良,渗透系数较大时,可采用双排线状井点,如图2-10所示;当基坑面积较大时,应用环形井点,如图2-11所示,挖土运输设备出入道路处可不封闭。

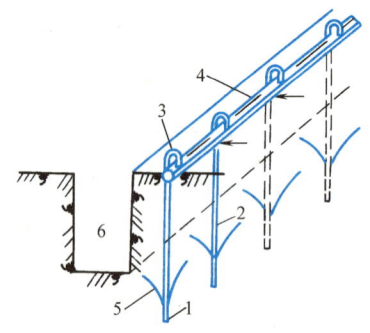

图2-9 单排井点系统

1—滤水管;2—井点管;3—弯联管;

4—总管;5—降水曲线;6—沟槽

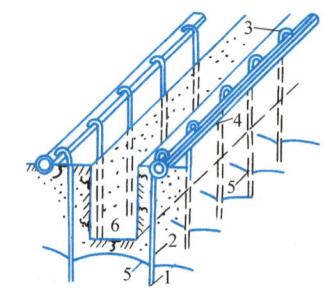

图2-10 双排井点系统

1—滤水管;2—井点管;3—弯联管;

4—总管;5—降水曲线;6—沟槽

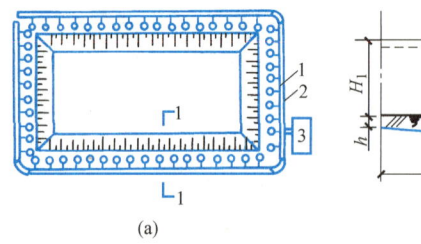

图2-11 环形井点布置简图

(a) 平面布置;(b) 高程布置

1—总管;2—井点管;3—抽水设备

① 井点的布置。井点应布置在坑（槽）上口边缘外 1.0～1.5m，布置过近，影响施工进行，而且可能使空气从坑（槽）壁进入井点系统，使抽水系统真空破坏，影响正常运行。

井点的埋设深度应满足降水深度要求。

② 总管布置。为提高井点系统的降水深度，总管的设置高程应尽可能接近地下水位，并应以 1‰～2‰ 的坡度坡向抽水设备，当环围井点采用多个抽水设备时，应在每个抽水设备所负担总管长度分界处设阀门将总管分段，以便分组工作。

③ 抽水设备的布置。抽水设备通常布置在总管的一端或中部，水泵进水管的轴线尽量与地下水位接近，常与总管在同一标高上，水泵轴线不低于原地下水位以上 0.5～0.8m。

④ 观察井的布置。为了了解降水范围内的水位降落情况，应在降水范围内设置一定数量的观察井，观察井的位置及数量视现场的实际情况而定，一般设在基坑中心、总管末端、局部挖深处等位置。

2）高程布置。井点管的埋设深度应根据降水深度、储水层所在位置、集水总管的高程等决定，但必须将滤管埋入储水层内，并且比所挖基坑或沟槽底深 0.9～1.2m。集水总管标高应尽量接近地下水位线并沿抽水水流方向有 0.25‰～0.5‰ 的上仰坡度，水泵轴心与总管齐平。

井点管埋深可按下式计算，如图 2-12 所示。

$$H = H_1 + \Delta h + iL + l \quad (2-4)$$

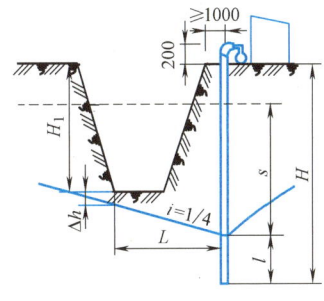

图 2-12 高程布置

式中　$H$ ——井点管埋置深度，m；
　　　$H_1$ ——井点管埋设面至基坑底面的距离，m；
　　　$\Delta h$ ——降水后地下水位至基坑底面的安全距离，m，一般为 0.5～1m；
　　　$i$ ——水力坡度，与土层渗透系数、地下水流量等因素有关，根据扬水试验和工程实测确定，对环状或双排井点可取 1/10～1/15；对单排线状井点可取 1/4；环状井点外取 1/8～1/10；
　　　$L$ ——井点管中心至最不利点（沟槽内底边缘或基坑中心）的水平距离，m；
　　　$l$ ——滤管长度，m。

井点露出地面高度，一般取 0.2～0.3m。

轻型井点的降水深度以不超过 6m 为宜。如求出的 $H$ 值大于 6m，则应降低井点管和抽水设备的埋置面，如果仍达不到降水深度的要求，可采用二级井点或多级井点，如图 2-13 所示。根据施工经验，两级井点降水深度递减 0.5m 左右。布置平台宽度一般为 1.0～1.5m。

（2）涌水量计算

井点涌水量采用裘布依公式近似地按单井涌水量算出。工程实际中，井点系统是各单井之间相互干扰的井群，井点系统的涌水量显然较数量相等互不干扰的单井的各井涌水量总和小。工程上为应用方便，按单井涌水量作为整个井群的总

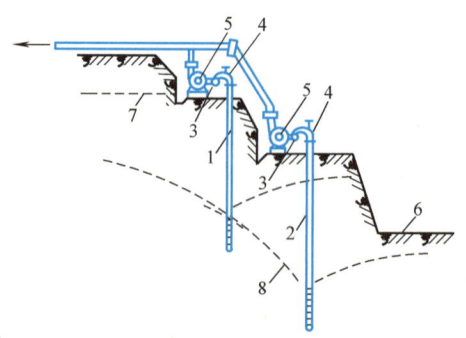

图 2-13 二级轻型井点降水示意

1—第一级井点；2—第二级井点；3—集水总管；4—连接管；5—水泵；
6—基坑；7—原有地下水位线；8—降水后地下水位线

涌水量，而"单井"的直径按井群各个井点所环围面积的直径计算。由于轻型井点的各井点间距较小，可以将多个井点所封闭的环围面积当作一口钻井，即以假想环围面积的半径代替单井井径计算涌水量。

1) 无压完整井的涌水量，如图 2-14 所示。

$$Q = 1.366 K (2H - S) S / (\lg R - \lg X_0) \tag{2-5}$$

式中  $Q$ ——井点系统总涌水量，$m^3/d$；

$K$ ——渗透系数，$m/d$；

$S$ ——水位降深，$m$；

$H$ ——含水层厚度，$m$；

$R$ ——影响半径，$m$；

$X_0$——井点系统的假想半径，$m$。

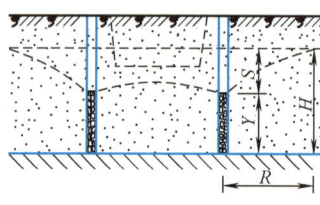   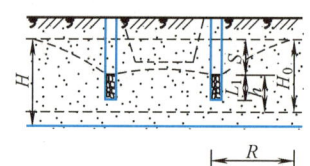

图 2-14 无压完整井      图 2-15 无压非完整井

2) 无压非完整井的涌水量，如图 2-15 所示。工程上遇到的大多为潜水非完整井，其涌水量可按下式计算：

$$Q' = BQ \tag{2-6}$$

式中  $Q'$ ——潜水非完整井涌水量 $m^3/d$；

$Q$ ——潜水完整井涌水量 $m^3/d$；

$B$ ——校正系数。

$$B = (L_L/h)^{1/2} [(2h - L_L)/h]^{1/4} \tag{2-7}$$

式中  $h$ ——地下水位降落后井点中水深，$m$；

$L_L$——滤水管长度，$m$。

也可以按无压非完整井用水量计算：

$$Q = 1.366K(2H_0-S)S/(\lg R - \lg X_0) \tag{2-8}$$

式中 $H_0$——含水层有效带的深度，m，参见表 2-5；

其他参数意义同式（2-5）。

$H_0$ 计算    表 2-5

| $\dfrac{S}{S+L_L}$ | 0.2 | 0.3 | 0.5 | 0.8 |
|---|---|---|---|---|
| $H_0$ | 1.3($S+L_L$) | 1.5($S+L_L$) | 1.7($S+L_L$) | 1.85($S+L_L$) |

注：$L_L$ 为滤水管长度；$S$ 为水位下降值。

（3）涌水量计算中有关参数的确定

1）渗透系数 $K$。以现场抽水试验取得较为可靠，若无资料时可参见表 2-6 数值选用。

当含水层不是均一土层时，渗透系数可按各层不同渗透系数的土层厚度加权平均计算。

土的渗透系数 $K$ 值    表 2-6

| 土的类别 | $K$(m/d) | 土的类别 | $K$(m/d) |
|---|---|---|---|
| 粉质黏土 | <0.1 | 含黏土的粗砂及纯中砂 | 35～50 |
| 含黏土的粉砂 | 0.5～1.0 | 纯中砂 | 60～75 |
| 纯粉砂 | 1.5～5.0 | 粗砂夹砾石 | 50～100 |
| 含黏土的细砂 | 10～15 | 砾石 | 100～200 |
| 含黏土的中砂及细砂 | 20～25 | | |

$$K_{cp} = (K_1n_1+K_2n_2+\cdots+K_nn_n)/(n_1+n_2+\cdots+n_n) \tag{2-9}$$

式中 $K_1, K_2, \cdots, K_n$——不同土层的渗透系数，m/d；

$n_1, n_2, \cdots, n_n$——含水层不同土层的厚度，m。

2）影响半径 $R$。确定影响半径常用三种方法：①直接观察；②用经验公式计算；③经验数据。以上三种方法中，直接观察是精确的方法。通常单井的影响半径比井点系统的影响半径小。所以，根据单井抽水试验确定影响半径是偏于安全的。

用经验公式计算影响半径：

$$R = 1.95S(KH)^{1/2} \tag{2-10}$$

3）环围面积的半径 $X_0$ 的确定。井点所封闭的环围面积为非圆形时，用假想半径确定 $X_0$，假想半径 $X_0$ 的圆称为假想圆。这样根据井点位置的实际尺寸就容易确定了。

当井点所环围的面积近似正方形或不规则多边形时，假想半径为：

$$X_0 = (F/\pi)^{1/2} \tag{2-11}$$

式中 $X_0$——假想半径，m；

$F$——井点所环围的面积，$m^2$。

当井点所环围的面积为矩形时,假想半径 $X_0$ 按下式计算:

$$X_0=\alpha(L+B)/4 \tag{2-12}$$

式中　$L$——井点系统的总长度,m;
　　　$B$——环围井点总宽度,m;
　　　$\alpha$——系数,参见表 2-7。

$\alpha$ 值　　　　　　表 2-7

| $B/L$ | 0 | 0.2 | 0.4 | 0.6 | 0.8 | 1.0 |
|---|---|---|---|---|---|---|
| $\alpha$ | 1.0 | 1.12 | 1.16 | 1.18 | 1.18 | 1.18 |

当 $L/B>5$ 时,不能用一个假想圆计算,而应划分为若干个假想圆。

狭长的坑(槽),一般 $B=0$,即:

$$X_0=L/4 \tag{2-13}$$

$L$ 值愈大,即井点系统长度愈大;但当 $L>1.5R$ 时,宜取 $L=1.5R$ 为一段进行计算。

(4) 井点数量和井点管间距的计算

1) 井点管数量

$$n=1.1Q/q \tag{2-14}$$

式中　$n$——井点管数量;
　　　$Q$——井点管系统涌水量,$m^3/d$;
　　　$q$——单个井点的涌水量,$m^3/d$。

$q$ 值按下式计算:

$$q=20\pi d L_\mathrm{L}(K)^{1/2} \tag{2-15}$$

式中　$d$——滤水管直径,m;
　　　$L_\mathrm{L}$——滤水管长度,m;
　　　$K$——渗透系数,m/d。

2) 井点管的间距

$$D=L_1/(n-1) \tag{2-16}$$

式中　$L_1$——总管长度,m,对矩形基坑的环形井点,$L_1=2(L+B)$;双排井点,$L_1=2L$ 等;$D$ 值求出后要取整数,并应符合总管接头的间距。

井点数量与间距确定以后可根据下式校核所采用的布置方式是否能将地下水位降低到规定的标高,即 $h$ 值是否不小于规定的数值。

$$h=\left\{H^2-\frac{\alpha}{1.366K}\left[\lg R-\frac{1}{n}\lg(x_1,x_2,\cdots,x_n)\right]\right\}^{1/2} \tag{2-17}$$

式中　$h$——滤管外壁处或坑底任意点的动水位高度,m,对完全井算至井底,对非完全井算至有效带深度;
　　　$x_1,\cdots,x_n$——所核算的滤管外壁或坑底任意点至各井点管的水平距离,m。

(5) 确定抽水设备

常用抽水设备有真空泵(干式、湿式)、离心泵等,一般按涌水量、渗透系数、井点数量与间距来确定。水泵流量应按 1.1～1.2 倍涌水量计算。

3. 轻型井点施工、运行及拆除

轻型井点系统的安装顺序是：测量定位；敷设集水总管；冲孔；沉放井点管；填滤料；用弯联管将井点管与集水总管相连；安装抽水设备；试抽。

井点管埋设有射水法、套管法、冲孔或钻孔法。

（1）射水法

图 2-16 是射水式井点管示意图。井点管下设射水球阀，上接可旋动节管与高压胶管、水泵等。冲射时，先在地面井点位置挖一小坑，将射水式井点管插入，利用高压水在井点管下端冲刷土体，使井点管下沉。下沉时，随时转动管子以增加下沉速度并保持垂直。射水压力一般为 0.4～0.6MPa。当井点管下沉至设计深度后取下软管，与集水总管相连，抽水时，球阀自动关闭。冲孔直径不小于 300mm，冲孔深度应比滤管深 0.5～1m，以利沉泥。井点管与孔壁间应及时用洁净粗砂灌实，井点管要位于砂滤中间。灌砂时，管内水面应同时上升，否则可向管内注水，水如很快下降，则认为埋管合格。

（2）套管法

套管法设备由套管、翻浆管、喷射头和贮水室四部分组成，如图 2-17 所示。套管直径 150～200mm（喷射井点为 300mm），一侧每 1.5～2.0m 设置 250mm×200mm 排泥窗口，套管下沉时，逐个开闭窗口，套管起导向、护壁作用。贮水室设在套管上、下。用 4 根 $\phi$38mm 钢管上下连接，其总截面积是喷嘴面积总和的三倍。为了加快翻浆速度及排除土块，在套管底部内安装两根 $\phi$25mm 压缩空气管，喷射器是该设备的关键部件，由下层贮水室、喷嘴和冲头三部分组成。套管冲枪的工作压力随土质情况加以选择，一般取 0.8～0.9MPa。

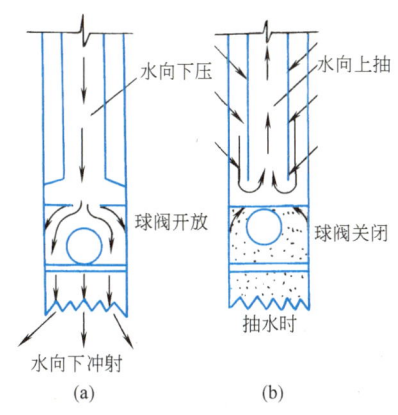

图 2-16 射水式井点管示意图
（a）射水时阀门位置；（b）抽水时阀门位置

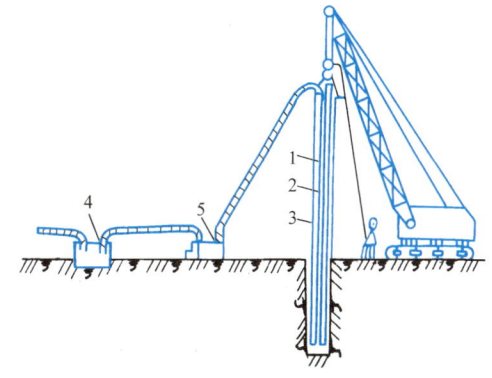

图 2-17 套管冲沉井点管
1—水枪；2—套管；3—井点管；
4—水槽；5—高压水泵

当冲孔至设计深度，继续给水冲洗一段时间，使出水含泥量在 5% 以下。此时于孔底填一层砂砾，将井点管居中插入，在套管与井点管之间分层填入粗砂并逐步拔出套管。

(3) 冲孔或钻孔法

采用直径为50～70mm的冲水管或套管式高压水冲枪冲孔，或用机械、人工钻孔后再沉放井点管。冲孔水压采用0.6～1.2MPa。为加速冲孔速度，可在冲管两旁设置两根空气管，将压缩空气接入。所有井点管在地面以下0.5～1.0m的深度内，应用黏土填实以防漏气。井点管埋设完毕，应接通总管与抽水设备进行试抽，检查有无漏气、淤塞等异常现象。轻型井点使用时，应保证连续不断地抽水，并准备双电源或自备发电机。

井点系统使用过程中，应继续观察出水是否澄清，并应随时做好降水记录，一般按表2-8填写。

降水记录表　　　　　　　　表 2-8

施工单位_____工程名称_____
班　　组_____气　　候_____
降水泵房编号_____机组类别及编号_____
实际使用机组数量_____井点数量：开_____根，停_____根
观测日期：自_____年_____月_____日_____时至_____年_____月_____日_____时

| 观测时间 | | 降水机组 | | 地下水流量 (m³/h) | 观测孔水位读数(m) | | | 记事 | 记录者 |
|---|---|---|---|---|---|---|---|---|---|
| 时 | 分 | 真空值(Pa) | 压力值(Pa) | | 1 | 2 | …… | | |
| | | | | | | | | | |
| | | | | | | | | | |

井点系统使用过程中，应经常观测系统的真空度，一般不应低于55.3～66.7kPa，若出现管路漏气、水中含砂较多等现象时，应尽早检查，排除故障，保证井点系统的正常运行。

坑（槽）内的施工过程全部完毕并回填土后，方可拆除井点系统，拆除工作是在抽水设备停止工作后进行，井点管常用起重机或倒链拔出。当井点管拔出困难时，可用高压水进行冲刷后再拔。拆除后的滤水管、井点管等应及时进行保养检修，存放于指定地点，以备下次使用。井孔应用砂或土填塞，应保证填土的最大干密度满足要求。

4. 轻型井点工程实例

【例 2-1】　某地建造一座地下式水池，其平面尺寸为10m×10m，基础底面标高为12.00m，自然标高为17.00m，根据地质勘探资料，地面以下1.5m内为粉质黏土，以下为8m厚的细砂土，地下水静水位标高为15.00m，土的渗透系数为5m/d，试进行轻型井点系统的布置与计算。

【解】　根据本工程基坑的平面形状及降水深度不大，拟订采用环状单排布置，布置如图2-18所示。

井点管、滤水管选用直径为50mm的钢管，布设在距基坑上口边缘外1.0m，总管布置在距基坑上口边缘外1.5m，总管底埋设标高为16.4m，弯联管选用直径50mm的弯联管。

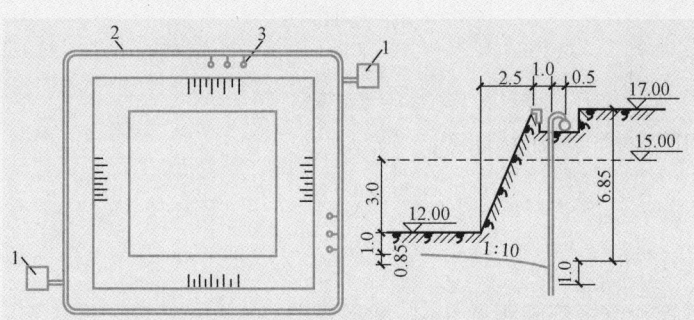

图 2-18 井点系统布置图
1—抽水设备；2—排水总管；3—井点管

井点管埋设深度的确定：$H \geqslant H_1 + \Delta h + iL$

式中 $H_1$——基坑深度：17.00－12.00＝5.00m；

$\Delta h$——降落后水位距坑底的距离，取 1.0m；

$i$——降水曲线坡度，环状井点取 1：10；

$L$——井点管中心距基坑中心的距离，基坑侧壁边坡率 $n=0.5$，边坡的水平投影为 $H \times n = 5 \times 0.5 = 2.5$m，则 $L = 5 + 2.5 + 1.0 = 8.5$m。所以：

$$H \geqslant 5.0 + 1.0 + 0.1 \times 8.5 = 6.85\text{m}$$

则井点管的长度为：6.85－(17.0－16.4)＋0.4＝6.65m

滤水管选用长度为 1.0m。

由于土层的渗透系数不大，初步选定井点管间距为 0.8m，总管直径选用 150mm 的钢管，总长度为：

$$4 \times (2 \times 2.5 + 10 + 2 \times 1.5) = 4 \times 18 = 72\text{m}$$

抽水设备选用两套，其中一套备用，布置如图 2-17 所示，核算如下：

(1) 涌水量计算按无压非完整井计算，采用式（2-8）：

其中：$S = (15.00 - 12.00) + 1.0 + 0.85 = 4.85$m

滤水管 $L_L = 1.0$m，根据表 2-5，按 $S/(S+L_L) = 0.83$，查得

$$H_0 = 1.85(S + L_L) = 1.85(4.85 + 1.0) = 10.82\text{m}$$

影响半径按式（2-10）计算，其中 $K = 5$m/d

$$R = 1.95S$$

假想半径按式（2-12）计算，其中 $B/L = 1.0$，查表 2-7，$\alpha = 1.0$，则 $X_0 = 0.5$

因此，井的涌水量为：$Q = 624.9$m³/d。

(2) 井点数量与间距的计算，单井出水量按式（2-15）计算：

$$Q = 20\pi d L_L (K)^{1/2} = 20 \times 3.14 \times 0.05 \times (5)^{1/2}$$
$$= 9\text{m}^3/\text{d}$$

井点数量按式（2-14）计算：

$$n = 1.1Q/q$$
$$= 1.1 \times 624.9/90$$
$$= 76 \text{ 个}$$

井点间距按式（2-16）计算：
$$D = L_1/(n-1)$$
$$= 72/(76-1)$$
$$= 0.96\text{m}$$

初选总管预留短管间距 0.8m，满足要求。

抽水设备选择

抽水量 $Q = 624.9\text{m}^3/\text{d} = 26.04\text{m}^3/\text{h}$

井点系统真空值取 6.7kPa。

选用两套 QJD-45 射流式抽水设备。

5. 轻型井点降水技术交底

（1）工程概况

某清水池容积 8000m³，土方工程采用机械施工大开挖施工方案，开挖面积 40m×58m，开挖深度为 5m，地下水位为 −1.5m。本场地地质构造复杂，由东向西发现有古道路、古河道及新近代冲积物为沉积软弱黏性土层，均横向穿越本场地，地质柱状表见表 2-9。由于开挖深度较大，地下水位高，在土方开挖前，设计要求进行人工降水，以保证施工质量和顺利进行施工，施工组织设计确定降水方案为轻型井点降水及井点布置。

地质柱状表　　　　　表 2-9

| 层次 | 年代及成因 | 地层描述 | 颜色 | 湿度 | 状态 | 柱状图比例尺 1:100 | 厚度 (m) | 深度 (m) | 层底标高 (m) | 土样编号 | 深度(m) |
|---|---|---|---|---|---|---|---|---|---|---|---|
| 1 | $Q_4^{ml}$ | 杂填土：炉渣、砖瓦块杂土组成，松散 | | | | | 1.5 | 1.5 | 8.61 | 4-1 | 2.2~2.4 |
| 2 | $Q_4^{2I+Pl}$ | 粉土：1.5~3.7m 为黄色粉土，稍湿—湿硬—可塑，3.7~5.2m 为棕黄色粉土，饱水软—流塑，振动时析水 | | | | | 3.7 | 5.2 | 5.91 | 4-2 | 4.0~4.2 |
| 3 | $Q_4^{1aI+Pl}$ | 粉质黏土：黄色粉质黏土，可塑—硬塑，上部含礓石较多，7.5m 以下礓石减少呈可塑状态 | | | | | 3.8 | 9.0 | 1.11 | | |
| 3-1 | | 粗砂砾石层：黄色粗砂含黏土，9.5m 为粗砂，砾石含水层水量较大 | | | | | 1.0 | 10.0 | 0.11 | | |

（2）准备工作

1）施工机具

① 滤管：φ50mm，壁厚 3.0mm 无缝钢管，长 2.8m，一端用厚为 4.0mm 钢

板焊死，在此端 1.4m 长范围内，在管壁上钻 $\phi15mm$ 的小圆孔，孔距为 25mm，外包两层滤网，滤网采用编织布，外再包一层网眼较大的尼龙丝网，每隔 50～60mm 用 10 号钢丝绑扎一道，滤管另一端与井点管进行连接。

② 井点管：$\phi50mm$，壁厚为 3.0mm 无缝钢管，长 6.2m。

③ 连接管：胶皮管，与井点管和总管连接，采用 8 号钢丝绑扎，应扎紧以防漏气。

④ 总管：$\phi102mm$ 钢管，壁厚为 4mm，每节长度为 4～5m，用法兰盘加橡胶垫圈连接，防止漏气、漏水。

⑤ 抽水设备：3BA-35 单级单吸离心泵，共 5 台，其中两台备用，自制反射水箱。

⑥ 移动机具：自制移动式井架、牵引能力为 6t 的绞车。

⑦ 凿孔冲击管：$\phi219mm \times 8mm$ 的钢管，由加工厂自制，其长度为 10m。

⑧ 水枪：$\phi50mm \times 5mm$ 无缝钢管，下端焊接一个 $\phi16mm$ 的枪头喷嘴，上端弯成大约直角，且伸出冲击管外，与高压胶管连接。

⑨ 蛇形高压胶管：压力应达到 1.50MPa 以上，长 120m。

⑩ 高压水泵：100TSW-7 高压离心泵，配备一个压力表，做下井管之用。

2）材料

粗砂与豆石，不得采用中砂，严禁使用细砂，以防堵塞滤管网眼。

3）技术准备

① 详细查阅工程地质报告，了解工程地质情况，分析降水过程中可能出现的技术问题和采取的对策。

② 凿孔设备与抽水设备检查。

4）平整场地

为了节省机械施工费用，不使用履带式吊车，采用碎石桩振冲设备的自制简易车架，因此场地平整度要高一些，设备进场前进行场地平整，以便于车架在场地内移动。

（3）井点安装

1）安装程序

井点放线定位→安装高位水泵→凿孔安装埋设井点管→布置安装总管→井点管与总管连接→安装抽水设备→试抽与检查→正式投入降水程序。

2）井点管埋设

① 根据建设单位提供测量控制点，测量放线确定井点位置，然后在井位先挖一个小土坑，深大约 500mm，以便于冲击孔时集水，埋管时灌砂，并用水沟将小坑与集水坑连接，以便于排泄多余水。

② 用绞车将简易井架移到井点位置，将套管水枪对准井点位置，启动高压水泵，水压控制在 0.4～0.8MPa，在水枪高压水射流冲击下套管开始下沉，并不断地提升与降落套管和水枪。一般含砂的黏土，按以往经验，套管落距在 1000mm 之内，在射水与套管冲切作用下，10～15min，井点管可下沉 10m 左右，若遇到较厚的纯黏土时，沉管时间要延长，此时可增加高压水泵的压力，以加速沉管的

速度。冲击孔的成孔直径应达到300～350mm，保证管壁与井点管之间有一定间隙，以便于填充砂石，冲孔深度应比滤管设计安置深度深500mm以上，以防止冲击套管提升拔出时部分土塌落，并使滤管底部存有足够的砂石。

凿孔冲击管上下移动时应保持垂直，这样才能使井点降水井壁保持垂直，若在凿孔时遇到较大的石块和砖块，会出现倾斜现象，此时成孔的直径也应尽量保持上下一致。

井孔冲击成型后，应拔出冲击管，通过单滑轮，用绳索拉起井点管插入，井点管的上端应用木塞塞住，以防砂石或其他杂物进入，并在井点管与孔壁之间填灌砂石滤层，该砂石滤层的填充质量直接影响轻型井点降水的效果，应注意砂石必须采用粗砂，以防止堵塞滤管的网眼；滤管应放置在井孔的中间，砂石滤层的厚度应为60～100mm，以提高透水性，并防止土粒渗入滤管堵塞滤管的网眼。填砂厚度要均匀，速度要快，填砂中途不得中断，以防孔壁塌土；滤砂层的填充高度，至少要超过滤管顶以上1000～1800mm，一般应填至原地下水位线以上，以保证土层水流上下畅通；井点填砂完后，井口以下1.0～1.5m用黏土封口压实，防止漏气而降低降水效果。

3）冲洗井管

将$\phi 15$～$\phi 30$mm的胶管插入井点管底部进行注水清洗，直到流出清水为止。应逐根进行清洗，避免出现"死井"。

4）管路安装

首先沿井点管外侧，铺设集水干管，并用胶垫螺栓把干管连接起来，主干管连接水箱水泵，然后拔掉井点管上端的木塞，用胶管与主管连接好，再用10号钢丝绑好，防止管路不严漏气而降低整个管路的真空度。主管路的流水坡度按坡向泵房5‰的坡度，并用砖将主干管垫好。还要做好冬季降水防冻保温。

5）检查管路

检查集水干管与井点管连接的胶管的各个接头在试抽水时是否有响声漏气现象，发现这种情况应重新连接或用油腻子堵塞，重新拧紧法兰盘螺栓和胶管的钢丝，直至不漏气为止。在正式运转抽水之前必须进行试抽，以检查抽水设备运转是否正常，管路是否存在漏气现象。

在水泵进水管上安装一个真空表，在水泵的出水管上安装一个压力表。为了观测降水深度是否达到施工组织设计所要求的降水深度，在基坑中心设置一个观测井点，以便于通过观测井点测量水位，并描绘出降水曲线。

在试抽时，应检查整个管网的真空度，当真空度达到550mmHg（73.33kPa）时，方可正式投入抽水。

（4）抽水

轻型井点管网全部安装完毕后进行试抽。当抽水设备运转一切正常后，整个抽水管路无漏气现象，可以投入正常抽水作业。开机一个星期后将形成地下降水漏斗，并趋向稳定，土方工程可在降水10天后开工。

（5）注意事项

1）土方挖掘运输车道不设置井点，这并不影响整体降水效果。

2）在正式开工前，由电工及时办理用电手续，并做好备用电源，保证在抽水期间不停电。抽水应连续进行，特别是开始抽水阶段，时停时抽，井点管的滤网易于阻塞，出水混浊。同时若中途长时间停止抽水，造成地下水位上升，会引起土方边坡塌方等事故。

3）轻型井点降水应经常进行检查，其出水规律应"先大后小，先混后清"。若出现异常情况，应及时进行检查。

4）在抽水过程中，应经常检查和调节离心泵的出水阀门以控制流水量，当地下水位降到所要求的水位后，减少出水阀门的出水量，尽量使抽吸与排水保持均匀，达到细水长流。

5）真空度是轻型井点降水能否顺利进行降水的主要技术指数，现场设专人经常观测，若抽水过程中发现真空度不足，应立即检查整个抽水系统有无漏气环节，并应及时排除。

6）在抽水过程中，特别是开始抽水时，应检查有无井点管淤塞的死井，可通过管内水流声、管子表面是否潮湿等方法进行检查。如"死井"数量超过10%，则严重影响降水效果，应及时采取措施，采用高压水反冲洗处理。

7）在打井点之前应踏勘现场，采用洛阳铲凿孔，若发现场内表层有旧基础、隐性墓地应及早处理。

8）本工程场地黏土层较厚，沉管速度会较慢，如超过常规沉管时间时，可增大水泵压力，1.0～1.4MPa，但不要超过1.5MPa。

9）主干管应按本交底做好流水坡度，流向水泵方向。

10）本工程土方开挖后期已到冬季，应做好主干管保温，防止受冻。

11）基坑周围上部应挖好排水沟，防止雨水流入基坑。

12）井点位置应距坑边2～2.5m，以防止井点设置影响边坑土坡的稳定性。水泵抽出的水应按施工方案设置的明沟排出，离基坑越远越好，以防止地表水渗下回流，影响降水效果。

13）本工程场地内的黏土层较厚，这将影响降水效果，因为黏土的透水性能差，上层水不易渗透下去，采取套管和水枪在井点轴线范围之外打孔，用与埋设井点管相同的成孔作业方法，井内填满粗砂，形成二至三排砂桩，使地层中上下水贯通。在抽水过程中，下部抽水，上层水由于重力作用和抽水产生的负压，上层水系很容易漏下去，将水抽走。

由于地质情况比较复杂，工程地质报告与实际情况往往不符，应因地制宜采取相应措施，并向公司技术科通报。

### 2.2.2 喷射井点

工程上，当坑（槽）开挖较深，降水深度大于6.0m时，单层轻型井点系统不能满足要求时，可采用多层轻型井点系统，但是多层轻型井点系统存在着设备多、施工复杂、工期长等缺点，此时，宜采用喷射井点降水。降水深度可达8～12m。在渗透系数为3～20m/d的砂土中应用本法最为有效。渗透系数为0.1～3m/d的粉砂淤泥质土中效果也较显著。

根据工作介质不同，喷射井点分为喷气井点和喷水井点两种，目前多采用喷水井点。

1. 喷射井点设备

(1) 喷射井点系统组成

喷射井点设备由喷射井管、高压水泵及进水排水管路组成,见图2-18。喷射井管有内管和外管,在内管下端设有喷射器与滤管相连,见图2-18。高压水(0.7~0.8MPa)经外管与内管之间的环形空间,并经喷射器侧孔流向喷嘴,由于喷嘴处截面突然缩小,压力水经喷嘴以很高的流速喷入混合室,使该室压力下降,造成一定的真空度。此时,地下水被吸入混合室与高压水汇合,流经扩散管,由于截面扩大,水流速度相应减小,使水的压力逐渐升高,沿内管上升经排水总管排出。

高压水泵宜采用流量为 50~80m³/h 的多级高压水泵,每套能带动 20~30 根井管。

(2) 喷射井点布置

喷射井点的平面布置,当基坑宽小于 10m 时,井点可作单排布置;当大于 10m 时,可作双排布置;当基坑面积较大时,宜采用环形布置,见图2-19。井点距一般采用 1.5~3m。

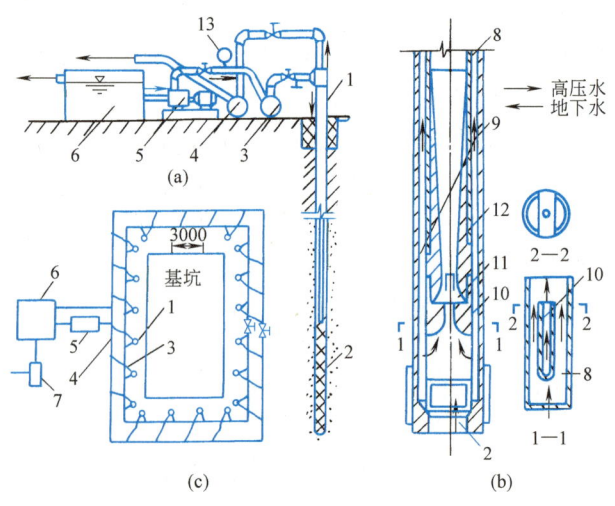

图 2-19 喷射井点设备及布置
(a) 系统图;(b) 井管详图;(c) 平面图

1—喷射井管;2—滤管;3—进水总管;4—排水总管;5—高压水泵;6—集水池;7—水泵;
8—内管;9—外管;10—喷嘴;11—混合室;12—扩散管;13—压力表

喷射井点高程布置及管路布置方法和要求与轻型井点基本相同。

2. 喷射井点的施工与使用

喷射井点的施工顺序为:安装水泵及进水管路;敷设进水总管和回水总管;沉设井点管并灌填砂滤料,接通进水总管后及时进行单根井点试抽、检验;全部井点管沉设完毕后,接通回水总管,全面试抽,检查整个降水系统的运转状况及降水效果。然后让工作水循环进行正式工作。

喷射井点埋设时,宜用套管冲孔,加水及压缩空气排泥。当套管内含泥量小于 5% 时方可下井管及灌砂，然后再将套管拔起。下管时水泵应先开始运转，以便每下好一根井管，立即与总管接通（不接回水管），之后及时进行单根试抽排泥，并测定真空度，待井管出水变清后为止，地面测定真空度不宜小于 93300Pa。全部井点管埋设完毕后，再接通回水总管，全面试抽，然后让工作水循环，进行正式工作。各套进水总管均应用阀门隔开，各套回水总管应分开。开泵时，压力要小于 0.3MPa，以后再逐渐正常。抽水时如发现井管周围有泛砂冒水现象，应立即关闭井点管进行检修。工作水应保持清洁。试抽两天后应更换清水，以减轻工作水对喷嘴及水泵叶轮等的磨损。

3. 喷射井点的计算

喷射井点的涌水量计算及确定井点管数量与间距、抽水设备等均与轻型井点计算相同，水泵工作水需用压力按下式计算：

$$P = 0.0981 P_0 / A \tag{2-18}$$

式中　$P$——水泵工作水压力，MPa；

$P_0$——扬水高度，即水箱至井管底部的总高度，m；

$A$——水高度与喷嘴前面工作水头之比。

混合室直径一般为 14mm，喷嘴直径为 5～7mm。

喷射井点出水量见表 2-10。

喷射井点出水量　　　　　表 2-10

| 型号 | 外管直径(mm) | 喷射器 | | 工作水压力(MPa) | 工作水流量($m^3/h$) | 单井出水量($m^3/h$) | 适用含水层渗透系数(m/d) |
|---|---|---|---|---|---|---|---|
| | | 喷嘴直径(mm) | 混合室直径(mm) | | | | |
| 1.5 型并列式 | 38 | 7 | 14 | 0.60～0.80 | 4.10～6.80 | 4.22～5.76 | 0.10～5.00 |
| 2.5 型圆心式 | 68 | 7 | 14 | 0.60～0.80 | 4.60～6.20 | 4.30～5.76 | 0.10～5.00 |
| 6.0 型圆心式 | 162 | 19 | 40 | 0.60～0.80 | 30.00 | 25.00～30.00 | 10.00～20.00 |

### 2.2.3　电渗井点

在饱和黏土或含有大量黏土颗粒的砂性土中，土分子引力很大，渗透性较差，采用重力或真空作用的一般轻型井点排水，效果很差。此时，宜采用电渗井点降水。

电渗井点适用渗透系数小于 0.1m/d 的土层中。

1. 电渗井点的原理

电渗井点的基本原理就是根据胶体化学的双电层理论，在含水的细土颗粒中，插入正负电极并通以直流电后，土颗粒即自负极向正极移动，水自正极向负极移动，这样把井点沿坑槽外围埋入含水层中，作为负极，导致弱渗水层中的黏滞水移向井点中，然后用抽水设备将水排除，以使地下水位下降。

2. 电渗井点的布置

电渗井点布置，如图 2-20 所示。采用直流电源，电压不宜大于 60V。电流密度宜为 0.5～1.0A/$m^2$；阳极采用 $DN50～DN75$ 的钢管或 $DN<25mm$ 的钢筋；负极采用井点本身。

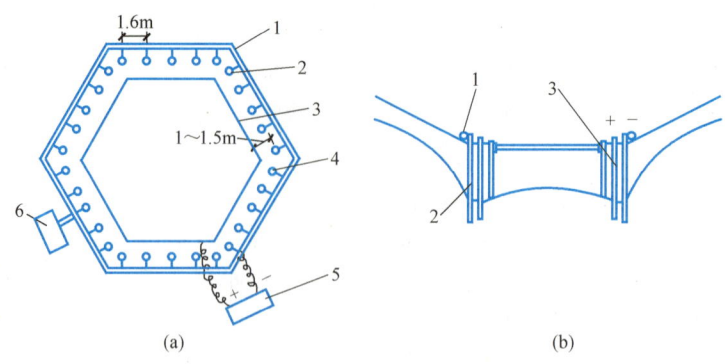

图 2-20 电渗井点布置
(a) 平面布置；(b) 高程布置
1—总管；2—井点管（阴极）；3—阳极；4—弯联管；5—直流电源；6—抽水设备

正极和负极自成一列布置，一般正极布置在井点的内侧，与负极并列或交错，正极埋设应垂直，严禁与相邻负极相碰。正极的埋设深度应比井点深 50cm，露出地面 0.2～0.4m，并高出井点管顶端，正负极的数量宜相等，必要时正极数量可多于负极数量。

正负极的间距，一般采用轻型井点时，为 0.8～1.0m，采用喷射井点时，为 1.2～1.5m。

正负极应用电线或钢筋连成电路，与电源相应电极相接，形成闭合回路，导线上的电压降不应超过规定电压的 5%。因此，要求导线的截面较大，一般选用直径 6～10mm 的钢筋。

3. 电渗井点的施工与使用

电渗井点施工与轻型井点相同。

电渗井点安装完毕后，为避免大量电流从表面通过，降低电渗效果，减少电耗，通电前应将地面上的金属或其他导电物处理干净。

电路系统中应安装电流表和电压表，以便操作时观察，电源必须设有接地线。

电渗井点运行时，为减少电耗，应采用间歇通电，即通电 24h 后，停电 2～3h 再通电。

电渗井点运行时，应按时观测电流、电压、耗电量及观测井水位变化等，并做好记录。

电渗井点的电源，一般采用直流电焊机，其功率计算：

$$P = UIF/1000 \tag{2-19}$$
$$F = H \cdot L$$

式中　$P$ ——电焊机功率，kW；
　　　$U$ ——电渗电压，一般为 45～65V；
　　　$F$ ——电渗面积，$m^2$；
　　　$H$ ——导电深度，m；
　　　$L$ ——井点周长，m；
　　　$I$ ——电流密度，宜为 0.5～1.0A/$m^2$。

### 2.2.4 管井井点

管井适用于中砂、粗砂、砾砂、砾石等渗透系数为 1~200m/d，地下水丰富的土、砂层或轻型井点不易解决的地方。

管井井点系统由滤水井管、吸水管、抽水机等组成，如图 2-21 所示。

管井井点排水量大，降水深，可以沿基坑或沟槽的一侧或两侧作直线布置，也可沿基坑外围四周呈环状布设。井中心距基坑边缘的距离为：采用冲击式钻孔用泥浆护壁时为 0.5~1m；采用套管法时不小于 3m。管井埋设的深度与间距，根据降水面积、深度及含水层的渗透系数等而定，最大埋深可达 10 余米，间距 10~50m。

井管的埋设可采用冲击钻或螺旋钻，泥浆或套管护壁。钻孔直径应比滤水井管大 200mm 以上。井管下沉前应进行清洗，并保持滤网的畅通，滤水井管放于孔中心，用圆木堵塞管口。壁与井管间用 3~15mm 砾石填充作过滤层，地面下 0.5m 以内用黏土填充夯实。高度不小于 2m。

管井井点抽水过程中应经常对抽水机械的电机、传动轴、电流、电压等作检查，对管井内水位下降和流量进行观测和记录。

管井使用完毕，采用人工拔杆，用钢丝绳捯链将管口套紧慢慢拔出，洗净后供再次使用，所留孔洞用砾砂回填夯实。

### 2.2.5 深井井点

当土的渗透系数大于 20~200m/d，地下水比较丰富的土层或砂层，要求地下水位降深较大时，宜采用深井井点。

深井井点构造，如图 2-22 所示。

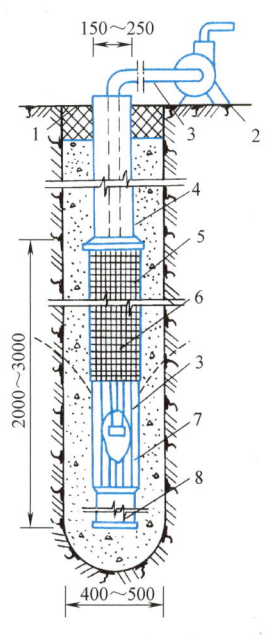

图 2-21 管井井点构造
1—黏土；2—水泵；3—吸水管；4—井管；
5—砾石；6—滤网；7—钢筋骨架；8—沉砂管

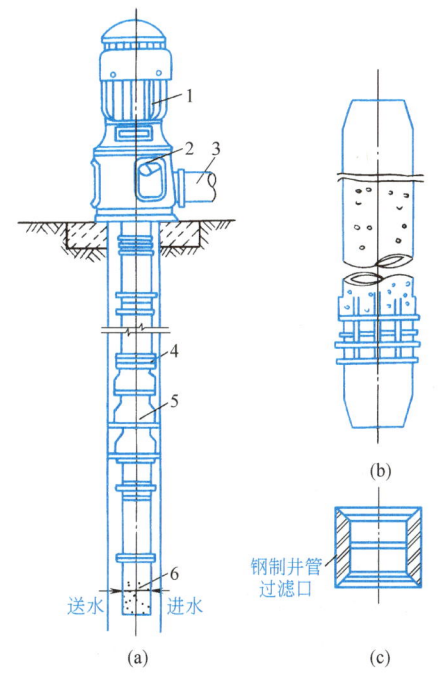

图 2-22 深井井点构造
(a) 深井泵抽水设备系统；(b) 滤网骨架；(c) 滤管大样
1—电机；2—泵座；3—出水管；4—井管；5—泵体；6—滤管

1. 深井井点系统的主要设备

(1) 井管及滤水管

井管部分由直径 200mm 的钢管、混凝土管或塑料管等制成；滤水管可用钢筋焊接骨架，外缠镀锌钢丝并包孔眼为 1～2mm 的滤网，长 2～3m。

(2) 吸水管

用直径 50～100mm 的胶皮管或钢管制成，其底部装有底阀，吸水管进口应低于管井内最低水位。

(3) 水泵

一般多采用深井泵，每个管井设一台，若因水泵吸下真空高度的限制，也可选用潜水泵。

2. 管井布置及埋设

管井一般沿基坑（槽）外围每隔一定距离设置一个，其间距为 10～50m，管井中心距基坑（槽）上口边缘的距离，依据钻孔方法而定。

管井的埋深应根据降水面积和降水深度以及含水层渗透系数而定。

管井的埋设可采用回转钻成孔，亦可用冲击钻成孔，钻孔直径应比滤水管大 200mm 以上。井管放于孔中心，井壁与土壁间用 3～15mm 砾石填充滤层，地面以下 0.5m 内用黏土密封。

3. 水泵设置

水泵的设置标高应根据降水深度和水泵最大吸水真空高度而定，若高度不够时，可设在基坑内。

4. 喷射井点工程实例

【例 2-2】 某钢厂均热炉基坑，地处冲积平原，基础施工涉及的四层土如表 2-11 所示，该基坑呈长方形，长 330m，宽 67m，基坑底深 9.32m。地下水位−1.2m。试设计井点。

土质、层厚与渗透系数　　　　　表 2-11

| 土层名称 | 厚度(m) | 渗透系数(m/d) | 土层名称 | 厚度(m) | 渗透系数(m/d) |
|---|---|---|---|---|---|
| 粉质黏土 | 2～3 | 0.35～0.43 | 淤泥质黏土 | 10～12 | |
| 淤泥质粉质黏土 | 6～8 | 0.35～0.43 | 黏土 | 30～40 | |

【解】

(1) 井点设计

根据降深要求、土质和设备情况，设计采用西部二级轻型井点，东部喷射井点构成封闭式联合降水。图 2-23 是喷射井点平面布置图。

共计下沉井点 82 根，设 3 个水泵房，1 号、2 号、3 号水泵各连接井点 31 根、25 根、26 根。井点间距 2m，另设 12 个水位观测井。

井点埋深（不包括露出地面高和滤水管长度）：

$$H = H_1 + \Delta h + iL = 9.32 + 0.4 + 1/10 \times 34 = 13.1 \text{m}$$

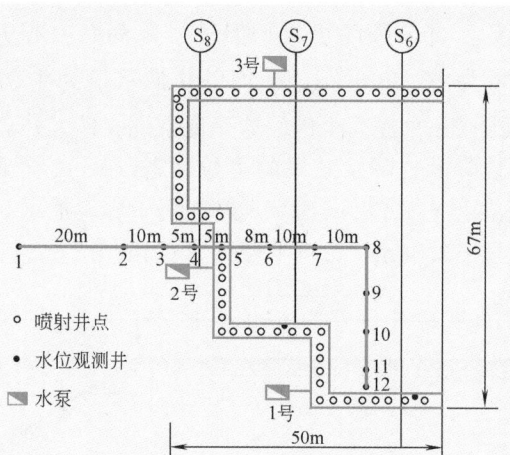

图 2-23 喷射井点平面布置图

(2) 井管埋设

井管用套管水冲法施工。用此法由于在过滤器外壁滤砂层厚度为 5~8cm 以上，套管内填砂均匀充实，改善了垂直渗透性，同时滤砂层防止大量细颗粒土的流失，保证地基不受破坏，提高水的清洁度，为喷射井点深层降水成功打下良好基础。

(3) 降水效果

抽水量统计列于表 2-12。流量与时间关系曲线如图 2-24 所示，从曲线看有波动，这是受雨水、潮汐的影响，但总趋势是稳定的。

抽水量统计　　　　表 2-12

| 泵房号 | 井点根数 | | 累计流量 $(m^3)$ | 平均日流量 $(m^3/d)$ | 单井日流量 $(m^3/d)$ | 备 注 |
|---|---|---|---|---|---|---|
| | 施工数（根） | 出水量 $(m^3/d)$ | | | | |
| 1 | 31 | 31 | 489.5 | 13.93 | 0.45 | 其中 10 根为导杆水冲法施工 |
| 2 | 25 | 20 | 529.5 | 14.71 | 0.74 | 因道路关上 5 根 |
| 3 | 26 | 23 | 694.4 | 19.29 | 0.40 | 试验用 2 根 |

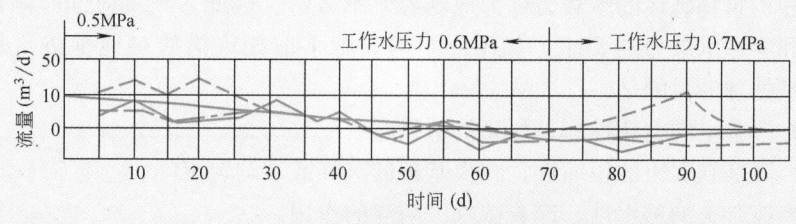

图 2-24 流量与时间关系曲线

1 号泵有 10 根井点为导杆式水冲法施工，不仅流量少，而且含泥量高，虽然多次更换清水，却发现粉细土被抽出，局部地基陷落。

运行 300 余天后,部分喷嘴已坏,但 3 号泵尚余 8 根井点,井点间距为 4~6m,实际出水量为 15.36m³/d,平均单井抽水量为 1.92m³/d,比开始时 0.74m³/d(井点间距 2m)提高 1 倍。这一现象说明扩大井点间距是可行的。

水位降低:水位降低是降水效果的主要标志,从 12 个观测井收集资料如图 2-25 所示。开挖深度−10.82m 时,地基土仍干燥。抽水 35 天后距基坑 40m 远处观测井水位降至−2.36m,影响半径约为 60m。

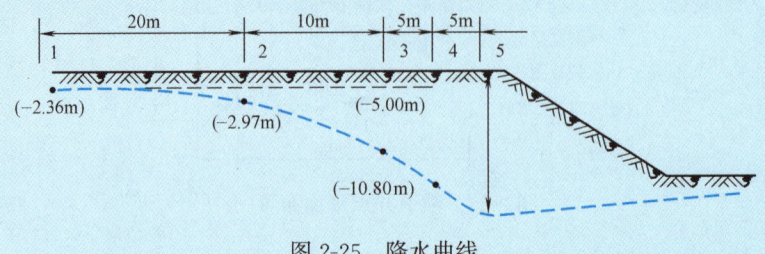

图 2-25 降水曲线

真空度:真空度衡量井点抽水正常与否。过分要求高真空度就需提高工作水压力,这对喷嘴有害,因此严格控制水压是非常重要的。实际中对三个泵房井点真空度变化作了测定和记录。

土工分析:在基坑内地面以下−3m、−6m、−9m 处取土作含水量变化分析。含水量降低至 7%~18%,达到了良好的降水效果。

## 2.3 地基处理

在工程上,无论是给水排水构筑物,还是给水排水管道,其荷载都作用于地基上,导致地基产生附加应力,附加应力引起地基的沉降,沉降量取决于土的孔隙率和附加应力的大小。在荷载作用下,若同一高度的地基各点沉降量相同,这种沉降称为均匀沉降;反之,称为不均匀沉降。无论是均匀沉降,还是不均匀沉降都有一个容许范围值,称为极限均匀沉降量和最大不均匀沉降量。沉降量在允许范围内,构筑物才能稳定安全,否则,结构就会失去稳定或遭到破坏。

地基在构筑物荷载作用下,不会因地基产生的剪应力超过土的抗剪强度而导致地基和构筑物破坏的承载力称为地基容许承载力。因此,地基应同时满足容许沉降量和容许承载力的要求,如不满足时,则采取相应措施对地基进行加固处理。地基处理的目的是:

(1) 改善土的剪切性能,提高抗剪强度。
(2) 降低软弱土的压缩性,减少基础的沉降或不均匀沉降。
(3) 改善土的透水性,起着截水、防渗的作用。
(4) 改善土的动力特性,防止砂土液化。
(5) 改善特殊土的不良地基特性(主要是指消除或减少湿陷性和膨胀土的胀缩性等)。

地基处理的方法有换土垫层、碾压夯实、挤密振实、排水固结和注浆加固等五类。各类方法及其原理与作用，参见表2-13。

**地基处理方法分类**　　　　　　　　　　　　　　　　　　　　　表2-13

| 分类 | 处理方法 | 原理及作用 | 适用范围 |
|---|---|---|---|
| 换土垫层 | 素土垫层<br>砂垫层<br>碎石垫层 | 挖除浅层软土，用砂、石等强度较高的土料代替，以提高持力层土的承载力，减少部分沉降量；消除或部分消除土的湿陷性胀缩性及防止土的冻胀作用；改善土的抗液化性能 | 适用于处理浅层软弱土地基、湿陷性黄土地基（只能用灰土垫层）、膨胀土地基、季节性冻土地基 |
| 挤密振实 | 砂桩挤密法<br>灰土桩挤密法<br>石灰桩挤密法<br>振冲法 | 通过挤密法或振动使深层土密实，并在振动挤压过程中，回填砂、石等材料，形成砂桩或碎石桩，与桩周土一起组成复合地基，从而提高地基承载力，减少沉降量 | 适用于处理砂土粉土或部分黏土颗粒含量不高的黏性土 |
| 碾压夯实 | 机械碾压法<br>振动压实法<br>重锤夯实法<br>强夯法 | 通过机械压或夯击压实土的表层，强夯法则利用强大的夯击，能迫使深层土液化和动力固结而密实，从而提高地基的强度，减少部分沉降量，消除或部分消除黄土的湿陷性，改善土的抗液化性能 | 一般适用于砂土、含水量不高的黏性土及填土地基。强夯法应注意其振动对附近（约30m内）建筑物的影响 |
| 排水固结 | 堆载顶压法<br>砂井堆载顶压法<br>排水纸板法<br>井点降水顶压法 | 通过改善地基的排水条件和施加顶压荷载，加速地基的固结和强度增长，提高地基的强度和稳定性，并使基础沉降提前完成 | 适用于处理厚度较大的饱和软土层，但需要具有顶压的荷载和时间，对于厚的泥炭层则要慎重对待 |
| 注浆加固 | 硅化法<br>旋喷法<br>碱液加固法<br>水泥灌浆法<br>深层搅拌法 | 通过注入水泥、化学浆液将土粒粘结；或通过化学作用机械拌合等方法，改善土的性质，提高地基承载力 | 适用于处理砂土、黏性土、粉土、湿陷性黄土等地基，特别适用于对已建成的工程地基事故处理 |

灰土的含水量应适宜，以手紧握土料成团，两指轻捏能碎为宜。

灰土应拌合均匀，颜色一致，拌好后应及时铺好夯实，避免未夯实的灰土受雨淋，铺土应分层进行，每层铺土厚度参照表2-14、表2-15确定。垫层质量控制其压实系数不小于0.93～0.95。

**砂和砂石垫层的施工方法及每层铺筑厚度、最佳含水量**　　　　表2-14

| 项次 | 捣实方法 | 每层铺设厚度(mm) | 施工时的最佳含水量(%) | 施 工 说 明 | 备 注 |
|---|---|---|---|---|---|
| 1 | 平振法 | 200～250 | 15～20 | 用平板式振捣器往复振捣（宜用功率较大者） | 不宜使用于细砂或含泥量较大的砂 |
| 2 | 插振法 | 振捣器插入深度 | 饱和 | 1. 用插入式振捣器<br>2. 插入间距可根据机械振幅大小决定<br>3. 不应插至下卧黏性土层<br>4. 插入振捣完毕后，所留的孔洞，应用砂填实 | 不宜使用于细砂或含泥量较大的砂 |

续表

| 项次 | 捣实方法 | 每层铺设厚度(mm) | 施工时的最佳含水量(%) | 施 工 说 明 | 备 注 |
|---|---|---|---|---|---|
| 3 | 水撼法 | 250 | 饱和 | 1. 注水高度应超过每次铺筑面层<br>2. 用钢叉摇撼捣实，插入点间距为100mm<br>3. 钢叉分四齿，齿的间距80mm，长300mm，木柄长900mm | 湿陷性黄土、膨胀土地区不得使用 |
| 4 | 夯实法 | 150～200 | 8～12 | 1. 用木夯或机械夯<br>2. 木夯质量40kg，落距0.4～0.5m<br>3. 一夯压半夯，全面夯实 | 适用于沟槽回填土夯实 |
| 5 | 碾压法 | 250～350 | 8～12 | 质量6～10t压路机往复碾压 | 1. 适用于大面积砂垫层<br>2. 不宜用于地下水位以下的砂垫层 |

灰土最大虚铺厚度　　　　　　　　表 2-15

| 项 次 | 夯实机具种类 | 重量(kN) | 厚度(mm) |
|---|---|---|---|
| 1 | 木夯 | 0.049～0.098 | 150～200 |
| 2 | 石夯 | 0.392～0.784 | 200～250 |
| 3 | 蛙式打夯机 |  | 200～250 |
| 4 | 压路机 | 58.86～98.1 | 200～300 |

灰土打完后，应及时进行基础施工，及时回填，否则要临时遮盖，防止日晒雨淋。冬期施工时，不得采用冻土或夹有冻土的土料，并应采取防冻措施。

### 2.3.1 换土垫层

换土垫层是一种直接置换地基持力层软弱土的处理方法。施工时将基底下一定深度的软弱土层挖除，分层填回砂、石、灰土等材料，并加以夯实振密。换土垫层是一种较简易的浅层地基处理方法，在各地得到广泛应用。

1. 素土垫层

素土垫层一般适用于处理湿陷性黄土和杂填土地基。

素土垫层是先挖去基础下的部分土层或全部软弱土层，然后分层回填，分层夯实素土而成。

软土地基的垫层厚度，应根据垫层底部软弱土层的承载力决定，其厚度不应大于3m。

素土垫层的土料，不得使用淤泥、耕土、冻土、垃圾、膨胀土以及有机物含量大于8%的土作为填料。土料含水量应控制在最佳含水量范围内，误差不得大于±2%。填料前应将基底的草皮、树根、淤泥、耕植土铲除，清除全部的软弱土层。施工时，应做好地面水或地下水的排除工作，填土应从最低部分开始进行，分层铺设，分层夯实。垫层施工完毕后，应立即进行下道工序施工，防止水浸、晒裂。

2. 砂和砂石垫层

砂和砂石垫层适用于处理在坑（槽）底有地下水或土的含水量较大的黏性土地基。

(1) 材料要求

砂和砂石垫层所需材料，宜采用颗粒级配良好，质地坚硬的中砂、粗砂、砾石、卵石和碎石，也可采用细砂，宜掺入按设计规定数量的卵石或碎石。最大粒径不宜大于50mm。

(2) 施工要点

1) 施工前应验槽，坑（槽）内无积水，边坡稳定，槽底和两侧如有孔洞应先填实。同时将浮土清除。

2) 采用人工级配的砂石材料，按级配拌合均匀，再分层铺筑，分层捣实。

3) 垫层施工按表2-14选用，每铺好一层垫层，经压实系数检验合格后方可进行上一层施工。

4) 分段施工时，接槎处应做成斜坡，每层错开0.5～1.0m，并应充分捣实。

5) 砂垫层和砂石垫层的底面宜铺设在同一标高上，如深度不同时，施工应按先深后浅的顺序进行，土面应挖成台阶或斜坡搭接，搭接处应注意捣实。

3. 灰土垫层

灰土垫层是用石灰和黏性土拌合均匀，然后分层夯实而成。适用于一般黏性土地基加固或挖深超过15cm时或地基扰动深度小于1.0m等，该种方法施工简单、取材方便、费用较低。

(1) 材料要求

土料中含有有机质的量不宜超过规定值，土料应过筛，粒径不宜大于15mm。石灰应提前1～2天熟化，不含有生石灰块和过多水分。

灰土的配合比可按体积比，一般石灰：土为2：8或3：7。

(2) 施工要点

施工前应验槽，清除积水、淤泥，待干燥后再铺灰土。

(3) 碾压与夯实

1) 机械碾压。机械碾压法采用压路机、推土机、羊足碾或其他压实机械来压实松散土，常用于大面积填土的压实和杂填土地基的处理。

碾压的效果主要取决于压实机械的压实能量和被压实土的含水量。应根据具体的碾压机械的压实能量，控制碾压土的含水量，选择合适的铺土厚度和碾压遍数。最好是通过现场试验确定，在不具备试验条件的场合，可参照表2-16选用。

垫层的每层铺填厚度及压实遍数　　　　表2-16

| 施 工 设 备 | 每层铺填厚度(cm) | 每层压实遍数 |
| --- | --- | --- |
| 平碾(8～12) | 20～30 | 6～8 |
| 羊足碾(5～16) | 20～35 | 8～16 |
| 蛙式夯(200kg) | 20～25 | 3～4 |
| 振动碾(8～15) | 60～130 | 6～8 |

续表

| 施 工 设 备 | 每层铺填厚度(cm) | 每层压实遍数 |
|---|---|---|
| 振动压实机(2t,振动力 98kN) | 120～150 | 10 |
| 插入式振动器 | 20～50 | — |
| 平板式振动器 | 15～25 | — |

2) 重锤夯实法。重锤夯实法是利用移动式起重机悬吊夯锤至一定高度后，自由下落，夯实地基。适用于地下水位 0.8m 以上稍湿的黏性土、砂土、湿陷性黄土、杂填土等地基加固。

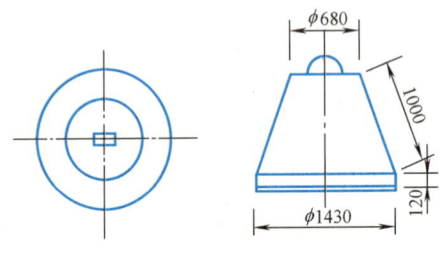

图 2-26　钢筋混凝土夯锤

夯锤形状宜采用截头圆锥体，如图 2-26 所示。

重锤采用钢筋混凝土块、铸铁块或铸钢块，锤重一般为 14.7～29.4kN，锤底直径一般为 1.13～1.15m。

起重机采用履带式起重机，起重机的起重量应不小于 1.5～3.0 倍的锤重。

重锤夯实施工前，应进行试夯，确定夯实制度，其内容包括锤重、夯锤底面直径、落点形式、落距及夯击遍数。

在起重能力允许的条件下，采用较重的夯锤、底面直径较大为宜。落距一般采用 2.5～4.5m，还应使锤重与底面积的关系符合锤重在底面上的单位静压力为 1.5～2.0N/cm²。

重锤夯击遍数应根据最后下沉量和总下沉量确定，最后下沉量是指重锤最后两击平均土面的沉降值，黏性土为 10～20mm，砂土为 5～10mm。

夯锤的落点形式及夯打顺序，条形坑（槽）采用一夯换一夯顺序进行。在一次循环中同一夯位应连夯两下，下一循环的夯位，应与前一循环错开 1/2 锤底直径；非条形基坑，一般采用先周边后中间的顺序。

夯实完毕后，应检查夯实质量，一般采用在地基上选点夯击检查最后下沉量，夯击检查点数，每一单独基础至少应有一点；沟槽每 30m² 应有一点；整片地基每 100m² 不得少于两点。检查后，如质量不合格，应进行补夯，直至合格为止。

3) 振动压实法。振动压实法是利用振动机振动压实浅层地基的一种方法，如图 2-27 所示。

适用于处理砂土地基和黏性土含量较少、透水性较好的松散杂填土地基。

振动压实机的工作原理是由电动机带动两个偏心块以相同速度、相反方向转动而产生很大的垂直振动力。这种振动机的频率为 1160～1180r/min，振幅为 3.5mm，自重 20kN，振动力可达 50～100kN，并能通过操纵机使它前后移动或转弯。

振动压实效果与填土成分、振动时间等因素有关，一般地说，振动时间越长效果越好，但超过一定时间后，振动引起的下沉已基本稳定，再振也不能起到进

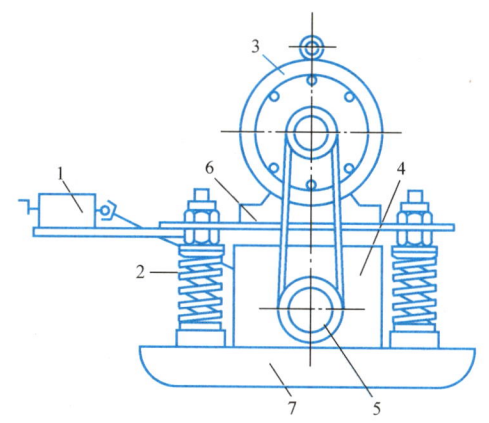

图 2-27 振动压实机示意
1—操纵机构；2—弹簧减振器；3—电动机；4—振动器；
5—振动机槽轮；6—减振架；7—振动夯板

一步的压实效果。因此，需要在施工前进行试振，以测出振动稳定下沉量与时间的关系。对于主要是由炉渣、碎砖、瓦块等组成的建筑垃圾，其振动时间在 1min 以上。对于含炉灰等细颗粒填土，振动时间为 3~5min，有效振实深度为 1.2~1.5m。

注意振动对周围建筑物的影响。一般情况下振源离建筑物的距离不应小于 3m。

### 2.3.2 挤密桩与振冲法

**1. 挤密桩**

挤密桩加固是在承压土层内，打入很多桩孔，在桩孔内灌入各种密实物，以挤密土层，减小土体孔隙率，增加土体强度。

挤密桩除了挤密土层加固外，还起换土作用，在桩孔内以工程性质较好的土置换原来的弱土或饱和土，在含水黏土层内，砂桩还可作为排水井。挤密桩体与周围的原土组成复合地基，共同承受荷载。

根据桩孔内填料不同，有砂桩、土桩、灰土桩、砾石桩、混凝土桩之分。其中砂桩的施工过程有以下几点：

（1）一般要求

砂桩的直径一般为 220~320mm，最大可达 700mm。砂桩的加固效果与桩距有关，桩距较密时，土层各处加固效果较均匀。其间距为 1.8~4.0 倍桩直径。砂桩深度应达到压缩层下限处，或压缩层内的密实下卧层。砂桩布置宜采用梅花形，如图 2-28 所示。

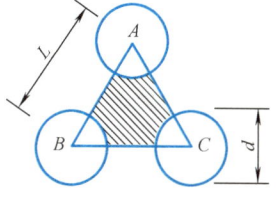

图 2-28 砂桩布置
A、B、C—砂桩中心位置；
d—砂桩直径；L—砂桩间距

（2）施工过程

1）桩孔定位 按设计要求的位置准确确定桩位，并做上记号，其位置的允许偏差为桩直径。

2）桩机设备就位 使桩管垂直吊在桩位的上方，如图 2-29 所示。

3) 打桩　通常采用振动沉桩机将工具管沉下，灌砂，拔管即成。振动力以 30～70kN 为宜，砂桩施工顺序应从外围或两侧向中间进行，桩孔的垂直度偏差不应超过 1.5%。

4) 灌砂　砂子粒径以 0.3～3mm 为宜，含泥量不大于 5%，还应控制砂的含水量，一般为 7%～9%。砂桩成孔后，应保证桩深满足设计要求，此时，将砂由上料斗投入工具管内，提起工具管，砂从舌门漏出，再将工具管放下，舌门关闭与砂子接触，此时，开动振动器将砂击实，往复进行，直至用砂填满桩孔。每次填砂厚度应根据振动力而定，保证填砂的干密度满足要求。其施工过程如图 2-30 所示。

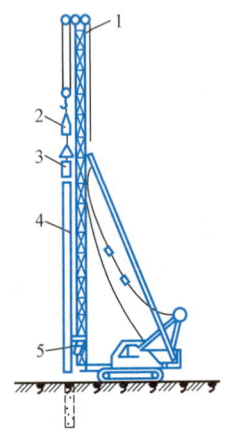

图 2-29　振动砂桩机
1—桩机导架；2—减振器；3—振动锤；
4—工具式桩管；5—上料斗

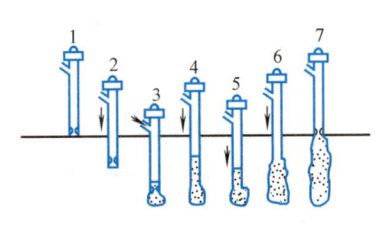

图 2-30　砂桩施工过程
1—工具管就位；2—振动器振动，将工具管打入土中；
3—工具管达到设计深度；4—投砂，拔出工具管；
5—振动器打入工具管；6—再投砂，拔出工具管；
7—重复操作，直到地面

(3) 桩孔灌砂量的计算

一般按下式计算：

$$g = \pi d^2 h \gamma (1 + w\%) / 4(1 + e) \qquad (2-20)$$

式中　$g$——桩孔灌砂量，kN；
　　　$d$——桩孔直径，m；
　　　$h$——桩长，m；
　　　$\gamma$——砂的重力密度，kN/m³；
　　　$e$——桩孔中砂击实后孔隙比；
　　　$w$——砂含水量。

也可以取桩管入土体积。实际灌砂量不得少于计算的 95%，否则，可在原位进行复打灌砂。

2. 振冲法

在砂土中，利用加水和振动可以使地基密实。振冲法就是根据这个原理而发展起来的一种方法。振冲法施工的主要设备是振冲器,如图 2-31 所示。它类似于插入式混凝土振捣器,由潜水电动机、偏心块和通水管三部分组成。振冲器由吊机就位后,同时启动电动机和射水泵,在高频振动和高压水流的联合作用下,振冲器下沉到预定深度,周围土体在压力水和振动作用下变密,此时地面出现一个陷口,往口内填砂,一边喷水振动,一边填砂密实,逐段填料振密,逐段提升振冲器,直到地面,从而在地基中形成一根较大直径的密实的碎石桩体,一般称为振冲碎石桩。

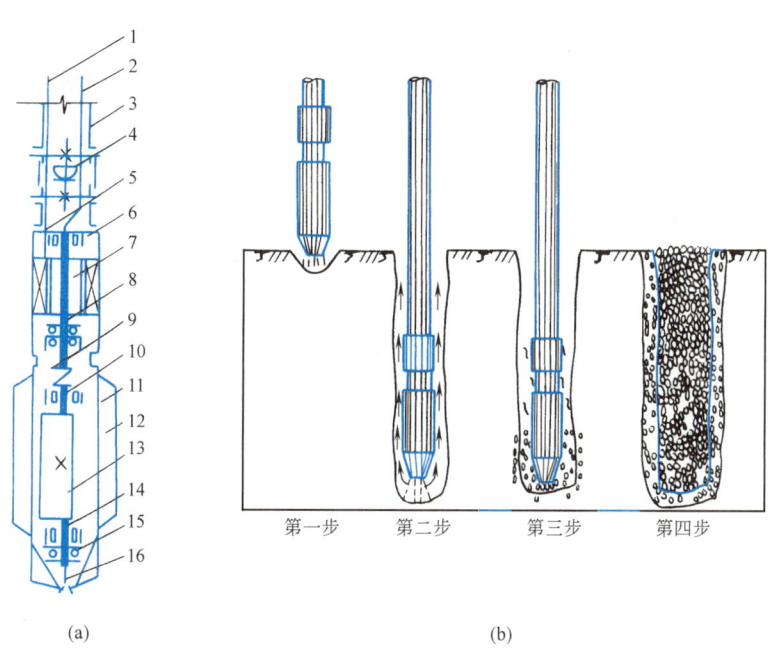

图 2-31 振冲法施工程序图
(a) 振冲器构造图;(b) 施工程序
1—电缆;2—水管;3—吊管;4—活节头;5—电机垫板;6—潜水电机;7—转子;
8—电动轴;9—联轴节;10—空心轴;11—壳体;12—翼板;13—偏心体;
14—同心轴承;15—推力轴承;16—射水管

从振冲法所起的作用来看,振冲法分为振冲置换和振冲密实两类。振冲置换法适用于处理不排水、抗剪强度不小于 20kPa 的黏性土、粉土、饱和黄土和人工填土等地基。它是在地基中制造一群以石块、砂砾等材料组成的桩体,这些桩体与原地基一起构成复合地基。而振动密实法适用于处理砂土、粉土等,它是利用振动和压力水使砂层发生液化,砂粒重新排列,孔隙减少,从而提高砂层的承载力和抗液化能力。

### 2.3.3 注浆加固

在软弱土层或饱和土层内,注入化学药剂,使之填塞孔隙,并发生化学反应,在颗粒间生成胶凝物质,固结土颗粒,称为注浆加固法。

注浆加固法可以提高地基容许承载力,降低土的孔隙比,降低土的渗透性,适合修建人工防水帷幕等各种用途,如图 2-32 所示。

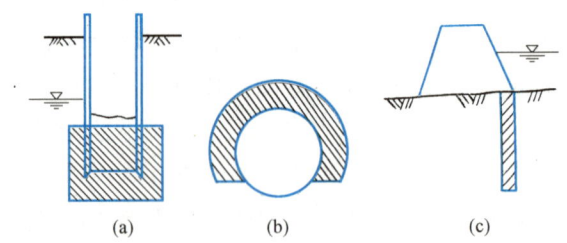

图 2-32 注浆加固的各种用途
(a) 沉井下沉时弱土固结；(b) 盾构掘进时弱土加固；(c) 防水帷幕

1. 浆液

浆液种类繁多，要正确选用。

(1) 浆液要求

化学反应生成物凝胶质安全可靠，有一定耐久性和耐水性。

1) 凝胶质对土颗粒着力良好。

2) 凝胶质有一定强度，施工配料和注入方便，化学反应速度调节可由调节配合比来实现。

3) 浆液注入后，一昼夜土的容许承载力不应小于 490kPa。

4) 浆液应无毒、价廉、不污染环境。

(2) 浆液种类

1) 水泥类浆液。水泥类浆液就是用不同种水泥配制水泥浆，水泥浆液可加固裂隙、岩石、砾石、粗砂及部分中砂，一般加固颗粒粒径范围为 0.4~1.0mm，水泥固结时间较长，当地下水流速超过 100m/d 时，不宜采用水泥浆加固。

水泥浆的水灰比，根据需要加固强度、土颗粒粒径和级配、渗透系数、注入压力、注管直径和布置间距等因素，结合现场试验确定，一般为 1:1~1.5:1。为了提高水泥的凝固速度，改善可注性，提高土体早强强度，可掺入适量的早强剂、悬浮剂和填料等附加剂。

水泥浆液均为碱性，不宜用于强酸性土层。

2) 水玻璃类浆液。在水玻璃溶液中加进氯化钙、磷酸、铝酸钠等制成复合剂，可适应不同土质加固的需要。

对于不含盐类的砂砾、砂土、轻粉质黏土等，可用水玻璃加氯化钙双液加固。

对于粉砂土，可用水玻璃加磷酸溶液双液加固。也可以将水泥浆掺入水玻璃液作为速凝剂制成悬浊液，其配合比（体积比）为：当水灰比大于 1 时，为 1:0.4~1:0.6；当水灰比小于 1 时，为 1:0.6~1:0.8。水灰比愈小，水玻璃浓度愈低，其固结时间愈短。水泥强度等级愈高，水灰比愈小，其固结后强度就愈高。水玻璃水泥浆也是一种用途广泛、使用效果良好的注浆材料。

3) 聚氨酯注浆。分水溶性聚氨酯和非水溶性聚氨酯两类。注浆工程一般使用非水溶性聚氨酯，其黏度低，可灌性好，浆液遇水即反应成含水凝胶，故而可用于动水堵漏。其操作简便，不污染环境，耐久性亦好。非水溶性聚氨酯一般把主剂合成聚氨酯的低聚物（预聚体），使用前把预聚体和外掺剂配方配成浆液。

4) 丙烯酰胺类浆液。亦称 MG-646 化学浆液，它是以有机化合物丙烯酰胺为主剂，配合其他外加剂，以水溶液状态灌入地层中，发生聚合反应，形成具有弹性的不溶于水的聚合体，这是一种性能优良和用途广泛的注浆材料。但该浆液具有一定毒性，它对神经系统有毒，且对空气和地下水有污染。

5) 铬木素类溶液。铬木素类溶液是由亚硫酸盐纸浆液和重铬酸钠按一定的比例配制而成，适用于加固细砂和部分粉砂，加固土颗粒粒径 0.04～10mm，固结时间在几十秒至几十分之间，固结体强度可达到 980kPa。

铬木素类溶液凝胶的化学稳定性较好，不溶于水、弱酸和弱碱，抗渗性也好，价格低，但是浆液有毒，应注意安全施工。

铬木素浆液为强酸性，不宜用于强碱性土层。

### 2. 施工方法

通常采用的方法是旋喷法和注浆法，无论采用哪种方法，必须使浆液均匀分布在需要加固的土层中。

(1) 旋喷法

旋喷法是利用钻机钻孔到预定深度，然后用高压泵将浆液通过钻杆端头的特殊喷嘴，以高压水平喷入土层，喷嘴在喷浆液时，一面缓慢旋转，一面徐徐提升，借高压浆液水平射流不断切削土层并与切削下来的土充分搅拌混合，在有效射程内，形成圆柱状凝固体。旋喷法施工工艺如图 2-33 所示。

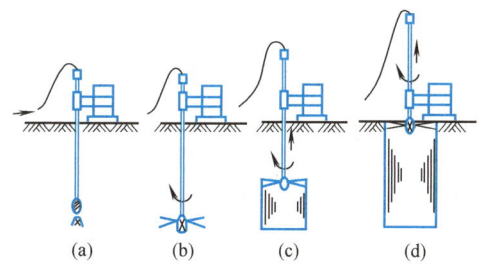

图 2-33 旋喷法施工工艺示意图
(a) 钻孔至设计标高；(b) 旋喷开始；
(c) 边旋喷边提升；(d) 旋喷结束成桩

旋喷法采用单管法、二重管法、三重管法，常用机具、设备参数见表 2-17。

**旋喷法主要机具和参数** 表 2-17

| 项　目 | | | 单管法 | 二重管法 | 三重管法 |
|---|---|---|---|---|---|
| 参数 | 喷嘴孔径(mm) | | φ2～3 | φ2～3 | φ2～3 |
| | 喷嘴个数 | | 2 | 1～2 | 1～2 |
| | 旋转速度(r/min) | | 20 | 10 | 5～15 |
| | 提升速度(mm/min) | | 200～250 | 100 | 50～150 |
| 机具性能 | 高压泵 | 压力(MPa) | 20～40 | 20～40 | 20～40 |
| | | 流量(L/min) | 60～120 | 60～120 | 60～120 |
| | 空压机 | 压力(MPa) | — | 0.7 | 0.7 |
| | | 流量(L/min) | — | 1～3 | 1～3 |
| | 泥浆泵 | 压力(MPa) | — | — | 3～5 |
| | | 流量(L/min) | — | — | 100～150 |
| 配合比 | | | 按设计要求配合比 | | |

旋喷法施工要点：

1) 钻机定位要准确，保持垂直，倾斜度不得大于1.5%。检查各设备运转是否正常。

2) 单管法、二重管法可用旋喷管水射冲孔或用锤击振动等使喷管到达设计深度，然后再进行旋喷。三重管法需先由钻机钻孔，然后将三重管插至孔底，进行旋喷。

3) 旋喷开始时，先送高压水，再送浆液和压缩空气。在桩底部边旋转边喷射1min后，当达到预定的喷射压力及喷浆量后，再逐渐提升喷射管。旋喷中冒浆量应控制在10%～25%。

4) 相互两桩旋喷间隔时间不小于48h，两桩间距应不小于1m。

5) 检查旋喷桩的质量及承载力。

(2) 注浆法

注浆管用内径20～50mm，壁厚不小于5mm的钢管制成，由管尖、有孔管和无孔管三部分组成。

管尖是一个25°～30°的圆锥体，尾部带有丝扣。

有孔管，一般长0.4～1.0m，孔眼呈梅花状布置，每米长度内应有孔眼60～80个，孔眼直径为1～3mm，管壁外包扎滤网。

无孔管，每节长度1.5～2.0m，两端有丝扣，可根据需要接长。

注浆管有效加固半径，一般根据现场试验确定，其经验数据参见表2-18。

有效加固半径　　　　表2-18

| 土的类型及加固方法 | 渗透系数 (m/d) | 加固半径 (m) | 土的类型及加固方法 | 渗透系数 (m/d) | 加固半径 (m) |
| --- | --- | --- | --- | --- | --- |
| 砂土双液加固法 | 2～10 | 0.3～0.4 | 湿陷性黄土单液加固法 | 0.1～0.3 | 0.3～0.4 |
| | 10～20 | 0.4～0.6 | | 0.3～0.5 | 0.4～0.6 |
| | 20～50 | 0.6～0.8 | | 0.5～1.0 | 0.6～0.9 |
| | 50～80 | 0.8～1.0 | | 1.0～2.0 | 0.9～1.0 |

(3) 深层搅拌法

深层搅拌法是通过深层搅拌机将水泥、生石灰或其他化学物质（称固化剂）与软土颗粒相结合而硬结成具有足够强度水稳性以及整体性的加固土。它改变了软土的性质，并满足强度和变形要求。在搅拌固化后，地基中形成柱状、墙状、格子状或块状的加固体，与地基构成复合地基。常用机械和施工程序如图2-34和图2-35所示。

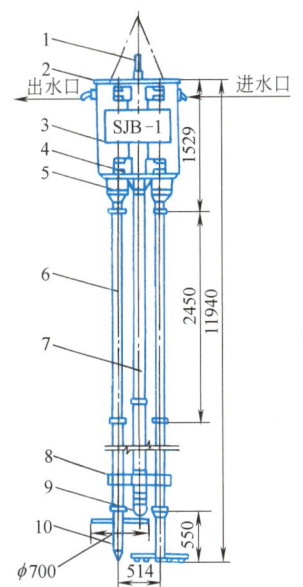 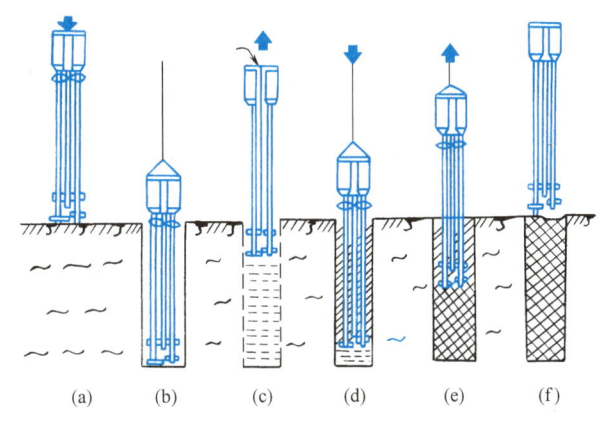

图 2-34　SJB-1 型深层搅拌机

1—输浆管；2—外筒；3—电动机；
4—导向滑块；5—减速器；6—搅拌轴；
7—中心管；8—横向系板；9—球形阀；
10—搅拌头

图 2-35　深层搅拌法施工程序示意图

(a) 定位下沉；(b) 沉入底部；(c) 喷浆搅拌上升；
(d) 重复搅拌（下沉）；(e) 重复搅拌（上升）；
(f) 加固完毕

## 复习思考题

1. 简答明沟排水系统的组成和适用场合。
2. 绘图说明明沟排水排水沟开挖及形式。
3. 简答轻型井点组成及其适用场合。
4. 绘图说明喷射式抽水系统的工作过程。
5. 某地建造一地下式给水泵站，其平面尺寸长为 10m，宽为 8m。基础底面高程 15.00m，天然地面高程为 18.50m，地下水位高程为 17.00m，土的渗透系数为 6m/d，土质为二类土，拟用轻型井点降水。试进行轻型井点系统的布置与计算。
6. 绘图说明砂桩的施工过程。
7. 什么是注浆加固法，常用浆液种类及其适用条件是什么？

## 课后拓展

水是人类赖以生存的宝贵资源，也是 21 世纪战略性资源，所以水在人们生活、生产中是十分重要的，但在自然界，水也可以带给人类生活、生产的负面影响及经济损失。特别是天然土遇到地下水，就会改变土的结构，导致土的承载能力下降或产生流沙现象，严重影响构筑物稳定，导致地基沉陷、构筑物倒塌等事故。无数事实证明水能载舟也能覆舟。

# 教学项目 3
## 给水排水管道开槽施工

Chapter 03

**教学目标**

通过给水排水管道材料、管道放线、下管与稳管、管道接口、管道质量检查等知识点的学习,学生能读懂给水排水管道施工图,会计算工程量,会编制给水排水工程施工方案。

**素质目标**

严格遵守施工工艺流程、施工标准、质量标准。

开槽施工是常用的一种室外给水排水管道施工方法，包括测量与放线、沟槽开挖、沟槽地基处理、下管、稳管、接口、管道工程质量检查、土方回填等工序。

开槽施工工艺流程图

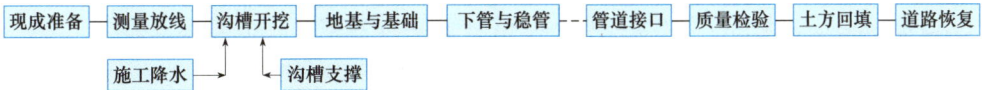

## 3.1 测量与放线

给水排水管道工程的施工测量是为了使给水排水管道的实际平面位置、标高和形状尺寸等，符合设计图纸要求。

施工测量后，进行管道放线，以确定给排水管道沟槽开挖位置、形状和深度。

### 3.1.1 施工测量

测量的基本方法是利用空间三维坐标原理，测出管道在 $X$、$Y$、$Z$ 轴三个方向所需的尺寸和角度。测量时要首先选择基准，主要包括水平线、水平面、垂直线和垂直面。选择基准应视施工现场的具体条件而定。建筑外墙、道路边缘石、中心线，建筑物的地坪、梁、柱、墙或已安装完毕的设备和管道都可作为基准。

3-1 微课
测量与放线

测量长度用钢卷尺或皮尺。管道转弯处应测量到转角的中心点，测量时，可在管道转角处两边的中心线上各拉一条线，两条线的交叉点就是管道转角的中心点。

测量标高一般用水准仪，也可以从已知的标高用钢卷尺测量推算。

测量角度可以用经纬仪。一般用的简便测量方法，是在管道转角处两边的中心线上各拉一条细线，用量角器或活动角尺测量两条线的夹角，就是管道弯头的角度。

一般管道施工测量可分两个步骤：

第一步是进行一次站场的基线桩及辅助基线桩、水准基点桩的测量，复核测量时所布设的桩橛位置及水准基点标高是否正确无误，在复核测量中进行补桩和护桩工作。通过第一步测量可以了解给水排水管道工程与其他工程之间的相互关系。

第二步按设计图纸坐标进行测量，对给水排水管道及附属构筑物的中心桩及各部位置进行施工放样，同时做好护桩。

施工测量的允许误差，应符合表 3-1 的规定。

临时水准点和管道轴线控制桩的设置应便于观测且必须牢固，并应采取保护措施。开槽铺设管道的沿线临时水准点，每 200m 不宜少于 1 个。临时水准点的设置应与管道轴线控制桩、高程桩同时进行，并应经过复核方可使用，还应经常校核。已建管道、构筑物等与拟建工程衔接的平面位置和高程，开工前应校核。

施工测量允许误差　　　　　　　　　　表 3-1

| 项　目 | 允　许　误　差 | 项　目 | 允　许　误　差 |
|---|---|---|---|
| 水准测量高程闭合差 | 平地 $\pm 20\sqrt{L}$（mm）<br>山地 $\pm 6\sqrt{n}$（mm） | 导线测量相对闭合差 | 1/3000 |
|  |  | 直接丈量测距两次较差 | 1/5000 |
| 导线测量方位角闭合差 | $\pm 40\sqrt{n}$（″） |  |  |

注：1. $L$ 为水准测量高程闭合路线的长度，mm。
　　2. $n$ 为水准或导线测量的测站数。

给水排水管线测量工作应有正规的测量记录本，认真、详细记录，必要时应附示意图，并应将测量的时间、工作地点、工作内容，以及司镜、记录、对点、拉线、扶尺等参加测量人员的姓名逐一记入。测量记录应有专人妥善保管，随时备查，应作为工程竣工必备的原始资料加以存档。

施工单位在开工前，建设单位应组织设计单位进行现场交接桩，在交接桩前双方应共同拟订交接桩计划，交接桩时，由设计单位提供有关图表、资料。其交接桩具体内容为：

（1）双方交接的主要桩橛应为站场的基线桩及辅助基线桩、水准基点桩以及构筑物的中心桩及有关控制桩、护桩等，并应说明等级号码、地点及标高等。

（2）交接桩时，由设计单位备齐有关图表，包括给水排水工程的基线桩、辅助基线桩、水准基点桩、构筑物中心桩以及各桩的控制桩及护桩示意图等，并按上述图表逐个桩橛进行点交。水准点标高应与邻近水准点标高闭合。交接桩完毕，应立即组织力量复测。交接桩时，应检查各主要桩橛的稳定性、护桩设置的位置、个数、方向是否符合标准，并应尽快增设护桩。设置护桩时，应考虑下列因素：

1）不被施工挖土挖掉或弃土埋没；
2）不被施工工地有关人员、运输车辆碰移或损坏；
3）不在地下管线或其他构筑物的位置上；
4）不因施工场地地形变动（如施工的填挖）而影响观测。

（3）交接桩完毕后，双方应作交接记录，说明交接情况、存在问题及解决办法，由双方交接负责人与有关交接人员签字盖章。

### 3.1.2　管道放线

**1. 管道的定线放线的原则**

（1）管道的定线放线应严格按给水管道工程图纸进行。
（2）先定出管道走向的中心线，再定出待开挖的沟槽边线。
（3）先定出管道直线走向的中心线，再定出管道变向的转点及中心线。
（4）所设线位桩可用钢桩或木桩，线位桩在土内应埋入一定深度，能固定牢靠。
（5）所拉的线绳和所放的白灰线应准确且不影响沟槽开挖。

2. 进行管道的定线与放线工作

依据施工图给定的中线的位置，确定两个中心钉的位置，拉线后在离开沟槽开挖范围设立中心控制桩，并且进行保护措施的设置。

依据管道管径的大小、开挖方法、开挖深度、现场情况确定沟槽开挖宽度，从中心向两侧分别量出沟槽开挖宽度的 1/2，每侧两点，分别连线，按此连线撒灰线即可。

给水排水管道及其附属构筑物的放线，可采取经纬仪定线、直角交会法或直接丈量法。

给水排水管道放线前，应沿管道走向，每隔 200m 左右用原站场内水准基点设临时水准点一个。临时水准点应与邻近固定水准基点闭合。

给水管道放线，一般每隔 20m 设中心桩；排水管道放线，一般每隔 10m 设中心桩。给水排水管道在阀门井室处、检查井处、变换管径处、管道分支处均应设中心桩，必要时设置护桩或控制桩。

给水排水管道放线抄平后，应绘制管路纵断面图，按设计埋深、坡度，计算出挖深。

## 3.2 下管与稳管

给水排水管道铺设前，首先应检查管道沟槽开挖深度、沟槽断面、沟槽边坡、堆土位置是否符合规定，检查管道地基处理情况等。同时还必须对管材、管件进行检验，质量要符合设计要求，确保不合格或已经损坏的管材及管件不下入沟槽。

### 3.2.1 下管

管子经过检验、修补后，运至沟槽边。按设计进行排管，核对管节、管件位置无误方可下管。

下管方法分人工下管和机械下管两类。可根据管材种类、单节管重及管长、机械设备、施工环境等因素来选择下管方法。无论采取哪一种下管法，一般采用沿沟槽分散下管，以减少在沟槽内的运输。当不便于沿沟槽下管，允许在沟槽内运管，可以采用集中下管法。

承插式管道下管前，在接口的位置上开挖工作坑，如图 3-1 所示，其尺寸参见表 3-2。

1. 人工下管

人工下管多用于施工现场狭窄、重量不大的中小型管子，以施工方便、操作安全、经济合理为原则。

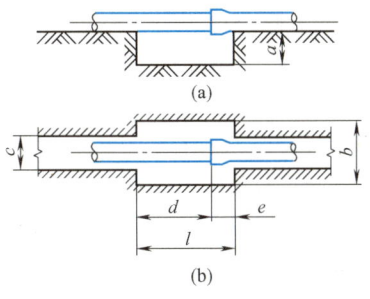

图 3-1 工作坑
(a) 剖面图；(b) 平面图
$a$—工作坑深度；$b$—工作坑宽度；
$c$—沟槽宽度；$d$—承口前长度；
$e$—承口后长度；$l$—工作坑长度

工作坑尺寸　　　　　　　　　　　　　　　　　表 3-2

| 管材种类 | 管外径 $D_0$（mm） | 宽度（mm） | 长度(mm) 承口前 | 长度(mm) 承口后 | 深度（mm） |
|---|---|---|---|---|---|
| 预应力、自应力混凝土管,滑入式柔性接口球墨铸铁管 | ≤500 | 承口外径加 | 200 | 承口长度加200 | 200 |
| | 600~1000 | | | | 400 |
| | 1100~1500 | | | | 450 |
| | >1600 | | | | 500 |

表中宽度对应值分别为 800、1000、1600、1800。

（1）贯绳法

适用于管径 300mm 以下混凝土管、缸瓦管。用一端带有铁钩的绳子钩住管子一端，绳子另一端由人工徐徐放松直至将管子放入槽底。

（2）压绳下管法

压绳下管法是人工下管法中最常用的一种方法。适用于中、小型管子，方法灵活，可作为分散下管法。压绳下管法包括人工撬棍压绳下管法和立管压绳下管法等。人工撬棍压绳下管法具体操作是在沟槽上边土层打入两根撬棍，分别套住一根下管大绳，绳子一端用脚踩牢，用手拉住绳子的另一端，听从一人号令，徐徐放松绳子，直至将管子放至沟槽底部。立管压绳下管法是在至沟边一定距离处，直立埋设一节或两节管子，管子埋入一半立管长度，内填土方，将下管用两根大绳缠绕在立管上（一般绕一圈），绳子一端固定，另一端由人工操作，利用绳子与立管管壁之间的摩擦力控制下管速度，操作时注意两边放绳要均匀，防止管子倾斜，如图 3-2 所示。

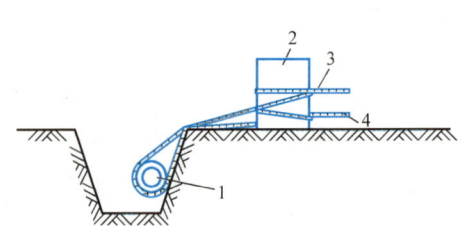

图 3-2　立管压绳下管
1—管子；2—立管；3—放松绳；4—固定绳

（3）搭架下管法

常用有三脚架或四脚架法。其操作过程如下：首先在沟槽上搭设三脚架或四脚架等塔架，在塔架上安设捯链，然后在沟槽上铺上方木或细钢管，将管子运至方木或细钢管上。捯链将管子吊起，撤出原铺方木或细钢管，操作捯链使管子徐徐放入槽底。

（4）溜管法

将由两块木板组成的三脚木槽斜放在沟槽内，管子一端用带有铁钩的绳子钩住管子，绳子另一端由人工控制，将管子沿三角木槽缓慢溜入沟槽内。此法适用于管径 300mm 以下混凝土管、缸瓦管等。

2. 机械下管

机械下管速度快、安全，并且可以减轻工人的劳动强度，劳动效率高，所以有条件尽可能采用机械下管法。

机械下管视管子重量选择起重机械，常用汽车式或履带式起重机械下管。下管时，起重机沿沟槽开行。起重机的行走道路应平坦、畅通。当沟槽两侧堆土时，其一侧堆土与槽边应有足够的距离，以便起重机开行。起重机距沟边至少1m，以免槽壁坍塌。起重机与架空输电线路的距离应符合电力管理部门的有关规定，并由专人看管。禁止起重机在斜坡地方吊着管子回转，轮胎式起重机作业前应将支腿垫好，轮胎不应承担起吊重量。支腿距沟边要有2m以上距离，必要时应垫木板。在起吊作业区内，任何人不得在吊钩或被吊起的重物下面通过或站立。

机械下管一般为单机单管节下管。下管时，起重吊钩与铸铁管或混凝土及钢筋混凝土管端相接触处，应垫上麻袋，以保护管口不被破坏。起吊或搬运管材、配件时，对于法兰盘面、非金属管材承插口工作面、金属管防腐层等，均应采取保护措施，以防损坏，吊装闸阀等配件时不得将钢丝绳捆绑在操作轮及螺栓孔上。管节下入沟槽时，不得与槽壁支撑及槽下的管道相互碰撞，沟内运管不得扰动天然地基。

3-2　彩图
单管吊装

机械下管不应一点起吊，采用两点起吊时吊绳应找好重心，平吊轻放。

为了减少沟内接口工作量，同时由于钢管有足够的强度，所以通常在地面将钢管焊接成长串，然后由2～3台起重机联合下管，称之为长串下管。由于多台设备不易协调，长串下管一般不要多于3台起重机。起吊时，管子应缓慢移动，避免摆动，同时应有专人负责指挥。下管时应按有关机械安全操作规程执行。

3-3　彩图
长串下管法

### 3.2.2　稳管

稳管是将管子按设计的高程与平面位置稳定在地基或基础上的施工过程。稳管包括管子对中和对高程两个环节，两者同时进行。压力流管道铺设的高程和平面位置的精度都可低些。通常情况下，铺设承插式管节时，承口朝向介质流来的方向。在坡度较大的斜坡区域，承口应朝上，应由低处向高处铺设。重力流管道的铺设高程和平面位置应严格符合设计要求，一般以逆流方向进行铺设，使已铺的下游管道先期投入使用，同时用于施工排水。

稳管工序是决定管道施工质量的重要环节，必须保证管道的中心线与高程的准确性，允许偏差值应按现行国家标准《给水排水管道工程施工及验收规范》GB 50268规定执行，一般均为±10mm。

稳管时，相邻两管节底部应齐平。为避免因紧密相接而使管口破损，便于接口，柔性接口允许有少量弯曲，一般大口径管子两管端面之间应预留约10mm间隙。

承插式给水铸铁管稳管是将插口装在承口中，称为撞口。撞口前可在承口处作出记号，以保证一定的缝隙宽度。

胶圈接口的承插式给水铸铁管或预应力钢筋混凝土管及给水用PVC-U管的稳管与接口同时进行，即稳管和接口为一个工序。撞口的中线和高程误差，一般控制在 20mm 以内。撞口完成找正后,一般用铁牙背匀间隙,然后在管身两侧同时还土夯实或架设支撑,以防管子错位。

## 3.3 给水管道施工

室外给水工程管材有普通铸铁管、球墨铸铁管、钢管、预应力钢筋混凝土管、给水用硬聚氯乙烯(PVC-U)管等,接口方式及接口材料受管道种类、工作压力、经济因素等影响而不同。

### 3.3.1 给水铸铁管

给水铸铁管按材质分为普通铸铁管和球墨铸铁管。普通铸铁管质脆。球墨铸铁管又称为可延性铸铁管,具有强度高、韧性大、抗腐蚀能力强的性能,球墨铸铁管本身有较大的延伸率,同时管口之间采用柔性接口,在埋地管道中能与管周围的土体共同工作,改善了管道的受力状态,提高了管网的工作可靠性,因此,得到了越来越广泛的应用。

1. 普通铸铁管

普通铸铁管又称为灰铸铁管,是给水管道中常用的一种管材。与钢管相比较,其价格较低,制造方便,耐腐蚀性较好。但质脆,自重大。

普通铸铁管管径以公称直径表示,其规格为 $DN75 \sim DN1500$,有效长度(单节)为 4m、5m、6m。分砂型离心铸铁管与连续铸铁管两种。砂型离心铸铁管的插口端设有小台,用作挤密油麻、胶圈等柔性接口填料(图 3-3a)。连续铸铁管的插口端没有小台,但在承口内壁有凸缘,仍可挤密填料(图 3-3b)。

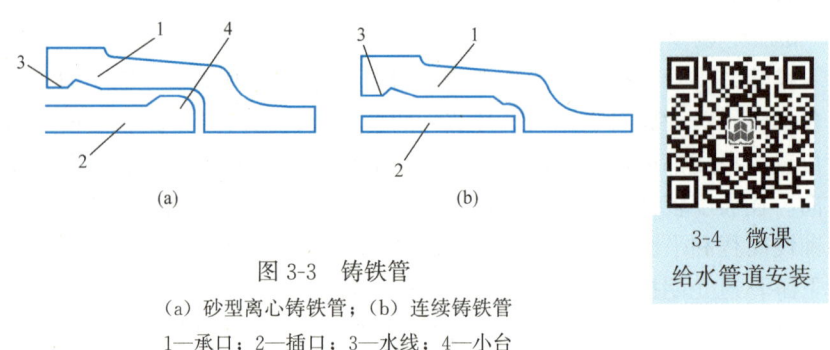

图 3-3 铸铁管
(a) 砂型离心铸铁管;(b) 连续铸铁管
1—承口;2—插口;3—水线;4—小台

3-4 微课 给水管道安装

为了防止管内结垢,普通铸铁管内壁涂水泥砂浆衬里层,外壁喷涂沥青防腐层。铸铁管的接口基本上可分为承插式接口和法兰接口两种。

普通铸铁管承插式刚性接口填料常用:

麻—石棉水泥,麻—膨胀水泥,麻—铅,胶圈—石棉水泥,胶圈—膨胀水泥等。

(1) 麻及其填塞

麻是麻类植物的纤维。麻经 5% 石油沥青与 95% 汽油混合溶液浸泡处理,干燥后即为油麻，油麻最适合作铸铁管承插口接口的嵌缝填料。麻的作用主要是防止外层散状接口填料漏入管内。麻以麻辫形状塞进普通铸铁管承口与插口间的缝隙内。麻辫的直径约为缝隙宽的1.5倍。麻辫长度较管口周长稍长，塞入后用麻錾锤击紧密。麻辫填打2~3圈，填打深度约占承口总深度的1/3，但不得超过承口水线里缘。当采用铅接口时，应距承口水线里缘5mm，最里一圈应填打到插口小台上。

油麻的填打程序包括三填八打即填打三圈油麻击打八遍，油麻打法包括挑（悬）打、平（推）打、贴里口（压）打、贴外口（抬）打。油麻的填打程序和打法见表3-3。

油麻的填打程序和打法    表3-3

| 圈次 | 第 一 圈 | | 第 二 圈 | | | 第 三 圈 | | |
| --- | --- | --- | --- | --- | --- | --- | --- | --- |
| 遍次 | 第一遍 | 第二遍 | 第一遍 | 第二遍 | 第三遍 | 第一遍 | 第二遍 | 第三遍 |
| 击数 | 2 | 1 | 2 | 2 | 1 | 2 | 2 | 1 |
| 打法 | 挑打 | 挑打 | 挑打 | 平打 | 平打 | 贴外口打 | 贴里口打 | 平打 |

填打油麻应注意以下几点：

1) 填麻前应将承口、插口刷洗干净。

2) 填麻时应先用铁牙将环形间隙背匀。

3) 倒换铁牙，用麻錾将油麻塞入接口内。打第一圈麻辫时，应保留1~2个铁牙不动，以保证接口环形间隙均匀。待第一圈麻辫打实后，再卸下铁牙。用尺量第一圈麻，根据填打深度填第二圈麻，第二圈麻填打时不宜用力过大。

4) 移动麻錾时，应一錾挨一錾，不要漏打。

5) 应保持油麻洁净，不得随地乱放。

(2) 胶圈及其填塞

填打油麻劳动强度大，技术要求高，而且油麻使用一定时间后会腐烂，影响水质。胶圈具有弹性，水密性好，当承口和插口产生一定量的相对轴向位移或角位移时，也不会渗水。因此，胶圈是取代油麻作为承插式刚性接口理想的内层填料。

普通铸铁管承插接口用圆形胶圈，外观不应有气孔、裂缝、重皮、老化等缺陷。胶圈的物理性能应符合现行国家标准或行业标准的要求。

胶圈的内环径一般应为插口外径的0.85~0.87。

胶圈应有足够的压缩量。胶圈直径应为承插口间隙的1.4~1.6倍，或其厚度为承插口间隙的1.35~1.45倍，或胶圈截面直径的选择按胶圈填入接口后截面压缩率等于34%~40%为宜。

胶圈接口应尽量采用胶圈推入器，使胶圈在装口时滚入接口内。采用填打方法时，应按以下操作程序进行：

胶圈填入接口 → 第一遍打入承口水线 → 再分2~3遍打至插口小台或距插口端10mm

填胶圈的基本要求为：

1）胶圈压缩率符合要求。

2）胶圈填至小台，距承口外缘距离均匀。

3）无扭曲（"麻花"）及翻转等现象。

（3）石棉水泥及其填打

石棉水泥作为普通铸铁管的填料，具有抗压强度较高、材料来源广、成本低的优点。但石棉水泥接口抗弯曲应力或冲击应力能力很差，接口需经较长时间养护才能通水，且打口劳动强度大，操作水平要求高。

石棉应选用机选 4F 级温石棉。水泥采用 42.5 级普通硅酸盐水泥，不允许使用过期或结块的水泥。石棉水泥填料的重量配合比：石棉：水泥：水＝3∶7∶(1～2)。石棉水泥填料配制时，石棉绒在拌合前应晒干，并用细竹棍轻轻敲打，使之松散。先将称重后的石棉绒和水泥干拌均匀，然后加水拌合。加水多少，现场常凭手感潮而不湿，攥而成团，松手颠散即可。拌好的石棉水泥其色泽藏灰（打实后呈灰黑而光亮），宜用潮布覆盖。加水拌合后的石棉水泥填料应在 1.5h 内用完，避免水泥初凝后再填打。

填石棉水泥前，对前一道工序填麻深度用探尺检查是否符合要求，并用麻錾将麻口重打一遍，以麻不动为合格，并将麻屑刷净。若内层填料是胶圈，应用探尺检查胶圈位置是否正确，胶圈距承口外缘的距离应一致。检查完后，接口缝隙宜用清水湿润。

填打水泥的方法按管径大小决定，一般地，管径 75～400mm 时，采用"四填八打"；管径 500～700mm 时，采用"四填十打"；管径 800～1200mm 时，采用"五填十六打"。

填打石棉水泥应注意以下几点：

1）油麻填打与石棉水泥填打至少相隔两个接口分开填打，以避免打麻时因振动而影响接口质量。

2）填打石棉水泥应用探尺检查填料深度，保持环形间隙在允许误差的范围之内。

3）石棉水泥接口不宜在气温低于－5℃的冬期施工。

石棉水泥接口填打合格后，应及时采取湿养护。一般用湿泥将接口糊严，厚约 10cm，上用草袋覆盖，定时洒水养护，或用潮湿土虚埋，洒水养护，养护时间不得少于 24h，在养护期内，管道不允许受振动，管内不允许有承压水。

石棉水泥接口的质量标准是配合比应准确，打口后的接口外表面灰黑而光亮，凹进承口 1～2mm，深浅一致，并用麻錾用力连打数下表面不再凹入为合格。

（4）膨胀水泥及其填塞

膨胀水泥接口与石棉水泥接口比较，虽然同是刚性接口，但膨胀水泥接口不需要填打，只需将膨胀水泥填塞密实在承插口间隙内即可，而且接口抗压强度远高于石棉水泥接口，因此是取代石棉水泥接口的理想填料。

膨胀水泥应采用硫铝酸盐或铝酸盐自应力水泥，严禁与其他水泥、石灰等碱性材料混用。

膨胀水泥应选用粒径0.5~1.5mm的中砂拌合。

膨胀水泥填料的重量配合比为，膨胀水泥∶砂∶水＝1∶1∶（0.28~0.32）。加水量的多少，现场常凭手感潮而不湿，攥而成团，脱手抛散即可。

膨胀水泥填料拌合必须十分均匀。可先将称重后的膨胀水泥和中砂干拌，再用筛子筛过数道，使之完全混合，外观颜色一致。膨胀水泥应在使用地点随用随拌，加水拌合时，一次拌合量不宜过多，应在0.5h内用完，或按原产品说明书操作。

填塞膨胀水泥前，应先检查内层填料油麻或胶圈位置是否正确，深度是否合适，接口缝隙宜用清水湿润。同时应将管道和管件进行固定。

膨胀水泥填料应分层填入，分层捣实，捣实时应一錾压一錾，通常以三填三捣为宜，最外一层找平，凹进承口1~2mm。冬季气温低于－5℃时，不宜进行膨胀水泥接口。

膨胀水泥接口的湿养护比石棉水泥接口要高。一般地，膨胀水泥接口完成后，应立即用浇湿草袋（或草帘）覆盖，1~2h后定时浇水，使接口保持湿润状态；也可用湿泥养护。接口填料终凝后，管内可充水养护，但水压不得超过0.1~0.2MPa。

膨胀水泥填料接口刚度大，在地震烈度6度以上、土质松软、管道穿越重载车辆行驶的公路时不宜采用。

（5）铅接口及其操作

普通铸铁管采用铅接口应用很早。由于铅的来源少、成本高，现在基本上已被石棉水泥或膨胀水泥所代替。但铅接口具有较好的抗振、抗弯性能，接口的地震破坏率远较石棉水泥接口低。铅接口通水性好，接口操作完毕即可通水；损坏时容易修理。由于铅具有柔性，当铅接口的管道渗漏时，不必剔口，只需将边沿用麻錾锤击即可堵漏。因此，设在桥下、穿越铁路、过河、地基不均匀沉陷等特殊地段和直径在600mm以上的新旧普通铸铁管碰头连接需立即通水时，仍采取铅接口。

铅的纯度不小于99％。铅接口施工必须由经验丰富的工人指导，施工程序为：安设灌铅卡箍→熔铅→运送铅熔液→灌铅→拆除卡箍。

灌铅的管口必须干燥，否则会发生爆炸。卡箍要贴紧管壁和管子承口，接缝处用黏泥抹严，以免漏铅。灌铅时，灌口距管顶约20mm，使铅徐徐流入接口内，以便排出蒸汽。每个铅接口的铅熔液应不间断地一次灌满为止。

一般采用麻—铅接口。如果用胶圈作填料，应在胶圈填塞后，再加一圈油麻辫，以免灌铅时烧损胶圈。

当管子接口缝隙较小或管接口渗漏时，也可以用冷铅条填打，但承受管内水压的强度较低。

铅接口施工一定要严格执行有关操作规程，防止火灾，注意安全。

2. 球墨铸铁管

球墨铸铁管是20世纪50年代发展起来的新型金属管材，当前我国正处于一个逐渐取代普通铸铁管的更新换代时期，而发达国家已广为使用。球墨铸铁管具有较高的强度和延伸率。与普通铸铁管相比，球墨铸铁管抗拉强度是普通铸铁管的三倍；水压试验为普通铸铁管的两倍；球墨铸铁管具有较高的延伸率。

球墨铸铁管采用离心浇铸。规格 $DN80\sim DN2600$，长为 $4\sim9m$。球墨铸铁管均采用柔性接口，按接口形式分为推入式（简称 T 型）和机械式（简称 K 型）两类。

（1）推入式球墨铸铁管接口

球墨铸铁管采取承插式柔性接口，其工具配套，操作简便、快速，适用于 $DN80\sim DN2600$ 的输水管道，在国内外输水工程上广泛采用。

1）施工工具。推入式球墨铸铁管的安装应选用叉子、捯链、连杆千斤顶等配套工具。

2）施工操作程序。推入式球墨铸铁管施工程序为：

下管→清理承口和胶圈→上胶圈→清理插口外表面及刷润滑剂→接口→检查。

将管子完整地下到沟槽后，应清刷承口，铲去所有的粘结物，如砂、泥土和松散涂层及可能污染水质、划破胶圈的附着物等。随后将胶圈清理洁净。弯成心形，或花形（大口径管）的胶圈放入承口槽内就位。

把胶圈都装入承口槽，确保各个部位不翘不扭，仔细检查胶圈的固定是否正确。

清理插口外表面，插口端应是圆角并有一定锥度，以便容易插入承口。在承口内胶圈的内表面刷润滑剂（肥皂水、洗衣粉）。插口外表面刷润滑剂。

插口对承口找正后，上安装工具，扳动捯链（或叉子），使插口慢慢装入承口。最后用探尺插入承插口间隙中，以确定胶圈位置。插口推入位置应符合标准。

推入式球墨铸铁管的施工应注意以下几点：

① 正常的接口方式是将插口端推入承口，但特殊情况下，承口装入插口也可。

② 胶圈存放应注意避光，不要叠合挤压，长期贮存应放入盒子里，或用其他材料覆盖。

③ 上胶圈时，不得将润滑剂刷在承口内表面，以免接口失败。

④ 安装前应准备好配套工具。为防止接口脱开，可用捯链锁管。

（2）机械式（压兰式）球墨铸铁管接口

球墨铸铁管机械式（压兰式）接口属柔性接口，是将铸铁管的承插口加以改造，使其适应特殊形状的橡胶圈作为挡水材料，外部不需要其他填料，不需要复杂的安装设备，其主要优点是抗振性能较好，并且安装与拆修方便，缺点是配件多，造价高。它主要由球墨铸铁直管、管件、压兰、螺栓及橡胶圈组成。按填入的橡胶圈种类不同，分为 N1 型接口（图 3-4）、X 型接口（图 3-5）和 S 型接口。

其中 N1 型及 X 型接口使用较为普遍。当管径为 100～350mm 时，选用 N1 型接口；管径为 100～700mm，选用 X 型接口。S 型接口可参看有关施工手册。

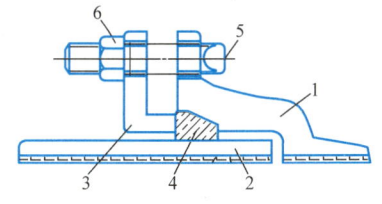
图 3-4 N1 型接口
1—承口；2—插口；3—压兰；
4—胶圈；5—螺栓；6—螺母

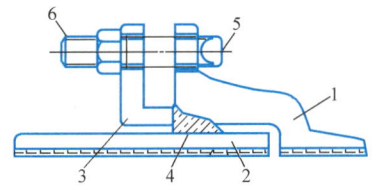
图 3-5 X 型接口
1—承口；2—插口；3—压兰；
4—胶圈；5—螺栓；6—螺母

1）机械式接口施工工艺

施工工艺：下管→清理插口、压兰和胶圈→压兰与胶圈定位→清理承口→刷润滑剂→对口→临时紧固→螺栓全方位紧固→检查螺栓扭矩。

2）工艺要求

① 下管：按下管要求将管材、管件下入沟槽，不得抛掷管材、管件及其他设备。机械下管应采用两点吊装，应使用尼龙吊带、橡胶套包钢丝绳或其他适用的吊具，防止管材、管件的防腐层损坏，宜在管子与吊具间垫以缓冲垫，如橡胶板等制品。

② 清理连接部位：用棉纱和毛刷将插口端外表面、压兰内外面、胶圈表面、承口内表面彻底清洁干净。

③ 压兰与胶圈定位：插口及压兰、胶圈清洁后，吊装压兰并将其推送插口端部定位，然后用人工把胶圈套在插口上（注意胶圈不要装反）。

④ 涂刷润滑剂：在插口及密封胶圈的外表面和承口内表面涂刷润滑剂，要求涂刷均匀，不能太多。

⑤ 对口：将管子吊起，使插口对正承口，对口间隙应符合设计规定。在插口进入承口并调整好管中心和接口间隙后，在管子两侧填砂固定管身，然后卸去吊具，将密封胶圈推入承口与插口的间隙。

⑥ 临时紧固：将橡胶圈推入承口后，调整压兰，使其螺栓孔和承口螺栓孔对正、压兰与插口外壁间的缝隙均匀。用螺栓在垂直四个方位临时紧固。

⑦ 螺栓紧固：将接口所用的螺栓穿入螺孔，安上螺母，按上下左右交替紧固程序，均匀地将每个螺栓分数次上紧，穿入螺栓的方向应一致。

⑧ 检查螺栓扭矩：螺栓上紧后，用力矩扳手检验每个螺栓扭矩。

3）机械式接口施工注意事项

① 接口前应彻底清除管子内部的杂物。

② 管道砂垫层的标高必须准确，以控制高程，并以水准仪校核。

③ 管子接口后不得移动，可用在管底两侧回填砂土并夯实，或用垫块等将管子临时固定等方法。

④ 三通、变径管和弯头等处，应按设计要求设置支墩。浇筑混凝土支墩时，管子外表面应洗净。

⑤ 橡胶圈应随用随从包装中取出，暂时不用的橡胶圈一定用原包装封存，放在阴凉、干燥处保存。

### 3.3.2　给水硬聚氯乙烯管（PVC-U）

硬聚氯乙烯管（PVC-U）是目前国内推广应用塑料管中的一种管材。它与金属管道相比，具有重量轻、耐压强度高、阻力小、耐腐蚀、安装方便、投资省、使用寿命长等特点。

硬聚氯乙烯管（PVC-U）不同于金属管材，为保证施工质量，PVC-U 管材及配件在运输、装卸及堆放过程中严禁抛扔或激烈碰撞。应避阳光曝晒，若存放期较长，则应放置于棚库内，以防变形和老化。PVC-U 管材、配件堆放时，应放平垫实，堆放高度不宜超过 1.5m；承插式管材、配件堆放时，相邻两层管材的承口应相互倒置并让出承口部位，以免承口承受集中荷载。

给水硬聚氯乙烯管道可以采用胶圈接口、粘接接口、法兰连接等形式。最常用的是胶圈和粘接连接，橡胶圈接口适用于管外径为 63～710mm 的管道连接；粘接接口只适用管外径小于 160mm 管道的连接；法兰连接一般用于硬聚氯乙烯管与铸铁管等其他管材、阀件等的连接。

当管道采用胶圈接口（R-R 接口）时，所用的橡胶圈不应有气孔、裂缝、重皮和接缝。

若使用圆形胶圈作接口密封材料时，胶圈内径与管材插口外径之比宜为 0.85～0.90，胶圈断面直径压缩率一般采用 40%。

当管道采用粘接连接（T-S 接口）时，所选用的胶粘剂的性能应符合下列基本要求：

（1）黏附力和内聚力强，易于涂在接合面上。
（2）固化时间短。
（3）硬化的粘接层对水不产生任何污染。
（4）粘接的强度应满足管道的使用要求。

当发现胶粘剂沉淀、结块时不得使用。

给水硬聚氯乙烯管经挤出成型，管外径 $\phi 12\sim\phi 160$mm 的管件（如三通、四通、弯头等）为硬聚氯乙烯注塑管件（粘接）；管外径 $\phi 200\sim\phi 710$mm 的管件选用给水用玻璃钢增强 PVC-U 复合管件。

给水硬聚氯乙烯管的施工程序为：

沟槽、管材、管件检验 → 下管 → 对口连接 → 部分回填 → 水压试验合格 → 全部回填

**1. 沟槽及管材、管件检验**

管道铺设应在沟底标高和管道基础质量检查合格后进行，在铺设管道前要对管材、管件、橡胶圈等重新做一次外观检查，发现有损坏、变形、变质迹象等问题的管材、管件均不得采用。

**2. 下管**

管材在吊运及放入沟内时，应采用可靠的软带吊具，平稳下沟，不得与沟壁或沟底激烈碰撞。

**3. 对口连接**

（1）胶圈连接。首先应将管道承口内胶圈沟槽、管端工作面及胶圈清理干净，

不得有土或其他杂物；将胶圈正确安装在承口的胶圈区中，不得装反或扭曲。为了安装方便可先用水浸湿胶圈，但不得在胶圈上涂润滑剂安装；橡胶圈连接的管材在施工中被切断时（断口平整且垂直管轴线），应在插口端倒角（坡口），并画出插入长度标线，再进行连接。

管子接头最小插入长度见表3-4。

管子接头最小插入长度（mm） 表3-4

| 公称外径 | 63 | 75 | 90 | 110 | 125 | 140 | 160 | 180 | 200 | 225 | 280 | 315 |
| --- | --- | --- | --- | --- | --- | --- | --- | --- | --- | --- | --- | --- |
| 插入长度 | 64 | 67 | 71 | 75 | 78 | 81 | 86 | 90 | 94 | 100 | 112 | 113 |

然后用毛刷将润滑剂均匀地涂在装嵌在承口处的胶圈和管插口端外表面上，但不得将润滑剂涂到承口的胶圈沟槽内；润滑剂可采用V型脂肪酸盐，禁止用黄油或其他油类作润滑剂。

最后将连接管道的插口对准承口，保持插入管段的平直，用捯链或其他拉力机械将管一次插入至标线。若插入阻力过大，切勿强行插入，以防胶圈扭曲。胶圈插入后，用探尺顺承插口间隙插入，沿管圆周检查胶圈的安装是否正常。

（2）粘接连接。粘接连接的管道在施工中被切断时，需将插口处倒角，锉成坡口后再进行连接。切断管材时，应保证断口平整且垂直管轴线。加工成的坡口应符合下列要求：坡口长度一般不小于3mm；坡口厚度为管壁厚度的1/3～1/2。坡口完成后，应将残屑清除干净。管材或管件在粘接前，应用干棉纱或干布将承口内侧和插口外侧擦拭干净，使被粘接面保持清洁干燥，当表面有油污时，可用棉纱蘸丙酮等清洁剂擦净。

粘接前应将两管试插一次，两管的配合要紧密，若两管试插不合适，应另换一根再试，直至合适为止，使插入深度及配合情况符合要求，并在插入端表面画出插入承口深度的标线。粘接时，先用毛刷将胶粘剂迅速涂刷在插口外侧及承口内侧结合面上时，宜先涂承口，后涂插口，宜轴向涂刷，涂刷均匀适量；承插口涂刷胶粘剂后，应立即找正方向将管端插入承口，用力挤压，使管端插入的深度至所画标线，并保证承插接口的直度和接口位置正确，同时必须保持如下规定的时间：

当管外径为63mm以下时，保持时间为不少于30s；

当管外径为63～160mm时，保持时间应大于60s。

粘接完毕后，应及时将挤出的胶粘剂擦拭干净。粘接后，不得立即对接合部位强行加载，其静止固化时间不应低于表3-5规定。

静止固化时间（min） 表3-5

| 公称外径(mm) | 40～70℃ | 18～40℃ | 5～18℃ |
| --- | --- | --- | --- |
| 63以下 | 12 | 20 | 30 |
| 63～110 | 30 | 45 | 60 |
| 110～160 | 45 | 60 | 90 |

（3）其他连接。当给水硬聚氯乙烯管与铸铁管、钢管连接时，应采用管件标准中所介绍的专用接头连接，也可采用双承橡胶圈接头、接头卡子等连接。当与阀门及消火栓等管件连接时，应先将硬聚氯乙烯管用专用接头接在铸铁管或钢管上后，再通过法兰与这些管件相连接。

若施工后的管道发生漏水，可采用换管、焊接和粘接等方法修补。当管材大面积损坏需更换整根管时，可采用双承口连接件来更换管材。渗漏较小时，可采用焊接或粘接的方法修补。

### 3.3.3 预应力钢筋混凝土管

预应力钢筋混凝土管作压力给水管，可代替钢管和铸铁管，降低工程造价，它是目前我国常用的给水管材。预应力钢筋混凝土管除成本低外，且耐腐蚀性远优于金属管材。

圆形预应力钢筋混凝土管采用纵向与环向都有预应力钢筋的双向预应力钢筋混凝土管，具有良好的抗裂性能。接口形式一般为承插式胶圈接口。

承插式预应力钢筋混凝土管的缺点是自重大、运输及安装不便；而且采用振动挤压工艺生产的预应力钢筋混凝土管，由于内模经长期使用，承口误差（椭圆度）会随之增大，插口误差小，严重影响接口质量。因此施工时对承口要详细检查与量测，为选配胶圈提供依据。

预应力钢筋混凝土管规格：公称直径 $DN400 \sim DN2000$，有效长度 5m，静水压力为 $0.4 \sim 1.2$MPa。我国目前在预应力钢筋混凝土管道施工中，在管网分支、变径、转向时必须采取铸铁或钢制管件。

我国目前生产的预应力钢筋混凝土管胶圈接口一般为圆形胶圈（"O"形胶圈），能承受 1.2MPa 的内压力和一定量的沉陷、错口和弯折；抗震性能良好，在地震烈度为 10～11 度区内，接口无破坏现象；胶圈埋入地下耐老化性能好，使用期可长达数十年。圆形胶圈应符合国家现行标准的要求。

选配胶圈应考虑的因素：

（1）管道安装水压试验压力。
（2）管子出厂前的抗渗检验压力。
（3）管子承口与插口的实际尺寸和环向间隙。
（4）胶圈硬度和性能。
（5）胶圈使用的条件（包括水质）。

预应力钢筋混凝土管施工程序为：

排管 → 下管 → 清理管膛、管口 → 清理胶圈 → 初步对口找正 → 顶管接口 → 检查中线、高程 → 用探尺检查胶圈位置 → 锁管 → 部分回填 → 水压试验合格 → 全部回填

（1）排管。将管子和管件按顺序置于沟槽一侧或两侧。

（2）下管。下管时，吊装管子的钢丝绳与管子接触处，必须用木板、橡胶板、麻袋等垫好，以免将管子勒坏。

（3）清理管膛、管口。在铺管前，应对每根管子进行检查，查看有无露筋、裂纹、脱皮等缺陷，尤其注意承插口工作面部分。如有上述缺陷，应用环氧树脂水泥修补好。

（4）清理胶圈。橡胶圈必须逐个检查，不得有割裂、破损、气泡、大飞边等缺陷，粘接要牢固，不得有凸凹不平的现象。

（5）将胶圈上到管子的插口端。

（6）初步对口找正。一般采取起重机吊起管子对口。

（7）顶管接口。一般采用顶推与拉入两种方法，可根据施工条件、顶推力大小、机具配备情况和操作熟练程度确定。

顶管接口常用安装方法：

1）千斤顶小车拉杆法。

由后背工字钢、螺旋千斤顶（一或两台）、顶铁（纵、横铁）、垫木等组成的一套顶推设备安装在一辆平板小车上，特制的弧形卡具固定在已经安装好的管子上，用符合管节模数的钢拉杆把卡具和后背顶铁拉起来，使小车与卡具、拉杆形成一个自锁推拉系统。锁成后找好顶铁的位置及垫木、垫铁、千斤顶的位置，摇动螺旋千斤顶，将套有胶圈的插口徐徐顶入已安好的管子承口中，随顶随调整胶圈使之就位准确（终点在距小台 5mm 处）。每顶进一根管子，加一根钢拉杆，一般安装 10 根管子移动一次位置。

2）捯链（手拉葫芦）拉入法。

在已安装稳固的管子上拴住钢丝绳，在待拉入管子承口处架上后背横梁，用钢丝绳和捯链连好绷紧对正，两侧同步拉捯链，将已套好胶圈的插口经撞口后拉入承口中，注意随时校正胶圈位置。

3）牵引机拉入法。

安好后背方木、滑轮（或滑轮组）和钢丝绳，启动牵引机械或卷扬机将对好胶圈的插口拉入承口中，随拉随调整胶圈，使之就位准确。

4）撬杠顶进法。

将撬杠插入已对口待连接管承口端的土层中，在撬杠与承口端之间垫上木块，扳动撬杠使插口进入已连接管承口内。此法适用于小管径管道安装。

采用上述方法铺管后，为防止前几节管子管口移动，可用钢丝绳和捯链锁在后面的管子上，也即进行锁管。

## 3.4 排水管道施工

室外排水管道通常采用非金属管材。常用的有混凝土管、钢筋混凝土管及陶土管等。排水管道是重力流管道。施工中，对管道的中心与高程控制要求较高。

### 3.4.1 稳管

排水管道稳管常用坡度板法和边线法控制管道中心与高程。边线法控制管道中心和高程比坡度板法速度快，但准确度不如坡度板法。

1. 坡度板法

重力流排水管道施工，用坡度板法控制安管的中心与高程时，坡度板埋设必须牢固，而且要方便安管过程中的使用，因

3-5 微课
排水管安装

此对坡度板的设置有以下要求：

（1）坡度板应选用有一定刚度且不易变形的材料制成，常用50mm厚木板，长度根据沟槽上口宽，一般跨槽每边不小于500mm，埋设必须牢固。

（2）坡度板设置间距一般为10m，最大间距不宜超过15m，变坡点、管道转向及检查井处必须设置。

（3）单层槽坡度板设置在槽上口跨地面，坡度板距槽底不超过3m为宜，多层槽坡度板设在下层槽上口跨槽台，距槽底也不宜大于3m。

（4）在坡度板上施测中心与高程时，中心钉应钉在坡度板顶面，高程板一侧紧贴中心钉（不能遮挡挂中线）钉在坡度板侧面，高程钉钉在靠中心钉一侧的高程板上，如图3-6所示。

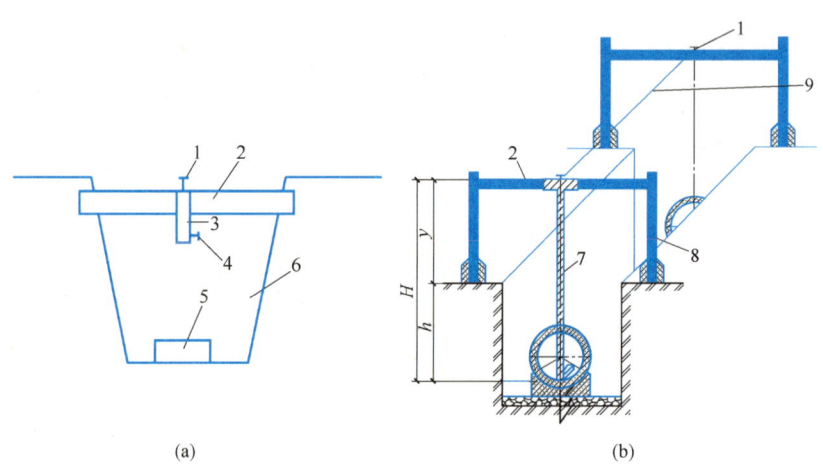

图3-6 坡度板法示意图

1—中心钉；2—坡度板；3—立板；4—高程钉；5—管道基础；6—沟槽；7—样尺；8—龙门柱；9—中心线

（5）坡度板上应标井室号、明桩号及高程钉至各有关部位的下反常数。变换常数处，应在坡度板两面分别书写清楚，并分别标明其所用高程钉。

稳管前，准备好必要的工具（垂球、水平尺、钢尺等），按坡度板上的中心钉、高程板上的高程钉挂中心线和高程线（至少是3块坡度板），用眼"串"一下，看有无折线，是否正常；根据给定的高程下反数，在高程尺上量好尺寸，刻上标记，经核对无误后，再进行安管。

稳管时，在管端吊中心垂球，当管径中心与垂线对正，不超过允许偏差时，管的中心位置即正确。小管管中可用目测；大管可用水平尺标示出管中。

控制管内底高程：将高程线绷紧，把高程尺杆下端放至管内底上，当尺杆上的标记与高程线距离不超过允许偏差时，管道的稳管为正确。

2. 边线法

边线法施工过程，如图3-7所示。边线的设

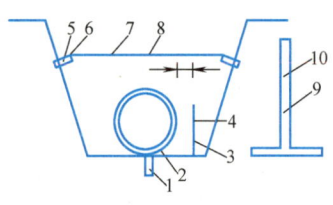

图3-7 边线法示意图

1—给定中线桩；2—中线钉；3—边线铁钎；4—边线；5—高程桩；6—高程钉；7—高程辅助线；8—高程线；9—高程尺杆；10—标记

置要求如下：

（1）在槽底给定的中线桩一侧钉边线铁钎，上挂边线，边线高度应与管中心高度一致，边线距管中心的距离等于管外径的 1/2 加上一常数（常数以小于 50mm 为宜）。

（2）在槽帮两侧适当的位置打入高程桩，其间距 10m 左右（不宜大于 15m）一对，并施测钉高程钉。连接槽两帮高程桩上的高程钉，在连线上挂纵向高程线，用眼"串"线看有无折点，是否正常（线必须拉紧查看）。

（3）根据给定的高程下反数，在高程尺杆上量好尺寸，并写上标记，经核对无误，再进行安管。

稳管时，如管子外径相同，则用尺量取管外皮距边线的距离，与自己选定的常数相比，不超过允许偏差时为正确；如外径不同的管，则用水平尺找中，量取至边线的距离，与给定管外径的 1/2 加上常数相比，不超过允许偏差为正确。

管道中线位置控制的同时，应控制管内底高程。方法为：将高程线绷紧，把高程尺杆下端放至管内底上，并立直，当尺杆上标记与高程线距离不超过允许偏差时为正确。允许偏差见现行国家标准《给水排水管道工程施工及验收规范》GB 50268 的规定。

### 3.4.2 排水管道铺设

排水管道铺设的方法较多，常用的方法有平基法、垫块法、"四合一"施工法。应根据管道种类、管径大小、管座形式、管道基础、接口方式等来选择排水管道铺设的方法。

1. 平基法

排水管道平基法施工，首先浇筑平基（通基）混凝土，待平基达到一定强度再下管、稳管、浇筑管座及抹带接口。这种方法常用于雨水管道，尤其适合于地基不良或雨期施工的场合。

平基法施工程序为：支平基模板→浇筑平基混凝土→下管→稳管→支管座模板→浇筑管座混凝土→抹带接口→养护。

平基法施工操作要点：

（1）浇筑混凝土平基顶面高程，不能高于设计高程，低于设计高程不超过 10mm。

（2）平基混凝土强度达到 5MPa 以上时，方可直接下管。

（3）下管前可直接在平基面上弹线，以控制稳管中心线。

（4）稳管的对口间隙，管径不小于 700mm，按 10mm 控制，管径小于 700mm，可不留间隙。较大的管子，宜进入管内检查对口，减少错口现象。稳管以达到管内底高程偏差在 ±10mm 之内，中心线偏差不超过 10mm，相邻管内底错口不大于 3mm 为合格。

（5）管子安好后，应及时用干净石子或碎石卡牢，并立即浇筑混凝土管座。

管座浇筑要点：

1）浇筑管座前，平基应凿毛或刷毛，并冲洗干净。

2）对平基与管子接触的三角部分，要选用同强度等级混凝土中的软灰，先行振捣密实。

3) 浇筑混凝土时,应两侧同时进行,防止挤偏管子。

4) 较大管子,浇筑时宜同时进入管内配合勾捻内缝;直径小于 700mm 的管子,可用麻袋球或其他工具在管内来回拖动,将流入管内的灰浆拉平。

**2. 垫块法**

排水管道施工,把在预制混凝土垫块上稳管,然后再浇筑混凝土基础和接口的施工方法,称为垫块法。采用这种方法可避免平基、管座分开浇筑,是污水管道常用的施工方法。

垫块法施工程序为:预制垫块→安垫块→下管→在垫块上稳管→支模→浇筑混凝土基础→接口→养护。

预制混凝土垫块强度等级同混凝土基础;垫块的几何尺寸:长为管径的 0.7,高等于平基厚度,允许偏差±10mm,宽不小于高;每节管垫块一般为两个,一般放在管两端。

垫块法施工操作要点:

(1) 垫块应放置平稳,高程符合设计要求。

(2) 稳管时,管子两侧应立保险杠,防止管子从垫块上滚下伤人。

(3) 稳管的对口间隙:管径 700mm 以上者按 10mm 左右控制;较大的管子,宜进入管内检查对口,减少错口现象。

(4) 管子安好后,一定要用干净石子或碎石将管卡牢,并及时浇筑混凝土管座。

**3. "四合一"施工法**

排水管道施工,将混凝土平基、稳管、管座、抹带四道工艺合在一起施工的做法,称为"四合一"施工法。这种方法速度快,质量好,是 $DN \leqslant 600mm$ 管道普遍采用的方法。其施工程序为:验槽→支模→下管→排管→四合一施工→养护。

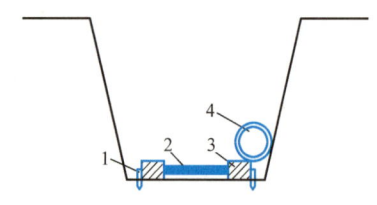

图 3-8 "四合一"法支模排管示意图
1—铁钎;2—临时撑杆;3—15cm×15cm 方木底模;4—排管

(1) 支模、排管施工。根据操作需要,第一次支模为略高于平基或 90°基础高度。模板材料一般采用 15cm×15cm 的方木,方木高程不够时,可用木板补平,木板与方木用铁钉钉牢;模板内侧用支杆临时支撑,方木外侧钉铁钉,以免稳管时模板滑动,如图 3-8 所示。

(2) 管子下至沟内,利用模板作为导木,在槽内滚运至稳管地点,然后将管子顺排在一侧方木模板上,使管子重心落在模板上,倚在槽壁上,比较容易滚入模板内,并将管口洗刷干净。

(3) 若为 135°及 180°管座基础,模板宜分两次支设,上部模板待管子铺设合格后再支设。

"四合一"施工做法:

(1) 平基。浇筑平基混凝土时,一般应使平基面高出设计平基面 20~40mm

（视管径大小而定），并进行捣固，管径 400mm 以下者，可将管座混凝土与平基一次灌齐，并将平基面做成弧形以利稳管。

（2）稳管。将管子从模板上滚至平基弧形内，前后揉动，将管子揉至设计高程（一般高于设计高程 1~2mm，以备下一节时又稍有下沉），同时控制管子中心线位置的准确。

（3）管座。完成稳管后，立即支设管座模板，浇筑两侧管座混凝土，捣固管座两侧三角区，补填对口砂浆，抹平管座两肩。如管道接口采用钢丝网水泥砂浆抹带接口时，混凝土的捣固应注意钢丝网位置的正确。为了配合管内缝勾捻，管径在 600mm 以下时，可用麻袋球或其他工具在管内来回拖动，将管口内溢出的砂浆抹平。

（4）抹带。管座混凝土浇筑后，马上进行抹带，随后勾捻内缝，抹带与稳管至少相隔 2~3 节管，以免稳管时不小心碰撞管子，影响接口质量。

### 3.4.3 混凝土管和钢筋混凝土管施工

混凝土管的规格为 $DN100 \sim DN600$，长为 1m；钢筋混凝土管的规格为 $DN300 \sim DN2400$，长为 2m。管口形式有承插口、平口、圆弧口、企口几种，如图 3-9 所示。

混凝土管和钢筋混凝土管的接口形式有刚性和柔性两种。

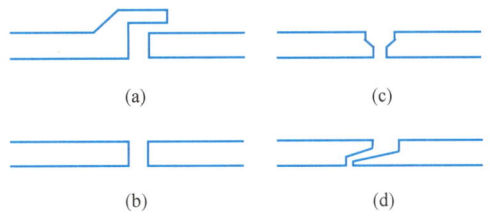

图 3-9　管口形式
(a) 承插口；(b) 平口；(c) 圆弧口；(d) 企口

**1. 抹带接口**

（1）水泥砂浆抹带接口。水泥砂浆抹带接口是一种常用的刚性接口，如图 3-10 所示。一般在地基较好、管径较小时采用。水泥砂浆抹带接口施工程序为：浇筑管座混凝土→勾捻管座部分管内缝→管带与管外皮及基础结合处凿毛清洗→管座上部内缝支垫托→抹带→勾捻管座以上内缝→接口养护。

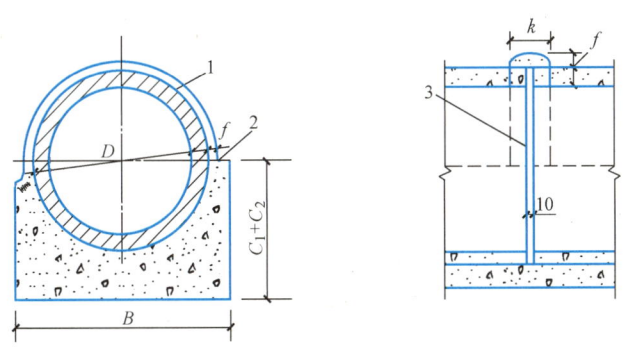

图 3-10　水泥砂浆抹带接口
1—抹带；2—凿毛；3—管内捻缝；$k$—抹带宽度；$f$—抹带厚度

水泥砂浆抹带材料及重量配合比：水泥采用 42.5 级普通硅酸盐水泥，砂子应过 2mm 孔径筛子，含泥量不得大于 2%。重量配合比为水泥：砂=1：2.5，水适量。勾捻内缝为水泥：砂=1：3，水适量。带宽 $k=120\sim150$mm，带厚 $f=$

30mm，抹带采用圆弧形或梯形。

水泥砂浆抹带接口工具有浆桶、刷子、铁抹子、弧形抹子等。

抹带接口操作：

1）抹带。

① 抹带前将管口及管带覆盖到的管外皮刷干净，并刷水泥浆一遍。

② 抹第一层砂浆（卧底砂浆）时，应注意找正使管缝居中，厚度约为带厚1/3，并压实使之与管壁粘结牢固，在表面划成线槽，以利于与第二层结合（管径400mm以内者，抹带可一次完成）。

③ 待第一层砂浆初凝后抹第二层，用弧形抹子捻压成形，待初凝后再用抹子赶光压实。

④ 带、基相接处（如基础混凝土已硬化需凿毛洗净、刷素水泥浆）三角形灰要饱实，大管径可用砖模，防止砂浆变形。

2）$DN \geqslant 700mm$ 管勾捻内缝。

① 管座部分的内缝应配合浇筑混凝土时勾捻；管座以上的内缝应在管带缝凝后勾捻，亦可在抹带之前勾捻，即抹带前将管缝支上内托，从外部用砂浆填实，然后拆去内托，将内缝勾捻整平，再进行抹带。

② 勾捻管内缝时，人在管内先用水泥砂浆将内缝填实抹平，然后反复捻压密实，灰浆不得高出管内壁。

3）$DN < 700mm$ 管。

应配合浇筑管座，用麻袋球或其他工具在管内来回拖动，将流入管内的灰浆拉平。

(2) 钢丝网水泥砂浆抹带接口，如图3-11所示。由于在抹带层内埋置20号10mm×10mm方格的钢丝网，因此接口强度高于水泥砂浆抹带接口。施工程序：管口凿毛清洗（管径不大于500mm者刷去浆皮）→浇筑管座混凝土→将钢丝网片插入管座的对口砂浆中并以抹带砂浆补充肩角→勾捻管内下部管缝→为勾上部内缝支托架→抹带（素灰、打底、安钢丝网片、抹上层、赶压、拆模等）→勾捻管内上部管缝→内外管口养护。

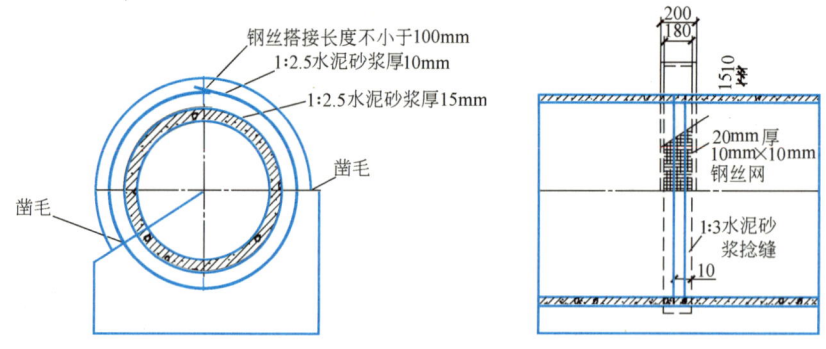

图3-11 钢丝网水泥砂浆抹带接口

抹带接口操作：

1) 抹带。

① 抹带前将已凿毛的管口洗刷干净并刷水泥浆一道；在抹带的两侧安装好弧形边模。

② 抹第一层砂浆应压实，与管壁粘牢，厚15mm左右，待底层砂浆稍晾有浆皮后将两片钢丝网包拢使其挤入砂浆浆皮中，用20号或22号细钢丝（镀锌）扎牢，同时要把所有的钢丝网头塞入网内，使网面平整，以免产生小孔漏水。

③ 第一层水泥砂浆初凝后，再抹第二层水泥砂浆使之与模板平齐，砂浆初凝后赶光压实。

④ 抹带完成后立即养护，一般4~6h可以拆模，应轻敲轻卸，避免碰坏抹带的边角，然后继续养护。

2) 勾捻内缝及接口养护方法与水泥砂浆抹带接口相同。

钢丝网水泥砂浆接口的闭水性较好，常用于污水管道接口，管座采用135°或180°。

## 2. 套环接口

套环接口的刚度好，常用于污水管道的接口。分为现浇套环接口和预制套环接口两种。

（1）现浇套环接口。采用的混凝土的强度等级一般为C18；捻缝用1∶3水泥砂浆；配合比（重量比）为水泥∶砂∶水＝1∶3∶0.5；钢筋为HPB300。

施工程序为：浇筑管基→凿毛与管相接处的管基并清刷干净→支设马鞍形接口模板→浇筑混凝土→养护后拆模→养护。

捻缝与混凝土浇筑相配合进行。

（2）预制套环接口。套环采用预制套环可加快施工进度。套环内可填塞油麻石棉水泥或胶圈石棉水泥。石棉水泥配合比（重量比）为水∶石棉∶水泥＝1∶3∶7；捻缝用砂浆配合比（重量比）为水泥∶砂∶水＝1∶3∶0.5。

施工程序为：在垫块上安管→安套环→填油麻→填打石棉水泥→养护。

## 3. 承插管水泥砂浆接口

承插管水泥砂浆接口，一般适合小口径雨水管道施工。

水泥砂浆配合比（重量比）为水泥∶砂∶水＝1∶2∶0.5。

施工程序为：清洗管口→安第一节管并在承口下部填满砂浆→安第二节管、接口缝隙填满砂浆→将挤入管内的砂浆及时抹光并清除→湿养护。

## 4. 沥青麻布（玻璃布）柔性接口

沥青麻布（玻璃布）柔性接口适用于无地下水、地基不均匀沉降不严重的平口或企口排水管道。

接口时，先清刷管口，并在管口上刷冷底子油，热涂沥青，做四油三布，并用钢丝将沥青麻布或沥青玻璃布绑扎，最后捻管内缝（1∶3水泥砂浆）。

## 5. 沥青砂浆柔性接口

这种接口的使用条件与沥青麻布（玻璃布）柔性接口相同，但不用麻布（玻璃布），成本降低。

沥青砂浆重量配合比为石油沥青∶石棉粉∶砂＝1∶0.67∶0.69。制备时，待锅中沥青（10号建筑沥青）完全熔化到超过220℃时，加入石棉（纤维占1/3

左右)、细砂,不断搅拌使之混合均匀。浇灌时,沥青砂浆温度控制在 200℃ 左右,具有良好的流动性。

施工程序:管口凿毛及清理→管缝填塞油麻、刷冷底子油→支设灌口模具→浇灌沥青砂浆→拆模→捻内缝

3-6 彩图
承插式混凝土
管道安装

6. 承插管沥青油膏柔性接口

这是利用一种粘结力强、高温不流淌、低温不脆裂的防水油膏,进行承插管接口,施工较为方便。沥青油膏有成品,也可自配。这种接口适用于小口径承插口污水管道。沥青油膏重量配合比为石油沥青:松节油:废机油:石棉灰:滑石粉= 100:11.1:44.5:77.5:119。

施工程序为:清刷管口保持干燥→刷冷底子油→油膏捏成圆条备用→安第一节管→将粗油膏条垫在第一节管承口下部→插入第二节管→用麻鏨填塞上部及侧面沥青膏条。

7. 塑料止水带接口

塑料止水带接口是一种质量较高的柔性接口。常用于现浇混凝土管道上,它具有一定的强度,又具有柔性,抗地基不均匀沉陷性能较好,但成本较高。这种接口适用于敷设在沉降量较大的地基上,需修建基础,并在接口处用木丝板设置基础沉降缝。

## 3.5 PE、PVC 管道施工

### 3.5.1 PE 管道施工

1. PE 管道施工工艺流程(图 3-12)

施工前的技术准备→管沟开挖→管沟底面的准备→管沟内管道的敷设→管道焊接→管道吹扫→试压→回填

3-7 微课
PE(PVC)
管道管材

图 3-12 PE 管道施工工艺流程图

2. 施工方法

(1) 施工前的技术准备

1) 施工前应熟悉、掌握施工图纸;准备好相应的施工机具。

2) 对操作人员进行上岗培训,培训合格后才能进行施工作业。

3) 按照标准对管材、管件进行验收。管道、管件应根据施工要求选用配套的等径、异径和三通等管件。热熔焊接宜采用同种牌号、材质的管件,对性能相似的不同牌号、材质的管件之间的焊接应先做试验。

(2) 管沟开挖

管沟开挖应严格按照设计图施工,PE 管的柔性好、重量

3-8 彩图
PE 管道热熔连接

轻，可以在地面上预制较长管线，当地形条件允许时，管线的地面焊接可使管沟的开挖宽度减小。PE 管埋设的最小管顶覆土厚度为：车行道下不小于 0.9m；人行道下不小于 0.75m；绿化带下或居住区不小于 0.6m；永久性冻土或季节性冻土层，管顶埋深应在冰冻线以下。在结实、稳固的沟底，管沟的宽度由施工所需的操作空间决定。宽度的最小值见表 3-6。

管沟最小宽度　　　　　　　　　　　　　　　表 3-6

| 管道公称直径(mm) | 最小管沟宽度(m) |
| --- | --- |
| 75～400 | $D+0.3$ |
| 大于 400 | $D+0.5$ |

当在地面连接时，沟宽为 $D+0.3$m；当在沟内安装或开沟回填有困难时开沟宽度为 $D+0.5$m，且总宽度不小于 0.7m。在砂土或淤泥的管沟中，可以采取放坡开挖。

（3）管沟底面的准备

如果管沟底部平直且土中基本没有大石块或底部土层没有扰动，就无需平整；如果底部土层被扰动，则采用直径 20～50mm 级配碎石块混合砂土和黏土等材料垫平，垫层厚度为 150mm，夯实的密实度应大于 90％。应尽可能避免管道表面划伤。

（4）管道的敷设

管道一般在地面预先焊接好（管径不大于 110mm 的管道应采用电熔焊焊接；管径大于 110mm 的管道可采用电熔焊或热熔焊焊接）。在管道放入管沟之前，应对管道进行全面检查，在没有发现任何缺陷的情况下，方可下管（采取吊入或滚入法）。

（5）管道焊接

1）焊接准备。

焊接准备主要是检查焊机状况是否满足工作要求，如：检查机具各个部位的紧固件有无脱落或松动；检查机电线路连接是否正确、可靠；检查液压箱内液压油是否充足；确认电源与机具输入要求是否相匹配；加热板是否符合要求（涂层是否损伤）；铣刀和油泵开关等的运行情况等。

3-9 微课
PE 管道热熔
焊接施工

2）管道焊接控制。

① 用净布清除两对接管口的污物。将管材置于机架卡瓦内，控制两端管口向内伸出的长度应基本相等（在满足铣削和加热要求的前提下应尽可能缩短，通常为 25～30mm）。若伸出管材机架外的管道部分较长，应用支撑架托起外伸部位，使管材轴线与机架中心线处于同一高度，调整管道对接的同轴度，然后用卡瓦紧固好，如图 3-13 所示。

② 置入铣刀，开启铣刀电源，然后缓慢合拢两管材对接端，并加以适当的压力，直到两端面均有连续的切屑出现，方可解除压力，稍后即可退出活动架，关掉铣刀电源。切削过程中应通过调节铣刀片的高度控制切屑厚度，切屑厚度一般应控制在 0.5～1.0mm 为宜，如图 3-14 所示。

图 3-13 机架

图 3-14 铣刀

③ 取出铣刀，合拢两对接管口，检查管口对齐情况。其错位量控制应不超过管壁厚度的 10% 或 1mm 中的较大值，通过调整管材直线度和松紧卡瓦可在一定程度上改善管口的对位偏差；管口合拢后其接触面间应无明显缝隙，缝隙宽度不能超过：0.3mm（$D \leqslant 225mm$）、0.5mm（$225mm < D \leqslant 400mm$）或 1.0mm（$D > 400mm$）。如不满足上述要求应重新铣削，直到满足要求为止。

3）确定机架拖拉管道拉力的大小（移动夹具的摩擦阻力）。由于在管道对接过程中，所连接管道长短不一，因而机架带动管道移动所需克服的阻力不一致，在实际控制中，这个阻力应叠加到工艺参数压力上，得到实际使用压力（在焊接过程中不仅要确定压力，而且要检查加热板温度是否达到设定值）。

4）在可控压力下焊接加热板温度达到设定值后，放入机架，施加规定的压力，直到两边最小卷边达到规定宽度时压力减小到规定值（使管口端面与加热板之间刚好保持接触），以便吸热，见图 3-15。当满足焊接时间后，推开活动架，迅速取出加热板，然后合拢两管端，切换时间应尽可能短，不能超过规定值。冷却到规定的时间后，卸压，松开卡瓦，取出对接好的管材。焊接完成后的效果图，如图 3-16 所示。该焊接工艺主要工艺技术参数见表 3-7。

图 3-15 加热

图 3-16 效果图

焊接工艺主要工艺技术参数　　表 3-7

| 壁厚 $e$(mm) | 加热时卷边高度 h(mm)<br>温度（T）：(210±10)℃<br>吸热压力 $P_{a1}$：0.15MPa | 吸热时间 $t_a$(s)<br>$T_a = 10 \times e$<br>温度（T）：(210±10)℃<br>吸热压力 $P_{a2}$：0.02MPa | 允许最大切换时间 $t_u$(s) | 增压时间 $t_{l_1}$(s) | 焊缝在保压状态下的冷却时间 $t_{l_2}$(min)<br>$p_{l_1} = p_{l_2} = 0.15$MPa |
|---|---|---|---|---|---|
| <4.5 | 0.5 | 45 | 5 | 5 | 6 |
| 4.5~7 | 1.0 | 45~70 | 5~6 | 5~6 | 6~10 |

续表

| 壁厚 $e$(mm) | 加热时卷边高度 $h$(mm) 温度($T$)：$(210\pm10)$℃ 吸热压力 $P_{a1}$：0.15MPa | 吸热时间 $t_a$(s) $T_a=10\times e$ 温度($T$)：$(210\pm10)$℃ 吸热压力 $P_{a2}$：0.02MPa | 允许最大切换时间 $t_u$(s) | 增压时间 $t_{f_1}$(s) | 焊缝在保压状态下的冷却时间 $t_{fz}$(min) $p_{f_1}=p_{f_2}=0.15$MPa |
|---|---|---|---|---|---|
| 7～12 | 1.5 | 70～120 | 6～8 | 6～8 | 10～16 |
| 12～19 | 2.0 | 120～190 | 8～10 | 8～11 | 16～24 |
| 19～26 | 2.5 | 190～260 | 10～12 | 11～14 | 24～32 |
| 26～37 | 3.0 | 260～370 | 12～16 | 14～19 | 32～45 |
| 37～50 | 3.5 | 370～500 | 16～20 | 19～25 | 45～60 |
| 50～70 | 4.0 | 500～700 | 20～25 | 25～35 | 60～80 |

### 3.5.2 PVC 管道安装使用的工具

1. PVC 管道安装使用的工具

PVC 管道安装使用的工具见表 3-8。

2. PVC 管道安装

（1）注意事项

1）PVC 管放置：PVC 管下管之前，应将管沟清理完毕，如沟底有凹凸不平时，亦需先予修整，如沟底仍为砾石层时，应先填砂 10cm 厚，方可下管。下管前应检视管件是否有损坏，无损坏即徐徐用绳索或其他起重设备，将管子放入管沟内。

PVC 管道安装使用的工具　　　　　　表 3-8

| 作业项目 | 使用工具名称 |
|---|---|
| 切断 | 手锯,砂轮电动锯,色笔,卷尺,裁管器,塑胶片(带) |
| 一次插入法 二次紧密插入法 | 平面锉刀(12″粗目),半圆锉刀(8″),喷灯,毛刷(1″),尖尾小刀,硬质胶粘剂,黄油(牛油),色笔,卷尺,手套 |
| TS 冷接法 | 平面锉刀(12″粗目),半圆锉刀(8″),毛刷(1″),尖尾小刀,卷尺,色笔,硬质胶粘剂,铁棒,木锤 |
| 斜度环平口接法 | 喷灯,硬质胶粘剂,手套,毛刷(1″),斜度法兰(金属制) |
| 法兰平口接法 | 平面锉刀(12″粗目),毛刷(1″),卷尺,色笔,硬质胶粘剂 |
| 活套管接合 | 拉紧器(1.5t),毛刷(4″),塑胶水瓢(容器),色笔,卷尺,手套,厚木板或木角材,木锤,平锉刀(12″),尖尾小刀,肥皂水(洗洁精) |
| 接头接合 | 活动把手(12″),TS 冷接法工具一套,管用把手,密封圈 |
| 螺牙接合 | 活动把手,密封带(Tape Seal),TS 冷接法工具一套,管用把手 |
| 法兰接合 | 活动把手(12″),密封圈活套管接合工具一套(法兰连接头接合用) |

2）PVC 管装接施工，如需切管，则切口应与管轴垂直，不得歪斜，切断后

3-10 微课 PVC管道安装

之雄管端,应在工地削切外角,TS冷接法为30°～45°,活套施工应沿20°削外角,以利插接。

3) PVC管安装保护:在PVC管装接期间,需防止石块或其他坚硬物体嵌入管沟,以免PVC管受到损伤。

4) 工作暂停或休息时,一切管口均需用盖子遮牢,以防污物渗入管内。水管装接完妥尚未试压前,应将管身部分先行覆土,以求保护。

(2) PVC管安装

1) 二次紧密插入法施工

① 将两管管端沿30°削角,雄管削外角,雌管削内角,方法与一次插入法相同,但也可先以喷灯加热使之软化后,用小刀切削,再用锉刀略作修整,使施工速度加快。

② 雌管端加热（120～130℃）使之软化。

③ 雄管末端涂敷胶粘剂前,先在管端涂以牛油等润滑剂,插入已软化的雌管,矫正成直线后用湿布或冷水冷却使之定型。

④ 在连接处与管轴平行做记号,并在两管端写上号码,以免配管时发生混乱,如图3-17所示。

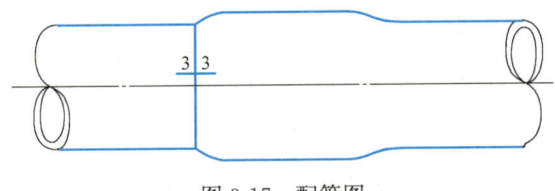

图3-17 配管图

⑤ 把雄管拔出然后将两端之润滑剂擦拭干净,相接时雌雄两端皆涂上胶粘剂,顺直线做记号,插入定位即成。

2) TS冷接法施工

本法系应用于工厂已事先放口成TS接头的管材或管件的接合,施工简便迅速,尤其在严禁烟火地区配管施工更为适宜,并可在极短时间内通水使用（大、中、小口径均适用）。

① 雄管端削外角:以锉刀（粗目）削角为最常用的方法,但在大口径的情况下,因锉削速度较慢,工作效率低,故最理想的方法,可用电动砂轮磨削或先以喷灯将管端作局部加热,使之呈半软化状态,再以小刀沿圆周逐次切削,至全圆周切削完妥为止,而斜面稍有不平之处,再以锉刀修整。另一方式为利用刀轮削角,但此方式为厂内专业性作业,工地较少采用。切削角度需沿30°～45°角,其预留尖端厚度为1/3。

② 承口内壁及管端外壁插入范围,先用酒精或干布擦拭干净,然后雌雄管插入范围各涂上适量的硬质胶粘剂,待部分溶剂挥发而胶着性增强时,则一口气用力插入,小管子可旋转90°,使胶粘剂的分布更为均匀。中、大口径管子插入后,管端可垫以厚木板或木角材,用木锤击入或以铁棒撬入,使插接更为密着,如

图 3-18~图 3-20 所示。

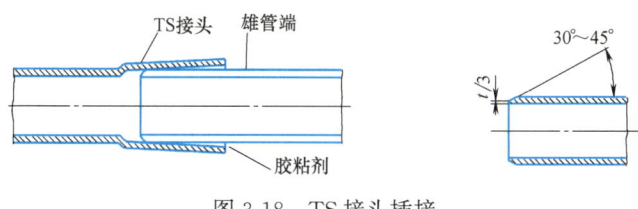

图 3-18　TS 接头插接

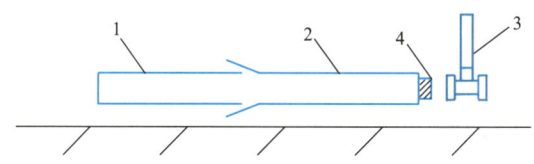

图 3-19　用木锤敲入插接

1—已接管道；2—待接管道；3—木锤；4—木垫块

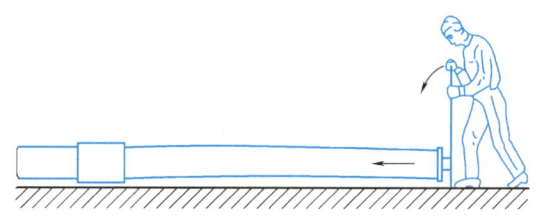

图 3-20　用铁棒撬入插接

③ 插入后，应维持约 30s 方可移动。

④ 管线安装完毕，需 48h 后方可通水试压，试压管线长度应在 400~500m 最佳。

3）斜度环平口接法

PVC 管需要使用平口时，如图 3-21 所示，使用金属斜口法兰与斜度环做成平口，以密封圈及螺栓连接。

① 将管端内壁及斜度环之斜面用酒精或干布擦拭清洁。

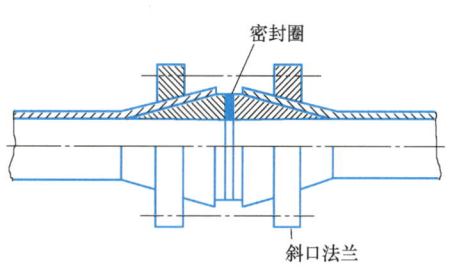

图 3-21　斜度环平口接法

② 管端加热使之软化，一面在斜度环之斜面涂以胶粘剂。

③ 先将斜口法兰套入后再将斜度环套入已软化的管端，此时应注意使斜度环略凸出管口外，而斜度环之平面与管轴垂直，然后用水冷却定型。

④ PVC 平口与 PVC 平口相接，或 PVC 平口与阀门相接，平口接合阀门均需垫以密封圈，以螺栓连接即可。

3-11　微课
PVC 管土方回填

## 3.6 管道工程质量检查与验收

验收压力管道时必须对管道、接口、阀门、配件、伸缩器及其他附属构筑物仔细进行外观检查；复测管道的纵断面；并按设计要求检查管道的放气和排水条件。管道验收还应对管道的强度和严密性进行试验。

### 3.6.1 管道压力试验的一般规定

3-12 资料 给水排水管道 工程质量验收表

（1）应符合现行国家标准《给水排水管道工程施工及验收规范》GB 50268 的规定。

（2）压力管道应用水进行压力试验。地下钢管或铸铁管，在冬季或缺水情况下，可用空气进行压力试验，但均需有防护措施。

（3）压力管道的试验，应按下列规定进行：架空管道、明装管道及非掩蔽的管道应在外观检查合格后进行压力试验；地下管道必须在管基检查合格，管身两侧及其上部回填不小于 0.5m，接口部分尚敞露时，进行初次试压，全部回填土，完成该管段各项工作后进行末次试压。此外，铺设后必须立即全部回填土的管道，在回填前应认真对接口做外观检查，仔细回填后进行一次试验；对于组装的有焊接接口的钢管，必要时可在沟边做预先试验，在下沟连接以后仍需进行压力试验。

（4）试压管段的长度不宜大于 1km，非金属管段不宜超过 500m。

（5）管端敞口，应事先用管堵或管帽堵严，并加临时支撑，不得用闸阀代替；管道中的固定支墩，试验时应达到设计强度；试验前应将该管段内的闸阀打开。

（6）当管道内有压力时，严禁修整管道缺陷和紧动螺栓，检查管道时不得用手锤敲打管壁和接口。

（7）给水管道在试验合格验收交接前，应进行一次通水冲洗和消毒，冲洗流量不应小于设计流量或流速不小于 1.5m/s。冲洗应连续进行，当排水的色、透明度与入口处目测一致时，即为合格。生活饮用水管冲洗后用含 20～30mg/L 游离氯的水，灌洗消毒，含氯水留置 24h 以上。消毒后再用饮用水冲洗。冲洗时应注意保护管道系统内仪表，防止堵塞或损坏。

### 3.6.2 管道水压试验

（1）管道试压前管段两端要封以试压堵板，堵板应有足够的强度，试压过程中与管身接头处不能漏水。

3-13 彩图 管道试压图

（2）管道试压时应设试压后背，可用天然土壁作试压后背，也可用已安装好的管道作试压后背，试验压力较大时，会使土后背墙发生弹性压缩变形，从而破坏接口。为了解决这个问题，常用螺旋千斤顶对后背施加预压力，使后背产生一定的压缩变形。管道水压试验后背装置见图 3-22。

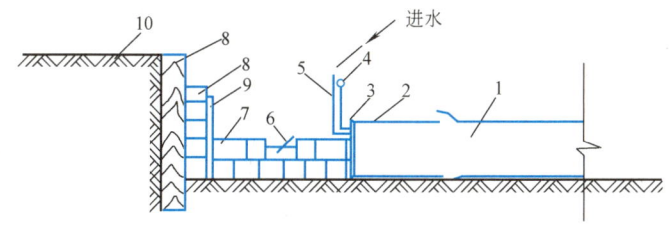

图 3-22 给水管道水压试验后背
1—试验管段；2—插盘短管；3—法兰盖堵；4—压力表；5—进水管；
6—千斤顶；7—顶铁；8—方木；9—钢板；10—后座墙

（3）管道试压前应排除管内空气，灌水进行浸润，试验管段灌满水后，应在不大于工作压力条件下充分浸泡后进行试压。浸泡时间应符合以下规定：铸铁管、球墨铸铁管、钢管无水泥砂浆衬里，不小于 24h；有水泥砂浆衬里，不小于 48h。预应力、自应力混凝土管及现浇钢筋混凝土管渠，管径不大于 1000mm，不小于 48h；管径大于 1000mm，不小于 72h。硬 PVC 管在无压情况下至少保持 12h，进行严密性试验时，将管内水加压到 0.35MPa，并保持 2h。

（4）硬聚氯乙烯管道灌水应缓慢，流速小于 1.5m/s。

（5）冬季进行水压试验时，应采取有效的防冻措施，试验完毕后应立即排出管内和沟槽内的积水。

（6）水压试验压力，按表 3-9 确定。

**承压水管道水压试验压力值（MPa）**　　　　　　　　　　表 3-9

| 管材种类 | 工作压力 $P$ | 试验压力 $P$ |
| --- | --- | --- |
| 钢管 | $P$ | $P+0.5$ 且不小于 0.9 |
| 球墨铸铁管 | $P \leqslant 0.5$ | $2P$ |
|  | $P > 0.5$ | $P+0.5$ |
| 预应力钢筋混凝土管与自应力钢筋混凝土管 | $P \leqslant 0.6$ | $1.5P$ |
|  | $P > 0.6$ | $P+0.3$ |
| 化学建材管 | $P$ | $1.5P$；不小于 0.8 |
| 现浇或预制钢筋混凝土管渠 | $P \geqslant 0.1$ | $1.5P$ |

（7）水压试验。

1）试验阶段。

① 预试验阶段。

将管道内水压缓缓地升至试验压力并稳压 30min，期间如有压力下降可注水补压，但不得高于试验压力。

检查管道接口、配件等处有无漏水、损坏现象；有漏水、损坏现象时应及时停止试压，查明原因并采取相应措施后重新试压。

② 主试验阶段。

停止注水补压，稳定 15min；当 15min 后压力下降不超过 0.03MPa 时，将试验压力降至工作压力并保持恒压 30min，进行外观检查，若无漏水现象，则水压试验合格。

管道升压时，管道的气体应排除；升压过程中，发现弹簧压力计表针摆动、不稳，且升压较慢时，应重新排气后再升压。

应分级升压，每升一级应检查后背、支墩、管身及接口，无异常现象时再继续升压。

水压试验过程中，后背顶撑、管道两端严禁站人。

水压试验时，严禁修补缺陷；遇有缺陷时，应做出标记，卸压后修补。

压力管道采用允许渗水量进行最终合格判定依据时，实测渗水量应不大于表 3-10 规定的允许渗水量。

允许渗水量　　　　　　　　　　　　　　表 3-10

| 管道内径 $D_i$ (mm) | 允许渗水量[L/(min·km)] | | |
|---|---|---|---|
| | 焊接接口钢管 | 球墨铸铁管、玻璃钢管 | 预(自)应力混凝土管、预应力钢筋混凝土管 |
| 200 | 0.56 | 1.40 | 1.98 |
| 300 | 0.85 | 1.70 | 2.42 |
| 400 | 1.00 | 1.95 | 2.80 |
| 600 | 1.20 | 2.40 | 3.14 |
| 800 | 1.35 | 2.70 | 3.96 |
| 900 | 1.45 | 2.90 | 4.20 |
| 1000 | 1.50 | 3.00 | 4.42 |
| 1200 | 1.65 | 3.30 | 4.70 |
| 1400 | 1.75 | — | 5.00 |

2）试验做法。

①强度试验。在已充水的管道上用手摇泵向管内充水，待升至试验压力后，停止加压，观察表压下降情况。如 15min 压力降不大于 0.03MPa，且管道及附件无损坏，将试验压力降至工作压力，恒压 2h，进行外观检查，无漏水现象表明试验合格。落压试验装置如图 3-23 所示。

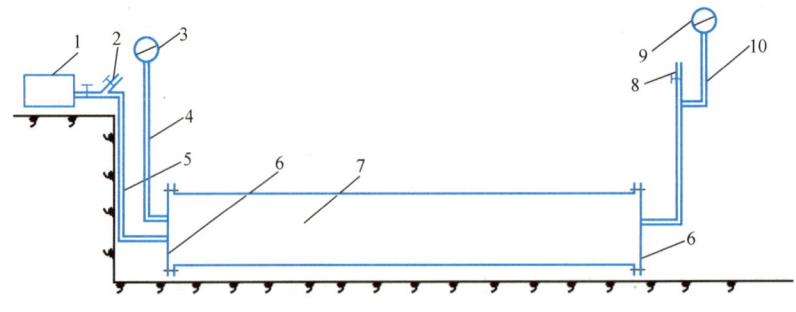

图 3-23　落压试验装置

1—手摇泵；2—进水总管；3—压力表；4—压力表连接管；5—进水管；
6—盖板；7—试验管段；8—放水管；9—压力表；10—连接管

② 严密性试验。将管段压力升至试验压力后，记录表压降低 0.1MPa 所需的时间 $T_1$（min），然后在管内重新加压至试验压力，从放水阀放水，并记录表压下降 0.1MPa 所需的时间 $T_2$（min）和此间放出的水量 $W$（L）。按下式计算渗水率：$q=W/[(T_1-T_2)\times L]$，式中 $L$ 为试验管段长度（km）。渗水量试验示意见图 3-24。若 $q$ 值小于表 3-11 的规定，即认为合格。

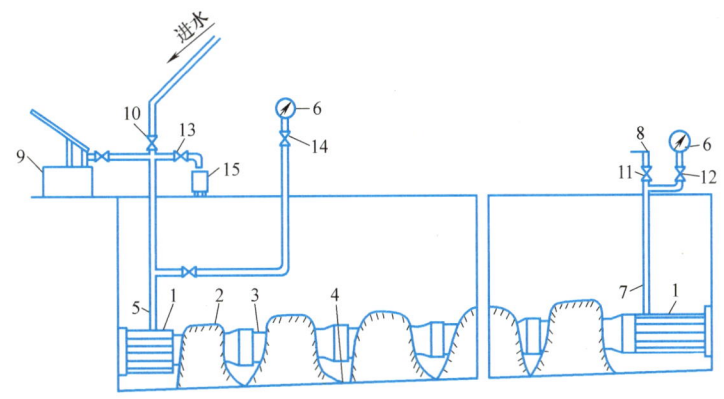

图 3-24 渗水量试验示意图

1—封闭端；2—回填土；3—试验管段；4—工作坑；5—进水；6—压力表；7—压力表连接管；8—放水阀；9—手摇泵；10、11、12、13、14—闸门；15—水筒

试验后，允许渗水率见表 3-11。

硬聚氯乙烯管强度试验的允许渗水率不应超过表 3-11 的规定。

硬聚氯乙烯管强度试验的允许渗水率　　　　表 3-11

| 管外径(mm) | 允许渗水率[L/(min·km)] | | 管外径(mm) | 允许渗水率[L/(min·km)] | |
|---|---|---|---|---|---|
| | 粘接连接 | 胶圈连接 | | 粘接连接 | 胶圈连接 |
| 63～75 | 0.2～0.24 | 0.3～0.5 | 200 | 0.56 | 1.4 |
| 90～110 | 0.26～0.28 | 0.6～0.7 | 225～250 | 0.7 | 1.55 |
| 125～140 | 0.35～0.38 | 0.9～0.95 | 280 | 0.8 | 1.6 |
| 160～180 | 0.42～0.5 | 1.05～1.2 | 315 | 0.85 | 1.7 |

### 3.6.3　管道气压试验

**1. 承压管道气压试验规定**

（1）管道进行气压试验时应在管外 10m 范围设置防护区，在加压及恒压期间，任何人不得在防护区停留。

（2）气压试验应进行两次，即回填前的预先试验和回填后的最后试验。试验压力见表 3-12。

承压管道气压试验压力　　　　表 3-12

| 管　材 | | 强度试验压力(MPa) | 严密性试验压力(MPa) |
|---|---|---|---|
| 钢管 | 预先试验 | 工作压力小于 0.5，为 0.6； | 0.3 |
| | 最后试验 | 工作压力大于 0.5，为 1.15 倍工作压力 | 0.03 |

续表

| 管　材 | | 强度试验压力（MPa） | 严密性试验压力（MPa） |
|---|---|---|---|
| 铸铁管 | 预先试验 | 0.15 | 0.1 |
| | 最后试验 | 0.6 | 0.03 |

**2. 气压试验验收标准**

（1）钢管和铸铁管以气压进行时，应将压力升至强度试验压力，恒压 30min，如管道、管件和接口未发生破坏，将压力降至 0.05MPa 并恒压 24h，进行外观检查（如气体溢出的声音、尘土飞扬和压力下降等现象），如无泄漏，则认为预先试验合格。

（2）在最后气压试验时，升压至强度试验压力，恒压 30min；再降压至 0.05MPa，恒压 24h。如管道未破坏，且实际压力下降不大于表 3-13 规定，则认为合格。

长度不大于 1km 的钢管道和铸铁管道气压试验时间和允许压力降　　表 3-13

| 管径(mm) | 钢管道 试验时间(h) | 钢管道 试验时间内的允许水压降(kPa) | 铸铁管道 试验时间(h) | 铸铁管道 试验时间内的允许水压降(kPa) | 管径(mm) | 钢管道 试验时间(h) | 钢管道 试验时间内的允许水压降(kPa) | 铸铁管道 试验时间(h) | 铸铁管道 试验时间内的允许水压降(kPa) |
|---|---|---|---|---|---|---|---|---|---|
| 100 | 0.5 | 0.55 | 0.25 | 0.65 | 500 | 4 | 0.75 | 2 | 0.70 |
| 125 | 0.5 | 0.45 | 0.25 | 0.55 | 600 | 4 | 0.50 | 2 | 0.55 |
| 150 | 1 | 0.75 | 0.25 | 0.50 | 700 | 6 | 0.60 | 3 | 0.65 |
| 200 | 1 | 0.55 | 0.5 | 0.65 | 800 | 6 | 0.50 | 3 | 0.45 |
| 250 | 1 | 0.45 | 0.5 | 0.50 | 900 | 6 | 0.40 | 4 | 0.55 |
| 300 | 2 | 0.75 | 1 | 0.70 | 1000 | 12 | 0.70 | 4 | 0.50 |
| 350 | 2 | 0.55 | 1 | 0.55 | 1100 | 12 | 0.60 | — | — |
| 400 | 2 | 0.45 | 1 | 0.50 | 1200 | 12 | 0.50 | — | — |

### 3.6.4　无压管道严密性试验

（1）污水、雨污水合流管道及湿陷土、膨胀土、流砂地区的雨水管道，在回填土之前必须进行严密性试验。严密性试验分为闭水试验和闭气试验。一般情况下都做闭水试验，只有用水进行试验有困难时采用闭气试验。

（2）闭水试验时试验管段应符合下列条件。

1）管道及检查井外观质量检查已验收合格。

2）管道未回填土且沟槽内无积水。

3）全部预留孔应封堵，不得渗水。

4）管道两端堵板承载力经核算应大于水压力的合力，除预留进出水管外，应封堵坚固，不得渗水。

（3）试验段的划分。

1）试验管段应按井距分隔，抽样选取，带井试验。

2）当管道内径大于 700mm 时，可按管道井段数量抽样选取 1/3 进行试验，试验不合格时,抽样井段数量应在原抽样基础上加倍进行试验。

3)若条件允许可一次试验不超过 5 个连续井段。

4)对于无法分段试验的管道,应由工程有关方面根据工程具体情况确定。

(4)闭水试验水头。

1)试验段上游设计水头不超过管顶内腋时,试验水头应以试验段上游管顶内壁加 2m 计。

2)试验段上游设计水头超过管顶内壁时,试验水头应以试验段上游设计水头加 2m 计。

3)计算出的试验水头小于 10m,但已超过上游检查井井口时,试验水头应以上游检查井井口高度为准。

(5)闭水试验方法。

1)试验装置如图 3-25 所示。将试验管段两端的管口封堵,一般采用气囊封堵,如图 3-26 所示。如用砖砌,则砌 24cm 厚砖墙并用水泥砂浆抹面,养护 3~4d 达到一定强度后,再向试验段内充水,在充水时注意排气。

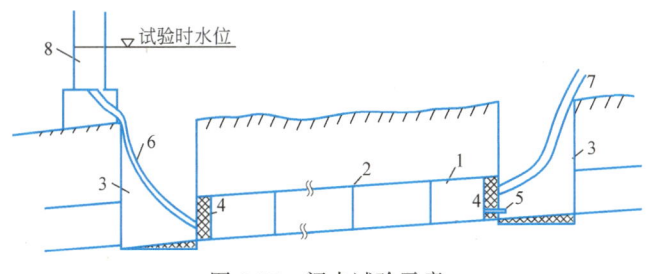

图 3-25 闭水试验示意

1—试验管段;2—接口;3—检查井;4—堵头;5—闸门;6、7—胶管;8—水筒

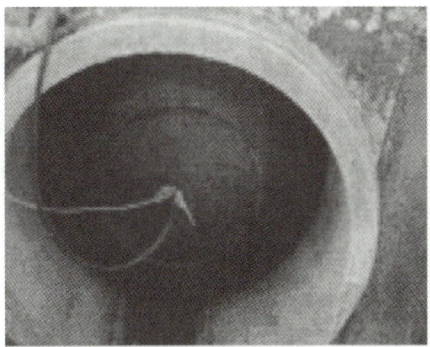

图 3-26 气囊封堵

2)试验管段灌满水后浸泡时间不少于 24h,同时检查砖堵、管身、接口有无渗漏。

3)将闭水水位升至试验水头水位,观察管道的渗水量,直至观测结束时,应不断向试验管段内补水,保持标准水头恒定。渗水量的观测时间不少于 30min。

4)实测渗水量,可按式(3-1)计算。

$$q = \frac{W}{T \cdot L} \tag{3-1}$$

式中　$q$——实测渗水量，L/(min·m)；
　　　$W$——补水量，L；
　　　$T$——渗水量观测时间，min；
　　　$L$——试验管段长度，m。

当 $q$ 不大于允许渗水量时，即认为合格。$q$ 值应符合表 3-14 规定。

#### 3.6.5　地下给水排水管道冲洗与消毒

给水管道试验合格后，竣工验收前应进行冲洗、消毒，使管道出水符合《生活饮用水卫生标准》GB 5749。经验收合格才能交付使用。

1. 管道冲洗

（1）放水口

管道冲洗主要使管内杂物全部冲洗干净，使排出水的水质与自来水状态一致。在没有达到上述水质要求时，这部分冲洗水要有放水口，可排至附近河道、排水管道。排水时应取得有关单位协助，确保安全排放、畅通。

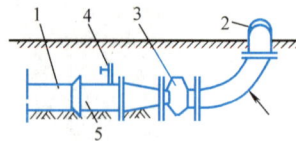

图 3-27　放水口
1—管道；2—放水龙头；3—闸阀；4—排气管；5—插盘短管

安装放水口时，其冲洗管接口应严密，并设有插盘短管 5、闸阀 3、排气管 4 和放水龙头 2，如图 3-27 所示。弯头处应进行临时加固。

冲洗水管可比被冲洗的水管管径小，但断面不应小于 1/2。冲洗水的流速宜大于 0.7m/s。管径较大时，所需用的冲洗水量较大，可在夜间进行冲洗，以不影响周围的正常用水。

（2）冲洗步骤及注意事项

1）准备工作。会同自来水管理部门，商定冲洗方案，如冲洗水量、冲洗时间、排水路线和安全措施等。

2）冲洗时应避开用水高峰，以流速不小于 1.0m/s 的冲洗水连续冲洗。

3）冲洗时应保证排水管路畅通安全。

4）开闸冲洗放水时，先开出水闸阀再开来水闸阀；注意排气，并派专人监护放水路线；发现情况及时处理。

5）检查放水口水质。观察放水口水的外观，至水质外观澄清、化验合格为止。

6）关闭闸阀。放水后尽量使来水闸阀、出水闸阀同时关闭。如做不到，可先关闭出水闸阀，但留几扣暂不关死，等来水阀关闭后，再将出水阀关闭。

7）放水完毕，管内存水 24h 以后再化验为宜，合格后即可交付使用。

2. 管道消毒

管道消毒的目的是消灭新安装管道内的细菌，使水质不致污染。

消毒液通常采用漂白粉溶液，注入被消毒的管段内。灌注时可少许开启来水闸阀和出水闸阀，使清水带着漂白液流经全部管段，从放水口检验出高浓度氯水为止，然后关闭所有闸阀，使含氯水浸泡 24h 为宜。氯浓度为 26～30mg/L。

其漂白粉耗用量可参照表 3-14 选用。

每 100m 管道消毒所需漂白粉用量　　　　　表 3-14

| 管径(mm) | 100 | 150 | 200 | 250 | 300 | 400 | 500 | 600 | 800 | 1000 |
|---|---|---|---|---|---|---|---|---|---|---|
| 漂白粉(kg) | 0.13 | 0.28 | 0.5 | 0.79 | 1.13 | 2.01 | 3.14 | 4.53 | 8.05 | 12.57 |

注：1. 漂白粉含氯量以 25% 计。
　　2. 漂白粉溶解率以 75% 计。
　　3. 水中含氯浓度 30mg/L。

### 3.6.6　地下给水排水管道工程施工质量检验与验收

工程验收制度是检验工程质量必不可少的一道程序，也是保证工程质量的一项重要措施。如质量不符合规定时，可在验收中发现和处理，并避免影响使用和增加维修费用，为此，必须严格执行工程验收制度。

给水排水管道工程验收分为中间验收和竣工验收，中间验收主要是验收埋在地下的隐蔽工程，凡是在竣工验收前被隐蔽的工程项目，都必须进行中间验收，并对前一工序验收合格后，方可进行下一工序，当隐蔽工程全部验收合格后，方可回填沟槽。竣工验收是全面检验给水排水管道工程是否符合工程质量标准，它不仅要查出工程的质量结果怎样，更重要的还应该找出产生质量问题的原因，对不符合质量标准的工程项目必须经过整修，甚至返工，经验收达到质量标准后，方可投入使用。

地下给水排水管道工程属隐蔽工程。给水管道的施工与验收应严格按国家颁发的《给水排水管道工程施工及验收规范》GB 50268、《埋地硬聚氯乙烯给水管道工程技术规程》CECS 17 等进行施工及验收；排水管道按《给水排水管道工程施工及验收规范》GB 50268 进行施工与验收。

给水排水管道工程竣工后，应分段进行工程质量检查。质量检查的内容包括：

（1）外观检查。对管道基础、管座、管子接口、节点、检查井、支墩及其他附属构筑物进行检查。

（2）断面检查。断面检查是对管子的高程、中线和坡度进行复测检查。

（3）接口严密性检查。对给水管道一般进行水压试验，排水管道一般做闭水试验。生活饮用水管道，还必须进行水质检查。

给水排水管道工程竣工后，施工单位应提交下列文件：

（1）施工设计图并附设计变更图和施工洽商记录。

（2）管道及构筑物的地基及基础工程记录。

（3）材料、制品和设备的出厂合格证或试验记录。

（4）管道支墩、支架、防腐等工程记录。

（5）管道系统的标高和坡度测量的记录。

（6）隐蔽工程验收记录及有关资料。

（7）管道系统的试压记录、闭水试验记录。

（8）给水管道通水冲洗记录。

（9）生活饮用水管道的消毒通水，消毒后的水质化验记录。

（10）竣工后管道平面图、纵断面图及管件接合图等。
（11）有关施工情况的说明。

### 复习思考题

1. 给水排水管道工程开槽施工工序？
2. 给水排水管道放线时有哪些要求？
3. 地下给水排水管道施工前，应检查的内容有哪些？
4. 人工下管时可采取哪些方法？
5. 机械下管时应注意哪些问题？
6. 稳管工作包括哪些环节？
7. 室外给水管道常用的管材有哪几种，各适用在什么场合？
8. 简述管道中心和高程控制的方法及其操作要点。
9. 试述普通铸铁管承插式刚性接口的应用场合及其施工方法。
10. 简述球墨铸铁管的性能、适用场合及其施工方法。
11. 给水 PVC-U 管的运输、保管、下管有何要求？
12. 试述 PVC-U 管接口方式及其施工要点。
13. 试述 PVC-U 管的施工程序及注意事项。
14. 试述预应力钢筋混凝土管的性能、适用场合以及接口方式。
15. 试述预应力钢筋混凝土管的施工顺序。
16. 室外排水管道常用的管材有哪几种，各适用在什么场合？
17. 什么叫平基法施工，施工程序如何，平基法施工操作要求是什么？
18. 什么叫垫块法施工，施工程序如何，垫块法施工操作要求是什么？
19. 试述"四合一"施工法的施工顺序。
20. 排水管道常采用的刚性接口有哪些，各适用在什么场合？
21. 试述室外给水管道水压试验的方法及其适用条件。
22. 室外给水管道严密性试验的方法有哪些，各适用哪些场合？
23. 室外排水管道闭水试验的步骤是什么？
24. 室外给水管道试验合格后如何进行冲洗消毒工作？
25. 室外给水排水管道质量检查的内容是什么？

### 课后拓展

给水排水管道工程是智慧城市的基础，是城市最大的民生工程，城市给水排水工程的质量关乎到千家万户的生活与生产；如何更好满足人们对生活环境的美好追求；为此，保证给水排水工程的质量是前提，随着给水排水工程施工技术的不断成熟、完善，越来越多的新材料、新技术、新工艺、新设备被广泛应用，其安全可靠性大大提高。在降低人力、物力资源消耗的同时，还应综合考虑施工费用和运维费用，真正让用户满意，且达到良好的经济、社会效益。

当下市政行业迅速发展，新技术、新工艺、新规范、新标准使用的大背景下，同学们应大胆创新，努力探索，积极推动供热事业稳步健康发展。

爱因斯坦在 25 岁的时候，他敢于突破权威的神圣圈，将钦佩普朗克的假设延伸，提出了光的量子理论，奠定了量子力学的基础。然后，他决心挑战牛顿的绝对时间和空间理论，创造了震惊世界的相对论，声名鹊起。

郑板桥是清代书画家、文学家，"扬州八怪"之一。他自幼爱好书法，立志掌握古今书法大家的要旨。他勤学苦练，开始时只是反复临摹名家字帖，进步不大，深感苦恼。据说，有次练书法入了神，竟在妻子的背上画来画去。妻子问他这是干什么，他说是在练字。经过苦练实践、向他人请教悟道：书法贵在独创，自成一体，老是临摹别人的碑帖，怎么行呢。从此以后，他力求创新，摸索着把画竹的技巧渗在书法艺术中，终于形成了自己独特的风格。

# 教学项目 4
## 给水排水管道不开槽施工

Chapter 04

### 教学目标

通过不开槽施工特点、人工掘进顶管、机械掘进、挤压顶管、盾构法等知识点的学习,学生能读懂管道掘进顶管施工图,会计算工程量,确定常用设备,会编制给水排水管道顶管工程施工方案。

### 素质目标

理解先进的施工工艺的重要性,激发创新意识。教学项目 5 目标后面:深刻理解安全意识、工匠精神。

## 4.1 概　　述

### 4.1.1 不开槽施工技术发展

敷设地下给水排水管道，一般采用开槽方法，施工时要挖大量土方，并要有临时存放场地，管道质量检验合格后才能进行回填。该施工方法污染环境、占地面积大、断绝交通，给人们日常生活带来了极大的不便。而不开槽施工可避免以上问题。管道不开槽施工主要有顶管法、盾构法、浅埋暗挖法、管棚法等方法。

4-1 微课
盾构新技术

我国采用顶管施工技术始于 1953 年，在北京市污水管工程采用顶管法施工，顶进管径 900mm 的铸铁管，穿越白云观西墙外的铁路路基，至今已有 70 多年的历史。由于这种施工工艺不仅对穿越铁路、公路、河流等障碍物有特殊的实用意义，而且对埋设较深、处于城市主干管的地下管道施工具有显著的经济效益和社会效益，从而被广泛推广应用于整条管道的施工上。通过 50 多年实践，我国顶管施工技术取得了长足进展。

1985 年上海采用顶管施工法，修建穿越黄浦江的取水工程，钢管管径为 3000mm，顶距已达 1128m，目前，顶管施工已在全国各地广泛采用，不仅可以顶进铸铁管、钢筋混凝土管、钢管，还可以顶进大型的方涵。

我国 1950 年初在东北阜新煤矿，用盾构法施工修建了直径 2.6m 的混凝土块拼装的疏水巷道。1957 年北京市首次用盾构法在市区施工，修建了直径为 2.0~2.6m 的三段排水管道工程。1963 年上海开始在软土层中进行直径为 4.2m 的盾构法施工的隧道试点工程，取得了成功的经验。随后，上海针对本地区的土质特点，对盾构法施工技术不断改进、完善，于 1969 年采用盾构法施工，建成了第一条穿越黄浦江的水下公路隧道，1985 年又在芙蓉江路用盾构法施工，建成了内径为 3.6m 的排水总管道，开始把盾构施工技术推广到市政公用设施的工程中。浅埋暗挖法、管棚法等不开槽施工技术日趋成熟，应用越来越广泛。21 世纪以来，广泛用在地铁等项目施工。

### 4.1.2 不开槽施工适应范围及特点

不开槽施工一般在下列情况时采用：
（1）管道穿越铁路、公路、河流或建筑物时。
（2）街道狭窄，两侧建筑物多时。
（3）在交通量大的市区街道施工，管道既不能改线又不能断绝交通时。
（4）现场条件复杂，与地面工程交叉作业，相互干扰，易发生危险时。
（5）管道覆土较深，开槽土方量大，并需要支撑时。

与开槽施工比较，不开槽施工具有如下特点：
（1）施工面占地面积少，施工面移入地下，不影响交通，不污染环境。
（2）穿越铁路、公路、河流、建筑物等障碍物时可减少拆迁，节省资金与时间，降低工程造价。

(3) 施工中不破坏现有的管线及构筑物，不影响其正常使用。

(4) 大量减少土方的挖填量，利用管底下边的天然土作地基，可节省管道的全部混凝土基础。

(5) 不开槽施工较开槽施工降低 40% 左右的工程造价。

但是，该技术也存在以下问题：

(1) 土质不良或管顶超挖过多时，竣工后地面下沉，路表裂缝，需要采用灌浆处理。

(2) 必须有详细的工程地质和水文地质勘探资料，否则将出现不易克服的困难。

(3) 遇到复杂的地质情况时，如松散的砂砾层、地下水位以下的粉土，施工困难、工程造价增高。

影响不开槽施工的因素包括：地质、管道埋深、管道种类、管材及接口、管径大小、管节长、施工环境、工期等，其中主要因素是地质和管节长。因此，不开槽施工前，应详细勘察施工地质、水文地质和地下障碍物等情况。

不开槽施工一般适用于非岩性土层。在岩石层、含水层施工或遇到坚硬地下障碍物，都需有相应的附加措施。

用不开槽施工方法敷设的给水排水管道有钢管、钢筋混凝土管及预制或现浇的钢筋混凝土管沟（渠、廊）等。采用最多的管材种类还是各种圆形钢管、钢筋混凝土管。

### 4.1.3　顶管施工准备工作

(1) 施工单位应组织有关人员，对勘察、设计单位提供的线路进行工程地质及水文情况，以及地质勘探报告进行学习了解；尤其是对土地种类、性质、含石量及其粒径分析、渗透性以及地下水位等的情况进行熟悉掌握。

(2) 调查清楚顶管沿线的地下障碍物的情况，对管道穿越地段上部的建筑物、构筑物所必须采取的安全防范措施。

(3) 编制工程项目顶管施工组织设计方案，其中必须制定有针对性、实效性的安全技术措施和专项方案。

(4) 建立各类安全生产管理制度，落实有关的规范、标准，明确安全生产责任制，职责、责任落实到具体人员。

### 4.1.4　顶管施工所需物资、机具

(1) 采用的钢筋混凝土管及其他辅助材料均需合格。

(2) 顶管前必须对所有的顶管用油泵、千斤顶进行检查，保养完好后方能投入使用。

(3) 顶管工作坑的位置、水平与深度、支撑方法与材料平台的结构与规模、后背的结构与安装等均应符合要求，后背在承受最大顶力时，必须具有足够的稳定性，必须保证其平面与所顶管道轴线垂直，允许误差±5mm/m。

(4) 一般按照总顶力的 1.2 倍来配置千斤顶。千斤顶的个数以偶数为宜。

### 4.1.5　顶管施工安全知识

(1) 顶管前，根据地下顶管法施工技术要求，按实际情况，制定出符合规

范、标准、规程的专项安全技术方案和措施。

（2）顶管后座安装时，如发现后背墙面不平或顶进时枕木压缩不均匀，必须调整加固后方可顶进。

（3）顶管工作坑采用机械挖上部土方时，现场应有专人指挥装车，堆土应符合有关规定，不得损坏任何构筑物和预埋立撑；工作坑如果采用混凝土灌注桩连续壁，应严格按有关的安全技术规程操作；工作坑四周或坑底必须有排水设备及措施；工作坑内应设符合规定的和固定牢固的安全梯，下管作业的全过程中，工作坑内严禁有人。

（4）吊装顶铁或钢管时，严禁在把杆回转半径内停留；往工作坑内下管时，应穿保险钢丝绳，并缓慢地将管子送入导轨就位，以便防止滑脱坠落或冲击导轨，同时坑下人员应站在安全角落。

（5）插管及止水盘根处理必须按操作规程要求，尤其待工具管就位（应严格复测管子的中线和前、后端管底标高，确认合格后）并接长管子，安装水力机械、千斤顶、油泵车、高压水泵、压浆系统等设备全部运转正常后方可开封插板管顶进。

（6）垂直运输设备的操作人员，在作业前要对卷扬机等设备各部分进行安全检查，确认无异常后方可作业，作业时精力集中，服从指挥，严格执行卷扬机和起重作业有关的安全操作规定。

（7）安装后的导轨应牢固，不得在使用中产生位移，并应经常检查校核；两导轨应顺直、平行、等高，其纵坡应与管道设计坡度一致。

（8）在拼接管段前或因故障停顿时，应加强联系，及时通知工具管头部操作人员停止冲泥出土，防止由于冲吸过多造成塌方，并应在长距离顶进过程中，加强通风。

（9）当因吸泥莲蓬头堵塞、水力机械失效等原因，需要打开胸板上的清石孔进行处理时，必须采取防止冒顶塌方的安全措施。

（10）顶进过程中，油泵操作工应严格注意观察油泵车压力是否均匀渐增，若发现压力骤然上升，应立即停止顶进，待查明原因后方能继续顶进。

（11）管子的顶进或停止，应以工具管头部发出的信号为准。遇到顶进系统发生故障或在拼管子前20min，即应发出信号给工具管头部的操作人员，引起注意。

（12）顶进过程中，一切操作人员不得在顶铁两侧操作，以防发生崩铁伤人事故。

（13）如顶进不是连续三班作业，在中班下班时，应保持工具管头部有足够多的土塞；若遇土质差、因地下水渗流可能造成塌方时，则应将工具管头部灌满以增大水压力。

（14）管道内的照明电信系统应采用安全电压，每班顶管前电工要仔细检查各种线路是否正常，确保安全施工。

（15）工具管中的纠偏千斤顶应绝缘良好，操作电动高压油泵应戴绝缘手套。

（16）顶进中应有防毒、防燃、防爆、防水淹的措施，顶进长度超50m时，应有预防缺氧、窒息的措施。

（17）氧气瓶与乙炔瓶（罐）不得进入工作坑内。

## 4.2 掘进顶管

掘进顶管施工操作程序，如图4-1所示。首先在顶进管段的两端各建一个工作坑（竖井），在工作坑中安装有后背墙、千斤顶、导轨等设施。然后将带有工具管的首节管，从顶进坑中缓缓吊入工作坑底部的导轨上，当管道高程、中心位置调整准确后，开启千斤顶使工具管的刃角切入土层，此时，工人可进入工作面挖掘刃角切入土层的泥土，并随时将弃土通过运土设备从顶进坑吊运至地面。当完成这一开挖过程后，再次开启千斤顶，则被顶进管道即可缓缓前进。随着顶进管段的加长，所需顶力也逐渐加大，为了减小顶力，在管道的外围可注入润滑剂或在管道中间设置中继间，以使顶力始终控制在顶进单元长度所需的顶力范围内。

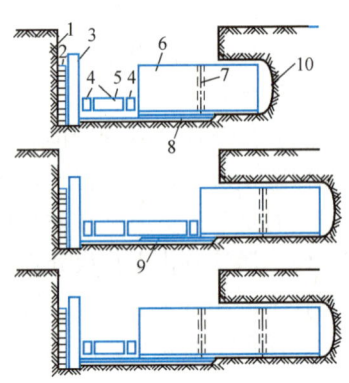

图4-1 掘进顶管过程示意
1—后座墙；2—后背；3—立铁；4—横铁；5—千斤顶；6—管子；7—内胀圈；8—基础；9—导轨；10—掘进工作面

为便于管内操作和安装施工机械，管子直径，采用人工挖土时，一般不应小于900mm；采用螺旋掘进机，一般在200～800mm。

### 4.2.1 人工掘进顶管

人工掘进顶管又称普通顶管，是目前较普遍的顶管方法。管前用人工挖土，设备简单，能适应不同的土质，但工效低。掘进顶管常用的管材为钢筋混凝土管，分为普通管和加厚管，管口形式有平口和企口两种。通常顶管使用加厚企口钢筋混凝土管为宜，特殊时也可用钢管作为顶管管材。

人工掘进顶管流程：

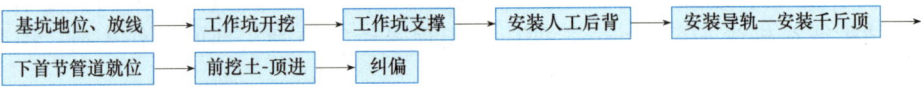

1. 顶管施工的准备工作

顶管施工前，进行详细调查研究，编制可行的施工方案。

（1）掌握下列情况

1）管道埋深、管径、管材和接口要求；

2）管道沿线水文地质资料，如土质、地下水位等；

3）顶管地段内地下管线交叉情况，并取得主管单位同意和配合；

4）现场地势、交通运输、水源情况；

5）可能提供的掘进、顶管设备情况；

6）其他有关资料。

（2）编制施工方案主要内容

1）选定工作坑位置和尺寸，顶管后背的结构和验算；

2）确定掘进和出土的方法，下管方法和工作平台支搭形式；

3）进行顶力计算，选择顶进设备，是否采用中继间、润滑剂等措施，以增加顶管段长度；

4）遇有地下水时，采取降水方法；

5）顶进钢管时，确定每节管长、焊缝要求、防腐绝缘保护层的防护措施；

6）保证工程质量和安全的措施。

2. 工作坑的布置

工作坑是掘进顶管施工的工作场所。其位置可根据以下条件确定：

（1）根据管线设计，排水管线可选在检查井下面；

（2）单向顶进时，应选在管道下游端，以利排水；

（3）考虑地形和土质情况，有无可利用的原土后背；

（4）工作坑与被穿越的建筑物要有一定安全距离；

（5）距水、电源较近的地方等。

3. 工作坑的种类及尺寸

根据工作坑顶进方向，可分为单向坑、双向坑、交汇坑和多向坑等形式，如图 4-2 所示。

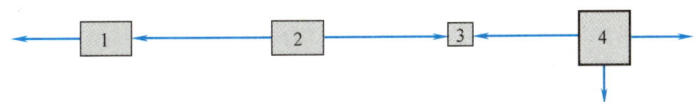

图 4-2　工作坑类型

1—单向坑；2—双向坑；3—交汇坑；4—多向坑

工作坑尺寸是指工作坑底的平面尺寸，它与管径大小、管节长度、覆盖深度、顶进形式、施工方法有关，并受土的性质、地下水等条件影响，还要考虑各种设备布置位置、操作空间、工期长短、垂直运输条件等多种因素。

工作坑的长度如图 4-3 所示。

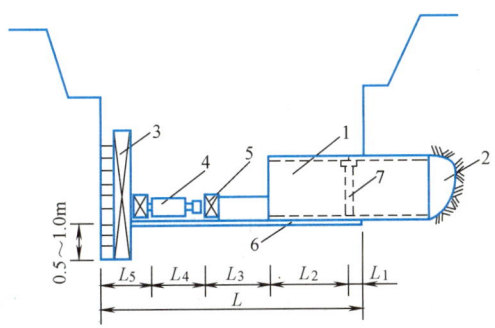

图 4-3　工作坑底的长度

1—管子；2—掘进工作面；3—后背；4—千斤顶；
5—顶铁；6—导轨；7—内胀圈

其计算公式：

$$L = L_1 + L_2 + L_3 + L_4 + L_5 \quad (4-1)$$

式中 $L$——矩形工作坑的底部长度，m；

$L_1$——工具管长度，m，当采用管道第一节作为工具管时，钢筋混凝土管不宜小于 0.3m；钢管不宜小于 0.6m；

$L_2$——管节长度，m；

$L_3$——运土工作间长度，m；

$L_4$——千斤顶长度，m；

$L_5$——后背墙的厚度，m。

工作坑的宽度和深度如图 4-4 所示。

其计算公式：

$$W = D + 2B + 2b \quad (4-2)$$

式中 $W$——工作坑底宽，m；

$D$——顶进管节外径，m；

$B$——工作坑内稳好管节后两侧的工作空间，m；

$b$——支撑材料的厚度，m，支撑板时，$b=0.05$m；木板桩时，$b=0.07$m。

$$H = h_1 + h_2 + h_3 + D \quad (4-3)$$

式中 $H$——顶进坑地面至坑底的深度，m；

$h_1$——地面至管道顶部外缘的深度，m；

$h_2$——管道外缘底部至导轨底面的高度，m；

$h_3$——基础及其垫层的厚度，m。

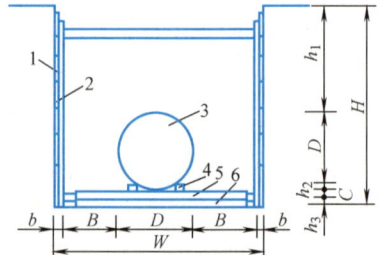

图 4-4 工作坑的底宽和高度
1—撑板；2—支撑立木；3—管子；
4—导轨；5—基础；6—垫层

工程施工中，可以根据经验，估算工作坑的长度和宽度。

工作坑的长度（m）可以用下式估算：

$$L = L_4 + 2.5 \quad (4-4)$$

工作坑的宽度（m）可以用下式估算：

$$W = D + (2.5 \sim 3.0) \quad (4-5)$$

4. 工作坑、导轨及基础

(1) 工作坑

工作坑的施工方法有开槽式、沉井式及连续墙式等。

1) 开槽式工作坑　开槽式工作坑是应用比较普遍的一种支撑式工作坑。这种工作坑的纵断面形状有直槽式、梯形槽式。工作坑支撑采用板桩撑。如图 4-5 所示的支撑就是一种常用的支撑方法。工作坑支撑时首先应考虑撑木以下到工作坑的空间，此段最小高度应为 3.0m，以利操作。撑木要尽量选用松杉木，支撑节点的地方应加固以防错动，发生危险。

支撑式工作坑适用于任何土质，与地下水位无关，且不受施工环境限制，但深度太深操作不便，一般挖掘深度以不大于 7m 为宜。

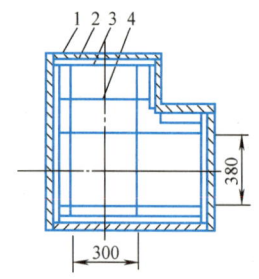

图 4-5 工作坑壁支撑（单位：cm）
1—坑壁；2—撑板；
3—横木；4—撑杠

2) 沉井式工作坑　在地下水位以下修建工作坑，可采用沉井法施工。沉井法即在钢筋混凝土井筒内挖土，井筒随井筒内挖土，靠自重或加重使其下沉，直至沉至要求的深度，最后用钢筋混凝土封底。沉井式工作坑采用平面形状有单孔圆形沉井和单孔矩形沉井。

3) 连续墙式工作坑　连续墙式工作坑采取先深孔成槽，用泥浆护壁，然后放入钢筋网，浇筑混凝土时将泥浆挤出形成连续墙段，再在井内挖土封底而形成工作坑。与同样条件下施工的沉井式工作坑相比，可节约一半的造价及全部的支模材料，工期缩短。

(2) 导轨

导轨的作用是引导管子按设计的中心线和坡度顶进，保证管子在顶入土之前位置正确。导轨安装的牢固与准确对管子的顶进质量影响较大，因此，安装导轨必须符合管子中心、高程和坡度的要求。

导轨有木导轨和钢导轨。常用的是钢导轨，钢导轨又分轻轨和重轨，管径大的采用重轨。导轨与枕木装置如图 4-6 所示。

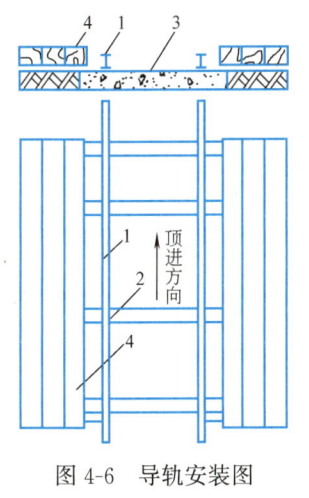
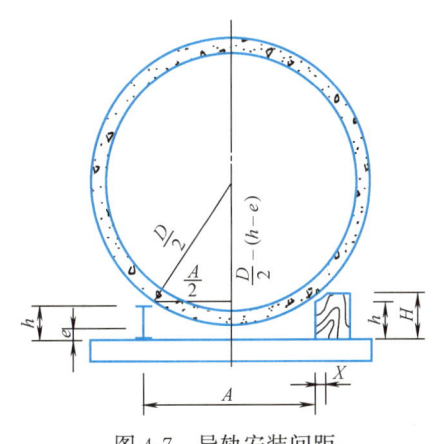

图 4-6　导轨安装图　　　　　图 4-7　导轨安装间距

1—导轨；2—枕木；3—混凝土基础；4—木板

两导轨间净距按式（4-6）确定，如图 4-7 所示。

$$A=2\sqrt{(D/2)^2-[D/2-(h-e)]^2}=2\sqrt{[D-(h-e)](h-e)} \qquad (4-6)$$

式中　$A$——两导轨内净距，mm；

$D$——管外径，mm；

$h$——导轨高，木导轨为抹角后的内边高度，mm；

$e$——管外底距枕木或枕铁顶面的间距，mm。

若采用木导轨，其抹角宽度可按式（4-7）计算：

$$X=\sqrt{[D-(H-e)](H-e)}-\sqrt{[D-(h-e)](h-e)} \qquad (4-7)$$

式中　$X$——抹角宽度，mm；

$H$——木导轨高度，mm；

$h$——抹角后的内边高度，mm，一般 $H-h=50$ mm；

$D$——管外径，mm；

$e$——管外底距木导轨底面的距离，mm，一般取 10～20mm。

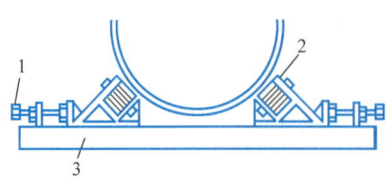

图 4-8　滚轮式导轨
1—调整螺栓；2—导轨；3—基座

一般的导轨都采取固定安装，但有一种滚轮式的导轨（图 4-8），具有两导轨间距调节的功能，以减少导轨对管子摩擦。这种滚轮式导轨用于钢筋混凝土管顶管和外设防腐层的钢管顶管。

导轨的安装应按管道设计高程、方向及坡度铺设导轨。要求两轨道平行，各点的轨距相等。

导轨装好后应按设计检查轨面高程、坡度及方向。检查高程时在第 $n$ 条轨道的前后各选 6～8 点，测其高程，允许误差 0～3mm。稳定首节管后，应测量其负荷后的变化，并加以校正，还应检查轨距，两轨内距±2mm。在顶进过程中，还应检查校正。保证管节在导轨上不产生跳动和侧向位移。

（3）基础

1）枕木基础　工作坑底土质好、坚硬、无地下水，可采用埋设枕木作为导轨基础，如图 4-9 所示。

枕木一般采用 15cm×15cm 方木，方木长度 2～4m，间距一般 40～80cm 一根。

2）卵石木枕基础　适用于虽有地下水但渗透量不大，且地基为细粒的粉砂土。为了防止安装导轨时扰动地基，可铺一层 10cm 厚的卵石

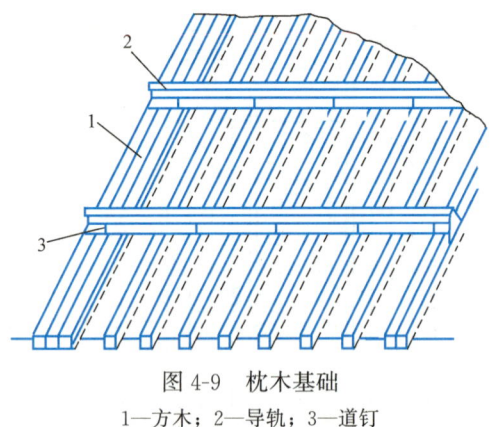

图 4-9　枕木基础
1—方木；2—导轨；3—道钉

或级配砂石，以增加其承载能力，并能保持排水通畅。在枕木间填粗砂找平。这种基础形式简单实用，较混凝土基础造价低，一般情况下可代替混凝土基础。

3）混凝土木枕基础　适用于地下水位高，地基承载力又差的地方，在工作坑浇筑 20cm 厚的 C10 混凝土，同时预埋方木作轨枕。这种基础能承受较大的荷载，工作面干燥无泥泞，但造价较高。

此外，在坑底无地下水，但地基土质很差时，可在坑底铺方木形成木筏基础，方木可重复利用，造价较低。

5. 后背墙与后背

后背墙是将顶管的顶力传递至后背土体的墙体结构。当顶进开始时，由于顶力的作用，首先将后背墙与后背墙土体间的空隙与后背墙垫块间的空隙压缩，待这些空隙密合后，在顶力的作用下后背土体将产生弹性变形，由于空隙的密合和土体的弹性变形，将使后背墙产生少量的位移，其值一般为 0.5～2.0cm 是正常的，当顶力逐渐增大，后背土体将产生被动压力。在顶进的过程中，必须防止后

背墙的大位移及上、下、左、右不均匀位移，这些现象的出现，往往是顶进管道出现偏差的诱因。为了避免出现后背大位移或不均匀位移的现象，必须使后背的垫块之间接触紧密，后背与后背土体间应采取砂石料填实。

后背墙最好依靠原土加木方修建，据以往经验，当顶力小于 $40×10^4 kN$ 时，后背墙后的原土厚度不小于 7.0m，就不致发生大位移现象（墙后开槽宽度不大于 3.0m），如图 4-10 所示。

原土后背墙安装时，应满足下列要求：

1) 后背土壁应铲修平整，并使土壁墙面与管道顶进方向相垂直。

2) 靠土壁横排木方面积，一般土质可按承载不超过 150kPa 计算。

3) 木方应卧入工作坑底 0.5~1.0m，使千斤顶的着力中心高度不小于木方后背高度的 1/3。

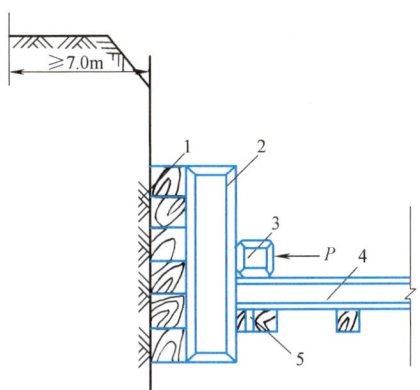

图 4-10 原状土后背
1—方木；2—立铁；3—横轨；
4—导轨；5—导轨方木

4) 木方断面可用 15cm×15cm，立铁可用 20cm×30cm 工字钢，横铁可用 15cm×40cm 工字钢 2 根。

5) 土质松软或顶力较大时，可在木方前加钢板。

无法利用原土作后背墙时，可修建人工后背墙，人工后背墙做法很多，其中一种如图 4-11 所示。在双向坑内进行双向顶进时，利用已顶进的管段作为后背，因此可以不设后墙与后背。

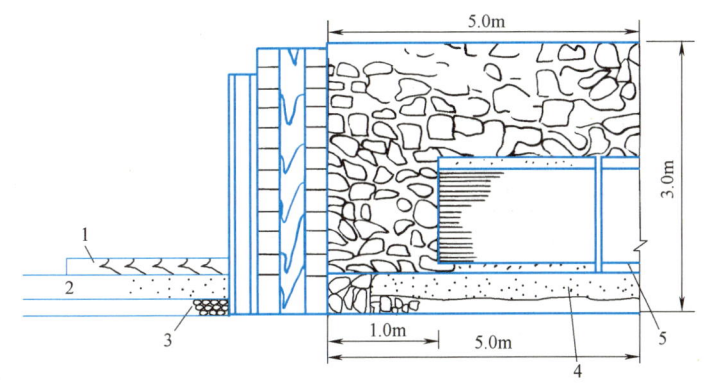

图 4-11 人工后背墙
1—木导轨；2—混凝土平板；3—卵石层；4—基础；5—待修管道

后背在顶力作用下，产生压缩，压缩方向与顶力作用方向相一致。当停止顶进时，顶力消失，压缩变形随之消失。这种弹性变形现象是正常的。顶管时，后背不应当破坏，产生不允许的压缩变形。

后背不应出现上下或左右的不均匀压缩。否则，千斤顶支撑在斜面后背的土上,造成顶进偏差。为了保证顶进质量和施工安全,应进行后背的强度和刚度计算。

由于最大顶力一般在顶进段接近完成时出现,所以后背计算时应充分利用土抗力。而且在工程进行中应严密注意后背土的压缩变形值。当发现变形过大时,应考虑采取辅助措施,必要时可对后背土进行加固,以提高土抗力。

后背土体受力后产生的被动土压力计算:

$$\sigma_P = K_P \cdot \gamma \cdot h \tag{4-8}$$

式中 $\sigma_P$——被动土压力,kPa;
　　　$K_P$——被动土压力系数;
　　　$\gamma$——后背土的重力密度,kN/m³;
　　　$h$——后背土的高度,m。

被动土压力系数与土的内摩擦角有关,其计算公式如下:

$$K_P = \tan^2(45°+\phi/2) \tag{4-9}$$

不同土的 $K_P$ 值见表 4-1。

**主动和被动土压力系数值**　　　　　　　表 4-1

| 土 名 称 | 内摩擦角 $\phi$ | 被动土压力系数 $K_P$ | 主动土压力系数 $K_A$ | $K_P/K_A$ |
| --- | --- | --- | --- | --- |
| 软土 | 10 | 1.42 | 0.70 | 2.03 |
| 黏土 | 20 | 2.04 | 0.49 | 4.16 |
| 砂黏土 | 25 | 2.46 | 0.41 | 6.00 |
| 粉土 | 27 | 2.66 | 0.38 | 7.00 |
| 砂土 | 30 | 3.00 | 0.33 | 9.09 |
| 砂砾土 | 35 | 3.69 | 0.27 | 13.69 |

在考虑后背土的土抗力时,按下式计算其承载能力:

$$R_C = K_r \cdot B \cdot H(h+H/2)\gamma \cdot K_P \tag{4-10}$$

式中 $R_C$——后背土承载能力,kN;
　　　$K_r$——后背的土抗力系数;
　　　$B$——后背墙的宽度,m;
　　　$H$——后背墙的高度,m;
　　　$h$——后背墙顶到地面的高度,m;
　　　$\gamma$——土的重力密度,kN/m³;
　　　$K_P$——被动土压力系数。

后背结构形式不同,使土受力状况也不一样,为了保证后背的安全,根据不同的后背形式,采用不同的土抗力系数值。

(1) 管顶覆土浅

后背不需要打板桩,而背身直接接触土面,如图 4-12 所示。

(2) 管顶覆土深

后背打入钢板桩,顶力通过钢板传递,如图 4-13 所示。覆土高度 $h$ 值越小,土抗力系数 $K_r$ 值也越小,有板桩支撑时,应考虑在板矿井的联合作用下,土体上顶力分布范围扩大导致集中应力减少，因而土抗力系数 $K_r$ 值增加。它是后背的板桩支承高度 $h$ 值与后背高度 $H$ 的比值下，相应的土抗力系数 $K_r$ 值。

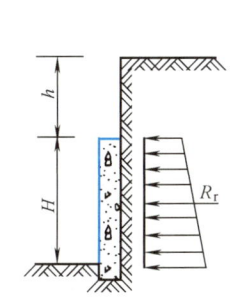
图 4-12　无板桩支承的后背

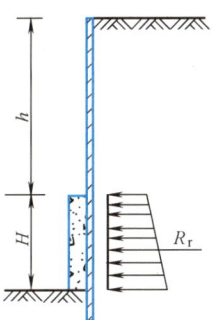
图 4-13　板桩后背

**6. 工作坑的附属设施**

工作坑的附属设施主要有工作台、工作棚、顶进口装置等。

（1）工作台

位于工作坑顶部地面上，由 U 形钢支架构成，上面铺设木方和木板。在承重平台的中部有下管孔道，盖有活动盖板。下管后，盖好盖板。管节堆放平台上，卷扬机将管提起，然后推开盖板再向下吊放。

（2）工作棚

工作棚位于工作坑上面，目的是防风、雨、雪以利操作。工作棚的覆盖面积要大于工作坑平面尺寸。工作棚多采用支拆方便、重复使用的装配式工作棚。

（3）顶进口装置

管子入土处不应支设支撑。土质较差时，在坑壁的顶口处局部浇筑素混凝土壁，混凝土壁当中预埋钢环及螺栓，安装处留有混凝土台，台厚最少为橡胶垫厚度与外部安装环厚度之和。安装环上将螺栓紧固压紧橡胶垫止水，以防止采用触变泥浆顶管时，泥浆从管外壁外溢。

工作坑内还要解决坑内排水、照明、工作坑上下扶梯等问题。

**7. 顶力计算及顶进设备**

（1）顶力计算

1）计算的通用公式。

顶管的顶力可按下式计算：

$$P = f\gamma D_1[2H+(2H+D_1)\tan^2(45°-\phi/2)+\omega/\gamma D_1]L+P_F \tag{4-11}$$

式中　$P$——计算的总顶力，kN；

　　　$\gamma$——管道所处土层的重力密度，$kN/m^3$；

　　　$D_1$——管道直径，m；

　　　$H$——管道顶部以上覆盖土层的厚度，m；

　　　$\phi$——管道所处土层的内摩擦角，°；

　　　$\omega$——管道单位长度的自重，kN/m；

$L$——管道的计算顶进长度，m；

$f$——顶进时，管道表面与其周围土层之间的摩擦系数，其取值可按表 4-2 所列数据选用；

$P_F$——顶进时，工具管的迎面阻力，kN，其取值宜按不同顶进方法由表 4-3 所列计算。

顶进时，管道与其周围土层的摩擦系数　　　　　表 4-2

| 土类 | 湿 | 干 |
| --- | --- | --- |
| 黏土、粉质黏土 | 0.2～0.3 | 0.4～0.5 |
| 砂土、砂质粉土 | 0.3～0.4 | 0.5～0.6 |

顶进时，工具管迎面阻力（$P_F$）的计算公式　　　　　表 4-3

| 顶　进　方　法 | | 顶进时，工具管迎面阻力（$P_F$）的计算公式（kN） |
| --- | --- | --- |
| 手工掘进 | 工具管顶部及两侧允许超挖 | 0 |
| | 工具管顶部及两侧不允许超挖 | $\pi \cdot D_{av} \cdot t \cdot R$ |
| 挤压法 | | $\pi \cdot D_{av} \cdot t \cdot R$ |
| 网格挤压法 | | $a \cdot \pi/4 \cdot D \cdot R$ |

注：$D_{av}$——工具管刃脚挤压喇叭口的平均直径，m；

$t$——工具管前端刃脚厚度或挤压喇叭口的平均宽度，m；

$R$——手工掘进顶管的工具管迎面阻力，或挤压、网格挤压管法的挤压阻力，前者可采用 500kN/m²；

$a$——网格截面参数，可取 0.6～1.0。

顶管的顶力应大于工具管的迎面阻力、管道周围土压力对管道产生的阻力以及管道自重与周围土层产生阻力之和。即：

$$P \geqslant (P_1 + P_2)L + P_F \tag{4-12}$$

式中 $P$——计算的总顶力，kN；

$P_1$——顶进时，管道单位长度上周围土压力对管道产生的阻力，kN/m；

$P_2$——顶进时，管道单位长度的自重与其周围土层之间产生的阻力，kN/m；

$L$——管道的计算顶进长度，m；

$P_F$——顶进时，工具管的迎面阻力，kN。

影响顶力的因素很多，主要包括土层的稳定性及覆盖厚度，地下水的影响，管道的材料、管道的重量，顶进的方法和操作的熟练程度，顶力计算方法和选用，计算顶进长度，减阻措施以及经验等。在这些因素中，土层的稳定性、覆盖土层的厚度和顶力计算方法的选用尤为突出，而且彼此具有密切的关系。

2）估算。顶力估算采用经验公式法，目前常用的方法有两种。

第一种经验公式：

$$P = 2\pi D_0 L f \tag{4-13}$$

式中　$P$——顶力，kN；
　　　$D_0$——管子外径，m；
　　　$L$——管子顶进长度，m。

另一种经验公式包括两种情况：

① 黏土、天然含水量的砂土、人工挖土形成打拱顶管用下式计算：

$$P=(1.5\sim3.0)W \tag{4-14}$$

式中　$P$——顶力，kN；
　　　$W$——待顶管段全部重量，kN。

② 含水量低的砂质土、砂砾、回填土、人工挖土不形成土拱顶管采用下式计算：

$$P=3.0W \tag{4-15}$$

式中　$P$——顶力，kN；
　　　$W$——待顶管段全部重量，kN。

（2）顶进设备

顶进设备主要包括千斤顶、高压油泵、顶铁、下管及运出设备等。

1）千斤顶（也称顶镐）。千斤顶是掘进顶管的主要设备，目前多采用液压千斤顶。常用千斤顶性能见表4-4。

千斤顶性能表　　　　　　　　表4-4

| 名称 | 活塞面积(cm²) | 工作压力(MPa) | 起重高度(mm) | 外形高度(mm) | 外径(mm) |
|---|---|---|---|---|---|
| 武汉200t顶镐 | 491 | 40.7 | 1360 | 2000 | 345 |
| 广州200t顶镐 | 414 | 48.3 | 240 | 610 | 350 |
| 广州300t顶镐 | 616 | 48.7 | 240 | 610 | 440 |
| 广州500t顶镐 | 715 | 70.7 | 260 | 748 | 462 |

千斤顶在工作坑内的布置与采用个数有关，如图4-14所示。如一台千斤顶，其布置为单列式，应使千斤顶中心与管中心的垂线对称。使用多台并列式时，其布置为双列和环周列。顶力合作用点与管壁反作用力作用点应在同一轴线上，防止产生顶进力偶，造成顶进偏差。根据施工经验，采用人工挖土，管上半部管壁与土壁有间隙时，千斤顶的着力点作用在管子垂直直径的1/5～1/4处为宜。

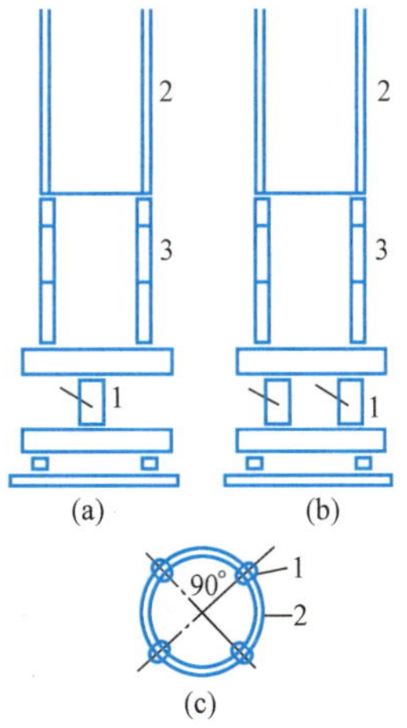

2）高压油泵。由电动机带动油泵工作，一般选用额定压力32MPa的柱塞泵，经分配器、控制阀进入千斤顶，各千斤顶的进油管并联在一起，保证各千斤顶活塞的行程一致。

3）顶铁。顶铁是传递顶力的设备，如图4-15所示，要求它能承受顶进压力而不变形，并且便于搬动。

根据顶铁放置位置的不同，可分为横顶铁、顺顶铁

图4-14　千斤顶布置方式
(a) 单列式；(b) 双列式；
(c) 环周列式
1—千斤顶；2—管子；3—顺铁

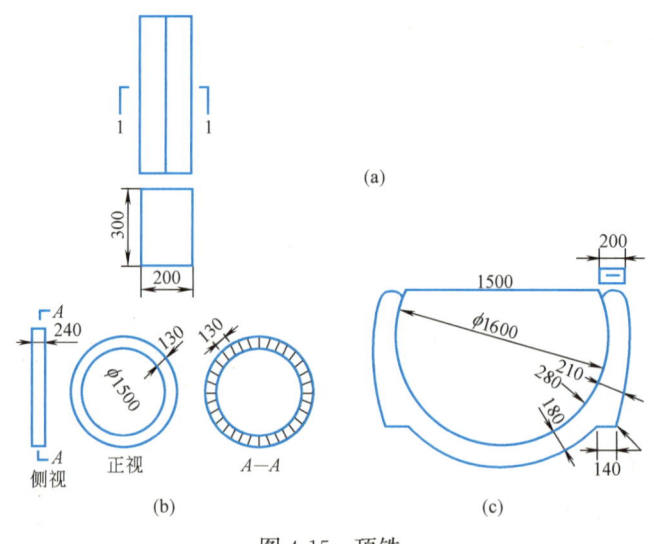

图 4-15 顶铁
(a) 矩形顶铁；(b) 圆形顶铁；(c) U 形顶铁

和 U 形顶铁三种。

① 横向顶铁　它安在千斤顶与方顶铁之间，将千斤顶的顶推力传递到两侧的方顶铁上。使用时与顶力方向垂直，起梁的作用。

横顶铁断面尺寸一般为 300mm×300mm，长度按被顶管径及千斤顶台数而定：管径 500~700mm，长度为 1.2m；管径 900~1200mm，长度为 1.6m；管径 2000mm，长度为 2.2m。用型钢加肋和端板焊制而成。

② 顺顶铁（纵向顶铁）　放置在横向顶铁与被顶的管子之间，使用时与顶力方向平行，起柱的作用，在顶管过程中调节间距的垫铁，因此顶铁的长度取决于千斤顶的行程、管节长度、出口设备等。通常有 100mm、200mm、300mm、400mm、600mm 等几种长度。横截面为 250mm×300mm，两端面用厚 25mm 钢板焊平。顺顶铁的两顶端面加工应平整且平行，防止作业时顶铁发生外弹。

③ U 形顶铁　安放在管子端面，顺顶铁作用其上。它的内、外径尺寸与管子端面尺寸相适应。其作用是使顺顶铁传递的顶力较均匀地分布到被顶管端断面上，以免管端局部顶力过大，压坏混凝土管端。

8. 顶进

管道顶进的过程包括挖土、顶进、测量、纠偏等工序。从管节位于导轨上开始顶进起至完成这一顶管段止，始终控制这些工序，就可保证管道的轴线和高程的施工质量。开始顶进的质量标准为：轴线位置 3mm，高程 0~13mm。

（1）挖土和运土

1) 挖土。管前挖土是保证顶进质量及地上构筑物安全的关键，管前挖土的方向和开挖形状，直接影响顶进管位的准确性，因为管子在顶进中是循已挖好的土壁前进的。因此，管前周围超挖应严格控制。对于密实土质，管端上方可有不小于 1.5cm 空隙，以减少顶进阻力，管端下部 135°中心角范围内不得超挖，保持管壁与土壁相平，也可预留 1cm 厚土层，在管子顶进过程中切去，这样可防止管端下沉。在不允许顶管上部土层下沉地段顶进时（如铁路、重要建筑物等），管周围一律不得超挖，如图 4-16 所示。

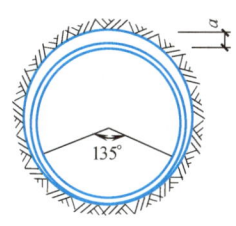

图 4-16　超挖示意
$a$—最大超挖量

管前挖土深度，一般等于千斤顶出镐长度，如土质较好，可超前 0.5m。超挖过大，土壁开挖形状就不易控制，容易引起管位偏差和上方土坍塌。

在松软土层中顶进时，应采取管顶上部土层加固或管前安设管檐或工具管，如图 4-17 所示。操作人员在其内挖土，开挖工具管迎面的土体时，不论是砂类土或黏性土，都应自上而下分层开挖。有时为了方便而先挖下层土，尤其是管道内径超过手工所及的高度时，先挖中下层土很可能给操作人员带来危险。防止坍塌伤人。

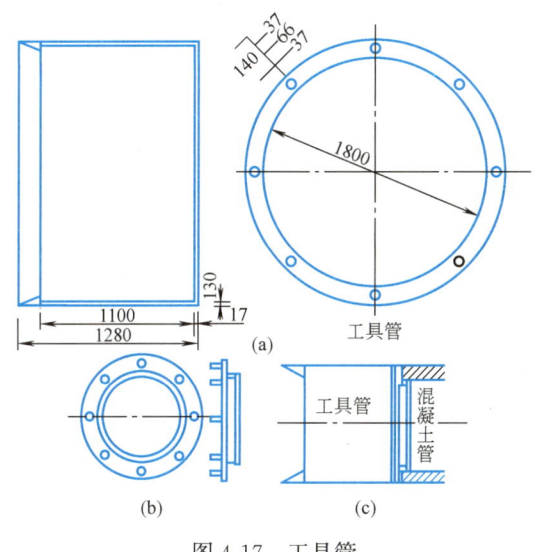

图 4-17　工具管

管内挖土工作条件差，劳动强度大，应组织专人轮流操作。

2) 运土。从工作面挖下来的土，通过管内水平运输和工作坑的垂直提升运至地面。除保留一部分土方用作工作坑的回填外，其余都要运走弃掉。管内水平运输可用卷扬机牵引或电动、内燃机械运土，也可用皮带运输机运土。土运到工作坑后，由地面装置的卷扬机、龙门吊或其他垂直运输机械吊运到工作坑外运走。

(2) 顶进

顶进时利用千斤顶出镐在后背不动的情况下将被顶进管子推向前进，其操作过程如下：

1) 安装好顶铁挤牢，管前端已挖一定长度后，启动油泵，千斤顶进油，活塞伸出一个工作行程，将管子推向一定距离。

2) 停止油泵，打开控制阀，千斤顶回油，活塞回缩。

3) 添加顶铁，重复上述操作，直至需要安装下一节管子为止。

4）卸下顶铁，下管，在混凝土管接口处放一圈麻绳，以保证接口缝隙和受力均匀。

5）在管内口处安装一个内胀圈，作为临时性加固措施，防止顶进纠偏时错口，其装置如图 4-18 所示。胀圈直径小于管内径 5～8cm，空隙用木楔背紧，胀圈用厚 7～8mm、宽 200～300mm 的钢板焊制。

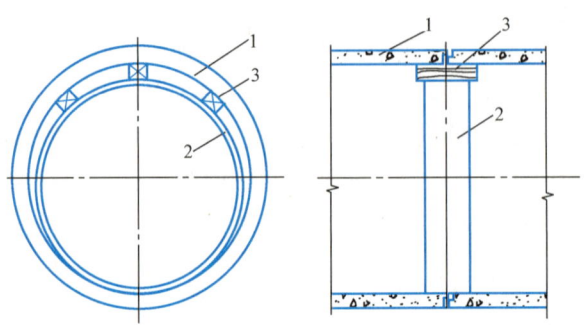

图 4-18　钢制内胀圈安装图
1—混凝土管；2—内胀圈；3—木楔

6）重新装好顶铁，重复上述操作。

顶进时应注意事项：

1）顶进时应遵照"先挖后顶，随挖随顶"的原则。应连续作业，避免中途停止，造成阻力增大，增加顶进的困难。

2）首节管子顶进的方向和高程，关系到整段顶进质量，应勤测量、勤检查，及时校正偏差。

3）安装顶铁应平顺，无歪斜扭曲现象，每次收回活塞加放顶铁时，应换用可能安放的最长顶铁，使连接的顶铁数目为最少。

4）顶进过程中，发现管前土方坍塌、后背倾斜、偏差过大或油泵压力表指针骤增等情况，应停止顶进，查明原因，排除故障后，再继续顶进。

#### 4.2.2　机械掘进

机械掘进与人工掘进的工作坑布置基本相同，不同处主要是管端挖土与运土。机械取土顶管是在被顶进管子前端安装机械钻进的挖土设备，配上皮带运土，可代替人工挖、运土。

当管前土被切削形成一定的孔洞后，开动千斤顶，将管子顶进一段距离，机械不断切削，管子不断顶入。同样，每顶进一段距离，需要及时测量及纠偏。

常用机械设备：

1）伞式挖掘机。如图 4-19 所示，用于 800mm 以上大管内，是顶进机械中最常见的形式。挖掘机由电动机通过减速机构直接带动主轴，主轴上装有切削盘或切削臂，根据不同土质安装不同形式的刀齿于盘面或臂杆上，由主轴带动刀盘或刀臂旋转切土，再由提升环的铲斗将土铲起、提升、倾卸于皮带运输机上运走。典型的伞式掘进机的结构一般由工具管、切削机构、驱动机构、动力设施、装载机构及校正机构组成。伞式挖掘机适合于黏土、粉质黏土、砂质粉土和砂土中钻进,不适合弱土层或含水土层内钻进。

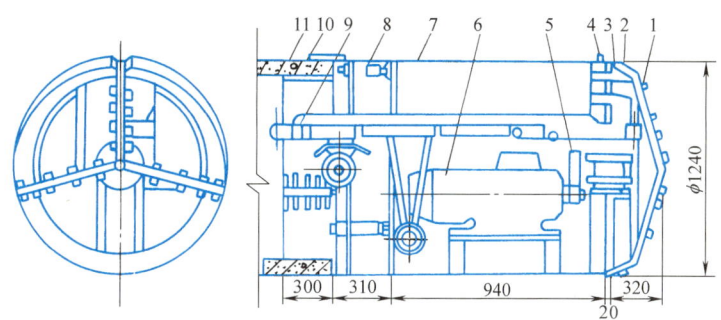

图 4-19　上海 $\phi1050$ 掘进机

1—刀齿；2—刀架；3—刮泥板；4—超挖机；5—齿轮变速；6—电动机；
7—工具管；8—千斤顶；9—皮运机；10—支撑杆；11—顶进管

2) 螺旋掘进机。如图 4-20 所示,主要用于小口径（管径小于 800mm）的顶管。管子按设计方向和坡度放在导向架上,管前由旋转切削式钻头切土,并由螺旋输送器运土。螺旋式水平钻机安装方便,但是顶进过程中易产生较大的下沉误差,而且误差产生不易纠正,故适用于短距离顶进,一般最大顶进长度为 70～80m。800mm 以下的小口径钢管顶进方法有很多种,如真空法顶进。这种方法适用于直径为 200～300mm 管子在松散土层,如松散砂土、砂黏土、淤泥土、软黏土等土内掘进,顶距一般为 20～30m。

3) "机械手"挖掘机。如图 4-21 所示,"机械手"挖掘机的特点是弧形刀臂以垂直于管轴小的横轴为轴,作前后旋转,在工作面上切削。挖成的工作面为半球形,由于运动是前后旋转,不会因挖掘而造成工具管旋转,同时靠刀架高速旋转切削的离心力将土抛出离工作面较远处,便于土的管内输出。该机械构造简单、安装维修方便,便于转向,挖掘效率高,适用于黏性土。

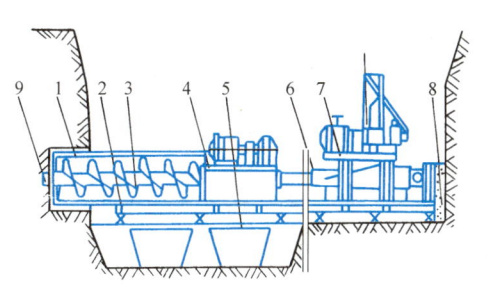
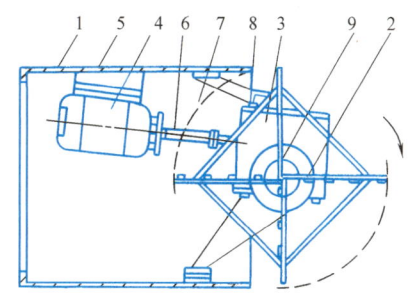

图 4-20　螺旋掘进机
1—管节；2—导轨机架；3—螺旋输送器；
4—传送机构；5—土斗；6—液压机构；
7—千斤顶；8—后背；9—钻头

图 4-21　"机械手"挖掘机
1—工具管；2—刀臂；3—减速箱；
4—电机；5—机座；6—传动轴；
7—底架；8—翼板；9—锥形圆筒

采用机械顶管法改善了工作条件,减轻劳动强度,一般土质均能顺利顶进。但在使用中也存在一些问题,影响推广使用。

### 4.2.3 水力掘进顶管法

水力掘进主要设备在首节混凝土管前端装工具管。工具管内包括封板、喷射管、真空室、高压水管、排泥系统等。其装置如图 4-22 所示。

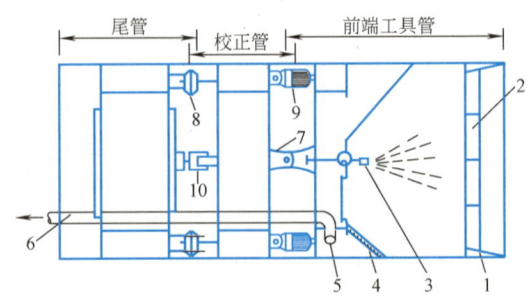

图 4-22 水力掘进装置

1—刀刃；2—格栅；3—水枪；4—格网；5—泥浆吸入口；
6—泥浆管；7—水平铰；8—垂直铰；9—上下纠
偏千斤顶；10—左右纠偏千斤顶

水力掘进顶管依靠环形喷嘴射出的高压水，将顶入管内的土冲散，利用中间喷射水枪将工具管内下方的碎土冲成泥浆，经过格网流入真空室，依靠射流原理将泥浆输送至地面储泥场。

校正管段设有水平铰、垂直铰和相应纠偏千斤顶。水平铰起纠正中心偏差作用，垂直铰起高程纠偏作用。

水力掘进便于实现机械化和自动化，边顶进，边水冲，边排泥。

水力掘进控制土冲成的泥浆在工具管内进行，防止高压水冲击管外，造成扰动管外土层，影响顶进的正常进行或发生较大偏差。所以顶入管内的土应有一段长度，俗称土塞。

水力掘进顶管法的优点是：生产效率高，其冲土、排泥连续进行；设备简单，成本低；改善劳动条件，减轻劳动强度。但是，需要耗用大量的水，顶进时，方向不易控制，容易发生偏差，而且需要有存泥浆场地。

### 4.2.4 挤压土顶管

挤压土顶管不用人工挖土装土，甚至顶管中不出土。使顶进、挖土、装土三个工序成一个整体，提高了劳动生产率。

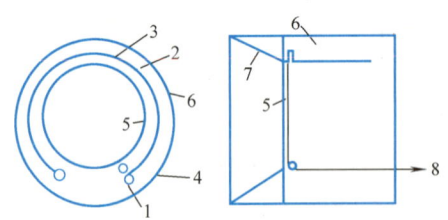

图 4-23 挤压切土工具管

1—钢丝绳固定点；2—钢丝绳；3—R 形卡子；4—定滑轮；5—挤压口；6—工具管；7—刃角；8—钢丝绳与卷扬机连接

挤压土顶管的应用取决于土质、覆土厚度、顶进距离、施工环境等因素。

挤压土顶管分为出土挤压土顶管和不出土挤压土顶管两种。

1) 出土挤压土顶管

主要设备包括带有挤压口的工具管、割土工具和运土工具。

工具管如图 4-23 所示，工具管内部设有挤压口，工具管口直径应大于挤压口直径，两者或偏心布置。挤压口的开口率一般取50%，工具管一般采用10～20mm厚的钢板卷焊而成。要求工具管的椭圆度不大于3mm，挤压口的椭圆度不大于1mm，挤压口中心位置的公差不大于3mm。其圆心必须落于工具管断面的纵轴线上。刃脚必须保持一定的刚度。焊接刃脚时坡口一定要用砂轮打光。

割土工具沿挤压口周围布置成一圈且用钢丝绳固定，每隔200mm左右使用R形卡子。用卷扬机拖动旋转进行切割土柱。

运土工具是将切割的土柱运至工作坑，再经吊车吊出工作坑的斗车。

主要工作程序为：安管→顶进→输土→测量。

正常操作，在激光测量导向下，能保证上下左右的误差在10～20mm以内，方向稳定。

2) 不出土挤压土顶管

不出土顶管是利用千斤顶将管子直接顶入土内，管周围的土被挤压密实。

不出土顶管的应用取决于土质，一般应用在天然含水量的黏性土、粉土。

管材以钢管为主、也可以用于铸铁管。管径一般要小于300mm，管径愈小效果愈好。

不出土顶管的主要设备是挤密土层的管尖和挤压切土的管帽，如图4-24所示。

管尖安装在管子前端，顶进时，土不能挤进管内。

管帽安装在管子前端，顶进时，管前端土挤入管帽内，挤进长度为管径的4～6倍时，土就不再挤入管帽内，而形成管内土塞。再继续顶进，土沿管壁挤入邻近土的空隙内，使管壁周围形成密实挤压层、挤压层和原状层三种土层。

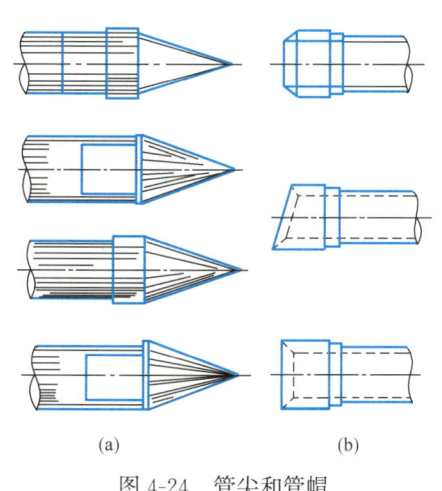

图4-24 管尖和管帽
(a) 管尖；(b) 管帽

### 4.2.5 长距顶进技术

由于一次顶进长度受顶力大小、管材强度、后背强度诸因素的限制，一次顶进长度在40～50m，若再要增长，可采用中继间、泥浆套顶进等方法。提高一次顶进长度，可减少工作坑数目。

1) 中继间顶进

中继间是在顶进管段中间设置的接力顶进工作间，此工作间内安装中继千斤顶，担负中继间之前的管段顶进。中继间千斤顶推进前面管段后，主压千斤顶再推进中继间后面的管段。此种分段接力顶进方法，称为中继间顶进，如图4-25所示。

图4-26所示为一种中继间。施工结束后，拆除中继间千斤顶，而中继间钢外套环留在坑道内。在含水土层内，中继间与管前后之间连接应有良好的密封。另一类中继间如图4-27所示。施工完毕时，拆除中继间千斤顶和中继间接力环。然

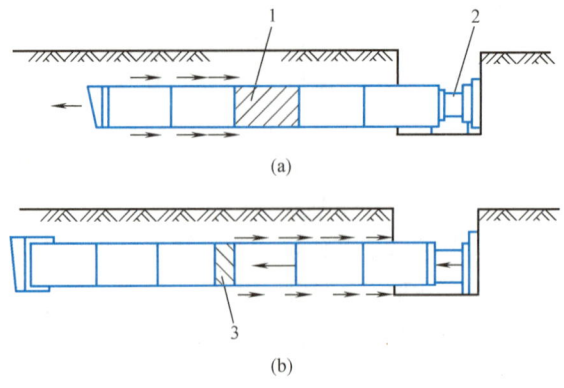

图 4-25 中继间顶进
(a) 开动中继间千斤顶,关闭顶管千斤顶;(b) 关闭中继间千斤顶,开动顶管千斤顶
1—中继间胀开 2—顶管千斤顶 3—中继间收缩

后中继间将前段管顶进,弥补前中继间千斤顶拆除后所留下的空隙。

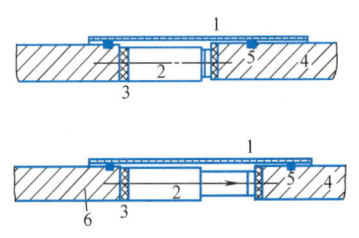

图 4-26 顶进中继间一
1—中继间钢套;2—中继千斤顶;3—垫料;
4—前管;5—密封环;6—后背

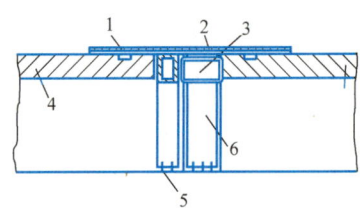

图 4-27 顶进中继间二
1—橡胶密封圈 2—钢套环 3—中继千斤顶 4—前段混凝土管道 5—连接螺栓 6—后段混凝土管道
中继接力环(两个半圆,用螺栓并联)

中继间的特点是减少顶力效果显著,操作机动,可按顶力大小自由选择,分段接力顶进。但也存在设备较复杂、加工成本高、操作不便、降低工效的不足。

2)泥浆套顶进

在管壁与坑壁间注入触变泥浆,形成泥浆套,可减少管壁与土壁之间的摩擦阻力,一次顶进长度可较非泥浆套顶进增加 2~3 倍。长距离顶管时,经常采用中继间-泥浆套顶进。

对触变泥浆的要求是泥浆在输送和灌注过程中具有流动性、可变性和一定的承载力,经过一定的固结时间,产生强度。

触变泥浆主要成分是膨润土和水。膨润土是粒径小于 $2\mu m$,主要矿物成分是 Si-Al-Si(硅-铝-硅)的微晶高岭土。膨润土的相对密度为 2.5~2.95,密度为 $(0.83 \sim 1.13) \times 10^3 \text{kg/m}^3$。对膨润土的要求为:

1)膨润倍数一般要大于 6。膨润倍数越大,造浆率越大,制浆成本越低。

2)要有稳定的胶质浆,保证泥浆有一定的稠度,不致因重力作用而使颗粒沉淀。

造浆用水除对硬度有要求外,并无其他特殊要求,用自来水即可。

为提高泥浆的某些性能而需掺入各种泥浆处理剂。常用的处理剂有:

1) 碳酸钠  可提高泥浆的稠度。但泥浆对碱的敏感性很强,加入量的多少,应事先作模拟确定。一般为膨润土重量的 2%~4%。

2) 羟甲纤维素  能提高泥浆的稳定性,防止细土粒相互吸附凝聚。掺入量为膨润土重量的 2%~3%。

3) 腐殖酸盐  是一种降低泥浆黏度和静切力的外掺剂。掺入量占膨润土重量的 1%~2%。

4) 铁铬木质素磺酸盐  其作用与腐殖酸盐相同。

在地面不允许产生沉降的顶进时,需要采取自凝泥浆。自凝泥浆除具有良好的润滑性和造壁性外,还具有后期固化后有一定强度、可加大承载能力的性能。

常用自凝泥浆的外掺剂:

1) 氢氧化钙  氢氧化钙膨润土中的二氧化硅经化学作用生成水泥的主要成分硅酸三钙,经过水化作用而固结,固结强度可达 0.5~0.6MPa。氢氧化钙用量为膨润土重量的 20 倍。

2) 工业六糖  是一种缓凝剂,掺入量为膨润土重量的 1%。在 20℃时,可使泥浆在 1~1.5 个月内不致凝固。

3) 松香酸钠  泥浆内掺入 1%膨润土重的松香酸钠可提高泥浆的流动性。

自凝泥浆多种多样,应根据施工情况、材料来源,拌制相应的自凝泥浆。

触变泥浆在泥浆拌制机内采取机械或压缩空气拌制;拌制均匀后的泥浆储于泥浆池;经泵加压,通过输浆管输送到工具管的泥浆封闭环,经由封闭环上开设的注浆孔注入坑壁与管壁间孔隙,形成泥浆套,如图 4-28 所示。

泥浆注入压力根据输送距离而定。一般采用 0.1~0.15MPa 泵压,输浆管路采用 $DN50~DN70$ 的钢管,每节长度与顶进管节长度相等或为顶进管的两倍。管路采取法兰连接。

输浆管前的工具管应有良好的密封,防止泥浆从管前端漏出,如图 4-29 所示。

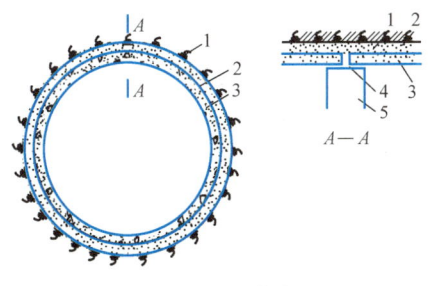

图 4-28  泥浆套
1—土壁;2—泥浆套;3—混凝土管;
4—内胀圈;5—填料

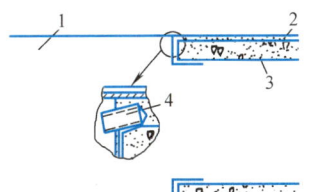

图 4-29  注浆工具管
1—工具管;2—泥浆套;
3—钢筋混凝土管;4—注浆口

泥浆通过管前和沿程的灌浆孔灌注。灌注泥浆分为灌浆和补浆两种,如

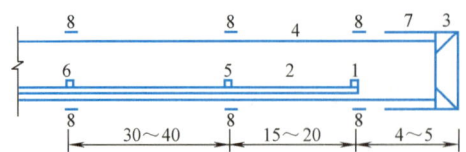

图 4-30 灌浆罐与补浆罐位置（单位：m）
1—灌浆罐；2—输浆管；3—刃；4—管体；
5、6—补浆罐；7—工具管；8—泥浆套

图 4-30 所示。

为防止灌浆后泥浆自刃脚处溢入管内，一般离刃脚 4~5m 处设灌浆罐，由罐向管外壁间隙处灌注泥浆，要保证整个管线周壁为均匀泥浆层所包围。为了弥补第一个灌浆罐的不足并补足流失的泥浆量，还要在距离灌浆罐 15~20m 处设置第一个补浆罐，此后每隔 30~40m 设置补浆罐，以保证泥浆充满管外壁。

为了在管外壁形成浆层，管前挖土直径要大于顶节管节的外径，以便灌注泥浆。泥浆套的厚度由工具管的尺寸而定，一般厚度为 15~20mm。

#### 4.2.6 顶管测量和校正

顶管施工时，为了使管节按规定的方向前进，在顶进前要求按设计的高程和方向精确地安装导轨、修筑后背及布置顶铁。这些工作要通过测量来保证规定的精度。

在顶进过程中必须不断观测管节前进的轨迹，检查首节管是否符合设计规定的位置。

当发现前端管节前进的方向或高程偏离原设计位置后，就要及时采取措施迫使管节恢复原位再继续顶进。这种操作过程，称为管道校正。

（1）顶管测量

1）顶管允许偏差与检验方法，见表 4-5。

顶管允许偏差与检验方法  表 4-5

| 项　目 | | 允许偏差(mm) | 检验频率 | | 检验方法 |
|---|---|---|---|---|---|
| | | | 范围 | 点数 | |
| 中线位移 | | 50 | 每节管 | 1 | 测量并查阅测量记录 |
| 管内底高程 | DN<1500(mm) | +30<br>-40 | 每节管 | 1 | 用水准仪测量 |
| | DN≥1500(mm) | +40<br>-50 | 每节管 | 1 | |
| 相邻管间错口 | | 15%错管壁厚，且不大于20 | 每个接口 | 1 | 用尺量 |
| 对顶时管子错口 | | 50 | 对顶接口 | 1 | 用尺量 |

2）顶管测量。

① 水准仪测平面与高程位置。用水准仪测平面位置的方法是在待测管首端固定一小十字架，在坑内设一架水准仪，使水准仪十字丝对准十字架，顶进时，若出现十字架与水准仪上的十字丝发生偏离，即表明管道中心发生偏差。

用水准仪测高程的方法如图 4-31 所示，在待测管首端固定一个小十字架，在坑内架设一台水准仪，检测时，若十字架在管首端相对位置不变，其水准仪高程必然固定不变，只要量出十字

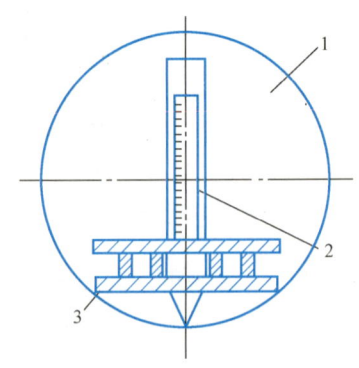

图 4-31 水准仪测高程位置示意
1—前端管子；2—高程尺；3—水准仪

架交点偏离的垂直距离，即可读出顶管进中的高程偏差。

② 垂球法测平面与高程位置。如图 4-32 所示，在中心桩连线上悬吊的垂球显示出了管道的方位，顶进中，若管道出现左右偏离，则垂球与小线必然偏离；再在第一节管道中心沿顶进方向放置水准仪，若管道发生上下移动，则水准仪气泡亦会出现偏移。

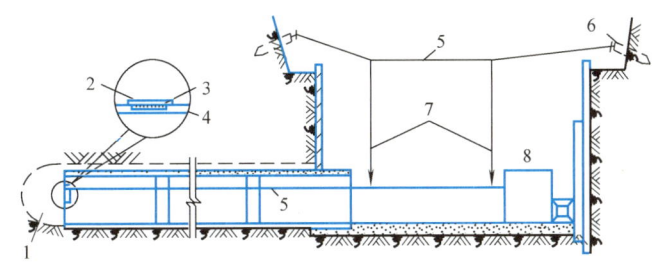

图 4-32　垂球法测平面与高程位置示意

1—中心尺；2—水准仪；3—刻度；4—中心尺；5—小线；6—中心桩；7—垂球；8—摇镐机

③ 激光经纬仪测平面与高程位置。采用架设在工作坑内的激光照射到待测管首段的标示牌，即可测定顶进时的平面与高程的误差值，激光测量如图 4-33 所示。激光经纬仪性能见表 4-6。接收靶如图 4-34 所示。

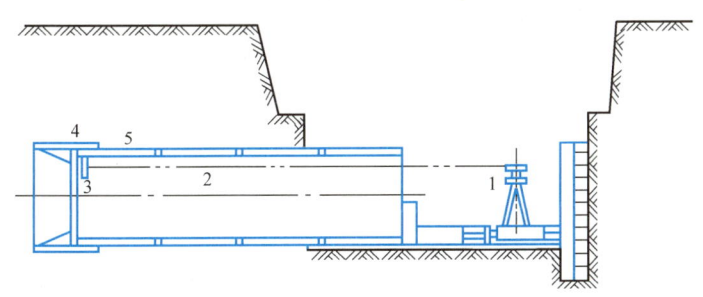

图 4-33　激光测量

1—激光经纬仪；2—激光束；3—激光接收靶；4—刃角；5—管节

国产激光经纬仪性能　　　　　　　　　　表 4-6

| 仪器型号 | 经纬仪最小格值 | 激光器功率（MW） | 测量(m) | 光点直径(mm) | 特征 |
| --- | --- | --- | --- | --- | --- |
| J$_2$-JD 激光经纬仪（苏州） | 1″ 读作 0.1″ | 1～1.5 | 100 | 5 | 激光器并联在望远镜上 |
| | | | 250(昼) | — | |
| DJD-1 型 激光经纬仪（北京） | 6″ | 3 | 100(昼) | 12 | 纤维导光 |
| | | | 200(昼) | 23 | |
| | | | 300 | 32 | |

④ 测量次数。测量工作应及时、准确，以使管节正确地就位于设计的管道轴线上。测量工作应频繁地进行，以便较快发现管道的偏移。当第一节管就位于导

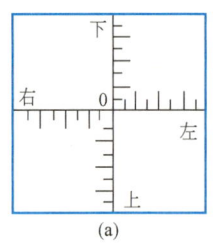 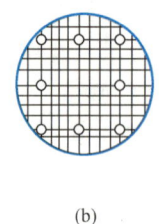

图 4-34 接收靶
(a) 方形靶；(b) 装有硅光电池的圆形靶

轨上以后即进行校测，符合要求后开始进行顶进。一般在工具管刚进入土层时，应加密测量次数。常规做法每顶进 100cm 测量不少于 1 次，每次测量都以测量管子的前端位置为准。

(2) 顶管校正

1) 出现偏差的原因、校正的原则。

管道在顶进的过程中，由于工具管迎面阻力的分布不均、管壁周围摩擦力不均和千斤顶顶力的微小偏心等都可能导致工具管前进的方向偏移或旋转。为了保证管道的施工质量必须及时纠正，才能避免施工偏差超过允许值。顶进的管道不只在顶管的两端应符合允许偏差标准，在全段都应掌握这个标准，避免在两端之间出现较大的偏差。要求"勤顶、勤纠"或"勤顶、勤挖、勤测、勤纠"，其中心都贯彻一个"勤"字，这是顶进过程中的一条共同经验。

2) 校正方法。

① 挖土校正。采用在不同部位减挖土量的方法，以达到校正的目的。即管子偏向一侧，则该侧少挖些土，另一侧多挖些土，顶进时管子就偏向空隙大的一侧而使误差校正。这种方法消除误差的效果比较缓慢，适用于误差值不大于 10mm 的范围，如图 4-35 所示。

② 斜撑校正法。偏差较大时或采用挖土校正法无效时，可用圆木或木方，一端支撑于管子偏向一侧的内管壁上，另一端支撑在垫有木板的管前土层上，开动千斤顶，利用木撑产生的分力，使管子得到校正。斜撑校正，如图 4-36 所示；下陷管段校正，如图 4-37 所示；错口管校正，如图 4-38 所示。

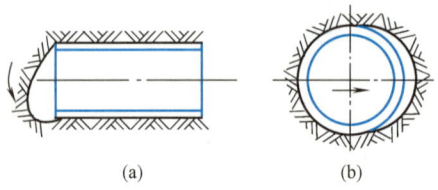 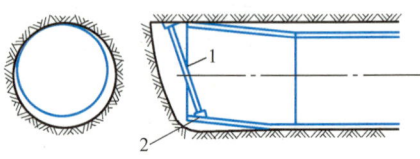

图 4-35 挖土校正法　　　　　　图 4-36 斜撑校正法
　　　　　　　　　　　　　　　1—斜撑；2—垫板

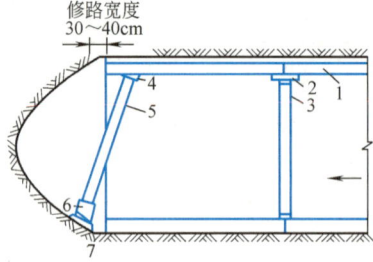 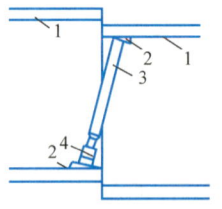

图 4-37 下陷校正　　　　　　　图 4-38 错口校正
1—管子；2—木楔；3—内胀圈；4—楔子；　　1—管子；2—楔子；3—支
5—支柱；6—校正千斤顶；7—垫板　　　　　　柱；4—校正千斤顶

③ 工具管校正。校正工具管是顶管施工的一项专用设备。根据不同管径采用不同直径的校正工具管。校正工具管主要由工具管、刃脚、校正千斤顶、后管等部分组成，如图4-39所示。

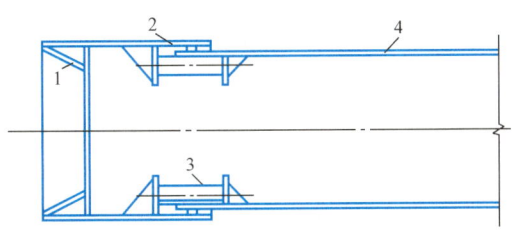

图 4-39　校正工具管设备组成
1—刃脚；2—工具管；3—校正千斤顶；4—后管

校正千斤顶按管内轴向均匀布设，一端与工具管连接，另一端与后管连接。工具管与后管之间留有10～15mm的间隙。

当发现首节工具管位置误差时，启动各方向千斤顶的伸缩，调整工具管刃脚的走向，从而达到校正的目的。

④ 衬垫校正。对淤泥、流砂地段的管子，因其基础承载力弱，常出现管子低头现象，这时在管底或管子的一侧加木楔，使管道沿着正确的方向顶进。正确的方法是将木楔做成光面或包一层薄钢板，稍有些斜坡，使之慢慢恢复原状，使管道由 $B$ 方向 $A$ 方前进（$A$ 是正确方向），如图4-40所示。

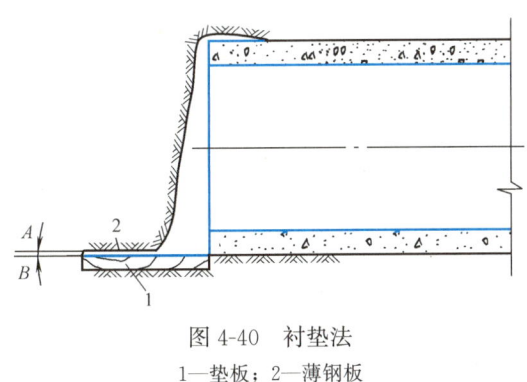

图 4-40　衬垫法
1—垫板；2—薄钢板

### 4.2.7　掘进顶管内接口

掘进顶管完毕，拆除临时连接，进行内接口，接口形式根据现场条件、管道使用要求、管口形式等因素选择。

钢筋混凝土管常采用如下接口形式。

（1）钢筋混凝土管油麻石棉水泥或膨胀水泥接口。接口形式如图4-41所示。

施工时，在内脚圈安装前将麻辫填入两个管口之间，顶进完毕后，拆除内脚圈。在管口缝隙处填石棉水泥后打实，也可以填塞膨胀水泥（膨胀水泥∶砂∶水＝1∶1∶0.3）。还可采取油毡垫接口，此种接口方法简单，施工方便，用于无地下水处。油毡垫可以使顶力均匀分布到管节面上。一般采用3～4层油毡垫于管节间，在顶进中越压越紧。顶管完毕后在两管间用水泥砂浆勾内缝。

(2) 企口钢筋混凝土管内接口。接口方式如图 4-42 所示。

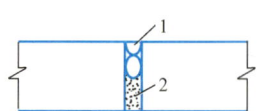 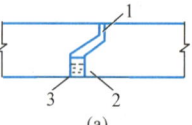 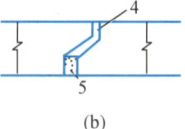

图 4-41　平口钢筋混凝土管油麻石棉水泥内接口
1—麻辫或塑料圈或绑扎绳；2—石棉水泥

图 4-42　企口钢筋混凝土管内接口
1—油毡；2—油麻；3—石棉水泥或膨胀水泥砂浆；4—聚氯乙烯胶泥；5—膨胀水泥砂浆

企口钢筋混凝土管的接口有油麻石棉水泥或膨胀水泥内接口，如图 4-42（a）所示，管壁外侧油毡为缓压层。还有一种聚氯乙烯胶泥膨胀水泥内接口。这种接口的抗渗性优于油麻石棉水泥或膨胀水泥接口，如图 4-42（b）所示。

此外，还可以采取麻辫沥青冷油膏接口。该接口施工方便，管接口具有一定的柔性，利于顶进中校正方向和高程，密封效果好。

【例 4-1】　某一排水管道穿越铁路，管道长度 50m，管径为 $DN1000$，壁厚 11cm，钢筋混凝土管材，管道埋深 $h$ 为 4m。土质为砂质黏土，地下水埋藏深度为 6m。试确定施工方案。

【解】　(1) 施工方法的选择：根据本地区的土质、地下水的情况，结合铁路部门的要求，本工程采用人工掘进顶管法施工。

(2) 工作坑的布置：本工程所需顶管长度为 50m，在管道的一端检查井处布置工作坑，采用单向坑。

(3) 工作坑尺寸的确定：根据施工经验，按经验公式计算。

工作坑长度 $L = d + 2.5 = 1.5 + 2.5 = 4.0 \text{m}$

工作坑宽度 $W = D + 2.5 = 1.0 + 2.5 = 3.5 \text{m}$

工作坑深度 $H = h + 0.2 = 4.0 + 0.2 = 4.2 \text{m}$

(4) 工作坑基础及后背：工作坑基础采用 20cm×20cm，长 3.5cm 的木方满铺；工作坑后背采用 20cm×20cm，长 3.5cm 的木方堆放高度 1.5m，竖向用 50mm 钢轨加固木方。

(5) 工作坑支撑及工作平面：工作坑四周采用 60mm 木板密铺，采用 20cm×20cm 木方横撑加固；工作平面由吊装架、卷扬机组成，吊装架由双排 6 根 $\phi 300$ 圆木构成，横梁采用 $DN219$ 厚钢管，平台采用 $\phi 200$ 圆木及 60mm 板铺设，且预留有下管孔及人孔。卷扬机采用一台 19620kN 的电动卷扬机。

(6) 导轨选择：顶进导轨采用 18 号轻轨。导轨轨距：

$$A_0 = 2[R^2 - (R-h)^2]^{1/2}$$

$$A_0 = 2[0.61^2 - (0.61 - 0.18)^2]^{1/2}$$

$$A_0 = 2[0.61^2 - 0.43^2]^{1/2}$$

$$A_0 = 0.864 \text{m}$$

（7）顶进设备的选择：

1）千斤顶顶力计算。

根据式（4-15） $P=3.0W$

$W$——每米管重，取为 8800kN

$P=3×8800=26400$kN

选用 YCZ300 型千斤顶，满足要求。

2）千斤顶布置。其布置形式采用单列式，使千斤顶中心与管中心的垂线对称。根据施工经验，千斤顶的着力点作用在管子垂直直径的 $1/4 \sim 1/5$ 处，采用顶铁传递顶力，所用顶铁由型钢及铁板制成，按其安放位置或传力作用分为，顺铁、横铁、立铁。

（8）顶进：

1）挖土与运土。根据 YCZ300 型千斤顶的一次顶程为 0.5m，按照施工规范每次挖土的深度不大于 0.5m，采用人工开挖，管内水平运土采用专用运土小车将土运到工作坑，垂直运输采用卷扬机将土运到工作坑外。

2）顶进。依据"先挖后顶、随挖随顶"原则，严格按照操作规程进行。

（9）质量控制：每顶进一次，要进行一次测量，其偏差为，中心位移小于 50mm，高程偏差+30mm、-40mm，管间错口偏差小于 20mm。

## 4.3 盾 构 法

盾构根据挖掘方式可分为手工挖掘和机械挖掘式盾构，根据切削环与工作面的关系可分为开口形与密闭形盾构。

盾构法施工具有以下优点：

（1）因需顶进的是盾构本身，在同一土层中所需顶力为一常数，不受顶力大小的限制。

（2）盾构断面形状可以任意选择，而且可以形成曲线走向。

（3）操作安全，可在盾构设备的掩护下，进行土层开挖和衬砌。

4-2 动画
地铁盾构施工

（4）施工时不扰民，噪声小，影响交通少。

（5）盾构法进行水底施工，不影响航道通行。

（6）严格控制正面超挖，加强衬砌背面空隙的填充，可控制地表沉降。

### 4.3.1 盾构的组成

盾构是用于地下开槽法施工时进行地层开挖及衬砌拼装起支护作用的施工设备。基本构造由开挖系统、推进系统和衬砌拼装系统三部分组成。

**1. 开挖系统**

盾构壳体形状可任意选择，用于给水排水管沟，多采用钢

4-3 互动程序
下载盾构施工
三维仿真软件

制圆形筒体,由切削环、支撑环、盾尾三部分组成,由外壳钢板连接成一个整体,如图 4-43 所示。

(1) 切削环部分　位于盾构的最前端,它的前端做成刃口,以减少切土时对地层的扰动。切削环也是盾构施工时容纳作业人员挖土或安装挖掘机械的部位。

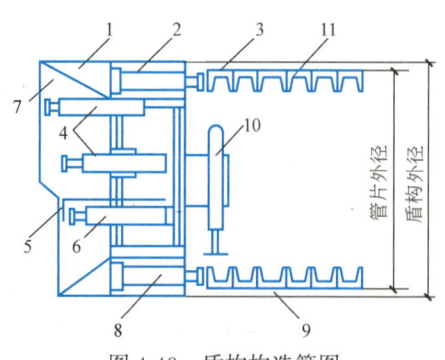

图 4-43　盾构构造简图

1—切削环；2—支撑环；3—盾尾部分；4—支撑千斤顶；5—活动平台；6—活动平台千斤顶；7—切口；8—盾构推进千斤顶；9—盾尾空隙；10—管片拼装管；11—管片

盾构开挖系统均设置于切削环中。根据切削环与工作面的关系,可分开放式和密闭式两类。当土质不能保持稳定,如松散的粉细砂、液化土等,应采用密闭式盾构。当需要对工作面支撑,可采用气压盾构或泥水压力盾构,这时在切削环与支撑环之间设密封隔板分开。

(2) 支撑环部分　位于切削环之后,处于盾构中间部位。它承担地层对盾构的土压力、千斤顶的顶力以及刃口、盾尾、砌块拼装时传来的施工荷载等。它的外沿布置千斤顶,大型盾构将液压、动力设备,操作系统,衬砌拼装机等均集中布置在支撑环中。在中、小型盾构中,可把部分设备放在盾构后面的车架上。

(3) 盾尾部分　它的作用主要是掩护衬砌的拼装,并且防止水、土及注浆材料从盾尾间隙进入盾构。盾尾密封装置由于盾构位置千变万化,极易损坏,要求材质耐磨、耐拉并富有弹性。曾采用单纯橡胶的、橡胶加弹簧钢板的、充气式的、毛刷型的等多种盾尾密封装置,但至今效果不够理想,一般多采用多道密封及可更换盾尾密封装置。

2. 推进系统

推进系统是盾构核心部分,依靠千斤顶将盾构向前移动。千斤顶控制采用油压系统,由高压油泵、操作阀件和千斤顶等设备构成。盾构千斤顶液压回路系统如图 4-44 所示。

图 4-45 为阀门转换器工作示意图。当滑块 2 处于左端时,高压油自进油管 1 流入经分油箱 4 将千斤顶 5 出镐；若需回镐时,将滑块 2 移向右端,高压油从阀门转换器 3,推动千斤顶回镐,并将回油管中的油流向分油箱。

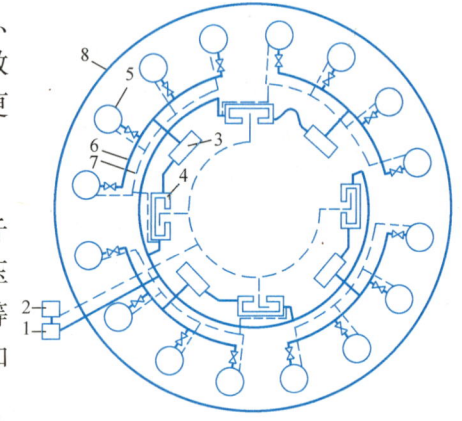

图 4-44　千斤顶液压回路系统

1—高压油泵；2—总油箱；3—分油箱；4—闭口转筒辊；5—千斤顶；6—进油管；7—回油管；8—结构体壳

3. 衬砌拼装系统

盾构顶进后应及时进行衬砌工作,衬砌块作为盾构千斤顶的后背,承受顶

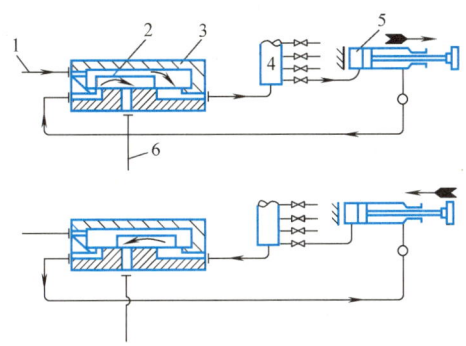

图 4-45 阀门转换器工作示意图

1—进油管；2—滑块；3—阀门转换器；4—分油箱；5—千斤顶；6—回油管

力，施工过程中作为支撑结构，施工结束后作为永久性承载结构。

砌块采用钢筋混凝土或预应力钢筋混凝土，砌块形状有矩形、梯形、缺形等，砌块尺寸视衬砌方法而定，如图 4-46 所示。

图 4-46 砌块形式

### 4.3.2 盾构壳体尺寸的确定

盾构壳体尺寸应适应隧道的尺寸，一般按下列几个模数确定。

1. 盾构的外径

$$D=d+2(x+\delta) \tag{4-16}$$

式中　$D$——盾构外径，mm；
　　　$d$——衬砌外径，mm；
　　　$x$——盾构厚度，mm；
　　　$\delta$——盾构建筑间隙，mm。

根据盾构调整方向的要求，一般盾构建筑间隙为衬砌外径的 0.8%～1.0%。其最小值要满足：

$$x=Ml/d \tag{4-17}$$

式中　$l$——盾尾内衬砌环上顶点能转动的最大水平距离，通常采用 $l=d/80$；
　　　$M$——盾尾掩盖部分的衬砌长度。

所以 $x=0.0125M$，一般取用 30～60mm。

盾构的内径 $D_内$ 应大于隧道衬砌的外径。

2. 盾构长度

盾构全长为前檐、切削环、支撑环和盾尾长度的总和，其大小取决于盾构开挖方法及预制衬砌环的宽度，也与盾构的灵敏度有关系。盾构灵敏度指盾构总长度 $L$ 与其外径 $D$ 的比例关系。灵敏度一般采用：

小型盾构（$D=2～3m$），$L/D=1.5$ 左右；

中型盾构（$D=3～6m$），$L/D=1.0$ 左右；

大型盾构，$L/D=0.75$ 左右。

盾构直径确定后，选择适当灵敏度，即可决定盾构长度。

### 4.3.3 盾构推进时系统顶力计算

盾构的前进是靠千斤顶来推进和调整方向。所以千斤顶应有足够的力量，来克服盾构前进过程中所遇到的各种阻力。

(1) 外壳与周围土层间摩擦阻力 $F_1$：

$$F_1 = v_1[2(P_V + P_h)L \cdot D] \quad (4\text{-}18)$$

式中　$P_V$——盾构顶部的竖向土压力，$kN/m^2$；

　　　$P_h$——水平土压力值，$kN/m^2$；

　　　$v_1$——土与钢之间的摩擦系数，一般取 0.2～0.6；

　　　$L$——盾构长度，m；

　　　$D$——盾构外径，m。

(2) 切削环部分刃口切入土层阻力 $F_2$：

$$F_2 = D\pi l(P_V \tan\phi + C) \quad (4\text{-}19)$$

式中　$\phi$——土的内摩擦角；

　　　$C$——土的内聚力，$kN/m^2$；

其余符号与式 (4-17) 相同。

(3) 砌块与盾尾之间的摩擦力 $F_3$：

$$F_3 = v_2 \cdot G' \cdot L' \quad (4\text{-}20)$$

式中　$v_2$——盾尾与衬砌之间的摩擦系数，一般为 0.4～0.5；

　　　$G'$——环衬砌重量，kN；

　　　$L'$——盾尾中衬砌的环数。

(4) 盾构自重产生的摩擦阻力 $F_4$：

$$F_4 = G \cdot v_1 \quad (4\text{-}21)$$

式中　$G$——盾构自重，kN；

　　　$v_1$——钢土之间的摩擦系数，一般为 0.2～0.6。

(5) 开挖面支撑阻力 $F_5$，应按支撑面上的主动土压力计算。

其余项阻力，需根据盾构施工时实际情况予以计算，叠加后组成盾构推进的总阻力。由于上述计算均为近似值，实际确定千斤顶总顶力时，尚需乘以 1.5～2.0 的安全系数。

有的资料提供经验公式确定盾构总顶力为：

$$P = (700 \sim 1000)\pi D^2/4 \cdot K_n \quad (4\text{-}22)$$

盾构千斤顶的顶力：

小型断面用 500～600kN；

中型断面用 1000～1500kN；

大型断面（$D > 10m$）用 25000kN。

我国使用的千斤顶多数为 1500～2000kN。

### 4.3.4 盾构施工

盾构法施工概貌，如图 4-47 所示。

1. 施工准备工作

盾构施工前根据设计提供图纸和有关资料，对施工现场应进行详细勘察，对

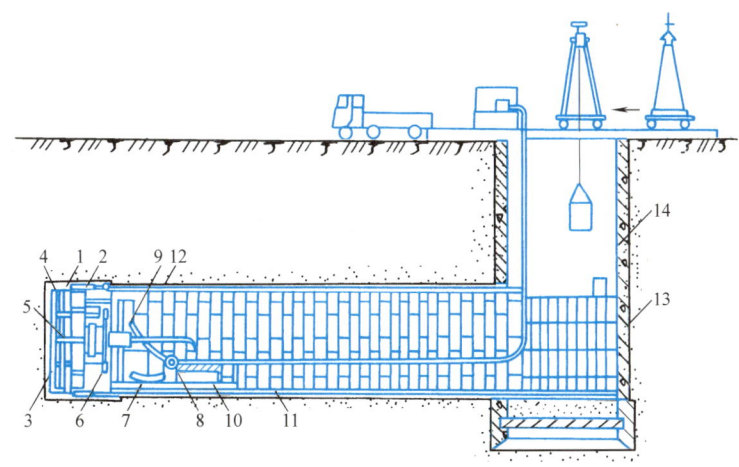

图 4-47 盾构法施工概貌

1—盾构；2—盾构千斤顶；3—盾构正面网格；4—出土转盘；5—出土皮带运输机；
6—管片拼装机；7—管片；8—压浆泵；9—压浆孔；10—出土机；11—由管片组
成的隧道衬砌结构；12—在盾尾空隙中的压浆；13—后盾管片；14—竖片

地上地下障碍物、地形、土质、地下水和现场条件等诸方面进行了解，根据勘察结果，编制盾构施工方案。

盾构施工的准备工作还应包括测量定线、衬块预制、盾构机械组装、降低地下水位、土层加固以及工作坑开挖等。上述这些准备工作视情况选用，并编入施工方案中。其允许偏差见表 4-7。

盾构法施工的给水排水管道允许偏差　　　　　　　　　表 4-7

| 项 | 目 | 允许偏差 | 项 目 | 允许偏差 |
|---|---|---|---|---|
| 高 程 | 排水管道(mm) | +15～-150 | 圆环变形 | 8‰ |
| | 套管或管廊(mm) | 每环±100 | 初期衬砌相邻环高差(mm) | ≤20 |
| 轴线位移(mm) | | 150 | | |

注：圆环变形等于圆环水平及垂直直径差值与标准内径的比值。

2. 盾构工作坑及始顶

盾构法施工也应当设置工作坑（也称工作室），作为盾构开始、中间、结束井。开始工作坑作为盾构施工起点，将盾构下入工作坑内；结束工作坑作为全线顶进完毕，需要将盾构取出；中间工作坑根据需要设置，如为了减少土方、材料地下运输距离或者中间需要设置检查井、车站等构筑物时而设置中间工作坑。

开始工作坑与顶管工作坑相同，其尺寸应满足盾构和其顶进设备尺寸的要求。工作坑周壁应做支撑或采用沉井或连续加固，防止坍塌，同样盾构顶进方向对面做好牢固后背。

盾构在工作坑导轨上至盾构完全进入土中的这一段距离，借助外部千斤顶顶进。与顶管方法相同，如图 4-48（a）所示。

当盾构已进入土中以后，在开始工作坑后背与盾构衬砌环，各设置一个木

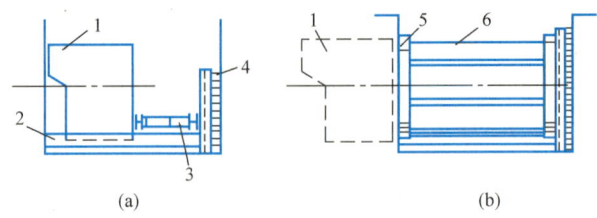

图 4-48 始顶工作坑
(a) 盾构台工作坑始顶；(b) 始顶段支撑结构
1—盾构；2—导轨；3—千斤顶；4—后背；5—木环；6—撑木

环，其大小尺寸与衬砌环相等，在两个木环之间用圆木支撑，如图 4-48（b）所示，作为始顶段的盾构千斤顶的支撑结构。一般情况下，衬砌环长度达 30～50m 以后，才能起后背作用，拆除工作坑内圆木支撑。

始段开始后，即可起用盾构本身千斤顶，将切削环的刃口切入土中，在切削环掩护下进行掘土，一面出土一面将衬砌块运入盾构内，待千斤顶回镐后，其空隙部分进行砌块拼装。再以衬砌环为后背，启动千斤顶，重复上述操作，盾构便不断前进。

3. 衬砌和灌浆

按照设计要求，确定砌块形状和尺寸以及接缝方法，接口有平口、企口和螺栓连接。企口接缝防水性能好，但拼装复杂；螺栓连接整体性好，刚度大。

砌块接口涂抹胶粘剂，提高防水性能，常用的胶粘剂有沥青、玛琋脂、环氧胶泥等。

砌块外壁与土壁间的间隙应用水泥砂浆或豆石混凝土灌注。通常每隔 3～5 个衬砌环有一灌注孔环，此环上设有 4～10 个灌注孔。灌注孔直径不小于 36mm。

灌浆作业应及时进行。灌入按自下而上，左右对称地进行。灌浆时应防止浆液漏入盾构内，在此之前应做好止水。

砌块衬砌和缝隙注浆合称为一次衬砌。

二次衬砌按照功能要求，在一次衬砌合格后，可进行二次衬砌。二次衬砌浇筑豆石混凝土、喷射混凝土等。

（1）无注浆钢筋超前锚杆

锚杆可采用 $\phi 22$ 螺纹钢筋，长度一般为 2.0～2.5m，环向排列，其间距视土的情况确定，一般为 2.0～0.4m，排列至拱脚处为止。锚杆每一循环掘进打入一次。可用风动凿岩机打入拱顶上部，钢锚杆末端要焊接在拱架上。此法适用于拱顶土质较好情况下，是防止坍塌的一种有效措施。

（2）注浆小导管

当拱顶土层较差，需要注浆加固时，利用导管代替锚杆。导管可采用直径为 32mm 钢管，长度为 3～7m，环向排列间距为 0.3m，仰角 7°～12°。导管管壁设有出浆孔，呈梅花状分布。导管可用风动冲击钻机或 PZ75 型水钻机成孔，然后推入孔内。

(3) 喷射混凝土

喷射混凝土是借助喷射机械，利用压缩空气或其他动力，将按一定配合比的拌合料，通过管道输送并以高速喷射到受喷面上凝结硬化而成的一种混凝土。

根据喷射混凝土拌合料的搅拌和运输方式，喷射方式一般分为干式和湿式两种。常采用干式。图 4-49 和图 4-50 为干式和湿式喷射混凝土工艺流程图。

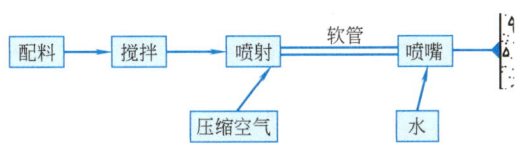

图 4-49　干式喷射工艺流程

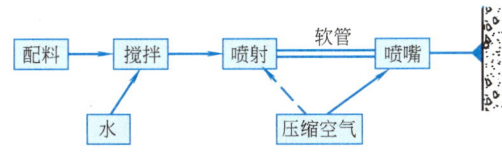

图 4-50　湿式喷射工艺流程

干式喷射是依靠喷射机压送干拌合料，在喷嘴处加水。在国内外应用较为普遍，它的主要优点是设备简单，输送距离长，速凝剂可在进入喷射机前加入。

湿式喷射是用喷射机压送湿拌合料（加入拌合水），在喷嘴处加入速凝剂。它的主要优点是拌合均匀，水灰比能准确控制，速凝剂加入也较容易。

喷射混凝土材料要求：

1) 水泥　喷射混凝土应选用不小于 42.5 级的硅酸盐或普通硅酸盐水泥，因为这两种水泥的 $C_3S$ 和 $C_3A$ 含量较高，同速凝剂的相容性好，能速凝、快硬，后期强度也较高。当遇有较高可溶性硫酸盐的地层或地下水时，应选用抗硫酸盐类水泥。当构筑物要求喷射混凝土早强时，可使用硫铝酸盐水泥或其他早强水泥。

2) 砂　喷射混凝土宜选用中粗砂，一般砂子颗粒级配应满足表 4-8 所示。砂子过细，会使干缩增大；砂子过粗，则会增加回弹。砂子中小于 0.075mm 的颗粒不应大于 20%。

砂的级配限度　表 4-8

| 筛孔尺寸(mm) | 通过百分数（以重量计） | 筛孔尺寸(mm) | 通过百分数（以重量计） |
| --- | --- | --- | --- |
| 5 | 95～100 | 0.6 | 25～60 |
| 2.5 | 80～100 | 0.3 | 10～30 |
| 1.2 | 50～85 | 0.15 | 2～10 |

3) 石子　宜选用卵石为好，为了减少回弹，石子最大粒径不宜大于 20mm，

石子级配应符合表 4-9 所示。若掺入速凝剂时，石子中不应含有二氧化硅的石料，以免喷射混凝土开裂。

4）速凝剂　使用速凝剂主要是使喷射混凝土速凝快硬，减少回弹损失，防止喷射混凝土因重力作用引起脱落，可适当加大一次喷射厚度等。

喷射混凝土拌合料的砂率控制在 45％～55％ 为好，水灰比 0.4～0.5 为宜。

石子级配限度　　　　　　　　　　表 4-9

| 筛孔尺寸 (mm) | 通过每个筛子的重量百分比 | | 筛孔尺寸 (mm) | 通过每个筛子的重量百分比 | |
|---|---|---|---|---|---|
| | 级配Ⅰ | 级配Ⅱ | | 级配Ⅰ | 级配Ⅱ |
| 20 | 100 | — | 5 | 0～15 | 10～30 |
| 15 | 90～100 | 100 | 2.5 | 0～5 | 0～10 |
| 10 | 40～70 | 85～100 | 1.2 | — | 0～5 |

（4）回填注浆

在盾构法施工中，在初期支护的拱顶上部，由于喷射混凝土与土层未密贴，拱顶下沉形成空隙，为防止地面下沉，采用水泥浆液回填注浆。这样不仅挤密了拱顶部分的土体，而且加强了土体与初期支护的形体性，有效防止地面的沉降。

注浆设备可采用灰浆搅拌机和柱塞式灰浆泵，根据地层覆盖条件确定注浆压力，一般为 50～200kPa 范围内。

4. 二次衬砌

完成初期支护施工之后，需进行洞体二次衬砌，二次衬砌采用现浇钢筋混凝土结构。混凝土强度等级选用 C20 以上，坍落度为 18～20cm 高流动混凝土。采用墙体和拱顶分步浇筑方案，即先浇侧墙，后浇拱顶。拱顶部分采用压力式浇筑混凝土。图 4-51 为二次衬砌施工图。

图 4-51　二次衬砌施工图

5. 质量标准

（1）盾构管片制作

1）主控项目

① 工厂预制管片的产品质量应符合国家相关标准的规定和设计要求。

检查方法：检查产品质量合格证明书、各项性能检验报告，检查制造产品的原材料质量保证资料。

② 现场制作的管片应符合下列规定：

A. 原材料的产品应符合国家相关标准的规定和设计要求。

B. 管片的钢模制作的允许偏差应符合表 4-10 的规定。

检查方法：检查产品质量合格证明书、各项性能检验报告、进场复验报告；管片的钢模制作允许偏差按表 4-10 的规定执行。

管片的钢模制作的允许偏差　　　　　　　　　　　表 4-10

| 序号 | 检查项目 | 允许偏差 | 检查数量 | | 检查方法 |
|---|---|---|---|---|---|
| | | | 范围 | 点数 | |
| 1 | 宽度 | ±0.4mm | 每块钢模 | 6 点 | 用专用量轨、卡尺及钢尺等量测 |
| 2 | 弧弦长 | ±0.4mm | | 2 点 | |
| 3 | 底座夹角 | ±1° | | 4 点 | |
| 4 | 纵环向芯棒中心距 | ±0.5mm | | 全检 | |
| 5 | 内腔高度 | ±1mm | | 3 点 | |

③ 管片的混凝土强度等级、抗渗等级符合设计要求。

检查方法：检查混凝土抗压强度、抗渗试块报告。

检查数量：同一配合比当天同一班组或每浇筑五环管片混凝土为一个验收批，留置抗压强度试块一组；每生产十环管片混凝土应留置抗渗试块一组。

④ 管片表面应平整，外观质量无严重缺陷且无裂缝；铸铁管片或钢制管片无影响结构和拼装的质量缺陷。

检查方法：逐个观察；检查产品进场验收记录。

⑤ 单块管片尺寸的允许偏差应符合表 4-11 的规定。

单块管片尺寸的允许偏差　　　　　　　　　　　表 4-11

| 序号 | 检查项目 | 允许偏差（mm） | 检查数量 | | 检查方法 |
|---|---|---|---|---|---|
| | | | 范围 | 点数 | |
| 1 | 宽度 | ±1 | 每块 | 内、外侧各 3 点 | 用卡尺、钢尺、直尺、角尺、专用弧形板量测 |
| 2 | 弧弦长 | ±1 | | 两端面各 1 点 | |
| 3 | 管片的厚度 | +3，-1 | | 3 点 | |
| 4 | 环面平整度 | 0.2 | | 2 点 | |
| 5 | 内、外环面与端面垂直度 | 1 | | 4 点 | |
| 6 | 螺栓孔位置 | ±1 | | 3 点 | |
| 7 | 螺栓孔直径 | ±1 | | 3 点 | |

⑥ 钢筋混凝土管片抗渗试验应符合设计要求。

检查方法：将单块管片放置在专用试验架上，按设计要求水压恒压 2h，渗水深度不得超过管片厚度的 1/5 为合格。

检查数量：工厂预制管片，每生产 50 环应抽查一块管片做抗渗试验；连续三次合格时则改为每生产 100 环抽查一块管片，再连续三次合格则最终改为 200 环抽查一块管片做抗渗试验；如出现一次不合格，则恢复每 50 环抽查一块管片，并按上述抽查要求进行试验。

现场生产管片，当天同一班组或每浇筑五环管片，应抽查一块管片做抗渗试验。

⑦ 管片进行水平组合拼装检验时应符合表 4-12 的规定。

检查数量：每套钢模（或铸铁、钢制管片）先生产三环进行水平拼装检验，合格后试三环再抽查三环进行水平拼装检验；合格后正式生产时，每生产 200 环应抽查三环进行检验；管片正式生产后出现一次不合格时，则应加倍检验。

**管片进行水平组合拼装允许偏差**　　　　表 4-12

| 序号 | 检查项目 | 允许偏差（mm） | 检查数量 | | 检查方法 |
|---|---|---|---|---|---|
| | | | 范围 | 点数 | |
| 1 | 环缝间隙 | ≤2 | 每条缝 | 6 点 | 插片检查 |
| 2 | 纵缝间隙 | ≤2 | 每条缝 | 6 点 | 插片检查 |
| 3 | 成环后内径（不放衬垫） | ±2 | 每环 | 4 点 | 用钢尺量测 |
| 4 | 成环后外径（不放衬垫） | +4，-2 | 每环 | 4 点 | 用钢尺量测 |
| 5 | 纵、环向螺栓穿进后，螺栓杆与螺孔的间隙 | $(D_1-D_2)<2$ | 每处 | 各 1 点 | 插钢丝检查 |

注：$D_1$ 为螺孔直径，$D_2$ 为螺栓杆直径，单位：mm。

2) 一般项目

① 钢筋混凝土管片无缺棱、掉边、麻面和露筋，表面无明显气泡和一般质量缺陷；并且钢制管片防腐层完整。

检查方法：逐个观察；检查产品进场验收记录。

② 管片预埋件齐全，预埋孔完整、位置正确。

检查方法：观察；检查产品进场验收记录。

③ 防水密封条安装凹槽表面光洁，线形直顺。

检查方法：逐个观察。

④ 钢筋混凝土管片的钢筋骨架制作的允许偏差应符合表 4-13 的规定。

**钢筋混凝土管片的钢筋骨架制作的允许偏差**　　　　表 4-13

| 序号 | 检查项目 | 允许偏差（mm） | 检查数量 | | 检查方法 |
|---|---|---|---|---|---|
| | | | 范围 | 点数 | |
| 1 | 主筋间距 | ±10 | 每榀 | 4 点 | 用卡尺、钢尺量测 |
| 2 | 骨架长、宽、高 | +5，-10 | | 各 2 点 | |
| 3 | 环、纵向螺栓孔 | 畅通、内圆面平整 | | 每处 1 点 | |
| 4 | 主筋保护层 | ±3 | | 4 点 | |
| 5 | 分布筋长度 | ±10 | | 4 点 | |
| 6 | 分布筋间距 | ±5 | | 4 点 | |
| 7 | 箍筋间距 | ±10 | | 4 点 | |
| 8 | 预埋件位置 | ±5 | | 每处 1 点 | |

(2) 盾构掘进和管片拼装

1) 主控项目

① 管片防水密封条性能符合设计要求，粘贴牢固、平整、无缺损，防水垫圈无遗漏。

检查方法：逐个观察，检查防水密封条质量保证资料。

② 环、纵向螺栓及连接件的力学性能符合设计要求，螺栓应全部穿入，拧紧力矩应符合设计要求。

检查方法：逐个观察；检查螺栓及连接件是否拧紧，检查材料质量、复测试验报告。

③钢筋混凝土管片拼装无内外贯穿裂缝，表面无大于 0.2mm 的横向裂缝以及混凝土剥落和漏筋现象；铸铁、钢制管片无变形、破损。

检查方法：逐片观察，用裂缝观察仪检查裂缝宽度。

④管道无线漏、滴漏水现象。

检查方法：全数观察。

⑤管道线形平顺，无突变现象；圆环无明显变形。

2) 一般项目

①管道无明显渗水。

检查方法：全数观察。

②钢筋混凝土管片表面不宜有一般质量缺陷；铸铁、钢制管片防腐层完好。

检查方法：全数观察。

③钢筋混凝土管片的螺栓手孔封堵时不得有剥落现象，且封堵混凝土强度符合设计要求。

检查方法：观察，试验报告。

④管片在拼装环内拼装成环的允许偏差应符合规范的规定。

⑤管道贯通后的允许偏差应符合规范的规定。

(3) 盾构施工管道的钢筋混凝土二次衬砌

1) 主控项目

①钢筋数量、规格应符合设计要求。

检查方法：检查每批钢筋的质量保证资料和进场复验报告。

②混凝土强度等级、抗渗等级符合设计要求。

检查方法：检查混凝土抗压强度、抗渗试块报告。

检查数量：同一配合比，每连续浇筑一次混凝土为一验收批，应留置抗压、抗渗试块各 1 组。

③混凝土外观质量无严重缺陷。

检查方法：检查施工技术资料。

④防水处理符合设计要求，管道无滴漏、线漏现象。

检查方法：检查防水材料质量保证资料、施工记录、施工技术资料。

2) 一般项目

①变形缝位置符合设计要求，且通缝、垂直。

检查方法：逐个观察。

②拆模后无露筋现象，混凝土不宜有一般质量缺陷。

### 4.3.5 定向钻施工

1. 概述

定向钻施工技术进行管线施工，能缩短工期，降低工程成本，是真正的安全、无污染、高效率的施工技术。目前，定向钻施工穿越地面及障碍物铺设管线技术正在我国蓬勃发展。

采用定向钻施工技术,地上功能正常使用；穿过公路、铁路、机场可不阻断交通；穿过河流可保证河流通畅、不阻断通航、有利于排洪等；减少了大量工程土的堆放,对环境影响最小；减少了地面开挖、恢复造成的浪费；缩短工期,节约工程成本；节省劳力,安全可靠；施工效率高,减轻了劳动强度等。

定向钻施工的适用范围为：管径为300～1500mm,管线长度最大可达1500m,管材为钢管、PE管等。主要应用于穿越河流和水渠、街道、高速公路、铁路、机场跑道、海滩、岛屿、建筑物拥挤的地方、管线通道和运河等的自来水、污水管线及其他流体的管线铺设和电力与电信电缆的导管铺设等。

2. 定向钻施工工艺

（1）定向钻轨迹设计与原理

定向钻轨迹设计是在管线剖面图基础上,设计出钻孔的最佳曲线。根据开挖的工作坑、接收坑结合设计井位,按照设计管道水力坡度标高来设计钻进轨迹。不仅需要考虑避开穿越区域的地下管线,还要考虑水文地质、地面环境、铺设管道的管径材质、穿越长度深度、钻机的性能等因素。管道施工的轨迹要满足设计要求,必须考虑入土点、出土点的斜直段、曲线段长度,严格控制水平穿越段各点标高。一般作业标高控制以每根钻杆为一个控制点,按设计管道水力坡度计算出钻进轴线上轨迹标高。入射角度根据已知数据科学计算,8°～20°的入、出土角适用于大多数的穿越工程。如果单从施工的顺利程度考虑,在产品管线埋设深度相同的前提下,倾斜距离越长则轨迹曲线越平缓,有利于后续管的顺利回拖。

（2）定向钻施工工艺流程

定向钻穿越铺设施工普遍采用,首先钻进导向孔,然后扩孔,最后回拉铺管的施工技术,其工艺流程如图4-52所示。

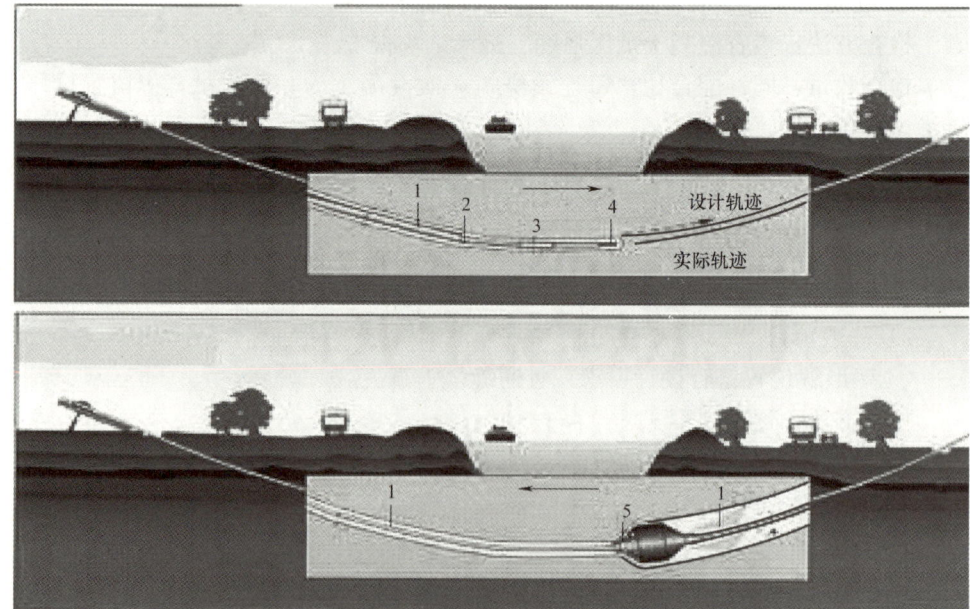

图4-52 定向钻施工铺设管线工艺流程（一）
1—钻杆；2—接头；3—探头；4—钻头；5—回扩头；6—管道

图4-52 定向钻施工铺设管线工艺流程（二）
1—钻杆；2—接头；3—探头；4—钻头；5—回扩头；6—管道

3. 定向钻施工
(1) 管材与设备

根据地质和设计管径大小情况，选择合适型号的水平定向钻机；管材的强度及环刚度必须满足设计和施工阶段的荷载要求。

1) 拖拉管材料选择

定向钻铺设钢管应具有足够强度、韧性、良好的焊接性能和抗腐蚀能力。

钢管壁厚应根据埋深、回拉长度和土层条件等确定，钢管最小壁厚可按表4-14选用。

定向钻铺设常用钢管的最小壁厚　　表4-14

| 管径 $D$(mm) | 管壁厚 $T$(mm) |
|---|---|
| ≤168 | 6 |
| 168～273 | 6～8 |
| 273～426 | 8～10 |
| 426～630 | 10～12 |
| 630～1000 | $D/T<50$ 经验公式 |

PE管的主要设计标准应满足在给定压力条件下的流量要求和铺设过程中的荷载。PE80、PE100管材公称压力$SDR$值应按表4-15选用。

PE80、PE100聚乙烯管材公称压力和标准尺寸　　表4-15

| 标准尺寸比 | | $SDR$33 | $SDR$26 | $SDR$21 | $SDR$17 | $SDR$13.6 | $SDR$11 |
|---|---|---|---|---|---|---|---|
| 公称压力（MPa） | PE80 | 0.40 | / | 0.60 | 0.80 | 1.00 | 1.25 |
| | PE100 | / | 0.60 | 0.80 | 1.00 | 1.25 | 1.60 |

注：$SDR$指管径与壁厚的比值。

2) 定向钻机

可分为地表始钻式和坑内始钻式两类。

地表始钻式钻机通常为履带式，如图4-53所示。可依靠自己的动力自行走进入工地。铺设新管时它们不需要发射坑和接收坑，但管线连接时仍需要开挖。地表发射钻机有几种桩定方式将钻机锚固在地上，性能完善的钻机桩定系统可以是液压驱动的。

图 4-53　地表始钻式钻机

坑内始钻式在钻孔的两端都需要挖坑，但可在空间受限的地方操作。一些设计更紧凑的钻机的发射坑，可只比接管所需的坑稍大一点就行。坑内发射钻机固定在发射坑中，利用坑的前、后壁承受给进力和回拉力。

常用定向钻机种类和技术性能可按表 4-16 选用。

定向钻机分类及其技术性能　　　　　　　　表 4-16

| 分类 | 小型 | 中型 | 大型 |
| --- | --- | --- | --- |
| 给进力或回拉力(kN) | <100 | 100～450 | >450 |
| 扭矩(kN·m) | <3 | 3～30 | >30 |
| 回转速度(r/min) | >130 | 100～130 | <130 |
| 功率(kW) | <100 | 100～180 | >180 |
| 钻杆长度(m) | 1.50～3.00 | 3.00～9.00 | 9.00～12.00 |
| 给进机构 | 钢绳和链条 | 链条或齿轮齿条 | 齿轮齿条 |
| 铺管直径(mm) | <350 | 350～600 | 600～1200 |
| 铺管长度(m) | <300 | 300～600 | 600～1500 |
| 铺管深度(m) | <6 | 6～15 | >15 |
| 导向测量系统 | 手持式导向仪 | 手持式导向仪或随钻测量仪 | 随钻测量仪 |

3）导向系统

导向系统有几种类型：最常用的"手持式（Walk-over）"系统和有缆式导向系统。

"手持式（Walk-over）"系统，如图 4-54 所示。它以一个装在钻头后部空腔内的探测器或探头为基础。探头发出的无线电信号由地面接收器接收，除了得到地下钻头的位置和深度外，传输的信号还往往包括钻头倾角、斜面面向角、电池电量和探头温度。这些信息转送到钻机附属接收器上，以使钻机操作者可直接掌握孔内信息，从而据此作出任何有必要的轨迹调整。

有缆式导向系统用通过钻杆柱的电缆从发射器向控制台传送信号。虽然缆线

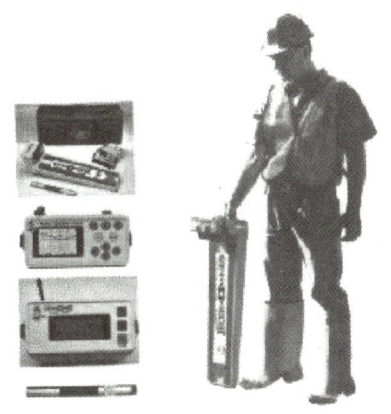

图 4-54 手持式(Walk-over)导向系统
1—钻杆;2—弯接头;3—铅头;4—接头;5—电机;6—接头

增加了复杂性,但由于不依靠无线电传送信号,对钻孔的导向就可以跨越任何地形,并且可以用于受电磁干扰的地方。

4) 钻进液

钻进液通常是钻进泥浆。钻进泥浆的功能主要是维持钻孔的稳定性。另外,泥浆还有携带钻屑、冷却钻头、喷射钻进等功能。管道与孔壁环状空间里的钻进液还有悬浮和润滑作用,有利于管道的回拖。

钻进液是一种由清水+膨润土+少量的聚合物+处理剂的混合物。膨润土是常用的泥浆材料,它是一种无害的泥浆材料。钻进液应在专用的搅拌池中配制。从钻孔中返回的泥浆需经泥浆沉淀池或泥浆净化设备处理后,再送回供浆池,或与新泥浆混合后再使用。

(2) 导向孔

1) 定向钻导向孔轨迹宜由斜直线段、曲线段、水平直线段等组成。其设计应根据生产管线技术要求、施工现场条件、施工机械等进行轨迹综合组合。

2）定向钻导向孔轨迹设计。

入、出土角和曲线段的确定，如图 4-55 所示。

小直径钢管的出土角宜为 0°～15°；PE 管、PVC 管的出土角宜为 0°～20°。

在地面上采用始钻式钻机钻进导向孔时，第一直线段轨迹应是入土角的斜直线段，该段最小距离不应小于一根钻杆长度；大型设备该段距离不宜小于 10m。

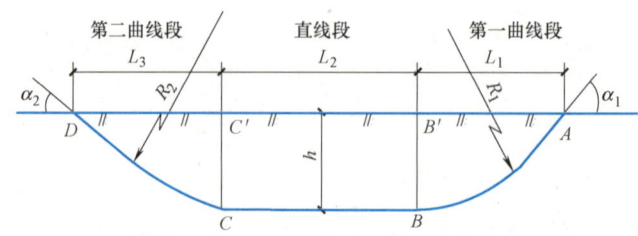

图 4-55 入、出土角和曲线段

图中：$\alpha_1$——入土角；
$\alpha_2$——出土角；
A——入土点；
D——出土点；
B——第一曲线段和直线段轨迹变化点；
C——直线段和第二曲线段轨迹变化点；
h——轨迹（铺管）深度；
$L_1+L_2+L_3$——定向钻铺管水平长度。

入土角宜为 8°～20°。

定向钻穿越公路、铁路、河流、地面建筑物时，最小覆土深度应符合专业规范要求；当专业规范无特殊要求时，最小覆土深度应符合表 4-17 的规定。

最小覆土深度　　　　　　　　表 4-17

| 项目 | 深　度 |
| --- | --- |
| 城市道路 | 与路面垂直净距＞1.5m |
| 公路 | 与路面垂直净距＞1.8m；路基坡角地面以下＞1.2m |
| 高速公路 | 与路面垂直净距＞2.5m；路基坡角地面以下＞1.5m |
| 铁路 | 路基坡角处地表下 5m；路堑地形轨顶下 3m；0 点断面轨顶下 6m |
| 河流 | 一级主河道百年一遇最大冲刷深度以下＞3m<br>二级河道河底最低标高以下＞3m，最大冲刷深度以下＞2m |
| 地面建筑 | 根据基础结构类型，经计算后确定 |

注：最小覆土深度还必须大于生产管管径 5～6 倍以上。

定向钻铺设钢管最小允许曲率半径也可用不小于 1200D 估算。

铺设 PE 管时，钻孔轨迹的曲率半径应同时满足钻杆的曲率半径。钻杆的曲率半径应由钻杆的弯曲强度值确定。根据工程实践经验，一般情况下钻杆弯曲半径为 1200D 以上。

(3) 开挖工作坑和钻屑池

根据设计的导向孔轨迹，在距离检查井经计算好的距离处开挖一个入口工作坑，在距离检查井经计算好的距离处开挖一个出口工作坑，欲铺设的管线直径大，则出口坑必须延长成适合管道平直回拖的长槽。钻屑池位于入口坑附近，用于收集从入口坑流入的钻屑泥浆，市区也可用泥浆罐车。

对于地表始钻式钻机锚固在地表，出入口工作坑视管线埋深和管径适当调整。而坑内始钻式钻机的工作坑，因需要利用坑的前、后壁承受钻进中的给进力和回拉力，则必须对坑壁进行加强和支护，见表 4-18。

工作坑支护方法和适用条件　　　　　　　　　　　表 4-18

| 工作坑支护 | 适用条件 |
|---|---|
| 排桩、喷锚 | 土质比较松软，且地下水又比较丰富；渗透系数>1×10⁻⁴cm/s 的砂性土，覆土深度较大时 |
| 钢板桩 | 土质比较好，地下水又较少，深度>3m 时；渗透系数在 1×10⁻⁴cm/s 左右的砂性土 |
| 放坡 | 土质条件较好，地下水又较少，深度<3m 时 |

(4) 定向钻回拉力

$$F_{拉}=\pi L f\left[\frac{D^2}{4}\gamma_{泥}-d\delta_1(D-\delta_1)\right]+K_{黏}\pi D L \quad (4-23)$$

式中　$F_{拉}$——计算的拉力，kN；

　　　$L$——穿越长度，m；

　　　$f$——摩擦系数，一般取 0.1~0.3；

　　　$D$——生产管直径，m；

　　　$\gamma_{泥}$——泥浆密度，t/m³；

　　　$\delta_1$——生产管壁厚，m；

　　　$K_{黏}$——黏滞系数，一般取 0.01~0.03。

定向钻机宜按照计算值的 1.5~3 倍来选择。

(5) 导向孔与钻进施工

1) 导向孔

根据导向孔与成品管铺设孔的直径大小和地层情况，扩孔可一次或多次进行。最终扩孔直径按下式计算：

$$D'=K_1 D \quad (4-24)$$

式中　$D'$——适合成品管铺设的钻孔直径；

　　　$D$——成品管外径；

　　　$K_1$——经验系数，一般 $K_1=1.2$~1.5，当地层均质完整时，$K_1$ 取小值，当地层复杂时，$K_1$ 取大值。

导向孔施工应符合要求：钻机开启后应进行试运转，确定机具各部分都运作正常后方可钻进；第一根钻杆入土钻进时，应轻压慢转稳定入土位置，符合设计入土角后方可实施钻进；导向孔钻进时，倾斜段测量计算频率一般情况每 0.5~1.0m/次，直线段测量计算频率一般每根钻杆一次；曲线段钻进时，应按地层条件调整推进力，避免钻杆发生过度弯曲；倾斜段顶进时，一次顶进长度宜小于 0.5~1.0m，同时应观察延伸长度顶角变量，顶角变量应符合钻杆极限弯曲强度要求，采取分段施钻，使延伸长度顶角应变化均匀；导向孔相邻两测量点之间轨迹偏离误差不得大于终孔孔径，发现偏离误差应及时纠偏。

2）导向钻头

常用的孔内控制钻进方向的机构称为导向钻头，如图4-56所示。钻头类型和尺寸见表4-19。钻头底唇面采用非平衡结构设计，钻头唇面是一个斜面，当钻头连续回转时钻进直孔；保持钻头朝某个方向不回转加压时，则使钻孔发生偏斜，钻进斜孔。

图4-56 导向钻头
1—钻杆；2—探头盒；3—鸭嘴板

钻头类型和尺寸　　　　　　　　　　　　表4-19

| 岩土类型 | 钻头类型和尺寸 |
|---|---|
| 淤泥 | 较大掌面的铲形钻头 |
| 淤泥质黏土 | 中等掌面的铲形钻头 |
| 黏土 | 较小掌面的铲形钻头，掌面宽度应比探头室直径大12mm以上，铣齿钻头或马掌面冲击钻头 |
| 砂层 | 小锥形掌面铲形钻头 |
| 砂、卵、砾石层 | 镶焊硬质合金、中等尺寸弯接头钻头 |
| 岩层 | 孔底动力钻具 |

3）钻杆使用的要求

导向钻钻杆机械性能主要是强度和扭矩，其规格、型号应符合孔底钻具工作扭矩、钻机顶力及回拉生产管时总拉力要求；钻杆曲率半径应不小于钻杆外径1200倍；钻杆丝扣应保持洁净，旋扣前应涂上丝扣油；弯曲和损伤钻杆不能使用，钻杆内应避免杂物进入。

4）成孔与泥浆护壁

① 钻井液。水平定向钻机钻进中，钻井液用于稳固孔壁、降低回转扭矩和拉管阻力、冷却钻头和发射探头、清除钻进产生的土屑等，它被视为导向钻进的"血液"。一般采用优质膨润土制备。

② 钻进液循环。钻进时钻进液会从另一边的上口返出，这时要使用两套泥浆循环系统处理，或运走泥浆，减少环境污染。

5）扩孔施工

导向孔成型后，取下导向钻头，接上反扩钻头、分动器，即可进行回拖扩孔。在拖管坑一端的钻杆上，依次装上不同规格的扩孔器，利用导向钻机回拉钻杆进行扩孔，直至将土孔扩大至设计孔径，如图4-57所示。

6）拖拉管施工

扩孔完成后，即可拉入需铺设的成品管。管子预先全部连接妥当，以利于一

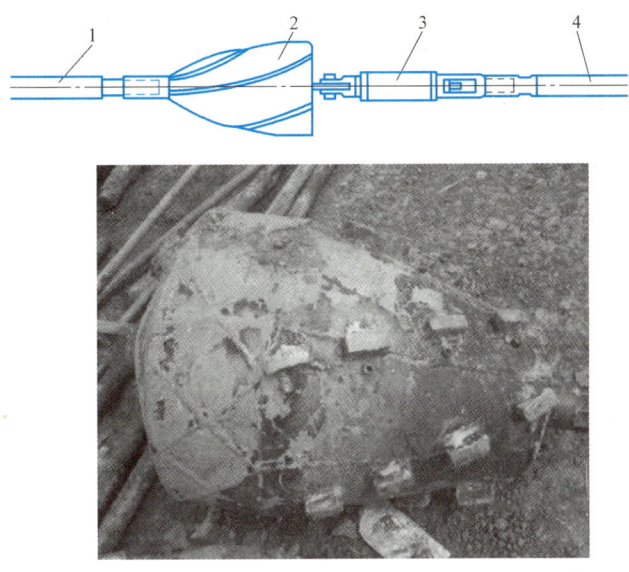

图 4-57 扩孔钻头
1—钻杆；2—扩孔头；3—旋转接头；4—回拉钻杆

次拉入。当地层情况复杂，如：钻孔缩径或孔壁垮塌，可能对分段拉管造成困难。拉管时，将扩孔器接在钻杆上，然后通过单动接头连接到管子的拉头上，单动接头可防止管线与扩孔器一起回转，并拧坏管线。为确保钻孔畅通，回拉时，可向孔内泵入润滑液，如图 4-58 所示。

图 4-58 拖拉管施工

7) 注浆加固地基

为了避免地面沉降，提高地基的承载力（或预防管涌并隔断水源），拉管完成后需要进行注浆加固。

拉管施工前在管线前端连接两根与 PE 管同长度的 $\phi 25$ 钢管，与管线一同拉入土中并一同到达拉管设计终点桩号。到达终点后，解除 $\phi 25$ 钢管与管线的连接，在两根钢管前面各加一根 6m 长同直径的注浆花管。每拽入 6m，把钢管和拉管机的连接取消，换成和高压注浆泵连接，注入 1:1 水泥、粉煤灰浆液

（0.4MPa），从而置换触变泥浆，补充管线周围的空隙。然后再换再拉，再拉再注，反复进行。直到把钢管全部拉出，注浆结束。

4. 定向钻施工质量标准

（1）主控项目

1）管节、防腐层等工程材料的产品质量应符合国家相关标准的规定和设计要求。

检查方法：检查产品质量保证资料；检查产品进场验收记录。

2）管节组对拼接、钢管外防腐层（包括焊口补口）的质量经检验（验收）合格。

检查方法：管节及接口全数观察。

3）钢管接口焊接、聚乙烯管、聚丙烯管接口熔焊检验符合设计要求，管道预水压试验合格。

检查方法：接口逐个观察；检查焊接检验报告和管道预水压试验记录。

4）管段回拖后的线形应平顺，无突变、变形现象，实际曲率半径符合设计要求。

检查方法：观察；检查钻进、扩孔、回拖施工记录、探测记录。

（2）一般项目

1）导向孔钻进、扩孔、管段回拖及钻进泥浆（液）等符合施工方案要求。

检查方法：检查施工方案，检查相关施工记录和泥浆（液）性能检验记录。

2）管段回拖力、扭矩、回拖速度等应符合施工方案要求，回拖力无突升或突降现象。

检查方法：观察；检查施工方案，检查回拖记录。

3）布管和发送管段时，钢管防腐层无损伤，管段无变形；回拖后拉出暴露的管段防腐层结构应完整、附着紧密。

检查方法：观察。

4）定向钻施工管道的允许偏差应符合表 4-20 的规定。

定向钻施工管道的允许偏差  表 4-20

| 序号 | 检查项目 | | 允许偏差（mm） | 检查数量 | | 检查方法 |
| --- | --- | --- | --- | --- | --- | --- |
| | | | | 范围 | 点数 | |
| 1 | 入土点位置 | 平面轴向、平面横向 | 20 | 每入、出土点 | 各1点 | 用经纬仪、水准仪测量，用钢尺量测 |
| | | 垂直向高程 | ±20 | | | |
| 2 | 出土点位置 | 平面轴向 | 500 | | | |
| | | 平面横向 | $1/2D_i$ | | | |
| | | 垂直向高程 压力管道 | $±1/2D_i$ | | | |
| | | 垂直向高程 无压管道 | ±20 | | | |
| 3 | 管道位置 | 水平轴线 | $1/2D_i$ | 每节管 | 不少于1点 | 用导向探测仪检查 |
| | | 管道内底高程 压力管道 | $±1/2D_i$ | | | |
| | | 管道内底高程 无压管道 | +20，-30 | | | |
| 4 | 控制井 | 井中心轴向、横向位置 | 20 | 每座 | 各1点 | 用经纬仪、水准仪测量，钢尺量测 |
| | | 井内洞口中心位置 | 20 | | | |

注：$D_i$ 为管道内径（mm）。

5. 应用实例

（1）项目案例简介

在××县××路道路工程污水管道施工中，应用本工法完成 $de400$、$de500$ 的 PE 管拖拉铺设。采用非开挖水平定向钻机工艺穿越现况西红丝沟路、世纪大道，在管道穿越过程中不影响西红丝沟路、世纪大道正常交通，不破坏两条道路的结构。

本污水管道 $de500$ 长 385m，分 3 次拖入，一次最长铺设 140m，管道埋深 5.2～5.6m；$de400$ 长 324m，分 3 次拖入，一次最长铺设 140m，管道埋深 4.5～5.2m。具体实施如下：选用 DDW-350 地面始钻式钻机（其整装载有钻进液用搅拌池和泵，以及动力辅助装置、阀和控制系统），手持式（Walk-over）导向仪。每一施工段开挖发射坑、出口坑。钻进导向孔时，严格按照设计钻孔轨迹控制，每 2m 进行测量一次。设计钻孔轨迹局部通过流砂层，用膨润土制备泥浆护壁，钻头级配从 $\phi250$～$\phi750$ 共 6 个级配逐级扩大，最大 $\phi750$ 扩孔 2 次后，一次性成功拉入，管线就位后开挖工作井取出拉头，用水泥浆注浆加固空隙。

正在建设中的××县长春路道路工程中，应用本工法完成 $de500$ 的 HDPE 管道的铺设，此次污水管道总长 550m，管道埋深 5.5～5.9m。

（2）应用效果

通过两个项目的成功实施，应用效果好、施工速度快、效率高、安全风险小、节省劳力。

### 4.3.6 夯管施工

1. 概述

夯管法施工是指用夯管锤（低频、大冲击功的气动冲击器）将待铺设的钢管沿设计路线直接夯入地层，实现非开挖穿越铺管。施工时，夯管锤的冲击力直接作用于钢管的后端，并通过钢管将冲击力传递到前端的管鞋上切削土体，克服土层与管体之间的摩擦力使钢管不断进入土层。随着钢管的前进，被切削的土芯进入钢管内。待钢管全部夯入后，通过压气、高压水射流或螺旋钻杆等方法将泥土排出。

由于夯管过程中钢管要承受较大的冲击力，因此一般使用无缝钢管，而且壁厚要满足一定的要求。钢管直径较大时，为减少钢管与土层之间的摩擦力，可在管顶部表面焊一注水钢管，随着钢管夯入而不断注入水或泥浆，以润滑钢管的内外表面。

夯管机如图 4-59 所示。

2. 夯管施工的特点

（1）不妨碍交通。

（2）对路面不会造成任何破坏。

（3）施工费用比传统的施工方法要低得多。

（4）施工速度快，一般情况下可达到 7～12m/h，最快可达 20m/h。

（5）不污染环境。

（6）设备简单、投资少、施工成本低。

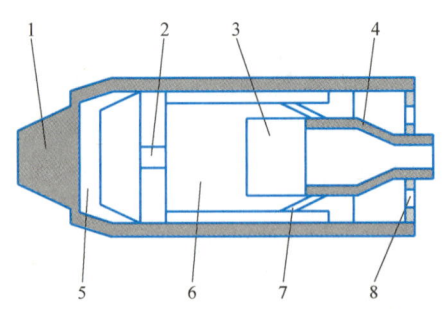

图 4-59 夯管机

1—夯管机外壳及冲击头；2—通气槽；3—活塞后端空腔；4—控制阀及进气管；
5—活塞前端空腔；6—活塞；7—通气孔；8—端盖及排气孔

(7) 纠偏系统不完善，在钢管被夯进地层 1.5～2m 后，几乎不能再改变穿越方向。

(8) 清除管内泥土较困难，清管设备不配套、不完善。

3. 夯管施工的适用范围

(1) 直径宜为 219～160mm，穿越管线长度宜为 20～80m。

(2) 最小覆土厚度（地面至管顶）为 3 倍管径且应符合相应穿越地段对管道埋设深度的要求。

(3) 加厚管壁及特殊防腐涂层的钢管。

(4) 适用于不含大卵砾石、基岩层的各种地层，包括含水地层、小于管径的卵石地层、黏土层、粉质黏土、粉土、黄土、耕植土、杂填土、砂土层以及强风化的泥岩、黏土岩等。

4. 夯管施工

(1) 夯管施工工艺流程

施工准备→修筑施工便道→场地平整→测量放线→工作坑的开挖→设备进场摆放→导轨的安装定位→管鞋的制作→设备的连接→夯进作业→管口的处理→管口焊接及防腐→继续夯进作业→清除管内泥土→主管穿越→设备撤离→管沟回填。夯管施工如图 4-60 所示。

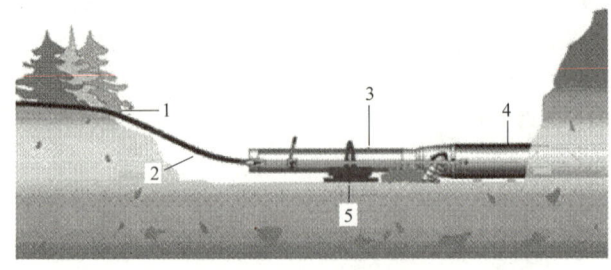

图 4-60 夯管施工示意图

1—连接空压机；2—空气软管；3—气动夯管锤；4—新管；5—承载架

(2) 施工准备

管材采用钢管,其材质、规格、外观质量、强度等级必须符合《埋弧焊的推荐坡口》GB/T 985.2—2008 及设计要求,并具有出厂合格证及试验报告单。还应准备焊条、防腐材料、工业石蜡等。

夯管机的冲击力一般为 286~682t/次,更高时可达 800t,夯击力沿钢管的轴线方向。空气压缩机:要求排量 10~20m³/min,工作压力不小于 0.8MPa。还应准备起重机、电焊机、卷扬机、泥浆泵等。

施工前,组织有关人员到施工现场进行现场调研,熟悉施工图纸,了解地质条件、施工场地等情况,正确选择施工方法、施工设备、施工机具和其他临时施工用料。并且编制施工技术方案和施工技术措施。

(3) 测量放线、平整场地

根据穿越公路、铁路两边的管道中心线的木桩及作业带的宽度测放出施工作业带的边界线,一般情况下施工作业带的宽度为 18m,长度为 18~25m。在实际施工过程中可以根据场地具体情况测平出一块施工作业带,主要用于停放各种施工设备、施工机具,堆放穿越管材、搭设临时设施等。

两个施工操作坑的开挖边界线的测量主要根据管道埋设中心线的木桩测量出穿越套管的中心线与自然地面的高差,并根据穿越套管管径的大小、土质情况、单根钢管的长度确定操作坑坑底边界线和放坡边界线。

(4) 工作坑的开挖

工作坑主要作用是在穿越施工时安放导轨、夯管机和钢管及其他设备,在操作坑能完成施工作业。根据穿越管径的不同、单根钢管的长度不同,操作坑的大小也不同。一般情况下,工作坑的尺寸,如图 4-61 所示。

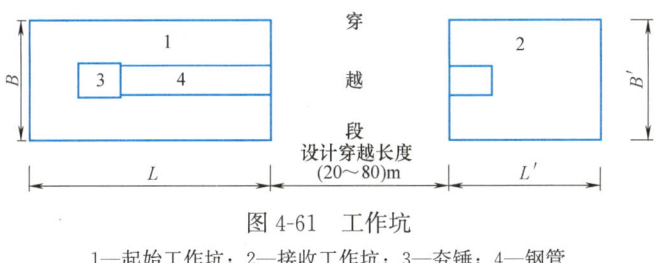

图 4-61 工作坑
1—起始工作坑;2—接收工作坑;3—夯锤;4—钢管

起始工作坑的长度($L$)=单根钢管的长度(m)+夯管机的机身长度(m)+2~3m

起始工作坑的宽度($B$)=钢管的直径($D$)+2~2.5m

接收工作坑的长度($L$)=变坡段长度+1m

接收工作坑的宽度($B$)=钢管的直径($D$)+2.0~2.5m

工作坑的深度=地面标高−设计拟夯套管底标高+0.2m

在测放完开挖边界线以后,可用人工或单斗挖掘机沿着测放出的开挖边界线开挖出两大施工作业坑。开挖出的泥土应堆于基坑的一侧,另外,在起始工作坑的前端还应开挖出一焊接作业坑。焊接工作坑的尺寸如图 4-62 所示。

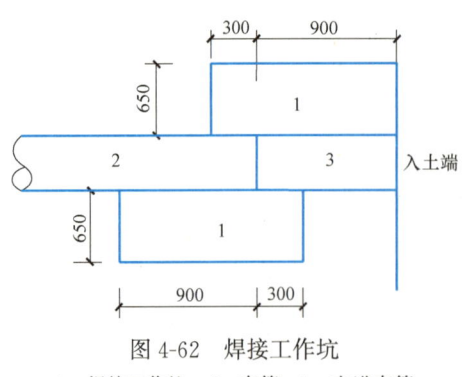

图 4-62 焊接工作坑
1—焊接工作坑；2—套管；3—夯进套管

操作坑开挖完以后，根据土质情况对基坑边坡作适当的支护处理，以防基坑边坡滑坡垮塌影响施工。在基坑坑底中轴线方向上还应开挖出一排水沟，排水沟的深度为20～30cm，宽度为20cm。排水沟的作用是将基坑内的渗水排向基坑尾部的集水坑中集中排出。

如果基坑内的土质较松软，则应在坑底浇筑一定厚度的C10素混凝土垫层。坑底必须保持水平，在坑底平整的过程中应随时用水准仪进行找平，以保证穿越管道的精度。

接收工作坑的坑底标高应比起始工作坑的标高低20～30cm。

在起始工作坑的前端距入土点约2.0m的位置开挖出两个锚固坑。锚固坑的深度可尽量开挖深些，开挖长度为1.0～1.5m。另外，在起始工作坑的尾部同样要开挖一锚固坑，以便在夯完一根钢管后，通过锚固坑内预埋的锚固桩将夯管机拖回基坑的尾部。

工作坑在开挖时，基坑的前端开挖断面应距公路、铁路路基基脚一定的距离，一般应保持在2m以上，以保证路基的稳定。

(5) 导轨、枕木安装及设备就位

1) 导轨的安装

起始工作坑到达设计深度后，基底应进行硬化处理或在坑底埋设枕木，枕木顶面比坑底高出20～50mm，间距500～1500mm，第一根枕木距基坑前坑壁约1.5m。在埋置枕木时，用水准仪进行找平，使枕木的顶部表面处于同一高度位置。然后，将导轨安放在枕木上，导轨之间的距离根据穿越管径的大小确定，但是两导轨必须对称安装在待穿越管道中心线的两边，在安装导轨时用经纬仪按管道设计中心线找正，校正轨道的方向。轨道位置确定以后，应立即用道钉将轨道固定在枕木上以防轨道移位。

2) 设备的安装就位

导轨安装好以后，可将钢管托架、夯管机托架放置在轨道上，然后将已经制作好的第一根待穿越钢管放置在钢管托架上，并用捯链将其紧抵在基坑的前壁上，捯链的一端挂在钢管的尾部，另一端挂在基坑前端的预埋钢管上。注意，钢管在安装时必须将管头留出的1/5～1/4没有焊接加强缘的部分向下，此时钢管尾部的挂环正好处于时钟2点和10点的位置。如果不对，应及时调整挂环的位置。

钢管安装好以后，应将夯管机吊下基坑并放在夯管机托架上，将夯管机放置在导轨的尾部，夯管机与待穿越钢管之间应留出0.5～1m的间隙以便安装夯环。

夯管机安放在轨道上后，接着将需要的夯环逐个套在一起，并将夯环组的一端插入钢管的尾部，另一端与夯管机锥部连接。为了连接牢固，需用两个捯链或紧线器将钢管、夯环和夯管机紧紧连接在一起。

将空压机、专用气管、注油器、夯管机之间连接起来，开动空压机以排出空压机储气罐和气管内的杂物。专用气管的主管应与空压机的直径为 50mm 的排气阀连接，另外一直径为 25mm 的短节气管与空压机的直径为 25mm 的排气阀连接。注油器连接在旁路管上，注油器在连接时应注意其排气气流方向，注油器上标注的气流方向应与空压机排出的气流方向一致。在开动空压机之前应将所有的阀门关闭，当空压机的二级排压达到要求的工作压力时再徐徐打开空压机的主阀门开关，排出空气，以清洁空压机储气罐和高压气管，保证夯管机处于干净的环境下工作。气管清洁完成后应立即将高压气管与夯管机连接起来，在连接夯管机时，应先向夯管机尾部的进气管内注入约 100mL 的润滑油，在注入润滑油时千万小心，不要带入其他渣滓以损坏活塞，然后将高压气管与夯管机连接起来即可开机进行夯击作业。

（6）套管夯进

第一根套管夯进方向的准确性最关键，所以在夯进 500mm 后，应复测套管中线和坡度，超过规范允许范围应进行纠偏，将轴线偏差调整到允许范围后继续夯进作业，直到管头到达指定位置，管头留在工作坑内 0.8m 左右以便和第二根套管焊接。

组焊下一根钢管，当第一根钢管尾部到达焊接作业坑正上方时应停止夯击，并将夯管机和夯环从前一根钢管上取下拖到轨道的尾部，然后焊接下一根钢管继续夯击。注意，在组焊钢管之前，应将已穿越的钢管尾部被夯环张开的部分切割掉，前一根钢管尾部的挂环应切割下来，以防在夯击下一根钢管时增大夯击阻力。组焊钢管时应保证两根钢管在同一轴线上，焊口必须牢固，焊接完以后根据需要进行 X 光射线探伤检测，焊口必须进行防腐补口处理。如果穿越的钢管长度较长时，应沿焊口周围均匀分布地焊上 4 块加强板。然后连接上夯环和夯管机继续夯击作业，直到钢管从目标作业坑出来时为止。穿越完成后，应将夯环、夯管机撤卸下来，并清洗干净，准备装箱。

（7）清管

清管是穿越施工的一项极其重要的施工工序，由于采用夯管机进行穿越施工，在施工时为了减少钢管夯击过程中的穿越阻力和在穿越过程中钢管对其周围土体的破坏作用，让泥土进入钢管内而形成一泥土柱，只有极少部分的泥土挤向钢管周围。因此，在穿越完成后应将钢管内的泥土清除干净，以便主管的穿越。

清管可以采用以下几种方法：

1）螺旋钻孔法

螺旋钻孔法是采用与穿越的钢管内径基本相同的螺旋钻杆进行钻进排土，从而达到清土的目的。但由于该方法采用的螺旋钻杆直径与待穿越的套管内径一致，待穿越钢管的直径不同，所使用的螺旋钻杆直径也不同，而且还必须配备一台专用钻机，因此，使用该方法的投资较大，施工工艺复杂，施工配套设备较多，一般情况下不予考虑。

2）高压水射流冲洗法

高压水射流冲洗法是采用高压水将钢管内的泥土冲出钢管。由于该方法所需要的高压水的压力较大（最小压力为150Pa），水的流量最小为150L/min，如果水的流量和水压增大，清土的时间可以缩短，水压和水量不能太小，否则管内的泥土将无法清除。由于该方法所需的水压很大，因此，必须配备专门的设备。该方法对黏性土及淤泥土的清除极为有效，但该方法在无水地区施工时将受到局限。

3）置换法

置换法是用没有泥土的钢管将有泥土的钢管置换出来，从而达到清土的目的。置换法主要应用于小口径管道的清土，在进行套管穿越施工时，当套管穿越长度为待穿越长度的1/3～1/2时，应停止穿越，并卸下夯管机和夯环。然后在已穿越的钢管尾部焊接上一块钢盲板以封堵前段钢管，以防止泥土在夯击过程中进入后面的钢管内。再焊接上待穿越的钢管直到焊接的盲板在目标接收坑出来时为止，从而达到清除管内泥土的目的。注意：在焊接上盲板进行夯击过程中，当带有泥土的钢管从目标接收坑出来以后，应将其切割下来，并尽量沿钢管的焊接接口位置切割，以保证切割下来的钢管长度为原来钢管的长度。如果切割下来的钢管长度过短，势必造成钢管的浪费。将切割下来的带有泥土的钢管清除干净以备后用。

（8）设备撤离

清除管内的泥土后，套管穿越施工就基本完成。然后可将不需要的设备撤离施工现场。注意：撤离夯管机时，应将夯管机主活塞固定销锁紧，以防主活塞的活动损坏设备。在夯管机撤离之前，应用约1～2L柴油注入夯管机内，开动空压机进行夯管机内部清洗，然后再用约500mL液压油通过进气管注入夯管机内并开动空压机运转2～3min以保护设备。不需要的设备需清洁干净，然后可将其装车运回基地或运至下一处工地。

（9）主管段穿越

当套管穿越施工完成以后，可进行主管段的穿越。首先将待穿越的主管段组焊完成，并进行100%的X射线探伤检测，然后进行补口处理。将准备好的待穿主管段用手扳捯链、吊车穿越完成。

（10）管沟回填

主管道穿越施工完成以后，如果穿越点附近其他管道已安装完成，可进行回填工作，以防路基坍塌。

5. 夯管施工质量标准

（1）主控项目

1）管节、焊材、防腐层等工程材料的产品应符合国家相关标准的规定和设计要求。

检查方法：检查产品质量合格证明书、各项性能检验报告，检查产品制造原材料质量保证资料；检查产品进场验收记录。

2）钢管组对拼接、外防腐层（包括焊口补口）的质量经检验（验收）合格；

钢管接口焊接检验符合设计要求。

检查方法：全数观察。

3）管道线形应平顺，无变形、裂缝、突起、突弯、破损现象；管道无明显渗水现象。

检查方法：观察。

(2) 一般项目

1）管内应清理干净，无杂物、余土、污泥、油污等；内防腐层的质量经检验（验收）合格。

检查方法：观察；按现行国家标准《给水排水管道工程施工及验收规范》GB 50268 相关规定进行内防腐层检查。

2）夯出的管节外防腐结构层完整、附着紧密，无明显划伤、破损等现象。

检查方法：观察；检查施工记录。

3）夯入的起始管节，其轴向水平位置、管中心高程的允许偏差应控制在±20mm 范围内。

检查方法：用经纬仪、水准仪测量；检查施工记录。

4）夯锤的锤击力、夯进速度应符合施工方案要求；承受锤击的管端部无变形、开裂、残缺等现象，并满足接口组对焊接的要求。

检查方法：逐节检查；用钢尺、卡尺、焊缝量规等测量管端部；检查施工技术方案，检查夯进施工记录。

5）夯管贯通后的管道允许偏差应符合表 4-21 的规定。

夯管贯通后的管道允许偏差　　　　　表 4-21

| 序号 | 检查项目 | | 允许偏差（mm） | 检查数量 | | 检查方法 |
|---|---|---|---|---|---|---|
| | | | | 范围 | 点数 | |
| 1 | 轴线水平位移 | | 80 | 每管节 | 1 点 | 用经纬仪测量或挂中线用钢尺量测 |
| 2 | 管道内底高程 | $D_i<1500$ | 40 | | | 用水准仪测量 |
| | | $D_i\geq1500$ | 60 | | | |
| 3 | 相邻管间错口 | | ≤2 | | | 用钢尺量测 |

注：1. $D_i$ 为管道内径（mm）。

2. $D_i\leq700$mm 时，检查项目 1 和 2 可直接测量管道两端，检查项目 3 可检查施工记录。

## 4.4 其他暗挖法

随着城市建设的飞速发展，城市交通日趋紧张。为最大限度减少对交通和房屋的拆迁，改善市容和环境卫生，在城区修建地铁、排水、热力管沟、人行地下通道等市政基础设施，采用暗挖方法施工。

### 4.4.1 浅埋暗挖法

20 世纪 80 年代在北京修建地铁复兴门至西单段工程中采用浅埋暗挖法施工

技术，随后在修建热力管沟、地下人行通道、高碑店污水处理厂排水渠道以及1993年开始修建西单至八王坟地铁工程中全部采用暗挖法施工技术。

浅埋暗挖法施工工艺及主要施工技术如下：

在无地下水条件下，本施工方法的主要程序为：竖井的开挖与支护→洞体开挖→初期支护→二次衬砌及装饰等过程。若遇有地下水，则增加了施工难度，采用何种方法降水和防渗成为施工关键。

1. 竖井

竖井的作用如同顶管法施工的工作坑，它作为浅埋暗挖法临时施工过程进、出口以及建成后永久性地下管线检查井，热力管线小室，地下通道进、出口等用途。

竖井的开挖应根据土层的性质、地下水位高低、竖井深浅以及周围环境等因素，选择适宜的竖井周壁施工方法。

竖井内尽量减少或少用横向加固支撑，致使竖井壁所承受土压力增大，要求井壁刚度高，这样可选用喷射混凝土分步逆作支护法进行施工。

喷射钢筋混凝土分步逆作支护法施工要点：

本法是按一定间距排布工字钢桩群为井壁支撑骨架，桩间用横拉筋焊连，并放置钢筋网片，然后向工字钢间喷射一定厚度的混凝土，而形成一个完整的钢筋混凝土支护井壁。竖井应分层施工直至井底。井底设一定间距工字钢底撑，然后现浇300～400mm厚混凝土，作为施工期间临时底板。

2. 洞体开挖

洞体开挖步骤和方法要视洞体断面尺寸大小、土质情况，确定每一循环掘进长度，一般控制在0.5～1.0m范围内。为了防止工作面土壁失稳滑坡，每一循环掘进均保留核心土，其平均高度为1.5m，长度1.5～2.0m。洞体断面大，净空高，掘进时应采用"微台阶"，台阶长度为洞高的0.8左右，一般掌握在3.0～4.0m以内，如图4-63所示。

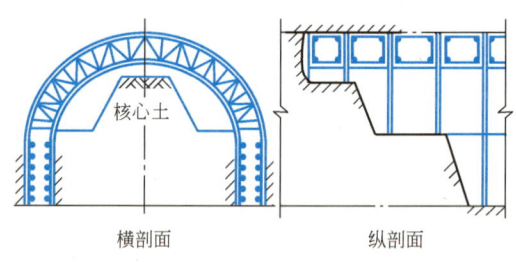

图4-63 洞体开挖示意图

在洞体开挖中为了确保安全，及时封闭整环钢框架，减少地表沉降。若开挖断面大，可分为上、下两个开挖台阶，每一循环掘进长度定为0.5～0.6m，下台阶每开挖0.6m，则应支护钢架整圈封闭一次。

3. 初期支护

洞体边开挖边支护，初期支护是二次衬砌作业前保证土体稳定，抑制土层变形和地表沉降的最重要环节。一般初期支护采用钢筋网格拱架、钢筋网喷射混凝土以外，根据现场特点，采用有针对性的技术措施。

### 4.4.2 管道牵引

管道牵引则是依靠前面工作坑的千斤顶，通过两个工作坑的钢索，将管节逐节拉入土内，这种不开槽的施工方法称为管道牵引。牵引设备有水平钻孔机、张拉千斤顶、钢索、锚具等。

牵引管施工时，先在埋管段前头修建两座工作坑，在工作坑间用水平钻钻成略大于穿过钢丝绳直径的通孔。在后方工作坑内安管、挖土、出土等操作与普通顶管法相同，但不需要后背设施。在前方工作坑内安装张拉千斤顶，通过张拉千斤顶牵引钢丝绳拉着管节前进，直到将全部管节牵引入土达到设计要求为止。

管道牵引可分为：普通牵引、顶进牵引、贯入牵引、挤压牵引。

1. 普通牵引

此种方法与普通顶管法相似，只是将普通顶管法的后方顶进改为在前方用钢丝绳牵引。

普通牵引适用于直径大于 800mm 的钢筋混凝土管、短距离穿越障碍物的钢管管道敷设。在地下水位以上的黏性土、粉细砂土内均能采用。

2. 顶进牵引

顶进牵引是在前方工作坑牵引导向的盾头，而在后方工作坑顶入管节的方法。这种方法与盾构法相似，不同者只是盾头不是用千斤顶顶进，而是在前坑用张拉千斤顶牵引。

顶进牵引适用于黏土、砂土，尤其是较坚硬的土质最适合。牵引管径不小于 800mm，主要用于钢筋混凝土管的敷设，与覆土深度关系不大。

顶进牵引是牵引和顶进技术的综合，它利用牵引技术保证管道敷设位置的精确度，同时减少主压千斤顶的负担，从而延长了顶进距离。

3. 贯入牵引

在土内牵引盾头式工具管前进，并在工具管后面不断焊接薄壁钢管随同前进，待钢管全部牵引完毕再挖去管内土。

贯入牵引只能用于淤泥、饱和粉土、粉土类软土，并且只适用于钢管。钢管壁薄体轻有利于贯入土内。管节最小直径为 800mm，以便进入管内挖土。牵引距离一般为 40～50m，最多不超过 60m。

4. 挤压牵引

在前面工作坑内牵引锥式刃脚，在刃脚后面不断焊接加长钢管，靠刃脚将管子周围土层挤压而不需出土。

挤压牵引适用于天然含水量黏性土、粉土和砂土。管径最大不超过 400mm，管顶覆土厚度一般不小于 5 倍牵引管子外径，以免地面隆起。牵引距离不大于 40m，否则牵引力过大不安全。常用管材为钢管，接口为焊接。

### 4.4.3 管棚法

管棚法与盖挖逆作法主要不同点是，不需要破坏路面，不影响地面交通。在管棚保护下，可安全地进行施工。图 4-64 为管棚法施工横断面示意图。

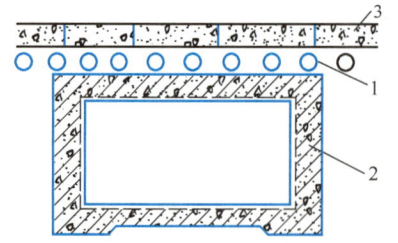

图 4-64 管棚法施工示意图
1—钢管管图；2—地下结构；3—路面

管棚法的施工程序为：开挖工作竖井→水平钻孔→安设管棚管→向管内注入砂浆→按次序暗挖管棚下土护→绑扎钢筋、支设模板→浇筑混凝土衬砌→拆除支撑进行装修等过程。

现将管棚法施工特点介绍如下：

1. 管棚施工

管棚设置是管棚法施工的关键工序，它可分为三个步骤：

(1) 钻机安装就位　当工作竖井挖至装水平钻机需要深度，并完成井壁支护，即可搭设施工操作平台，安装钻机。

(2) 钻孔插管　按井壁上标定的钻孔位置依次钻孔和插管。管棚钢管直径为 $\phi 115$ 或 $\phi 133 \times 3.5$ 无缝钢管。钢管表面钻孔，孔径 10mm，孔距 200mm。

(3) 注浆加固　管棚钢管埋设完毕后，管口封上注浆头，再往管内压注水泥浆，并充满管体。注入压力可控制在 0.05～0.10MPa。

2. 通道开挖

当通道开挖断面大，为了施工安全，可将开挖面分成几个开挖区域，又分上下两个开挖台阶。

每一开挖循环长度为 0.5～0.6m，下台阶每开挖 0.6m，支护钢架整体封闭一次。在开挖区域上台阶工作面时要留部分核心土，以稳定开挖面土体。下台阶工作面也应留有一定的坡，防止滑坡。

其施工程序概括为：开挖路面及土槽至顶板底面标高处→制作土模、两端防水→绑扎顶板钢筋→浇筑顶板混凝土→重做路面，恢复交通→开挖竖井→转入地下暗挖导洞，喷锚支护侧壁→分段浇筑 LG 形墙基及侧墙→开挖核心土体→浇筑底板混凝土→装修等过程。

## 4.5 盾构施工方案编制实例

### 4.5.1 编制说明

1. 编制原则

(1) 本施工组织设计作为某市群力新区输水管线工程，泥水平衡盾构的施工依据。

(2) 确保本工程质量达到合格标准，满足建设单位工期要求。

(3) 据本工程特点及工期、质量要求，合理安排人力、物力及财力。

(4) 精心组织施工，创造精品工程。

2. 编制依据

(1) 某市群力新区输水管线工程平面图及纵断图。

(2)《工程测量规范》GB 50026—2020。

4-4 资料 给水排水管道工程质量验收用表

(3)《给水排水管道工程施工及验收规范》GB 50268—2008。

#### 4.5.2 工程概况

1. 工程概况

群力新区输水管线改造工程位于某市西部群力新区,建于群力北路,职工街东侧。施工总长度 3700m。全线大部分开槽施工,位于职工街小区的一侧因无法开槽故采用先进的泥水平衡盾构法进行施工。设计采用 $\phi 2000$ 钢管,设计管埋深为 7m,顶进长度为 200m。

盾构施工的 1 个工作井采用先挖基坑,然后在坑内做井的施工方法,井的内壁宽为 5.0m,两侧壁厚均为 0.5m,井内壁长为 12m,壁厚为 0.5m,井深为 8m,因为地下水丰富,需降水施工。砌筑和开挖泥浆池在距工作坑 30m 左右的地方进行,因为如果太近则会影响到工作井吊装作业和施工设备的摆放。

由于顶距较长,工作井的壁厚必须为 0.5m,以防止顶力巨大而顶坏工作井,混凝土采用 C30,钢筋双层 HRB 400。

由于钢管施工不像混凝土管容易控制方向,且钢管在顶进到一定距离后会产生一种弯曲应力,所以顶距不宜太长。

2. 工程特点

(1)管线长,管径大。
(2)本工程是该市重点工程,必须确保施工工期。
(3)地貌、交通及地质情况复杂。
(4)泥水平衡盾构长度大。

3. 地质简况

根据岩土工程勘察资料,场区地层岩性组成见表 4-22。

**地层岩性组成** 表 4-22

| 层号 | 岩土名称 | 成因 | 岩性描述 | | 层厚(m) | | 层底标高(m) | |
|---|---|---|---|---|---|---|---|---|
| | | | 主要状态 | 其他特征 | 最大值 | 最小值 | 最大值 | 最小值 |
| 1 | 杂填土 | 人工 | 杂色,松散,含生活垃圾 | 局部缺失 | 3.8 | 0.2 | 116.68 | 114.54 |
| 2 | 细砂 | 冲积 | 灰色,稍密 | 级配不良,湿,圆,以长石、石英为主,局部缺失 | 14.4 | 1.7 | 113.85 | 99.12 |
| 2-1 | 中液限黏土 | 冲积 | 褐色,可塑(软塑)中等压缩性 | 韧性较低,干强度中等,稍有光泽,无摇振反应,局部缺失 | 6 | 0.3 | 116.38 | 109.12 |
| 2-2 | 有机质低液限黏土 | 冲积 | 灰色,可塑(软塑) | 韧性较低,干强度中等,稍有光泽,无摇振反应,局部缺失 | 2.1 | 2.1 | 113.44 | 113.44 |

续表

| 层号 | 岩土名称 | 成因 | 岩性描述 | | 层厚(m) | | 层底标高(m) | |
|---|---|---|---|---|---|---|---|---|
| | | | 主要状态 | 其他特征 | 最大值 | 最小值 | 最大值 | 最小值 |
| 2-3 | 含砂低液限粉土 | 冲积 | 灰色,稍密 | 韧性低,干强度较低,有摇振反应,局部缺失 | 2.1 | 0.8 | 115.38 | 111.35 |
| 2-4 | 粉砂 | 冲积 | 黄色,灰色,稍密 | 级配不良,饱和,圆,以长石、石英为主,局部缺失 | 5 | 3 | 108.35 | 106.32 |
| 3 | 中砂 | 冲积 | 灰色,中密 | 级配不良,饱和,圆,以长石、石英为主,局部缺失 | 9.5 | 2.8 | 104.94 | 100.25 |

4. 降水设计、施工

本工程为粉质黏土和松散砂类地层中进行的基坑开挖工程,降低地下水位是必不可少的。目前,基坑开挖降水方法很多,有深井点降水、明排降水和轻型井点降水。根据本场地降水时间集中、水位降深及排水量较大和冬期施工的特点,明排和轻型井点降水方法,不适合冬期施工。只有采用深井点降水方法,才能有效防止基坑底部土体隆起或突涌的发生,确保施工时基坑挖土和封底时的安全,不发生冒水冒砂,保证底板的稳定性,减少对周边环境的影响。

在本工程中的工作井采用 4 个降水井,即在工作井的 4 个角各设 1 个降水井,即可满足施工的需要。

5. 工程管理目标

(1) 质量目标:按 ISO 9002 质量标准进行管理。检查合格率应达到 100%,为顾客提供方便满意的工程产品。

(2) 技术目标:各工序严格把关,材料进场必须有出厂合格证,严格按照标准、技术规范施工。

(3) 安全目标:严格落实施工安全措施,强化雨期施工措施落实,无任何安全生产事故,抓好现场用电,杜绝火灾,严禁失盗。

(4) 施工管理目标:强化文明施工管理,充分重视市政工程的影响因素,严格落实冬期施工技术措施,保工期保质量,确保高质高效,竭诚为业主服务。

### 4.5.3 泥水平衡盾构施工方案

1. 施工部署

(1) 施工准备

1) 建立施工组织机构

组织机构框图,如图 4-65 所示。

2) 技术准备工作

① 组织工程技术人员熟悉审核施工图纸,掌握本工程的设计意图、施工特点及特殊工序要求以及甲方对本工程的工期质量要求;编写各种技术交底。

② 技术及管理人员现场勘察地形、地貌及地下障碍物的情况。

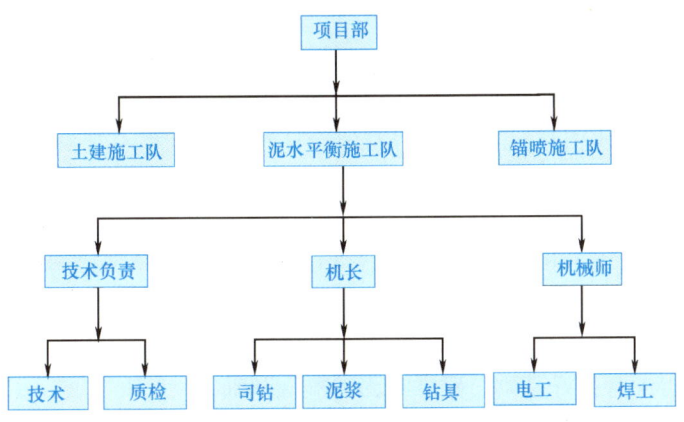

图 4-65　组织机构框图

③ 测量及试验人员做好施工前的各项准备工作，检查验收场区的控制桩，编制测量放线方案，按照测量方案测设施工控制桩，并做好控制桩保护。

④ 在施工组织设计基础版的基础上，结合施工图纸（资料）和现场实际情况，编制行之有效的施工组织设计。

⑤ 会同业主及监理单位进行图纸会审的技术交底。

3）施工人员准备

为了保证本工程如期完成施工任务，决定发挥整体实力和专业施工能力，利用多年从事穿越施工的丰富经验，选派具有丰富专业施工经验的施工队伍进场施工。

该泥水平衡盾构穿越施工由 48 人组成：

机头控制：3 人，测量工：3 人，注浆工：3 人，电工：3 人，电焊工：6 人，其他工：10 人，工作坑浇筑：20 人。

（2）物资准备

1）材料的准备

① 正确分析施工期间该地区建筑材料市场的情况。

② 根据施工组织设计中的施工进度计划和施工预算中的工料分析，编制工程所需材料用量计划，作为备料、供料和确定仓库、堆场面积及组织运输的依据。

③ 根据材料需求量计划，做好材料的申请、订货和采购工作，使计划得以落实。

④ 组织材料按计划进场，并做好验收保管工作。

2）施工机具准备

① 根据施工组织设计中确定的施工方法、施工机具配置要求、数量及施工进度安排，编制施工机具需求量计划。

② 对大型施工机械（如吊机、挖土机等），提出需求量和时间要求，准时运抵现场，并做好现场准备工作。

3）运输准备

① 编制运输需求量计划，并组织落实运输工具。

② 合理安排运输时间、路线、进工地时间的协调，以免由于材料运输车的原因而引起社会车辆的堵塞。

（3）劳动组织准备

1）根据施工组织设计中确定的劳动力计划，确定各工种劳动力的数量及进场时间。

2）选择具有丰富施工经验的优秀作业班组。

3）对进场施工人员的作业班组进行培训和教育，并落实到每个作业人员。

（4）施工现场准备

1）了解工程所在地的情况，通过正当途径与当地职能部门搞好关系，为在施工阶段取得配合打好基础，建立牢固的群众基础。

2）根据建设单位指定的给水排水水源、电源、水准点和控制桩，架设水电线路和各种生产、生活用临时设施。

3）清除现场障碍，搞好场地平整，围护好场地，注意环境卫生，确保市容整洁。

4）认真组织测量放线，确保定位准备，做好控制桩和水准点的保护。

5）做好施工便道、现场的排水措施，合理设置排水沟和集水井，力争达到市级文明工地标准。

6）根据给定的永久性坐标和高程，按照施工总平面图，进行施工现场控制网点的测量，妥善设立现场永久性标志桩，为施工过程中的测量工作创造条件。

7）了解工程内的地下管线及周边环境情况，以保证施工顺利进行。

2. 盾构机、配套设备选择

（1）盾构机的选择

根据建设方提供的地质情况，选用 $\phi1650$ 泥水平衡式工具管。该种工具管有如下特点：

1）本工程主管采用泥水平衡盾构工艺进行施工，头部有 1 个切土刀盘，后面有偏心旋转的碎槽，可破碎 100mm 以下的块石，施工时先一侧盾构，一侧盾构结束后，再进行另一侧盾构施工，减少对土体的扰动。

2）泥水平衡，能较精确地控制地面沉降。

（2）主要施工设备

主要施工设备见表 4-23。

主要施工设备　　　　　　　　表 4-23

| 序　号 | 设备名称 | 数　量 | 备　注 |
| --- | --- | --- | --- |
| 1 | $\phi1650$ 泥水平衡盾构机 | 1 台 | |
| 2 | 推进系统 | 1 套 | |
| 3 | 液压动力站 | 1 套 | |
| 4 | 电气设备 | 1 套 | |
| 5 | 测量设备 | 1 套 | |

续表

| 序　号 | 设备名称 | 数　量 | 备　注 |
|---|---|---|---|
| 6 | 同步注浆系统 | 1套 | |
| 7 | 排泥系统 | 1套 | |
| 8 | 200kW发电机组 | 1台 | |
| 9 | 25t吊车 | 1台 | |
| 10 | 65t吊车 | 1台 | |
| 11 | 降水设备 | 1套 | |

#### 4.5.4 盾构设计技术要求

1. 后座安装

后座安装时必须与反力墙贴紧，与盾构轴线垂直，如不垂直应加后座调整垫，使调整垫与油缸的接触面垂直于盾构轴线。

2. 主油缸安装

（1）安装主油缸时应按操作规程施工，不平行度在水平方向不允许超过3mm，在垂直方向不允许超过2mm。

（2）若数台千斤顶共同作用，则其规格应一致，同步行程应统一，且每台千斤顶使用压力不应大于额定工作压力的70%。

（3）为了减少后座倾覆、偏斜，千斤顶受力的合力位置应位于后座中间，两台千斤顶布置时，其合力位置在管道中心以下0~20cm处，每层千斤顶高度应与环形顶铁受力位置相适应。

（4）主油缸先安装两台，油路必须并联，使每台千斤顶有相同的条件，每台千斤顶应有单独的进油退镐控制系统，以后视顶力和土质、摩阻力情况决定增加只数，要求将顶力控制在3000kN左右。

（5）千斤顶应根据不同的顶进阻力选用，千斤顶的最大顶伸长度应比柱塞行程少10cm。

（6）油泵必须有限压阀、滤油器、溢流阀和压力表等保护装置，安装完毕后必须进行试车，检验设备的完好情况。

3. 导轨安装

（1）导轨安装时，应复核管道的中心位置，两根导轨必须互相平行、等高，导轨面的中心标高应按设计管底标高适当抛高（一般0.5~1cm）。

（2）安装导轨时，要在穿墙下留出一定空隙，为焊接拼管之用。

4. 穿墙

（1）穿墙应对工具管进行检查试验，止水试验应在不小于0.2MPa的压力下不漏水方可使用。

（2）液压纠偏系统无渗漏，工具管纠偏灵活，测角表要调整为零。

（3）严格按照操作规程进行工作管穿墙与一系列施工。

5. 触变泥浆减阻

顶力的控制关键是最大限度地降低顶进阻力，而降低顶进阻力最有效的方法是注浆。在管外壁与土层形成一条完整的环状的泥浆润滑套,改变原来的干摩擦状态,就可以大大减轻顶进阻力。要达到这一目的需要注意以下几点:

(1) 选择优质的触变泥浆材料,膨润土取样测试,其主要指标有造浆率、失水率和动态塑性指数比。这些指标必须满足设计要求。

(2) 在管子上预埋压浆孔,压浆孔的位置要有利于浆液形成环状。

(3) 浆液的配置、搅拌、膨胀时间,都必须按照规范要求执行。

(4) 压浆方法要以与顶进同步注浆为主,补浆为辅,在顶进过程中,要经常检查各推进段的浆液形成情况,还可以通过中继站和主顶装置的油压值推算出各段的注浆减阻效果,从而及时加以改进。

(5) 注浆设备和管路要可靠,具有足够的压力以及良好的密封性能。

(6) 注浆工艺必须由专职人员进行操作,质检员定期检查。

6. 纠偏测量及控制

工程常采用经纬仪进行简单有效的地面控制测量,使地面控制测量中的误差趋近1cm,水准点控制网则利用现有道路已设水准点布设水准网,直接引入工作井内。

本工程的管道顶进导向采用JDB经纬仪和全站仪进行跟踪测量,在顶进的过程中,操作者随时可以得到偏差值,及时纠正盾构方向,控制精确度要求。

在布置工作井后方的测量仪基座时,必须避免由于顶进内沉井受力使得仪器基座产生移动或变形,如果仪座发生微小位移,应及时对轴线和标高进行调整。

在机头内,安装有倾斜仪传感器,操作者可随时掌握机头的水平状态并指导纠偏。如果管径较大,设有重球和坡度板测得机头倾角。

一般的,轴线方向可通过激光经纬仪控制,标高的控制则应通过水准测量仪测量。

顶进纠偏必须勤测量,多微调,纠偏角度应保持10°~20°,误差不得大于1°。

盾构开始出洞的方向尤其重要。基坑的道轨尽可能延长到井壁洞口的前端,道轨要有足够刚度,且安装焊接牢固,安装后的道轨轴线高程误差小于2mm。主顶油缸和后座的安装也要满足牢固的要求,水平和垂直误差小于10mm。

7. 钢管允许顶力

钢管的顶力主要来自主站和中继站的推力,主站的主油缸是通过环形顶铁将顶力传递到钢管上去的,力的传递比较均匀。钢管的允许顶力不但要考虑主油缸的顶力,同时还要考虑到钢管的推进过程中的弯曲。由弯曲造成的应力是很大的,在盾构早期往往超过顶进应力,盾构技术成熟后,弯曲应力大大地减少,尽管如此,管道顶进时的偏差仍然是不可避免的,这一偏差的大小与施工经验有关,其大小是无法确定的,只能从安全系数中加以考虑。

钢管的允许顶力可按下式计算:

$$F = \frac{\pi}{k} A_t \times t \times (d+t) \qquad (4-25)$$

式中 $F$——钢管允许顶力,kN;

$k$——安全系数，取 $k=4$；

$A_t$——钢材的屈服应力，kPa，三号钢 $A_t=210000$ kPa；

$t$——钢管的壁厚，m；

$d$——钢管的内径，m。

世界各国都要求钢筋混凝土管的混凝土强度等级在 C50 以上，但设计取用的允许应力各不相同。

根据我国的具体情况，钢筋混凝土管的允许顶力可按下式计算：

$$F=\frac{\pi}{k}\sigma\times(t-L_1-L_2)\times(d+t) \quad (4\text{-}26)$$

式中　$F$——钢筋混凝土管允许顶力，kN；

$k$——安全系数，取 $k=6$；

$\sigma$——混凝土抗压强度，kPa；

$t$——壁厚，m；

$L_1$——密封圈槽底与外壁距离，m；

$L_2$——木垫片至内壁的预留距离，m；

$d$——钢筋混凝土管内径，m。

顶进施工工艺程序，如图 4-66 所示。

### 4.5.5　确保安全生产的技术组织措施

安全生产要认真贯彻执行"安全第一、预防为主"的方针，全面落实"谁主管、谁负责"的原则。加强施工安全管理，重点在于贯彻落实《某省劳动安全条例》及《中华人民共和国建筑法》。

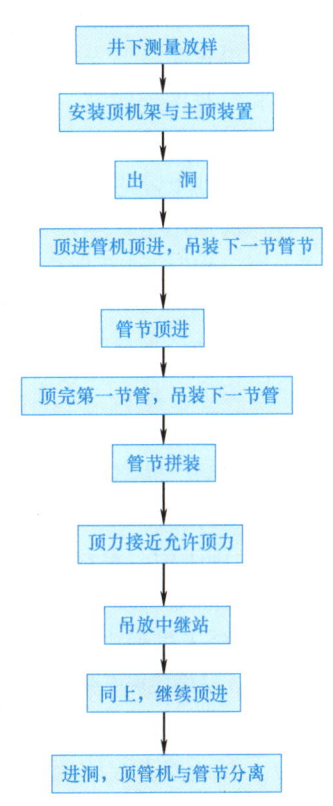

图 4-66　顶进施工工艺程序图

（1）依据公司《关于加强对工程项目管理暂行法》文件，实行安全生产项目经理负责制的规定，加强对项目经理部的安全生产管理力度，以项目经理部为安全生产的落脚点。项目经理是安全生产管理工作的第一责任者，负责施工项目全过程、全方位、全员的安全管理工作。

严格遵守执行《建设工程安全生产管理条例》（国务院令〔2003〕第 393 号）。

（2）强化安全生产管理程序，开工工程必须申报"工程开工报告"和"安全审查表"。要结合工程实际情况编制针对性的安全技术交底，做到人人签字。

（3）建立项目经理部安全领导小组。在施工现场设置专职安全员，对现场进行巡视检查。项目经理部安全领导小组要进行定期检查，及时消除隐患，搞好安全教育自检工作。同时，要与建设单位及有关主管单位的安全部门取得联系，接受监督，遵守其有关安全生产各项规章制度。

（4）认真抓好现场的"三保"利用，对违规者进行批评教育，给予经济制裁，属严重情况的清出施工现场。电动工具应有接地保护线和电动保护措施，不准带电作业。同时，重点抓好吊装及运输工作。起重用机具要经常检查，不能带病工作。

接受监理工程师对进入施工现场的设备进行的必要检查,避免因设备原因而引发安全事故。

(5) 施工现场设置消防通信、消防水源,配备消防设施和消防器材,施工现场出入口设置明显的安全标志、口号、板报等。提高施工人员的安全意识,增强自觉性和自我保护能力。

(6) 施工用机具、车辆等,在移位时必须注意与高压线路、通信线路、建筑物等地上、地下障碍物的距离。

(7) 加强用电管理,非专业人员严禁修理电气设备及电源;电气设备坚决执行"一闸一用",设有触电保护装置,电线、电源、设备定期检查,杜绝漏电等伤人事故发生。

(8) 定期检查吊具、索具。管道起重前进行试吊,吊重物时缓慢行驶,检查刹车是否失灵,吊具是否安全可靠。吊装要设专人指挥,统一协调。

(9) 严格落实季节施工技术措施,重点强调防积水、防塌方、防坠落、防滑及防触电措施。防腐施工时,内设通风设施,工作人员必须佩戴防毒面具,防止发生中毒事件。

(10) 施工中,严格遵守国家、地方环境保护法律法规,减少施工现场粉尘、废气、废水、噪声及扰民现象的发生。

(11) 施工过程中不发生重大安全事故。

### 4.5.6 环境保护措施、文明施工

1. 文明施工、环境保护目标

为了保证本工程的施工符合文明、环保的要求,公司将按照《环境管理体系 要求及使用指南》GB/T 24001—2016,建立项目文明、环保施工保证体系,保证本工程中无不文明、污染及破坏环境的现象发生,创建"文明、环保"工地。

2. 文明施工措施

(1) 加强对所有人现场人员的文明施工教育,提高文明施工意识,树立文明施工的形象。

(2) 施工区和施工生活区按照相应的现场平面图合理划分,并设有责任区,设有明确标志,分片承包到人。

(3) 施工前,对整个场地的机具设备、材料统一规划,停(堆)放至指定的地点,并进行标识。

(4) 进场材料在指定位置按规定码放整齐,做到横平竖直,以便施工使用。

(5) 每个施工班组施工后做到活完场清,保持施工场地的整洁。

(6) 车辆停放在停车场指定的停车线内。

(7) 办公室内桌、椅、柜、工具箱摆放整齐。

(8) 宿舍内的生活用品摆放整齐,衣、帽、鞋等不得随意乱放。

(9) 食堂要保持良好的卫生条件,熟食、生食分开储存,剩饭、剩菜倒至指定地点。

(10) 针对施工现场作业场地分散的特点，适当增设现场厕所，避免施工过程中人员随地大小便。

3. 环境保护措施

(1) 降低噪声措施

现场的噪声源主要有机械和人员喧哗等。为降低噪声对环境的影响，在施工过程中将采取以下措施：

1) 对机械进行经常性的检查维修和保养，机械的活动连接部位经常上油保持润滑，以降低摩擦噪声。

2) 搭设机械棚，用隔声较好的材料进行围挡。

3) 加强对人员的教育管理，避免人员喧哗产生噪声。

4) 加强对机械操作人员的教育管理，尽量做到在作业中不鸣喇叭。

(2) 防尘措施

1) 修建水泥库，防止气流直接吹动产生扬尘。

2) 运输土石方的车辆加盖，防止遗撒及卸载时产生过多粉尘。

3) 对过分干燥的土石场，进行洒水湿润，减少风吹扬尘。

4) 现场堆放土石必须予以遮盖防止扬尘。

(3) 排污处理

1) 在机台底设置沉淀池，泥浆经沉淀之后拉走或掩埋。

2) 生活中产生的垃圾，要进行定点收集，及时清运。禁止乱扔果皮、纸屑等废弃物，尤其是控制乱扔废弃塑料袋，避免产生白色垃圾污染周围环境。

3) 对施工产生的废弃物能回收利用的要进行回收处理；不能回收利用的，要实行定点堆放，及时清运至消纳场所。

### 4.5.7 确保工程工期的技术组织措施

1. 执行项目管理

按项目管理模式组织实施，实现管理层和劳务层两个层次的真正分离，管理层人员做到高效精干。除特殊工种外，劳动力在劳务基地和社会劳动力市场考核招收，在实行严格进场教育的同时，不断开展技能培训，以适应严格管理，并随着工作量的变化辞退多余人员，实现真正动态管理。

2. 严格计划管理

计划一旦确定必须严格实施，每天上午应由项目经理带队，现场技术人员参加，共同巡视现场，并召开当天的工程会议，检查落实计划执行情况，下午生产例会，落实各项指令，使整个现场生产活动始终处于有领导、有组织、有秩序的状态。

3. 全面推行 ISO 9002 质量保证体系

项目经理部通过全员培训和公司质量体系文件的学习，促进全体员工转变质量观念，更新知识，改变旧的工作习惯，编写针对性强的项目质量计划及作业指导，指导操作人员作业，质保部门要按照程序文件规定，加强对施工工序的控制，操作人员严格按照规范、标准作业。从操作人员培训到计量器具，从物资检验到产品试验，均应严格按程序办事，并对质量进行统计分析，及时提出整改措施,以便有效地改进质量。

4. 实施计算机管理

主要业务部门配置计算机,利用计算机建立数据库,对物资进场和需求计划进行有效控制,以保证工程需要。来往文件、数据以及技术方案、网络计划等应用计算机进行辅助管理。尽管规定的工期很短,但倡导确保工程质量是对客户最基本的承诺,也是对每一个工程的责任,保证工程质量是高于一切的先决条件。

## 复习思考题

1. 试述不开槽法施工优缺点。目前不开槽法施工包括哪些类型?
2. 掘进顶管施工过程是什么,怎样设计工作坑?
3. 顶进设备包括什么,安装时注意事项是什么?
4. 掘进顶管怎样控制中心和高程?
5. 试述中继间顶管特点及操作过程。
6. 试述泥浆套顶进法特点及操作过程。
7. 试述水力掘进顶管法装置及适用场合。
8. 试述挤压土顶管法装置及适用场合。
9. 盾构法施工有什么特点?
10. 盾构法施工开始顶进时的装置是什么?
11. 试述盾构法砌块形式及砌筑方法。
12. 不开槽法施工中遇有地下水或土质易于坍塌时怎样采取对策?
13. 试述浅埋暗挖法施工程序。
14. 管棚法适用条件是什么?
15. 试述浅埋暗挖法施工特点及其关键技术。
16. 试述定向钻施工工艺过程。
17. 试述夯管施工特点及施工关键技术。

### 课后拓展

市政管道不开槽施工是市政工程常用的方法,所有的施工作业都在地面以下,地下土的种类、含水层位置、水量、不明障碍物等条件都会影响不开槽施工的展开。我们更应该重视施工准备工作,勘查清楚地下与施工相关的数据,做到心中有数。施工中严格按照施工操作规程实施。全程高度重视安全设施与保护。严到严格处、管到细微处。

# 教学项目 5
## 给水排水管道水下施工

**Chapter 05**

### 教学目标

通过水下沟槽开挖、水下管道接口、水下管道敷设等知识点的学习，学生能读懂管道水下工程施工图，会计算工程量；会编制给水排水管道水下工程施工方案。

### 素质目标

养成精益求精的工作作风，提高服务意识。

给水排水室外管道有时会遇到必须通过江河的问题，如给水排水的管道过江河、江心取水头部分与岸井连接管、污水向水系排放管等。通过江河的方式有两大类：一是空中跨越；二是水下铺设。如何选择合适的施工方法，应根据水下管道长度、水系深度、水系流速、水底土质、航运要求、管道使用年限、潮汐和风浪情况、河两岸地形和地质条件、施工条件及施工机具等因素，并考虑工程造价及维修管理费来综合确定。

空中跨越方式有空中架设、借桥通过两种方式。借桥通过方式，就是从已通或在建的交通桥梁的底面以下或人行道敷设通过，这是一种最经济、最快捷、最方便的方案。但必须有过河桥梁，且仅适用于较小口径的管道。而另一种空中架设方式，就是大型管道从江河水面以上新建的管桥（或缆索管架、桁架、拱管）通过的方式。这种方式施工难度大，投资巨大，且维修管理费较大，现在一般较少采用。

管道过江河大部分采用水下铺设的方式，具体的施工方法有四种：一种是水底裸露敷设；二是水下沟埋敷设；三是定向钻孔法——顶管法、定向钻进法；四是江河底部隧道穿越法——盾构法、钻爆法。水下沟埋法实质上是陆地上开槽施工法在江河水下的延伸，这是对于江面不宽、水也较浅的江河采用较多的方案。定向钻孔法和隧道穿越法实质就是不开槽施工法在江河水下的延伸，近年来随着技术的发展也逐渐在管道穿越大江大河的工程中较多采用，尤其具有施工不断航、不受江河影响等优点。下面介绍这四种施工方法：

1. 水底裸露敷设

裸露敷设是管道直接铺设于稳定河床上，为稳定管道可适当配重或用桩基架空敷设。适用于水较深，不影响航运，水底平坦，无船只抛锚，无液化土，不会因液体动力、床底土运动、河床冲刷或其他原因引起破坏的。管道铺设采取水底拖曳铺管法及铺管船水下铺管法。施工特点是：①作业安全，托运时受风浪、潮汐影响较小，不需牵制船，但拖运马力较大。②管子防腐可能被破坏，但抗震性能好。③水底有凸起障碍物时，管子拖曳不易。如果河床发生较大冲刷深度，或软弱的地基，水下管道用桩基（钢筋混凝土或钢制桩架）支承，这样就成为水下架空管道。

2. 水下沟埋敷设

沟埋敷设是把管道埋置于河床稳定层内。管道水下沟槽埋设时，槽内管顶覆土深度一般为管径的 3～4 倍，以避免船只抛锚、河床冲刷等影响。在海底沟埋管道还应防止风暴时管道可能浮漂或下沉，管道应埋设更深些。这种方法可分为围堰法和水下挖槽铺管法两种。

围堰法（也称为施工导流法），就是指在河流上修建水利水电工程时，为了避免河水对施工的不利影响，需要围堰以围护基坑，并将河水引向预定的泄水建筑物往下游宣泄，以确保水工建筑物在干地上进行施工的方法。若水系浅、流量小、航运不频繁，就地能取到筑堰材料，筑堰对水系的污染能控制在允许范围内，则围堰法是水下铺管的可行方案之一。其施工特点是：①堰顶高出施工期最高水位 0.7m。②平面尺寸以压缩流水断面不超过 30%为好，并确保开挖沟槽时，围堰是稳定的。③防止渗漏与冲刷，做好河床的防护。

水下挖槽铺管法分为先挖后埋、挖槽与铺管同时进行和先铺管后挖沟等三种。详见本单元第一节。

3. 定向钻孔法

定向钻孔穿越，实际上是利用顶管机钻头（或掘进机头）或定向钻机钻头，在需要敷设管道轴线上的设计高度，钻凿出敷设管径的孔而安设管道的施工方法。根据其管道敷设的先后顺序是否开挖工作井、接收井等方式，可分顶管法穿越和定向钻进法穿越两种。顶管法前面章节已有介绍。定向钻进法是通过计算机控制钻头，先钻一个与设计曲线相同的导向孔，然后再将导向孔扩大，把拟穿越管道回拖至扩大了的导向孔内，完成管道穿越过程。这种方法对于中、小型河流，以及铁路、高速公路、繁华街道等地势开阔的砂卵石、软土层、软岩段等地方效果较好。其优点为：①此法穿越一般埋深可在9～18m以下，能够避免因船只抛锚造成破坏管道的可能性和被流水冲刷发生裸露管现象的可能，确保所敷设管道运行的安全。②对河床表面没有扰动，不影响河床底部的状况和结构，并且对周围环境及生态没有影响。③施工时不影响江河通航，不损坏江河两侧堤坝，施工不受季节限制。④施工周期短、成功率高。⑤由于管道埋的深度大，不必采取其他防护措施。⑥施工占地少、造价低。但对江（河）面宽，两岸地势较陡，特别对基岩、流砂及卵石含量超过25%的地层定向钻进穿越就很困难，甚至无能为力。

4. 隧道穿越法

在江河床底下稳定的岩土层中开挖一条隧道，以便管道在隧道中明管敷设穿越江河，这种方法就是隧道穿越法。它的优点是：①施工时不影响地面交通与设施，穿越河道时不影响航运。②施工中不受季节、风雨等气候条件影响。③对外实行共建或租赁，一隧多用，节约投资或收取租用资金回收投资。④维护管理费用低。在隧道施工方面，世界上主要有两种施工手段，一种为盾构（掘进）法施工。另一种为钻爆法施工，即传统的打眼、放炮、化整为零的掘进方法。但近年来，随着定向勘察、地质超前预报、超前探水、预注浆防水、管栅及小导管注浆加固、光面弱控制爆破等技术的发展，在我国出现了具有世界领先技术的隧道钻爆快速施工法。两种施工手段相比较，钻爆法施工具有资金、设备投入低，成本低廉，适用于各种自然环境和地质结构，快速、机动、灵活和适应力强等特点，更适合我国国情。

## 5.1 水下沟槽开挖

穿越河底的管道应避开锚地，管内流速应大于自清流速，管道应有检修和防止冲刷破坏的保护设施。管道的埋设深度还应根据管道等级确定防洪标准和在其相应洪水的冲刷深度以下，一般不得小于0.5m，但在航运范围内不得小于1m。管道埋设在通航河道时，应符合航运管理部门的技术规定，并应在河两岸设立标志。

### 5.1.1 先挖后埋法

该方法先进行水下开挖沟槽并整平，河床地质为土层时高程偏差不得超过+0、-300mm，为石层时高程偏差不得超过+0、-300mm。水下开挖沟槽整平或基础施工完成后，经验收合格后应及时下管，下管完毕，立即将管底两侧有孔洞的部分用砂石材料及时回填，并应保证一定的密实度。优点是施工设备简单；缺点是管线定位不易准确，槽底平整度差，沟槽准直度低，而且易于回淤。水下沟槽开挖的施工方法选择取决于水底土质、水系宽度和深度等因素。

沟槽底宽应根据管道结构的宽度、开挖方法和水底泥土流动性确定。开挖槽宽 $B$：

$$B/2 > D/2 + b + 500 \tag{5-1}$$

式中 $D$——管外径，mm；
$b$——管道保护层及沉管附加物等宽度，mm。

开挖槽深 $H$：在非船行河道上 $H > D + 0.5m$
在船行河道上 $H > D + 1.0m$

开挖的槽底加宽、槽深加深均由沟槽的垂直度及回淤情况而定。底宽一般为管外径加 0.8~1m。开挖深度根据回淤情况而定，边坡为 1:2~1:4。黏土河床回淤并不严重。砂土回淤迅速，则需增加开挖深度。注意边挖边测水深及沟槽中心线（以两岸设立固定中心标志），测、挖紧密配合。常用的水下沟槽开挖方法和设备有爆破法、岸式索铲、挖泥船等。

**1. 爆破开挖法**

水下的爆破点，采用钢管桩装药，在钢管下端焊上一个圆锥形尖头，用打桩机把钢管打入河床土层中，并保持钢管内壁干燥。当炸药装入管内后，用黄土封口，各管桩内设一个电雷管，用电线串联，以电瓶或起爆器引爆。同时启爆数十个点时，应采取一系列安全措施，包括人员转移至安全地带和防止冲击波对建筑物的危害等。这种方法适用于岩石河床，优点是省工省力、省设备、省投资，施工进度也快；缺点是管线定位不易准确，槽底平整度差，沟槽准直度低，槽底易被拓宽、加深，由于流水和牵引过程中的扰动，常使管沟的斜坡坍塌回淤，另外爆震效应对堤防和两岸建（构）筑物有不良影响。

**2. 岸式索铲开挖法**

岸式索铲的工作原理及设备，如图 5-1 所示。岸式索铲头部构造，如图 5-2 所示。该方法是岸上设卷扬机拖曳铲斗，铲斗顺滑道上拉，随着挖深增加而下放滑道，进行水下挖土，铲斗拉至岸边后自动倾翻卸土。它的特点是不受河道水深的影响。这种挖土设备可以比较准确地控制沟槽的平面位置和准直度。它仅适用于狭窄的水系。

**3. 挖泥船开挖法**

该方法就是利用专用挖泥船水下挖土，通过不同方式将土运送到指定地点。开挖的土方卸在沟槽水流下游一侧，或驳船运走。这种方法适用于宽阔水系，但不适用于回淤很快的河流，而且施工时用的船只多，造价较高，挖出的泥砂也需

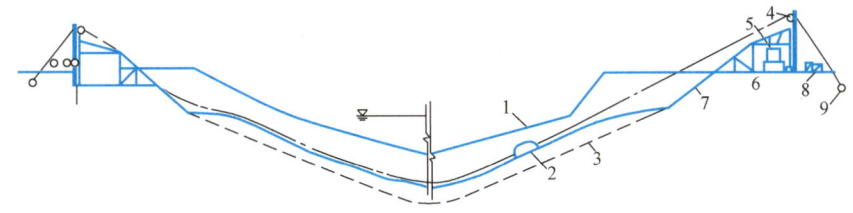

图 5-1 岸式索铲

1—原河床;2—铲斗;3—计划沟槽底;4—滑轮;5—卸土台;
6—手推车;7—滑道;8—卷扬机;9—地锚

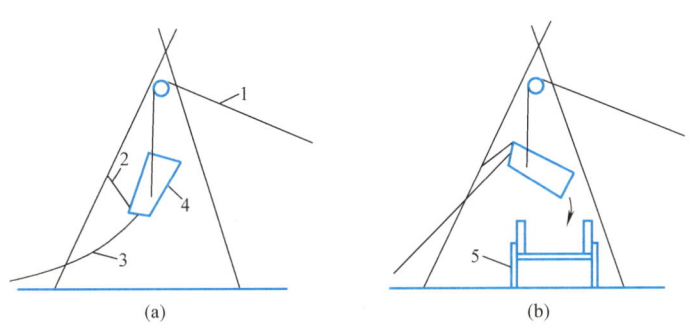

图 5-2 岸式索铲头部

1—牵引索;2—固定绳;3—空回绳;4—铲斗;5—小车

运到远处妥善处理。用于水下挖沟槽的挖泥船主要有:

(1) 抓斗式挖泥船。其工作原理是利用抓斗重力抓取土。优点是:挖掘土质适应性强,能抓取较大的石块;挖深适应性强;抓斗机配起重吊钩或配碎石重锤,可兼起重船或作水下岩石预处理的凿岩船使用;可适用于相对狭小的水域,地质为砂土、黏土或卵石的河床。缺点是:不连续作业,生产率低;产量取决于斗容和循环时间,经济性较差。

开挖过程中注意挖至一段长度后,由潜水员进行水下检查,使沟槽符合设计要求为止。

(2) 绞吸式挖泥船。绞吸式挖泥船是利用绞刀的旋转切削土层,通过吸泥泵将泥浆吸入排泥管,再泵送到指定地点。其优点为:连续作业,生产率高,经济性好;对土质的适应范围较大,可挖掘较硬的土层、软岩。缺点是:非自航船其机动能力差,影响水上交通;疏泥距离短,辅助作业费时;挖深受到限制,功率消耗大;对水流和波浪比较敏感。

(3) 吸扬式挖泥船。采用传统的水力冲刷原理,用高压水枪切削水底土层,同时用泥泵将泥浆吸出水面,排到岸边堰池中,沉淀后让澄清水回流于河中。冲槽工作由潜水员在水下操作,岸上、水下用步话机联系。沟槽开挖位置由经纬仪通过岸标测量校正水力喷头和泥浆吸头位置,控制操作方位,以保持沟槽位置的准确;其深度由标杆测量控制。水冲沟槽、吸排泥工作分层逐次(多次)进行,直到达到预定要求。主要优点是:结构简单,容易获得较大挖掘深度;除吸泥管外无磨损部件,维修方便。缺点是:土质适用范围小,只局限于河床为非黏性疏松砂质土,水流速度小、回淤量小的河流;对致密的黏土层或固结的砂夹层效率较低;冲刷面不规则。

挖泥船开沟槽的校中较难,可用激光导向仪引导河面上的挖泥船施工作业,即于河道岸边安设激光发射器及电源,河道对岸设自动报汛器。作业前调试好方法,使激光束与管中线平面上重合,对岸自动报汛器的硒光片正好对准激光束。施工时,挖泥船上的光靶轴线对准激光光斑,光靶宽度为中线校正精度的控制值,若船位偏离管中线,光束脱靶,射到对岸自动报讯器上,自动报讯器就在0.1s内报警,纠正航向后继续作业。若在激光准直导向系统里加进超声波测深技术和红外光测距技术,施工水下过河管的开挖则更好。

### 5.1.2 挖槽与铺管同时进行法

铺管采用逐段敷设,边铺管边挖槽,需要使用综合作业的铺管船或多种作业船配合,挖沟采用水喷射式挖沟(水喷射式挖沟机骑在管线上边,行进冲沟埋管)、犁沟机挖沟(开沟犁)、挖泥船挖沟、海底管线自埋法(阻流器技术)等方式。这种方法逐段进行挖沟埋管,挖出的土送到后部回填沟槽,使沟槽晾槽时间减少至最短,而且取消了回填土的远距离搬运,沟槽不发生回淤,适用于长距离的海底管道敷设。

### 5.1.3 先铺管后挖沟法

先将管道全部敷设于河床上,然后再挖沟将管道埋入河床底下。方法有气举法和液化法。气举法和液化法基本相似,气举法是使用气举船上的排气举泵,把管段两侧的泥砂吸出排走,使管段逐渐下沉直至达到设计埋深为止。液化法是用高压泵船上的射水泵喷射高压水流,从管段两侧将泥砂冲开,但并不吸出排走,使之成为泥砂浆液化状态,管段随之下沉。因此穿越管段应用足够的配重,使其密度大于液化砂浆的密度。其工作原理及设备,如图5-3所示。这两种方法的优点是不怕回淤,工期短、省投资;埋深浅时,不宜用于黏土或较硬的河床。

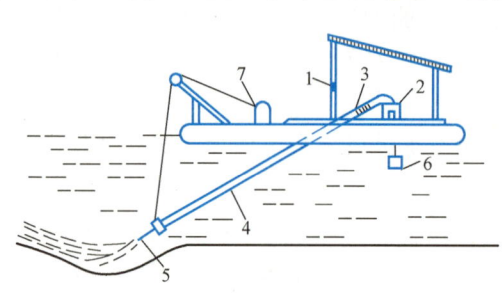

图 5-3 高压泵船
1—浮船;2—水泵;3—软管;4—直管;
5—喷嘴;6—吸水门;7—卷扬机

施工船舶的停靠、锚泊、作业及管道浮运、沉放等,必须符合航政、航道等部门的有关规定。拖运、浮运铺管必须避开洪水季节施工。

用船或其他浮动设备开挖时,挖泥船等应该临时锚泊,以保证沟槽中心位置准确。水下沟槽中心线用岸标或浮标显示,并用经纬仪或激光准直仪测量。条件允许时,可在两岸标之间拉设管道中心线,或者由固定位置的挖泥船与岸标之间拉设管道中心线,以中心线为准,用标尺或锤球可测水下沟槽的位置与槽底高程。

## 5.2 水下管道接口

水底裸露敷设法和水下沟埋敷设法在敷设管道时，管道都必须下水，有水下作业，安装施工难度大，并且管道以后一直在水中运行，对管材防腐要求高。选择何种管材，要考虑管材需有足够的强度，可以承受内压和外荷载，接口可靠，且使用年限长，性能可靠，施工方便，价格较低。一直以来，水下管道我国一般采用钢管，小直径、短距离的也可采用柔性接口的铸铁管，重力输水管线上的管道可以采用预应力钢筋混凝土管。采用钢管，要加强防腐措施，选用管壁厚度需考虑腐蚀因素。现阶段，我国有些工程也在尝试采用其他管材，难点是要解决好水上运输吊装和水下安装存在的接头问题。比如成功的例子有：上海市石洞口城市污水处理厂码头，出水排放口工程采用直径2200mm的玻璃钢夹砂管作排放管伸入长江；大连长兴岛镇跨海供水工程成功采用了玻璃钢夹砂管为海下敷设的管道；湄洲岛跨海供水工程海底输水管道成功应用离心浇铸玻璃钢管新型管材。

管段一般在岸上制作。而管段的连接有岸上连接、水上铺管船连接和水下连接等方法。

### 5.2.1 钢管接口和管道基础

水下安装的钢管一般采用焊接钢管，焊接钢管成型作业包括钢管焊接、制作防腐层、分段试压等内容。钢管成型场地应选择靠近沟槽所在河岸附近，钢管成型按照过河管长短、形状可分为整体式成型和分段成型。整体式成型即一次加工成需要的尺寸和形状，经过防腐处理后，采用吊装设备，将成型后的过河管沉入水，再浮运至铺设管沟位置上。若过河管较长，管径较大，可分段成型，运至河面上，再用法兰盘、球形接头等形式组装成整体；或将各管段放入水中就位，依靠潜水员将各管段连接起来；或将岸边制作的管段运至水上的铺管船，在船上进行焊接，连接好一段就敷设一段。采用需吊装的管段焊制时，应按设计要求焊上吊装环，吊装环在管身上呈一直线，以免在吊装时管身产生扭矩。

1. 钢管接口

水下裸露敷设和沟埋敷设的钢管的接口也分为刚性接口和柔性接口。由于水下进行管道连接施工难度大且不易保证施工质量，所以应尽量减少水下管道接头的数量。为减少水下接头，往往将整体管道吊装下水，要防止吊装中接口松动，并应加强管道连接的整体性及增加管道的刚度。由于铺设在水底的管道长期受到风浪、潮汐、冲刷等作用以及吊装过程管段可能受到弯矩和拉应力，刚性接口应具有一定的强度，柔性接口也应具有必要的强度和柔性。

（1）刚性接口

1) 焊接接口：钢管焊接一般在岸边、水面上或船上进行。为了提高管段整体强度，电焊钢管焊接时相邻两管的纵向焊缝至少错开45°，或错开距离沿管壁弧长方向不小于500mm。管壁较厚时，采用V形坡口焊接。水下安装前需对焊缝质量作外观检查，还应进行水压、气密性试验。管道的椭圆度不应超过

$0.01DN$，在管节的安装端部不得超过 $0.005DN$，对接管切口的不吻合值，不应超过管壁厚度的 1/4，要求管道在搬运中严防碰撞变形。大口径管道的搬运，管内要用型钢临时支撑加固。当无法将管口提到水面时，则需在水下焊接。水下焊接一般依据焊接所处的环境大体上分为三类：湿法水下焊接、干法水下焊接和局部干法水下焊接。干法水下焊接根据压力舱或工作室内压力不同，又可分为高压干法水下焊接和常压干法水下焊接。水下焊接缺点是焊接难度大，费用高，焊接质量不易保证。

2) 法兰接口：主要用于岸边成型的较长管段之间的连接。负责把两段（或三段）连接起来的各条吊装船，应在河面上同时作业。以钢丝绳扣紧管身上各个吊环，把两段（或三段）管吊离水面 0.8~1.0m。由小艇载人到管段待连接的管端，拆除管端法兰堵板，协调各吊装船的作业，使管端法兰盘逐渐靠拢，直到把管端的接头连接紧密。接口处的两个法兰中一个为活动法兰，便于水下对齐螺栓孔。而且螺母可为卵形，用一个扳手就可以拧紧螺栓。其接口形式，如图 5-4 所示。

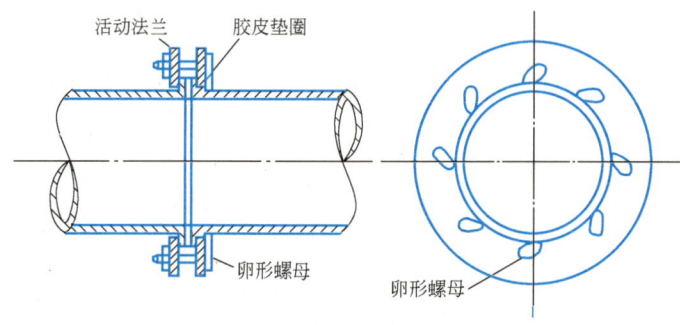

图 5-4 水底管道法兰接口

3) 卡箍接口：卡箍接口配件制作简单，水下安装方便，调整余地大，采用较普遍。其接口形式，如图 5-5 所示。若采用半圆箍连接时，应先在陆上或船上试接并校正，合格后方可下管和水下连接。

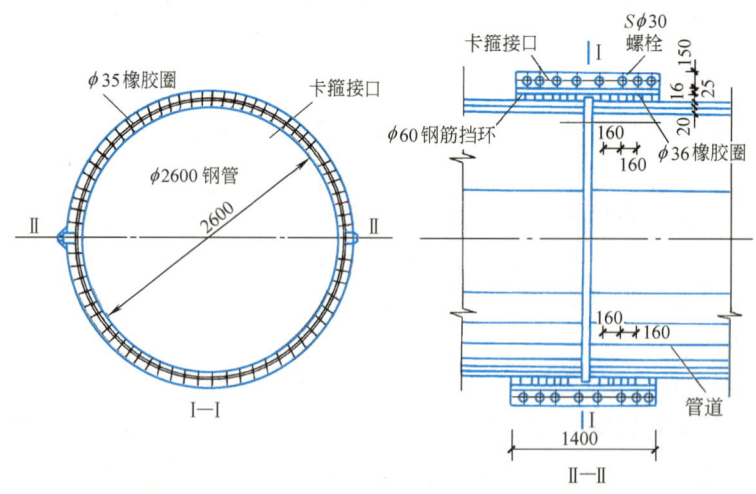

图 5-5 水底管道卡箍接口

(2) 柔性接口

1) 橡胶圈人字法兰接口：其接口形式，如图 5-6 所示。这种接口安装时依靠支承环套与法兰之间压缩的橡胶圈密封，效果好。过河时倒虹管弯头处适合安装该柔性接口。如果地震时，倒虹管因为两岸滑移而被破坏，破坏的位置都在倒虹吸管水下与岸边连接的部位。即使在非地震情况下，为防止地基不均匀沉陷的影响，也应安装该柔性接口。

2) 伸缩法兰接口：其接口形式，如图 5-7 所示。这种接口用法兰挤紧填料，保持接口的水密性。填料可采用油麻绳或铅粉油浸石棉绳。

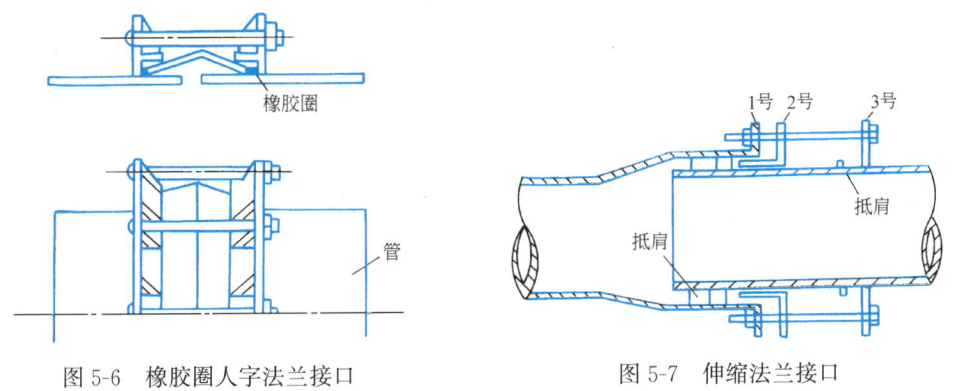

图 5-6 橡胶圈人字法兰接口　　　图 5-7 伸缩法兰接口

3) 球形接口：其接口形式，如图 5-8 所示。常用于过河时倒虹管弯头处接口或为防止地基有不均匀沉陷时安装。若把连接管段工序和沉管工序结合起来，利用球形接头可作 15°的转角，可避开整条管道的浮运和吊装时因球形接头的转动所引起的困难，也减少吊装船数和避免整个河面的封航施工。

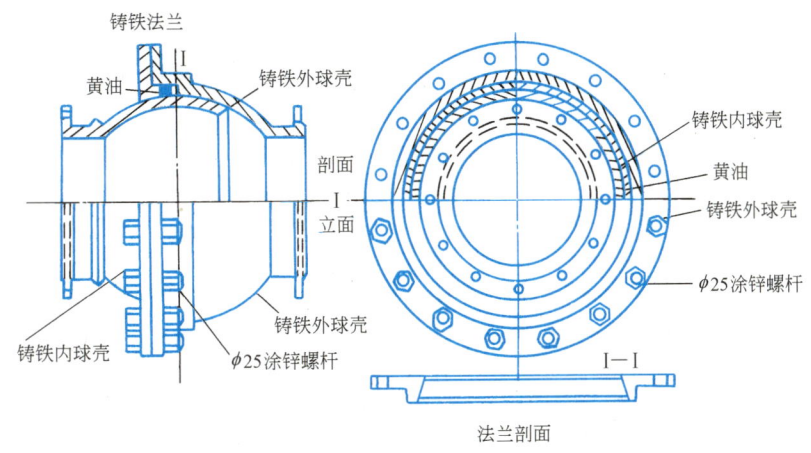

图 5-8 球形接口

2. 管道基础

若河床下部为黏土或砂石层时，土质较坚硬，管道可直接铺设在该土层管沟里，再回填。水下基础施工时，一般先在沟槽两侧打上定位桩，并在桩上做好基础高程记号，作为铺设和平整基础的标志。

河床的冲刷深度较大或地基软弱时，为防止水下管道悬空被破坏，管道要用桩基支承。管道采用混凝土基础时，一般是用预制混凝土块。其尺寸和外形应考虑潜水员水下安装的可能与方便。铺设钢管时，管道基础也可以用砂砾石或装混凝土的麻袋，由潜水员垫入管底。

### 5.2.2 铸铁管道接口

铸铁管水下连接常用承插口刚性连接或插口刚性连接，如图5-9所示。承插口和插口连接往往在接口处配两块法兰，用螺栓把管道连成整体。以防把从陆地上接好的管段在吊装入水时接口松动。也可在水下采用机械柔性接口，由潜水员在水下操作完成。

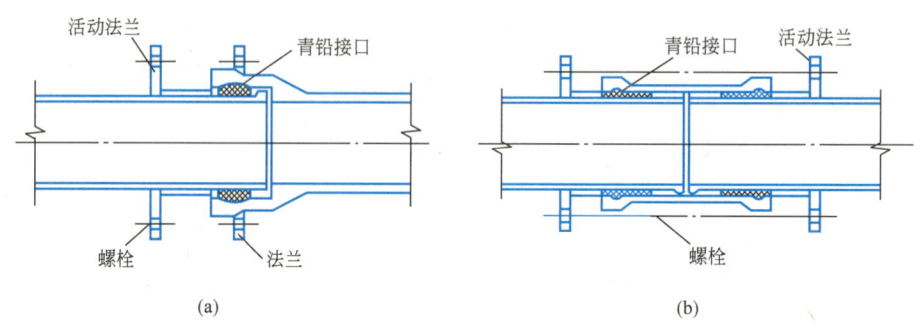

图 5-9 水下铸铁管接口
(a) 承插口刚性连接；(b) 插口刚性连接

## 5.3 水下管道敷设

水下管道敷设包括水上运送、管段连接、管道下沉就位、水下稳管或回填等工作。水上管段运送方法有水面浮拖法、水底拖曳法、浮吊运送法和船舶运送法。管道下沉就位方法有：管道注水下沉，定位起重船或浮船上绞车牵引配合就位；用起重船或浮吊船吊放管道下水就位；用铺管船的滑道或托管架托住管道，移动铺管船，将管道沿着滑道或托管架沉入水中。下面介绍几种水下管道敷设方法。

### 5.3.1 浮漂拖运铺管

一般适宜铺设钢管，以减少管道接口数量。有时亦可用该法铺设小口径铸铁管，但铸铁管每间隔一定距离就要采用一球形接口。它的施工过程是先在岸边把管子连接成一定长度的管段，管段两端装设堵板，浮漂拖运到铺管位置，慢慢灌水入管，下沉到水底或沟槽内。优点是施工难度较小，岸边制备管段场地不受太大限制，管段拖力较小。缺点是浮运、下沉时要临时封港，影响航行，易受河面风浪影响。

1. 制备管段场地的选择

当水系较窄，有足够纵深岸边，岸边与水面高差不大，可在过河管中心延长线的岸边原地面制备管段；或者岸边与水面高差较大，就需开挖岸边做发送道，减少与水面高差,并在开挖区内降低地下水位后再制备管段。预制管段用船只或用设在对岸的曳引设备(卷扬机、拖拉机等)浮拖,如图 5-10 所示。

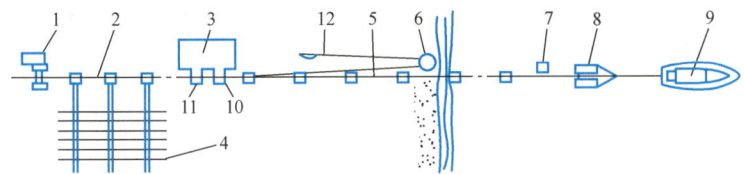

图 5-10 拖运铺管

1—卷扬机;2—有滑轮的轨道;3—焊管机;4—管子;5—下水轨道;6—滑轮;
7—浮子;8—浮筒;9—曳引船;10、11—夹具;12—绳缆

当水系较宽、河岸无足够场地作垂直排列管子时,则在岸边预制的管段与水系平行,管段制备后装上浮筒推入水中,在水面再由船浮漂拖船。管段也可用浮筒系住而在水面下浮漂拖船。水面或水面下浮船所需拖力较小,但易受水面风浪和其他情况的影响。这种方法预制场不必有较大的纵深,与铺管地点的距离不受限制,能制备 100~200m 或更长的管段。

2. 下水浮运

浮运管段一般均要先进行浮力计算。管的两端采用法兰堵板或焊接堵板。堵板上设有直径 15~20mm 的放气孔和进水孔。如果管段所承受的浮力还不足以使管段漂浮,可在管两旁系结刚性浮筒、柔性浮囊,或捆绑竹、木等,使管子浮起。

管段制作后的下水浮运有两个办法,一为拖曳法,二为滚滑法。拖曳法是将制作好的管段,用机动船或用设在对岸的曳引设备(卷扬机、拖拉机等)拖曳到管子中心线上。这种方法一般在整段下沉时采用。在用拖曳法施工时,管子下面有时可垫设带滚轮的小车,以保护管段的保护层,同时便于管段的下滑。小车随管段移动,在到达河道水边线时即脱离管段,并把小车推到管段一侧,使管段下水浮运。滚滑法是将管段滚下水或推滑下水,然后,将管段用机动船或利用水流浮运至需要下沉的地点。

浮漂拖船的方法很多。可以根据浮船的基本特点来设计具体的施工设备和方法。如图 5-11、图 5-12 所示的为某浮运施工的过程。

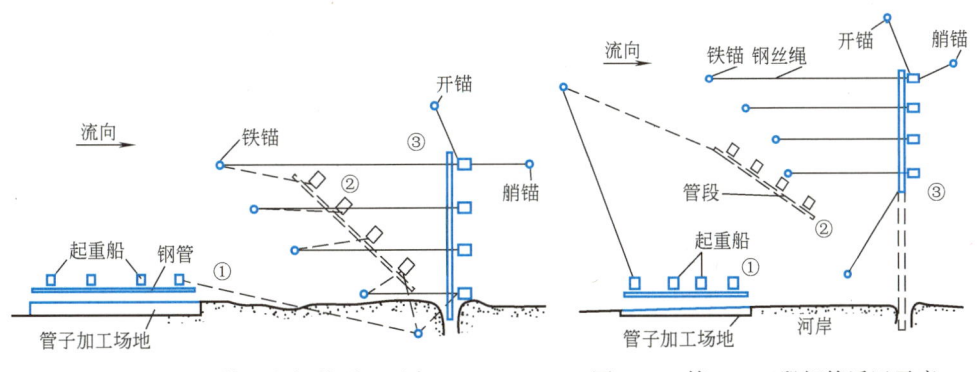

图 5-11 第一段钢管浮运示意　　图 5-12 第二、三段钢管浮运示意

第一段钢管出4个起重船一起顺水向下浮运，待钢管的下水端快到沟槽时，其上水端才撑出，同时各起重船分别抛下领水锚，然后各船先后放松锚链，顺流下放，边放边控制调整，一直运放到下沉的位置。

第二、三段钢管的浮运，一开始就将管道的上水端尽量拉开，不沿着河边向下运。

3. 管段注水下沉

在管段浮运到管子中心线后，即可注水下沉。为了使管段下沉均匀和便于校正位置，有时特备定位起重船，吊住管子慢慢下沉（在分段下沉时，起重船最需要）。如图5-13所示。起重船锚泊在事先经过校正的地点，由若干船锚定位。自堵板上预留孔向管内注水和解脱浮筒后，管段下沉到沟槽或水底。管段水下定位和接口均由潜水工操作。潜水工可由定位桩控制下管位置，用通信工具与定位起重船联系，调整定位船锚泊位置和船上起重臂操作，使下沉管段与已铺管段对口。浅水中管道的铺设高程可用标尺测量。如果沟槽回淤或深度超过允许范围，可以从堵板的预留孔压入空气，使管段重新浮起，进行整槽工作。管道定位后，由潜水工解脱堵板，管段下沉至沟槽底，采用水下焊接或法兰连接方法，连接到已经铺好的管道上。

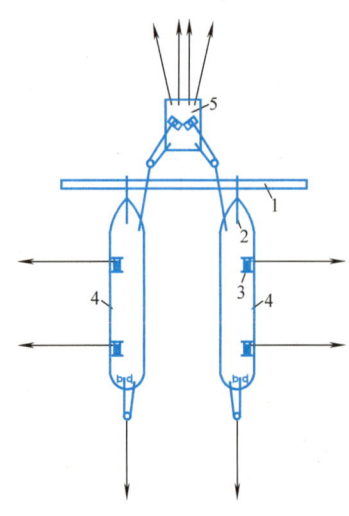

图 5-13 定位起重船下管
1—管子；2—起重扒杆；3—卷扬机；
4—驳船；5—平驳船

为了减少水下工作应尽量整段下沉。该法关键工序有：①浮运到位。管道在浮运过程中，在水流、风力、船舶的作用下，会弯曲变形成弓形或S形，应控制变形在允许范围之内。②吊点设置。根据管道长度、重量和工程船舶起吊能力，通过计算，配备船舶数量和设置吊点位置，校核吊点位置、管道的应力。③注水下沉。管道在工程船舶的起吊下，逐渐注水下沉，通过计算、调整，控制各吊点的下沉量及下沉速度，使管道在允许变形范围之内。

如需要分段下沉时，也应尽量加长浮沉管段的长度。在确定每段管段长度时，应考虑下面几个因素：①河道流速。流速愈大，则管段受力愈大，控制定位愈难，因此管段不宜太长。②河道泥砂情况。河道含泥砂量大、底砂多，则沟槽回淤不好处理，因此管段也不宜太长。③施工技术力量。④其他如河道通航情况等。根据各地经验，在流速不大时、河道泥砂含量不严重的情况下，当管径不大时，浮运钢管每段长度保持在100～150m比较适当。

4. 水下回填

潜水员在水下用水枪进行回填。为防管道损坏，管顶以上填一层土，再填一层块石予以保护，块石上再填砂石。沉管施工应严格把好管顶回填一关，力求恢复原河床断面。

### 5.3.2 底拖法

沿管线轴线的陆上场地，开辟一个发送道和钢管拼接、检验、涂装工厂。根据场地的大小和设备条件，预先把钢管接长，然后移入发送道与已敷设管线对接，接好一段曳引一段。曳引由水上驳船大型绞车完成，曳引后驳船重新移位至新的曳引点抛锚定位，重复上述工序，直至全长，如图 5-14 所示。

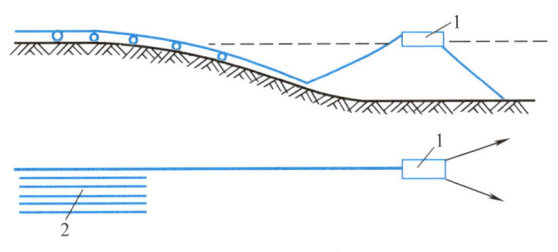

图 5-14 底拖法铺管
1—驳船；2—钢管

该法的关键工序有：①过渡底坡开挖。过渡底坡是陆上发送道口和水下管槽的过渡段，应控制底坡的曲率半径，使钢管的变形在应力允许范围之内。②曳引力。根据驳船曳引能力和钢管的允许拉应力，调节钢管的水下重量。为减少摩擦阻力，可在陆上发送道设置滚动滑道。

该法施工简单，受水上风浪影响较小，作业安全，不需牵制船。适用于陆上有较开阔和一定纵深的施工场地，长距离深水铺管，如向海中排污干管的铺设。缺点是拖运功率较大，管道防腐有可能破坏，而且遇到水底凸起障碍物时管子不易拖曳，由于拖运能力的限制，拖曳的管段长度也受到限制，一般管道一次拖曳长度可达数十米。管段因拖曳而产生应力，应进行验算，以保证管段不受损坏。

### 5.3.3 浮吊法

这种方法适合于水下埋设铸铁管或混凝土管。

浮运前，将管内安设浮筒，浮运时用拖船将管子拖运至施工现场双体船端部，再用双体船吊装起来；或将管道用双体船在岸边吊装好后，用拖船牵引浮运管道。双体船浮运至下管位置后，抛锚固定双体船后下管，如图 5-15 所示。

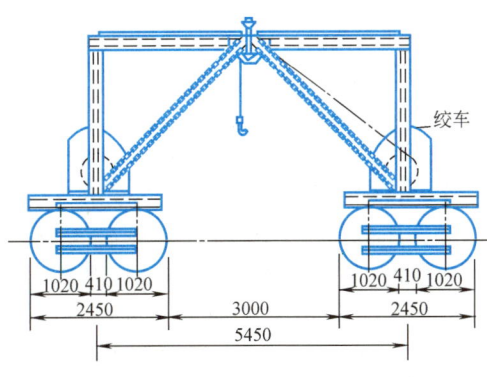

图 5-15 双体船

管道也可用起重船或另外设置的驳船运至水上施工现场，将管道用起重船吊起下水。有时，也可将几根管子连成管段后吊装下水，以减少水下接口。

吊装前应正确选定吊点，并进行吊装应力与变形试验，当管道产生的应力和变形过度时，应采取临时加固措施。

### 5.3.4 铺管船铺管

1. 简易铺管船法

该法特点是利用钢管单端弹性下沉法铺管。施工过程是岸边预先拼焊好的管段，用拖轮浮运至对接现场，浮在水面上，将其一端拉到简易铺管船（用货驳等改装）上夹紧，并与早先夹紧在简易铺管船上管线末端进行定位、对接、检验、涂装。待这些工序完成后，把简易铺管船移到新的位置，管线一端逐渐注水下沉到位，并使一定长度的管线仍浮在水面上以利下次对接，重复上述工序，直至全长，如图5-16所示。该法的关键工艺有：①过渡段应力控制。钢管从水面到水下基槽过渡段，在自重和水流的作用下，呈"∽"状，应控制钢管的变形在允许范围之内。②过渡段长度控制。水面拼接后，管线克服自身的刚度，自然挠曲安全下沉到位需要一定的长度。过渡段长度应综合考虑铺设水深、钢管应力、刚度、调节重量等因素确定，否则即使水面拼接成功，也不能下沉到位，若强行下沉势必损及管道。

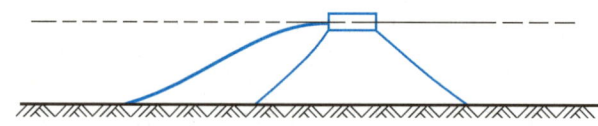

图5-16 简易铺管船铺管

该法设备相对简单，可铺设大口径钢管道，铺设长度不受限制，铺设速度主要与预制管段长度有关，预制管段愈长，速度愈快。该法受天气、风浪、潮流影响较大，应避开施工不良季节。

2. 铺管船铺管

自1937年美国在墨西哥湾开发海上油田以来，采用海底管线作为输送手段已有70多年历史。海底管线铺设技术取得进展，此时出现了排水量2000~5700t的大型浮式铺管船、半潜式铺管船、J型铺管船和转盘式铺管船。近代铺管船上设有全自动焊接装置、液压自行定芯装置、360°自动跟踪放射检查装置、大拉力张紧器、曲线和关节式托管架、可控张紧锚泊绞车等设备。而且对于铺管时船的运动和位置控制、铺管中管线的应力分析、张紧器张紧拉力控制、托管架的运动和控制都应用计算机操作。这种铺管船最深铺设深度达3000m以上。

与简易铺管船法不同，由陆上工厂制管并防腐后的管节（一般12m），用运管船运抵铺管船，而钢管组焊、检验、涂装防腐涂料等作业均在船上进行。已接长管段与已铺设的管线用夹持装置夹持在船上，进行定位、对中、焊接、检验、涂装后，位移铺管船，使管段沿着托管架进入水中。托管架可限制管线入水角度并起支撑作用，张紧器使管线一直受张紧力作用，二者均起控制管线曲率和弯曲应力作用。必要时，还可在管线上进行适当的重调节。

这种方法适用于长距离管段远离岸边的铺管工作。

铺管船水下铺管法，如图 5-17 所示。

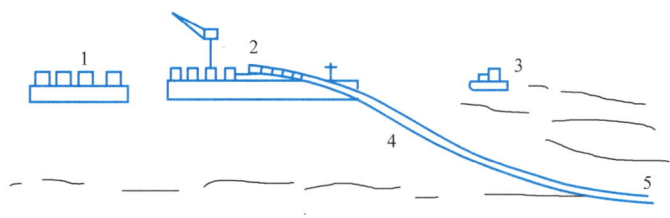

图 5-17　铺管船水下铺管
1—运管船；2—铺管船；3—拖船；4—托管架；5—管子

### 复习思考题

1. 管道水下铺设常用方法有哪些？
2. 水下沟槽开挖注意事项是什么？
3. 水下管道接口的方法有哪些？
4. 水下管道的基础如何处理？
5. 水下管道的铺设方法有几种，分别如何施工？

### 课后拓展

市政管道水下施工是城市管道穿越城市内河常用的方法，由于所有的施工作业都在水面以下，水下土的种类、含水层位置、水量、不明障碍物等条件或水流冲刷使河底变化不断，影响管道水下施工的展开，增加了施工难度及风险。所以，我们更应该重视施工准备工作，勘查清楚水下与施工相关的数据，做到心中有数。施工中严格按照施工操作规程实施。全程高度重视安全设施与保护。编制安全专项预案。

# 教学项目 6

# 建筑内部给水排水管道及卫生器具安装

**Chapter 06**

### 教学目标

通过建筑内部给水排水管道施工准备、钢管加工、钢管连接、非金属管道连接、管道安装、卫生器具安装、工程验收等知识点的学习,学生能读懂建筑内部给水排水管道施工图,会计算工程量,会编制建筑内部给水排水管道工程施工方案。

### 素质目标

深刻理解各种机械在生产中的地位与作用,树立安全意识、质量意识、规范意识。

建筑内部给水排水管道及卫生器具的施工一般在土建主体工程完成，内外墙装饰前进行。为了保证施工质量，加快施工进度，施工前应熟悉和会审施工图纸及制定各种施工计划。要密切配合土建部门，做好预留各种孔洞、支架预埋、管道预埋等施工准备工作。

## 6.1 施工准备与配合土建施工

### 6.1.1 施工准备

建筑给水排水管道工程施工的主要依据是施工图纸及全国通用给水排水标准图，在施工中还必须严格执行现行国家标准《建筑给水排水及采暖工程施工质量验收规范》GB 50242—2002 的操作规程和质量标准。施工前必须熟悉施工图纸，由设计人员向施工技术人员进行技术交底，说明设计意图、设计内容和对施工质量的要求等。应使施工人员了解建筑结构及特点、生产工艺流程、生产工艺对给水排水工程的要求、管道及设备布置要求以及有关加工件和特殊材料等。

设计图纸包括给水排水管道平面图、剖面图、系统图、施工详图及节点大样图等。熟悉图纸的过程中，必须弄清室内给水排水管道与室外给水排水管道连接情况，包括室外给水排水管道走向、给水引入管和排水排出管的具体位置、相互关系、管道连接标高，水表井、阀门井和检查井等的具体位置以及管道穿越建筑物基础的具体做法；弄清室内给水排水管道的布置，包括管道的走向、管径、标高、坡度、位置及管道与卫生器具或生产设备的连接方式；搞清室内给水排水管道所用管材、配件、支架的材料和形式，卫生器具、消防设备、加热设备、供水设备、局部污水处理设施的型号、规格、数量和施工要求；还要搞清建筑的结构、楼层标高、管井、门窗洞槽的位置等。

施工前，要根据工程特点、材料设备到货情况、劳动力机具和技术状况，制定切实可行的施工组织设计，用以指导施工。

施工班组根据施工组织设计的要求，做好材料、机具、现场临时设施及技术上的准备，必要时到现场根据施工图纸进行实地测绘，画出管道预制加工草图。管道加工草图一般采用轴测图形式，在图上要详细标注管道中心线间距、各管配件间的距离、管径、标高、阀门位置、设备接口位置、连接方法，同时画出墙、柱、梁等的位置。根据管道加工草图可以在管道预制场或施工现场进行预制加工。

### 6.1.2 配合土建施工

建筑给水排水管道施工与土建关系非常密切，尤其是高层建筑给水排水管道的施工，配合土建施工更为重要。为了保证整个工程质量，加快施工进度，减少安装工程打洞及土建单位补洞工作量，防止破坏建筑结构，确保建筑物安全，在土建施工过程中，宜密切配合土建施工进行预埋支架或预留孔洞，减少现场穿孔打洞工作。

1. 现场预埋法

现场预埋的优点是可以减少留洞、留槽或打洞的工作量，但对施工技术要求较高，施工时必须弄清楚建筑物各部尺寸，预埋要准确。适合于建筑物地下管道、各种现浇钢筋混凝土水池或水箱等的管道施工。

2. 现场预留法

这种施工方法的优点是避免了土建与安装施工的交叉作业以及安装工程面狭窄所造成的窝工现象。它是建筑给水排水管道工程施工常用的一种方法。

为了保证预留孔洞的正确，在土建施工开始时，安装单位应派专人根据设计图纸的要求，配合土建预留孔洞，土建在砌筑基础时，可以按设计给出的尺寸预留孔洞，也可以按表6-1给出的尺寸预留孔洞。土建浇筑楼板之前，较大孔洞的预留应用模板围出；较小的孔洞一般用短圆木或竹筒牢牢固定在楼板上；预埋的铁件可用电焊固定在图纸所设计的位置上。无论采用何种方式预留预埋，均需固定牢靠，以防浇捣混凝土时移动错位，确保孔洞大小和平面位置的正确。立管穿楼板预留孔洞尺寸可按有关规定进行预留。给水排水立管距墙的距离可根据卫生器具样本以及管道施工规范确定。

安装施工预留孔洞尺寸（mm）　　　　表6-1

| 项次 | 管道名称及管径 | | 明装 留孔尺寸(mm) 长度×宽度 | 暗装 墙槽尺寸(mm) 宽度×深度 |
|---|---|---|---|---|
| 1 | 给水或采暖立管 | 管径≤25 | 100×100 | 130×130 |
| | | 管径=32～50 | 150×150 | 150×150 |
| | | 管径=70～100 | 200×200 | 200×200 |
| 2 | 一根排水立管 | 管径≤50 | 150×150 | 200×130 |
| | | 管径=70～100 | 200×200 | 250×200 |
| 3 | 两根给水或采暖立管 | 管径≤25 | 150×100 | 200×130 |
| 4 | 一根给水立管和一根排水立管在一起 | 管径≤50 | 200×150 | 200×130 |
| | | 管径=70～100 | 250×200 | 250×200 |
| 5 | 暖水支管或散热器立管 | 管径≤50 | 100×100 | 60×60 |
| | | 管径=70～100 | 150×130 | 150×100 |
| 6 | 排水支管 | 管径≤80 | 250×200 | |
| | | 管径=100 | 300×250 | |
| 7 | 采暖或排水主干管 | 管径≤80 | 300×250 | |
| | | 管径=100～125 | 350×300 | |
| 8 | 给水引入管 | 管径≤100 | 300×200 | |
| 9 | 排水排出管穿基础 | 管径≤80 | 300×300 | |
| | | 管径=100～150 | (管径+300)×(管径+200) | |

注：1. 给水引入管管顶上部净空一般不小于100mm。
　　2. 排水排出管管顶上部净空一般不小于150mm。

3. 现场打洞法

这种施工方法的优点是方便管道工程的全面施工，避免了与土建施工交叉作业，通过运用先进的打洞机具，如冲击电钻（电锤），使得打洞工作既快又准确。它是一般建筑给水排水管道施工的常用方法。

施工现场是采取管道预埋、孔洞预留或现场打洞，一般根据建筑结构要求、土建施工进度、工期、安装机具配置、施工技术水平等而确定。施工时，可视具体情况，决定采用哪种方式。

## 6.2 钢管加工与连接

管子加工与连接是管道安装工程的主要环节。钢管加工主要指钢管的调直、切断、套丝、撅弯及制作特殊管件等过程。以前钢管加工以人工操作为主，劳动强度大，生产效率低。现在推行机械加工，大大提高了生产效率，减轻了劳动强度，降低了生产成本。

### 6.2.1 管子切断

管子安装前应根据设计的尺寸要求将管子切断。切断是管道加工的一道工序，切断过程常称为下料。

管道的切断方法可分为手工切断和机械切断两类。手工切断主要有钢锯切断、錾断、割刀切断、气割；机械切断主要有砂轮切割机切断、套丝机切断、专用管子切割机切断等。施工时常根据管材、管径、经济等因素和现场条件选用合适的切断方法。

对管子切口的质量要求为：管道切口要平正，即断面与管子轴心线要垂直，切口不会影响套丝、焊接、粘接等；管口内外无毛刺和铁渣，以免影响介质流动；切口不应产生变形，以免减小管子的有限断面面积从而减少流量。

1. 人工切断

（1）钢锯切断

钢锯切断是一种常用方法。钢管、铜管、塑料管都可采用，尤其适合于 $DN50$ 以下钢管、铜管、塑料管的切断。钢锯由锯架和锯条组成，钢锯条长度有 200mm、250mm、300mm 三种规格，锯架可根据选用的锯条长度调整。钢锯最常用的锯条规格是 12″（300mm）×24 牙及 18 牙两种。薄壁管子（如铜管）锯切时采用牙数多的锯条。壁厚不同的管子锯切时应选用不同规格的锯条。

锯管时，左手在前握锯架，右手在后握锯柄，用力均匀，锯条向前时适当加力，向后拉时不宜加力。快要切断时，可减慢切割速度，切口必须一锯到底，不能采用未锯完就掰断的方法，因为这样会造成切口残缺不齐，影响套丝或焊接质量。

手工钢锯切断的优点是设备简单，灵活方便，节省电能，切口不收缩和不氧化。缺点是速度慢，劳动强度大，较难达到切口平正。

（2）割刀切断

管子割刀是用带有刃口的圆盘形刀片，在压力作用下边进刀边沿管壁旋转，将管子切断。采用管子割刀切管时，必须使滚刀垂直于管子，否则易损坏刀刃。选用滚刀规格要与被切割管径相匹配，刀割时每次进刀量不宜过大，以免损坏刀刀或使切口明显缩小，应随着旋转，逐渐进刀。管子割刀适用于切断管径15～100mm的焊接钢管。此方法具有切管速度快，切口平正的优点，但产生缩口，必须用绞刀刮平缩口部分。

采用钢锯切断或管子割刀切断均需要用压力钳将管子夹紧。

（3）錾断

錾断主要用于铸铁管、混凝土管、钢筋混凝土管、陶管。所用工具为手锤和扁錾。为了防止将管口錾偏，可在管子上预先划出垂直于轴线的錾断线，方法是用整齐的厚纸板或油毡纸圈在管子上，用磨薄的石笔在管子上沿样板边画一圈切断线。操作时，在管子的切断线处垫上厚木板，用錾子沿切断线錾1～3遍到有明显凿痕，然后用手锤沿凿痕连续敲打，并不断转动管子，直至管子折断。

錾切效率较低，切口不够整齐，管壁厚薄不均匀时，极易损坏管子（錾破或管身出现裂纹）。通常用于缺乏机具条件下或管径较大情况下使用。

（4）气割

气割是利用氧气和乙炔气的混合气体燃烧时所产生的高温（1100～1150℃），使被切割的金属熔化而生成四氧化三铁熔渣，熔渣松脆易被高压氧气吹开，使管子或型材切断。手工气割采用射吸式割炬也称为气割枪或割刀。气割的速度较快，但刀口不整齐，有铁渣，需要用钢锉或砂轮打磨和除去铁渣。

气割常用于$DN100$以上的焊接钢管、无缝钢管的切断。此外，各种型钢、钢板也常可用气割切断。此法不适合铜管、不锈钢管、镀锌钢管的切断。

2. 机械切断

（1）砂轮切割机

砂轮切割机的原理是高速旋转的砂轮片与管壁接触摩擦切削，将管壁磨透切断。使用砂轮切割时注意用力不要过猛，以免砂轮破碎伤人。砂轮切割速度快，适合于切割$DN150$以下的金属管材，它既可切直口也可切斜口。砂轮机也可用于切割塑料管和各种型钢，是目前施工现场使用最广泛的小型切割机具。但切割噪声较大。

（2）套丝机切管

适合施工现场的套丝机均配有切管器，因此它同时具有切断管子、坡口（倒角）、套丝等功能。

套丝机用于$DN\leqslant 100mm$焊接钢管的切断和套丝，是施工现场常用的机具。

（3）专用管子切割机

国内外用于不同管材、不同口径和壁厚的切割机很多。国内已开发生产了一些产品，如用于大直径钢管切断机，可以切断$DN75$～$DN600$、壁厚12～20mm的钢管，这种切断机较为轻便，对埋在地下的管道或其他管网的长管中间切断尤为方便。

（4）自爬式电动割管机

自爬式电动割管机可以切割33～1200mm、壁厚不大于39mm的钢管、铸铁管。在自来水、燃气、供热及其他管道工程中广泛应用。该割管机均具有在完成切管的同时进行坡口加工的特点。

电动割管机由电动机、爬行进给离合器、进刀机构、爬行夹紧机构及切割刀具等组成。割管机装在被切割的管口处，用夹紧机构把它牢牢地夹紧在管子上。切割由两个动作来实现：其一是切割刀具对管子进行铣削，其二是爬轮带动整个割管机沿管子爬行进给，刀具切入或退出是操作人员通过进刀机构的手柄来完成的。进行切割时，用铣刀沿割线把管壁铣通，然后边爬行，边切割。

自爬式电动割管机体积小、重量轻、通用性强、使用维修方便、切割效率高、切口面平整。

### 6.2.2 管子调直

钢管具有塑性，在运输装卸过程中容易产生弯曲，弯曲的管子在安装前必须调直。调直的方法有冷调直和热调直两种，冷调直用于管径较小且弯曲程度不大的情况，否则宜采用热调直。

1. 冷调直

管径小于 50mm，弯曲度不大时，可用两把手锤进行冷调直，一把手锤垫在管子的起弯点处作支点，另一把手锤则用力敲击凸起面，两个手锤不移位对着敲，直至敲平为止。在敲击部位垫上硬木头，以免将管子击扁。

2. 热调直

管径大于 50mm 或弯曲度大于 20°时可用热调直。热调直是将弯曲的管子放在炉子上，加热至 600~800℃，然后抬出放在平台上反复滚动，在重力作用下，达到调直目的，调直后的管子应放平存放，避免产生新的弯曲。

### 6.2.3 管子揻弯

在给水排水管道安装中，遇到管线交叉或某些障碍时，需要改变管线走向，应采用各种角度的弯管来解决，如 90°和 45°弯、乙字弯（来回弯）、抱弯（弧形弯）等。这些弯管以前均在现场制作，费工费时，质量难以保证。现在弯管的加工日益工厂化，尤其是各种模压弯管（压制弯）广泛地用于管道安装，使得管道安装进度加快，安装质量提高。但是，由于管道安装的特殊性，因此，在管道安装现场仍然有少量的弯管需要加工。

1. 弯管断面质量要求与受力分析

钢管弯曲后其弯曲段的强度及圆形断面不应受到明显影响，因此就必须对圆断面的变形、焊缝处、弯曲长度以及弯管工艺等方面进行分析、计算和制定质量标准。

弯管受力与变形，如图 6-1 所示。管子在弯曲过程中，其内侧管壁各点均受压力，由于挤压作用，管壁增厚，且由于压缩而变短；外侧管壁受拉力，在拉力作用下，管壁厚度减薄，管壁减薄会使强度降低。为保证一定的强度，要求管壁有一定的厚度，在弯曲段管壁减薄应均匀，减薄

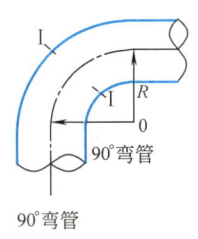

90°弯管

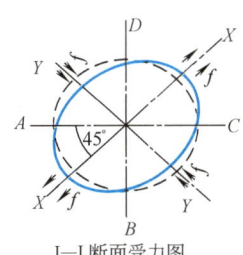

I—I 断面受力图

图 6-1 弯管受力与变形

量不应超过壁厚的15%。此外，管壁上不得产生裂纹、鼓包，且弯度要均匀。

弯曲半径 $R$ 是影响弯管壁厚的主要因素。同一管径的管子弯曲时，$R$ 大，弯曲断面的减薄（外侧）量小；$R$ 小，弯曲断面外侧减薄量大。如果从强度方面和减小管道阻力考虑，$R$ 值越大越好。但在工程上，$R$ 大的弯头所占空间大且不美观，因此弯曲半径只应有一个选用范围，根据管径及使用场所不同采用不同的 $R$ 值，一般常用 $R$ 值为 $(1.5\sim4)DN$（$DN$ 为管子的公称直径）。采用机械弯管时 $R$ 为：冷弯 $R=4DN$；热弯 $R=3.5DN$；压制弯、焊接弯头 $R=1.5DN$。

**2. 管子弯曲长度确定**

管子弯曲长度即指弯头展开长度。其计算公式为：

$$L=\alpha\div360\times2\pi\times R=\alpha\div180\times\pi\times R \qquad (6-1)$$

式中　$\alpha$——弯管角度；
　　　$R$——弯曲半径。

在给水排水管道施工中如设计无特殊要求，采用手工冷弯时，$90°$ 弯头的弯曲半径取 $4DN$，则弯曲长度可近似取 $6.5DN$，$45°$ 弯头的弯曲长度取 $(2.5\sim3)DN$。乙字弯（来回弯）一般可近似按两个 $45°$ 弯头计算。

**3. 冷弯弯管**

制作冷弯弯头，通常用手工弯管器或电动弯管机等机具进行，可以弯制 $DN\leqslant150mm$ 的弯头。由于弯管时不用加热，常用于钢管、不锈钢管、铜管、铝管的弯管。

冷弯弯头的弯曲半径 $R$ 不应小于管子公称直径的4倍。

由于管子具有一定的弹性，当弯曲时施加的外力撤除后，因管子弹性变形的结果，弯头会弹回一个角度。弹回角度的大小与管材、壁厚以及弯头的弯曲半径有关。一般钢管弯曲半径为4倍管子公称直径的弯头，弹回的角度约为 $3°\sim5°$。因此，在弯管时，应增加这一弹回角度。

手工弯管器的种类较多。弯管板是一种最简单的手动弯管器，它由长1.2m、宽300mm、厚340mm左右硬质钢板制成。板中按需弯管的管子外径开若干圆孔，弯管时将管子插入孔中，管端加上套管作为杠杆，以人工加力压弯。这种弯管器适合于小管径、弯曲角度不大的管子弯管。

专用手工弯管器是施工现场常用的一种弯管器。这种弯管器需要用螺栓固定在工作台上使用，可以弯曲公称直径不超过25mm的管子。它由定胎轮、动胎轮、管子夹持器及杠杆组成。把要弯曲的管子放在与管子外径相符合的定胎轮和动胎轮之间，一端固定在管子夹持器内，然后推动手柄（可接加套管），绕定胎轮旋转，直到弯成所需弯管。这种弯管器弯管质量要优于弯管板，但它的每一对胎轮只能弯曲一种外径的管子，管外径改变，胎轮也必须更换，因此，弯管器常备有几套与常用规格管子的外径相符的胎轮。

手动弯管法效率较低，劳动强度大，且质量难以保证。一般公称直径25mm以上的管子都可以采用电动弯管机进行弯管。采用机械进行冷弯弯管具有工效高、质量好的优点。

冷弯适宜于中小管径和较大弯曲半径（$R \geqslant 2DN$）的管子，对于大直径及弯曲半径较小的管子需很大的动力，这会使冷弯机机身复杂庞大，使用不便，因此常采用热弯弯管。

4. 热弯弯管

热弯弯管是将管子加热到一定温度后进行弯曲加工的方法。加热的方式有焦炭燃烧加热、电加热、氧-乙炔焰加热等。焦炭燃烧加热弯管由于劳动强度大、弯管质量不易保证，目前施工现场已极少采用。

中频弯管机采用中频电能感应对管子进行局部环状加热，同时用机械拖动管子旋转，喷水冷却，使弯管工作连续进行。可弯制 325mm×10mm 的弯头，弯曲半径为管外径的 1.5 倍。

火焰弯管机由加热和冷却装置、撅弯机构、传动机构、操作机构四部分组成。管子加热采用环形火焰圈，边加热边撅弯直至达到所需要的角度为止。加热带经过撅弯后立刻采取喷水冷却，以保证撅弯控制在加热带内。火焰弯管机的特点：弯管质量好，弯管曲率均匀，弯曲半径可以调节，体积小，重量轻，移动方便，比手动弯管效率高，成本低。火焰弯管机能弯制钢管范围：直径 76～426mm，壁厚 4.5～20mm，弯曲半径 $R$ 为 （2.5～5）$DN$ 的钢管。

5. 模压弯管（压制弯）

模压弯管又称为压制弯。它是根据一定的弯曲半径先制成模具，然后将下好料的钢板或管段放入加热炉中加热至 900℃ 左右，取出放在模具中用锻压机压制成型。用板材压制的为有缝弯管，用管段压制的为无缝弯管。目前，模压弯管已实现了工厂化生产，不同规格、不同材质、不同弯曲半径的模压弯管都有产品，它具有成本低、质量好等优点，已逐渐取代了现场各种弯管方法，广泛地用于管道安装工程之中。

6. 焊接弯管

当管径较大、弯曲半径 $R$ 较小时，可采用焊接弯管。首先，在管子上按图 6-2（b）所示用石笔画出切割线，用钢锯、砂轮机或氧-乙炔焰等沿切割线进行切割，注意切割时留足一定的割口宽度，然后将割下的管节按图 6-2（a）所示进行试对接，注意对接时各管段的中心线应对准，否则弯管焊好后会出现扭曲现象，最后将对接好的各管段进行施焊。焊接弯管的各管段在打坡口时，弯管外侧的坡口角度应小一些，弯管内侧的坡口角度应大一些。

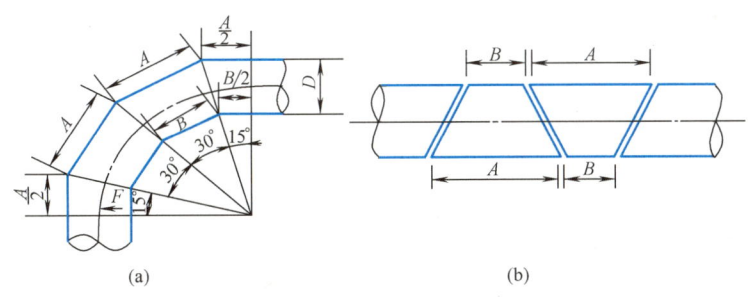

图 6-2 弯管焊接示意图

#### 6.2.4 管螺纹加工

所谓管螺纹加工，即在管子的连接端加工螺纹，该种螺纹加工习惯上称为套丝。套丝分为手工和电动机械加工两种方法。手工套丝就是用管子铰板在管子上套出螺纹。一般公称直径 15~20mm 的管子，可以 1~2 次套成，稍大的管子，可分几次套出。手工套丝加工速度慢、劳动强度大，一般用于缺乏电源或小管径（$DN15$~$DN32$）的管子套丝。电动套丝机不但能套丝，还有切断、扩口、坡口功能，尤其用于大管径套丝（$DN50$~$DN100$）更显示出套丝速度快的优点，它是施工现场常用的一种施工机械。无论是人工铰板套丝，还是电动套丝机套丝，其套丝结构基本相同，都是采用装在铰板上的 4 块板牙切削管外壁，从而产生螺纹。从质量方面要求：管节的切口断面应平整，偏差不得超过一扣，管子螺纹必须清楚、完整、光滑无毛刺、无断丝缺扣，拧上相应管件，松紧度应适宜，以保证螺纹连接的严密性，接口紧固后宜露出 2~3 扣螺纹。

如图 6-3（a）是手工套丝用管子铰板的构造，在铰板的板牙架上有 4 个板牙孔，用于安装板牙，板牙的伸、缩调节靠转动带有滑轨的活动标盘进行。铰板的后部设有 4 个可调节松紧的卡爪，用于在管子上固定铰板。

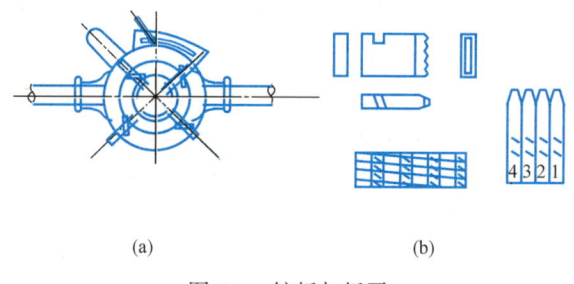

图 6-3　铰板与板牙

如图 6-3（b）是板牙的构造，套丝时板牙必须依 1、2、3、4 的顺序装入板牙孔，切不可将顺序装乱，配乱了板牙就套不出合格的螺纹。一般在板牙尾部和铰板板牙孔处均印有 1、2、3、4 序号字码，以便对应装入板牙。板牙每组 4 块能套两种管径的螺纹。使用时应按管子规格选用对应的板牙，不可乱用。

手工套丝步骤如下：

（1）根据需套丝管子的直径，选取相应规格的板牙头的板牙，将板牙装入铰板中，板牙上的 1、2、3、4 号码应与板牙头的号码相对应。

（2）把要加工的管子固定在管子压力钳上，加工的一端伸出钳口 150mm 左右。

（3）将管子铰板套在管口上，拨动铰板后部卡爪滑盘把管子固定，注意不宜太紧，再根据管径的大小调整进刀的深浅。

（4）人先站在管端方向，左手用掌部扶住铰板机身向前推进，右手以顺时针方向转动手把，使铰板入扣；铰板入扣后，人可站在面对铰板的左、右侧，继续用力旋转板把徐徐而进，扳动板把时用力要均匀平稳，在切削过程中，要不断在切削部位加注机油以润滑管螺纹及冷却板牙。

(5)当螺纹加工达到深度及规定长度时,应边旋转边逐渐松开标盘上的固定把,这样既能满足螺纹的锥度要求,又能保证螺纹的光滑。

### 6.2.5 钢管连接

在管道安装工程中,管材、管径不同,连接方式也不同。焊接钢管常采用螺纹、焊接及法兰连接;无缝钢管、不锈钢管常采用焊接和法兰连接。采用何种连接方法,在施工中,应按照设计及不同的工艺要求,选用合适的连接方式。

1. 钢管螺纹连接

螺纹连接也称为丝扣连接。常用于 $DN\leqslant100mm$,$PN\leqslant1MPa$ 的冷、热水管道,即镀锌焊接钢管(白铁管)的连接;也可用于 $DN\leqslant50mm$,$PN\leqslant0.2MPa$ 的饱和蒸汽管道,即焊接钢管(黑铁管)的连接,此外,对于带有螺纹的阀件和设备,也采用螺纹连接。螺纹连接的优点是拆卸安装方便。

6-1 微课
室内管道
螺纹连接

管螺纹有圆柱形和圆锥形两种。圆柱形管螺纹其螺纹深度及每圈螺纹的直径都相等,只是螺尾部分较粗一些。管子配件(三通、弯头等)及丝扣阀门的内螺纹均采用圆柱形螺纹(内丝)。圆锥形管螺纹其各圈螺纹的直径皆不相等,从螺纹的端头到根部成锥台形。钢管采用圆锥形螺纹(外)。

管螺纹的连接有圆柱形管螺纹与圆柱形管螺纹连接(柱接柱)、圆锥形外螺纹与圆柱形内螺纹连接(锥接柱)、圆锥形外螺纹与圆锥形内螺纹连接(锥接锥)。螺栓与螺母的螺纹连接是柱接柱,它们的连接在于压紧而不要求严密。钢管的螺纹连接一般采用锥接柱,这种连接方法接口较严密。连接最严密的是锥接锥,一般用于严密性要求高的管螺纹连接,如制冷管道与设备的螺纹连接。但这种圆锥形内螺纹加工需要专门的设备(如车床),加工较困难,故锥接锥的方式应用不多。

管子与丝扣阀门连接时,管子上加工的外螺纹长度应比阀门上内螺纹长度短 1~2 扣丝,以防止管子拧过头顶坏阀芯或胀破阀体。同理,管子外螺纹长度也应比所连接的配件的内螺纹略短些,以避免管子拧到头造成接口不严密的问题。

建筑给水系统中公称通径 $DN\leqslant100mm$ 的钢管子常采用螺纹连接,因此带有螺纹的管子配件是必不可少的。

管道配件主要用可锻铸铁或软钢制造。管件按镀锌或不镀锌分为镀锌管件(白铁管件)和不镀锌管件(黑铁管件)两种。

管件按其用途,可分为以下 6 种,如图 6-4 所示。

(1)管路延长连接用配件:管箍(套筒)、外丝(内接头)、外螺及接头(短外螺);

(2)管路分支连接用配件:三通、四通;

(3)管路转弯用配件:90°弯头、45°弯头;

(4)节点碰头连接用配件:根母(六方内丝)、活接头(由任)、带螺纹法兰盘;

(5)管子变径用配件:补心(内外丝)、异径管箍(大小头);

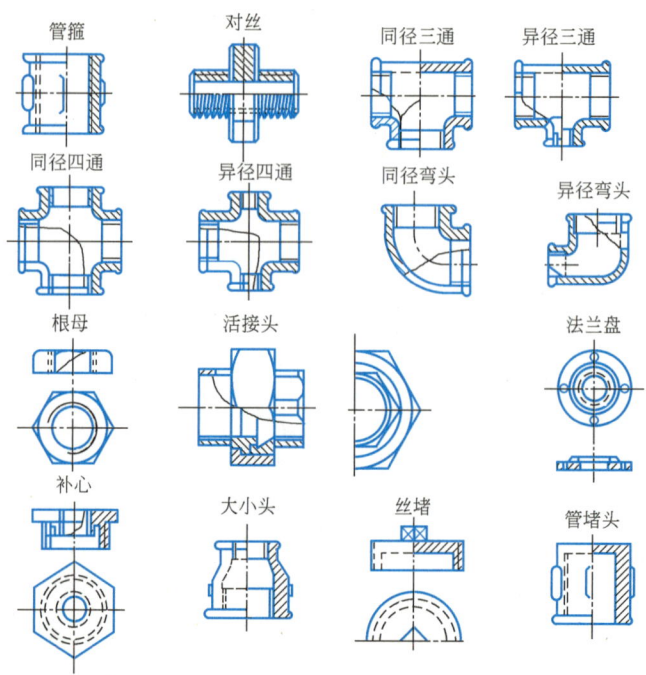

图 6-4 管道配件示意图

(6) 管子堵口用配件：丝堵、管堵头。

在管路连接中，一种管件不止一个用途。如异径三通，既是分支件，又是变径件，还是转弯件。因此在管路连接中，应以最少的管件，达到多重目的，以保证管路简捷、降低安装费用。

管子配件的试压标准：可锻铸铁配件应承受的公称压力不小于 0.8MPa；软钢配件承压不小于 1.6MPa。

管配件的圆柱形内螺纹应端正整齐无断丝，壁厚均匀一致，外形规整，镀锌件应均匀光亮，材质严密无砂眼。

管钳是螺纹接口拧紧常用的工具，有张开式和链条式两种，张开式管钳应用较广泛。管钳的规格以它的全长尺寸划分，每种规格能在一定范围内调节钳口的宽度，以适应不同直径的管子。安装不同管径的管子应选用对应号数的管钳，这是因为小管径若用大号管钳，易因用力过大而胀破管件或阀门；大直径的管子用小号管钳，费力且不容易拧紧，还易损坏管钳。使用管钳时，不准用管子套在管钳手柄上加力，以免损坏管钳或出安全事故。

2. 钢管焊接

焊接是钢管连接的主要形式。焊接的方法有手工电弧焊、气焊、手工氩弧焊、埋弧自动焊、埋弧半自动焊、接触焊和气压焊等。在现场焊接碳素钢管，常用的是手工电弧焊和气焊。手工氩弧焊由于成本较高，一般用于不锈钢管的焊接。埋弧自动焊、埋弧半自动焊、接触焊和气压焊等方法由于设备较复杂，施工现场采用较少，一般在管道预制加工厂采用。

电焊焊缝的强度比气焊焊缝强度高,并且比气焊经济,因此应优先采用电焊焊接。只有公称直径小于 80mm、壁厚小于 4mm 的管子才用气焊焊接。但有时因条件限制,不能采用电焊施焊的地方,也可以用气焊焊接公称直径大于 80mm 的管子。

(1) 管子坡口

管子坡口的目的是保证焊接的质量,因为焊缝必须达到一定熔深,才能保证焊缝的抗拉强度。管子需不需要坡口,与管子的壁厚有关。管壁厚度在 6mm 以内,采用平焊缝;管壁厚度在 6～12mm,采用 V 形焊缝;管壁厚度大于 12mm,而且管径尺寸允许工人进入管内焊接时,应采用 X 形焊缝,如图 6-5 所示。后两种焊缝必须进行管子坡口加工。

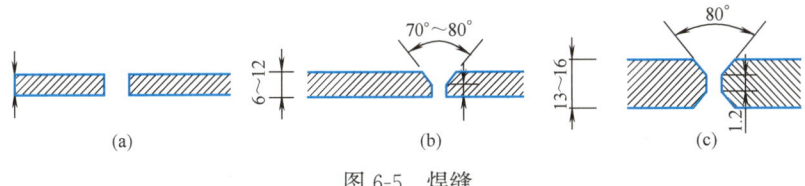

图 6-5 焊缝
(a) 平口;(b) V 形坡口;(c) X 形坡口

管子对口前,应将焊接端的坡口面及内外壁 10～15mm 范围内的铁锈、泥土、油脂等脏物清除干净。不圆的管口应进行修整。

管子坡口加工可分为手工及电动机械加工两种方法。手工加工坡口方法:大平钢锉锉坡口、风铲(压缩空气)打坡口以及用氧割割坡口等几种方法。其中以氧割割坡口用得较广泛,但氧割的坡口必须将氧化铁铁渣清除干净,并将凸凹不平处打磨平整。电动机械有手提砂轮磨口机和管子切坡口机。前者体积小,重量轻,使用方便,适合现场使用;后者坡口速度快、质量好,适宜于大直径管道坡口,一般在预制管加工厂使用。

(2) 管子对口

钢管焊接前,应进行管子对口。对口应使两管中心线在一条直线上,也就是被施焊的两个管口必须对准,允许的错口量(图 6-6)不得超过表 6-2 规定值。对口时,两管端的间隙(图 6-6)应在表 6-2 规定允许范围内。

管子焊接允许错口量、两管端间隙值　　　　　　　　表 6-2

| 管壁厚 $s$(mm) | 4～6 | 7～9 | ≥10 |
|---|---|---|---|
| 允许错口量 $\delta$(mm) | 0.4～0.6 | 0.7～0.8 | 0.9 |
| 间隙值 $a$(mm) | 1.5 | 2 | 2.5 |

(3) 电焊

电弧焊接简称电焊。分为自动焊接和手工焊接两种方式,大直径管道及钢制给水排水容器采用自动焊接既节省劳动力又可提高焊接质量和速度。手工电弧焊常用于施工现场钢管的焊接。手工电弧焊可采用直流电焊机或交流电焊机。用直流电焊接时电流稳定,焊接质量好。但施工现场往往只有交流电源,为使用方

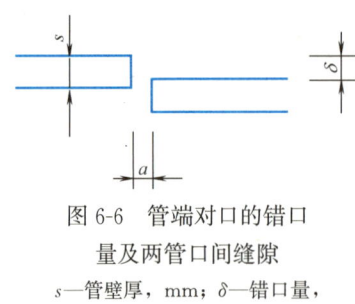

图 6-6 管端对口的错口
量及两管口间缝隙

$s$—管壁厚，mm；$\delta$—错口量，
mm；$a$—间隙值

便，施工现场一般采用交流焊机焊接。

1）电焊机。电焊机由变压器、电流调节器及振荡器等部件组成，各部件的作用是：变压器，当电源的电压为 220V 或 380V 时，经变压器后输出安全电压 55~65V（点火电压），供焊接使用。

振荡器，用以提高电流的频率，将电源 50Hz 的频率提高到 250000Hz，使交流电的交变间隔趋于无限小，增加电弧的稳定性，以利提高焊接质量。

2）电焊条。电焊条由金属焊条芯和焊药层两部分组成。焊药层易受潮，受潮的焊条在使用时不易点火起弧，且电弧不稳定易断弧，因此电焊条一般用塑料袋密封存放在干燥通风处，受潮的焊条不能使用或经干燥后使用。一般电焊条的直径不应大于焊件厚度，通常钢管焊接采用直径 3~4mm 的焊条。

3）焊接时的注意事项：

① 电焊机应放在干燥的地方，且有接地线。

② 禁止在易燃材料附近施焊。必须施焊时，需采取安全措施及 5m 以上的安全距离。

③ 管道内有水或有压力气体或管道和设备上的油漆未干均不得施焊。

④ 在潮湿的地方施焊时，焊工必须处在干燥的木板或橡胶垫上。

⑤ 电焊操作时必须戴防护面罩和手套，穿工作服和绝缘鞋。

4）焊接方法。根据焊条与管子之间的相对位置，焊接方法分为平焊、横焊、立焊、仰焊四种。平焊易于施焊，焊接质量易于保障，横焊、立焊、仰焊操作困难，焊接质量难以保障，故焊接时尽可能采用平焊焊法。

焊接口在熔融金属冷却过程中，会产生收缩应力，为了减少收缩应力，施焊前应将管口预热 15~20cm 的宽度，或采用分段焊法，也即将管周分成四段，按照间隔次序焊接。焊接口的强度一般不低于管材本身的强度，为此，采用多层焊法以保证质量。

5）焊接的质量检查。焊接完成后，应进行焊缝检查，检查项目包括外观检查和内部检查。外观检查项目有焊缝是否偏斜，有无咬边、焊瘤、弧坑、焊疤、焊缝裂缝、焊穿等现象；内部检查包括是否焊透，有无夹渣、气孔、裂纹等现象。焊缝内部缺陷可采用 X 或 γ 射线检查和超声波检查等。

（4）气焊

气焊是用氧-乙炔进行焊接。由于氧和乙炔的混合气体燃烧温度达 3100~3300℃，工程上借助此高温熔化金属进行焊接。气焊材料与设备及注意事项分述如下：

1）氧气。焊接用氧气要求纯度达到 98% 以上。氧气厂生产的氧气以 15MPa 的压力注入专用钢瓶（氧气瓶）内，送至施工现场或用户使用。

2）乙炔气。以前施工现场常用乙炔发生器生产乙炔气，既不安全，电石渣还污染环境。现在，乙炔气生产厂将乙炔气装入钢瓶，运送至施工现场或用户，既安全又经济，还不会产生环境污染。

3）高压胶管。用于输送氧气及乙炔气至焊炬，应有足够的耐压强度。气焊胶管长度一般不小于30m，质料要柔软便于操作。

4）焊枪。气焊的主要工具，有大、中、小三种型号。在施焊时，一般根据管壁厚度来选择适当的焊嘴和焊条。

5）焊条　气焊条又称焊丝。焊接普通碳素钢管道可用H08气焊条；焊接10号和20号优质碳素结构钢管道（$PN \leqslant 6MPa$）可用H08A或H15气焊条。

6）气焊操作要求。为了保证焊接质量，对要焊接的管口应坡口和钝边，同电焊一样，施焊时两管口间要留一定的间距。气焊的焊接方法及质量要求基本上与电焊相同。

7）气焊操作方法。气焊操作方法有左向焊法和右向焊法两种，一般应采用右向焊法。右向焊时焊枪在前面移动，焊条紧随在后，自左向右运动。施焊时，焊条末端不得脱离焊缝金属熔化处，以免氧深入焊缝金属，降低焊口机械性能，各道焊缝应一次焊毕，以减少接头。

8）气焊操作注意事项：

① 氧气瓶及压力调节器严禁沾油污，不可在烈日下曝晒，应置阴凉处注意防火。

② 乙炔气为易燃易爆气体，施工场地周围严禁烟火，特别要防止焊枪回火造成事故。

③ 在焊接过程中，若乙炔胶管脱落、破裂或着火时，应首先熄灭焊枪火焰，然后停止供气。若氧气管着火时应迅速关闭氧气瓶上阀门。

④ 施焊过程中，操作人员应戴口罩、防护眼镜和手套。

⑤ 焊枪点火时，应先开氧气阀，再开乙炔阀。灭火、回火或发生多次鸣爆时，应先关乙炔阀再关氧气阀。

⑥ 对管道进行气割前，应放空管道，禁止对有压管道进行气割作业。

3. 钢管法兰连接

法兰是固定在管口上的带螺栓孔的圆盘。凡经常需要检修或定期清理的阀门、管路附属设备与管子的连接常采取法兰连接。由于法兰连接是依靠螺栓的拉紧作用将两个法兰盘紧固在一起，所以法兰连接接合强度高、严密性好、拆卸安装方便。但法兰连接比其他接口耗费钢材多，造价高。

（1）法兰的种类

根据法兰与管子的连接方式，钢制法兰分为以下几种：

1）平焊法兰　给水排水管道工程中常用平焊法兰。这种法兰制造简单、成本低，施工现场既可采用成品，又可按国家标准在现场用钢板加工。平焊法兰可用于公称压力不超过2.5MPa、工作温度不超过300℃的管道上。平焊法兰示意图，如图6-7所示。

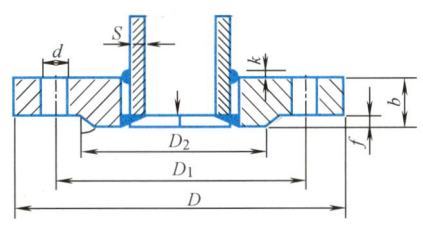

图6-7　平焊法兰示意图

2)对焊法兰　这种法兰本体带一段短管,法兰与管子的连接实质上是短管与管子的对口焊接,故称对焊法兰。一般用于公称压力大于4MPa或温度大于300℃的管道上。对焊法兰多采用锻造法制作,成本较高,施工现场大多采用成品。对焊法兰可制成光滑面、凸凹面、榫槽面、梯形槽等几种密封面,其中以前两种形式应用最为普遍。

3)铸钢法兰与铸铁螺纹法兰　铸钢法兰与铸铁螺纹法兰适用于水煤气输送钢管上,其密封面为光滑面。它们的特点是一面为螺纹连接,另一面为法兰连接,属低压螺纹法兰。

4)翻边松套法兰　翻边松套法兰属活动法兰,分为平焊钢环松套、翻边松套和对焊松套三种。翻边松套法兰由于不与介质接触,常用于有色金属管(铜管、铝管)、不锈钢管以及塑料管的法兰连接上。

5)法兰盖　法兰盖是中间不带管孔的法兰,供管道封口用,俗称盲板。法兰盖的密封面应与其相配的另一个法兰对应,压力等级与法兰相等。

(2)法兰与管子的连接方法

平焊法兰、对焊法兰与管子的连接,均采用焊接。焊接时要保持管子和法兰垂直。管口不得与法兰连接面平齐,应凹进1.3~1.5倍管壁厚度或加工成管台。

法兰的螺纹连接,适用于镀锌钢管与铸铁法兰的连接,或镀锌钢管与铸钢法兰的连接。

在加工螺纹时,管子的螺纹长度应略短于法兰的内螺纹长度,螺纹拧紧时应注意两块法兰的螺栓孔对正。若孔未对正,只能拆卸后重装,不能将法兰回松对孔,以保证接口严密不漏。

翻边松套法兰安装时,先将法兰套在管子上,再将管子端头翻边,翻边要平正成直角,无裂口损伤,不挡螺栓孔。

(3)接口质量检查

法兰的密封面(即法兰台)无论是成品还是自行加工,应符合标准无损伤。垫圈厚薄要均匀。所用垫圈、螺栓规格要合适,上螺栓时必须对称分2~3次拧紧,使接口压合严密。两个法兰的连接面应平正且互相平行。法兰接口平行度允许偏差应为法兰外径的1.5%,且不应大于2mm,螺孔中心允许偏差应为孔径的5%。应使用相同规格的螺栓,安装方向应一致,螺栓应对称紧固,紧固好的螺栓应露出螺母之外,但法兰连接用的螺栓拧紧后露出的螺纹长度不应大于螺栓直径的一半(约露出2~3扣螺纹)。与法兰接口两侧相邻的第一至第二个刚性接口或焊接接口,待法兰螺栓紧固后方可施工。

(4)法兰垫圈

法兰连接必须加垫圈,其作用为保证接口严密,不渗不漏。法兰垫圈厚度选择一般为3~5mm,垫圈材质根据管内流体介质的性质或同一介质在不同温度和压力的条件下选用,给水排水管道工程常采用以下几种垫圈:

1)橡胶板　橡胶板具有较高的弹性,所以密封性能良好。橡胶板按其性能可分为普通橡胶板、耐热橡胶板、夹布橡胶板、耐酸碱橡胶板等。在给水排水管道工程中,常用含胶量为30%左右的普通橡胶板和耐酸碱橡胶板作垫圈。这类橡胶板，属中等硬度，既具有一定的弹性、又具有一定的硬度，适用于温度不超过60℃、公称压力不大于1MPa的水、酸、碱及真空管路的法兰上。

2）石棉橡胶板　石棉橡胶板是用橡胶、石棉及其他填料经过压缩制成的优良垫圈材料，广泛地用于热水、蒸汽、燃气、液化气以及酸、碱等介质的管路上。石棉橡胶板分为普通石棉橡胶板和耐油石棉橡胶板两种。普通石棉橡胶板按其性能又分为低、中、高压三种。低压石棉橡胶板适用于温度不超过200℃、公称压力不大于1.6MPa的给水排水管路上。中、高压石棉橡胶板一般用于工业管路上。

法兰垫圈的使用要求：法兰垫圈的内径略大于法兰的孔径，外径应小于相对应的两个螺栓孔内边缘的距离，使垫圈不妨碍上螺栓；为便于安装，用橡胶板垫圈时，在制作垫圈时，应留一呈尖三角形伸出法兰外的手把；一个接口只能设置一个垫圈，严禁用双层或多层垫圈来解决垫圈厚度不够或法兰连接面不平整的问题。

## 6.3　非金属管的连接

### 6.3.1　管材与管件

建筑给水排水非金属管常用塑料管。塑料管按制造原料的不同，分为硬聚氯乙烯管（PVC-U管）、聚乙烯塑料管（PE管）、聚丙烯管（PP管）、聚丁烯管（PB管）和工程塑料管（ABS管）等。塑料管的共同特点是质轻、耐腐蚀好、管内壁光滑、流体摩擦阻力小、使用寿命长，可替代金属管用于建筑给水排水、城市给水排水、工业给水排水和环境工程。

1. 硬聚氯乙烯管（PVC-U管）

硬聚氯乙烯管又称 PVC-U 管。按采用的生产设备及其配方工艺，PVC-U 管分为给水用 PVC-U 管和排水用 PVC-U 管。

给水用 PVC-U 管的质量要求是用于制造 PVC-U 管的树脂中，含有已被国际医学界普遍公认的对人体致癌物质氯乙烯单体不得超过 5mg/kg；对生产工艺上所要求添加的重金属稳定剂等，应符合相关标准的要求。给水用 PVC-U 管材分 3 种形式：①平头管材；②粘接承口端管材；③弹性密封圈承口端管材。给水用 PVC-U 管件按不同用途和制作工艺分为 6 类：

(1) 注塑成型的 PVC-U 粘接管件；

(2) 注塑成型的 PVC-U 粘接变径接头管件；

(3) 转换接头；

(4) 注塑成型的 PVC-U 弹性密封圈承口连接件；

(5) 注塑成型的 PVC-U 弹性密封圈与法兰连接转换接头；

(6) 用 PVC-U 管材二次加工成型的管件。

2. 排水硬聚氯乙烯（PVC-U）管

排水硬聚氯乙烯（PVC-U）管常用于室内排水管，具有重量轻、价格低、阻力小、排水量大、表面光滑美观、耐腐蚀、不易堵塞、安装维修方便等优点。

排水硬聚氯乙烯管件，主要有带承插口的 T 形三通和 90°肘形弯头，带承插口的三通、四通和弯头。除此之外，还有 45°弯头、异径管和管接头（管箍）等。

3. 聚乙烯塑料管（PE 管）

聚乙烯塑料管也叫铝塑复合管，多用于压力在 0.6MPa 以下的给水管道，以代替金属管，主要用于建筑内部给水管，多采用热熔连接和螺纹连接。其管件也为聚乙烯制品。

聚乙烯夹铝复合管是目前国内外都在大力发展和推广应用的新型塑料金属复合管，现在常常用于"一户一表"城市建筑给水管道改造工程。该管由中间层纵焊铝管、内外层聚乙烯以及铝管与内外层聚乙烯之间的热熔胶共挤复合而成。具有无毒、耐腐蚀、质轻、机械强度高、耐热性能好、脆化温度低、使用寿命较长等特点。

明装的管道，外层颜色宜为黑色。一般用于建筑内部工作压力不大于 1.0MPa 的冷热水、空调、采暖和燃气等管道，是镀锌钢管和铜管的替代产品。这种管材属小管径材料，卷盘供应，每卷长度一般为 50～200m。用途代号为"L"、外层颜色为白色者用于冷水管；用途代号为"R"、外层颜色为橙红色者用于热水管。热水管管材可用于冷水管，而冷水管管材不得用于热水管。

铝塑复合管不宜在室外明装，当需要在室外明装时，管道应布置在不受阳光直接照射处或有遮光措施。结冻地区室外明装的管道，应采取防冻措施。

铝塑复合管在室内铺设时，宜采用暗敷。暗敷方式包括直埋和非直埋两种：直埋铺设指嵌墙铺设和在楼面的找平层内铺设，不得将管道直接埋设在结构层中；非直埋铺设指将管道在管道井内、吊顶内、装饰板后铺设，以及在地坪的架空层内铺设。

建筑内直埋铺设在楼面找平层内的管道，在走道、厅、卧室部位宜沿墙脚铺设；在厨房、卫生间内宜设分水器，并使各分支管以最短距离到达各配水点。

明敷给水管道不得穿越卧室、贮藏室、变配电间、计算机房等遇水损坏设备或物品的房间，不得穿越烟道、风道、便槽。管道不宜穿越建筑物沉降缝、伸缩缝，当一定要穿越时，管道应有相应的补偿措施。

给水管道应远离热源，立管距灶边的净距不得小于 0.4m，距燃气热水器的距离不得小于 0.2m，不满足此要求时应采用隔热措施。

直埋铺设的管道应采用整条管道，中途不应设三通接出分支管。阀门应设在直埋管道的端部。室外明装的无保温或保冷层的管道，应有遮蔽阳光的措施，可外缠两道黑色聚乙烯薄膜。

室内明装的管道，宜在内墙面粉刷层（或贴面层）完成后进行安装；直埋暗敷的管道，应配合土建施工同时进行安装。截断管道应使用专用管剪或管子割刀。

管道直接弯曲时，公称外径不大于 25mm 的管道可采用在管内放置专用弹簧用手加力弯曲；公称外径为 32mm 的管道宜采用专用弯管器弯曲。

暗敷在吊顶、管井内的管道，管道表面（有保温层时按保温层表面计）与周围墙、板面的净距离不宜小于 50mm。

管道穿越混凝土屋面、楼板、墙体等部位，应按设计要求配合土建预留孔洞或预留套管，孔洞或套管的内径宜比管道公称外径大 30～40mm。

管道穿越屋面、楼板部位，应做防渗措施，可按下列规定施工：贴近屋面或楼板的底部，应设置管道固定支承件；预留孔或套管与管道之间的环形缝隙，用 C15 细石混凝土或 M15 膨胀水泥砂浆分两次嵌缝，第一次嵌缝至板厚的 2/3 高度，待达到 50%强度后进行第二次嵌缝至板面平，并用 M10 水泥砂浆抹高、宽不小于 25mm 的三角灰。

管道穿越地下室外壁或混凝土池壁时，必须配合土建预埋带有止水翼环的金属套管，套管长度不应小于 200mm，套管内径宜比管道公称外径大 30～40mm。

管道安装完后，对套管与管道之间的环形缝隙进行嵌缝；先在套管中部塞 3 圈以上油麻，再用 M10 膨胀水泥砂浆嵌缝至平套管。

管道的水压试验步骤：

试验压力为管道工作压力的 1.5 倍，但不得小于 0.6MPa；工程监理单位应派人参加水压试验的全过程；将试压管段各配水点封堵，缓慢注水，同时将管内空气排出；管道充满水后，进行水密性检查；对系统进行加压，加压应采用手压泵缓慢升压，升压时间不应小于 10min；升压至规定的试验压力后，停止加压，稳压 1h，观察各接口部位应无渗漏现象；稳压 1h 后，再补压至规定的试验压力值，15min 内，压力降不超过 0.05MPa 为合格；以上步骤的水压试验合格后，再进行试压试验，将系统再次升压至试验压力值，持续 3h，压力不降至 0.6MPa，且无渗漏现象为合格。

水压试验合格后，填写水压试验记录并签字。

管道试压合格后，将管道内的水放空，各配水点与配水件连接后，进行管道消毒，向管道系统内灌注含 20～30mg/L 有效氯的溶液，浸泡 24h 以上。消毒结束后，放空管道内的消毒液，用生活饮用水冲洗管道，至各末端配水件出水水质符合现行国家标准《生活饮用水卫生标准》GB 5749 为止。再将管道系统升压至 0.6MPa，检查各配水件接口应无渗漏方可交付使用。

4. 聚丙烯管（PP 管）

聚丙烯管是以石油炼制厂的丙烯气体为原料聚合而成的聚烯族热塑料管材。由于原料来源丰富，因此价格便宜。聚丙烯管是热塑性管材中材质最轻的一种管材，呈白色蜡状，比聚乙烯透明度高。强度、刚度和热稳定性也高于聚乙烯管。

聚丙烯管多用作化学废料排放管、化验室排水管、盐水处理管及盐水管道。由于材质轻、吸水性差及耐腐蚀，常用于灌溉、水处理及农村给水系统。

5. 聚丁烯管（PB 管）

聚丁烯管重量很轻。该管具有独特的抗冷变形性能，故机械密封接头能保持紧密，抗拉强度在屈服极限以上时，能阻止变形，使之能反复绞缠而不折断。

聚丁烯管材在温度低于 80℃时，对皂类、洗涤剂及很多酸类、碱类有良好的稳定性。室温时对醇类、醛类、酮类、醚类和酯类有良好的稳定性。但易受某些芳香烃类和氯化溶剂侵蚀，温度越高越显著。

聚丁烯管不污染，抗细菌、藻类和霉菌。因此可用作地下管道，其正常使用寿命一般为50年。

聚丁烯管主要用于给水管、热水管及燃气管道。在化工厂、造纸厂、发电厂、食品加工厂、矿区等也广泛采用聚丁烯管作为工艺管道。

6．工程塑料管（ABS管）

工程塑料管是丙烯腈-丁二烯-苯乙烯的共混物，属热塑性管材。

ABS管质轻，具有较高耐冲击强度和表面硬度在－40～100℃范围内仍能保持韧性、坚固性和刚度，并不受电腐蚀和土壤腐蚀，因此宜作地埋管线。ABS管表面光滑，具有优良的抗沉积性，能保持热量，不使油污固化、结渣、堵塞管道，因此被认为是在高层建筑内取代排水铸铁管排水、透气的理想管材。

ABS管适用于室内外给水、排水、纯水、高纯水、水处理用管。尤其适合输送腐蚀性强的工业废水、污水等。它是一种能取代不锈钢管、铜管的理想管材。

### 6.3.2 连接方法

给水用PVC-U管连接方法采用粘接和弹性密封圈连接两种。排水硬聚氯乙烯管一般采取承插粘接。聚丙烯管可采用焊接、热熔连接和螺纹连接，又以热熔连接最为可靠。聚丁烯管可采用热熔连接，其连接方法及要求与聚丙烯管相同，小口径管也可以采取螺纹连接。ABS管常采用承插粘接接口，在与其他管道连接时，可采取螺纹、法兰等过渡接口。

热熔接口是聚乙烯、聚丙烯、聚丁烯等热塑性管材主要接口形式。小口径的上述管材常采用承插热熔连接，大口径管通常采用对接连接。用热熔接口连接时应将特制的熔接加热模加热至一定温度，当被连接表面由熔接加热模加热至熔融状态（管材及管件的表面和内壁呈现一层黏膜）时，迅速将两连接件用外力紧压在一起，冷却后即连接牢固。

聚乙烯夹铝复合管的连接采取卡套式或扣压式接口。卡套式适合于规格不大于$DN25×2.5$的管子；扣压式适合于规格不小于$DN32×3$的管子。卡套式连接应按下列程序进行：按设计要求的管径和现场复核后的管道长度截断管道；检查管口，如发现管口有毛刺、不平整或端面不垂直管轴线时，应修正；用专用刮刀将管口处的聚乙烯内层削坡口，坡角为20°～30°，深度为1.0～1.5mm，且应用清洁的纸或布将坡口残屑擦干净；用整圆器将管口整圆；将锁紧螺母、C形紧箍环套在管上，用力将管芯插入管内，至管口达管芯根部；将C形紧箍环移至距管口0.5～1.5mm处，再将锁紧螺母与管件体拧紧。

## 6.4 管道安装

### 6.4.1 给水管安装

建筑给水管道所用的管材、配件、阀门等应根据施工图的设计选用。

建筑给水管道安装顺序为：

引入管 → 干管 → 立管 → 支管 → 水压试验合格 → 卫生器具或用水设备或配水器具 → 竣工验收

1. 引入管的安装

建筑物的引入管一般只设一条管，布置的原则是引入管应靠近用水量最大或不允许间断供水的地方引入，这样可以使大口径管道最短，供水比较可靠，当用水点分布比较均匀时，可从建筑物的中部引入，这样可使水压平衡。当建筑物内用水设备不允许间断供水或消火栓设置总数在 10 个以上时，可设置两条引入管，一般应从室外管网的不同侧引入。

引入管安装时，应尽量与建筑物外墙轴线相垂直，这样穿过基础或外墙的管段最短。引入管的安装，大多为埋地铺设，埋设深度应满足设计要求，如设计无要求，需根据当地土的冰冻深度及地面载荷情况，参照室外给水接管点的埋深而定。

引入管穿过承重墙或基础时，必须注意对管道的保护，防止基础下沉而破坏管子。

引入管的安装宜采取管道预埋或预留孔洞的方法。引入管铺设在预留孔洞内或直接进行引入管预埋，均要保证管顶距孔洞壁的距离不小于 100mm。预留孔与管道间空隙用黏土填实，两端用水泥砂浆封口。图 6-8 为引入管穿墙基础；图 6-9

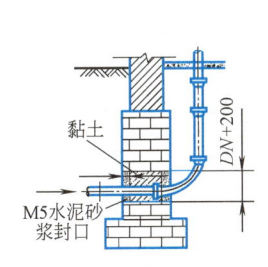

图 6-8 引入管穿墙基础图

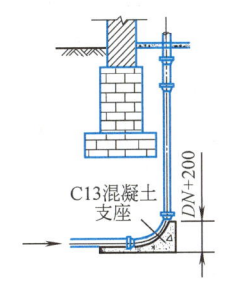

图 6-9 引入管由基础下部进室内大样图

为引入管由基础下部进室内做法。当引入管穿越地下室外墙时，应采取防水措施，其做法见图 6-10。

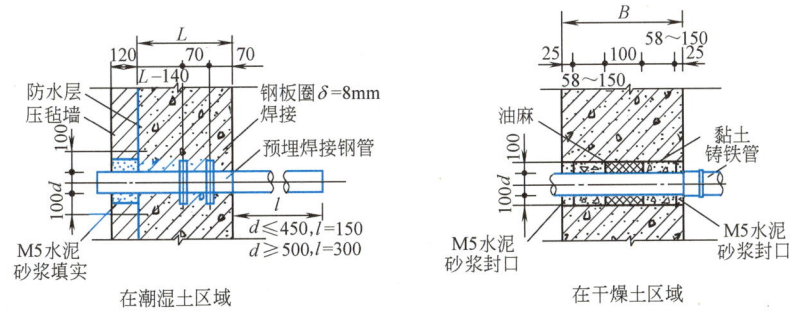

图 6-10 引入管穿地下室墙壁做法内大样图

引入管上设有阀门或水表时，应与引入管同时安装，并做好防护设施，防止损坏。

引入管铺设时,为便于维修时将室内系统中的水放空,其坡度应不小于0.003,坡向室外。

当有两条引入管在同一处引入时,管道之间净距应不小于0.1m,以便安装和维修。

2. 建筑内部给水管道的安装

建筑内部给水管道的安装方法有直接施工和预制化施工两种。直接施工是在已建建筑物中直接实测管道、设备安装尺寸,按部就班进行施工的方法。这种施工方法较落后,施工进度较慢。但由于土建结构尺寸不甚严密,安装时宜在现场根据不同部位实际尺寸测量下料,对建筑物主体工程用砌筑法施工时常采用这种方法。预制化施工是在现场安装之前,按建筑内给水系统的施工安装图和土建有关尺寸预先下料、加工、部件组合的施工方法。这种方法要求土建结构施工尺寸准确,预留孔洞及预埋套管、铁件的尺寸、位置无误(为此现在常采用机械钻孔而不必留孔)。这种方法还要求施工安装人员下料、加工技术水平高,准备工作充分。这种方法可提高施工的机械化程度和加快现场安装速度,保证施工质量,降低施工成本,是一种比较先进的施工法。随着建筑物主体工程采用预制化、装配化施工以及整体式卫生间等的推广使用,给水排水系统实行预制化施工会越来越普遍。

这两种施工方法都需进行测线,只不过前者是现场测线,后者是按图测线。给水设计图只给出了管道和卫生器具的大致平面位置,所以测线时必须有一定的施工经验,除了熟悉图纸外,还必须了解给水工程的施工及验收规范、有关操作规程等,才能使下料尺寸准确,安装后符合质量标准的要求。

测线计量尺寸时经常要涉及下列几个尺寸概念:

(1)构造长度——管道系统中两零件或设备中心线之间(轴)的长度。如两立管之间的中心距离、管段零件与零件之间的距离等,如图6-11所示。

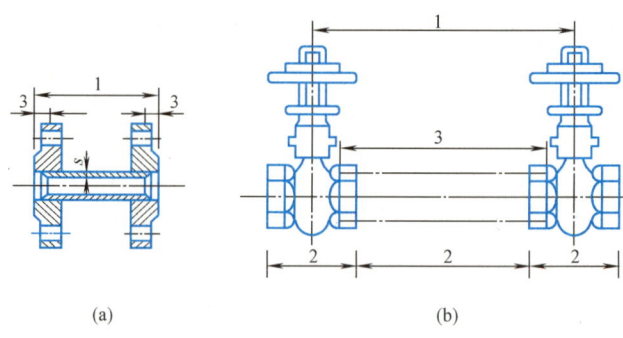

图6-11 管道的加工(下料)长度
1—构造长度;2—安装长度;3—预制加工长度

(2)安装长度——零件或设备之间管子的有效长度。安装长度等于构造长度减去管子零件或接头装配后占去的长度,如图6-11所示。

(3)预制加工长度——管子所需实际下料尺寸。对于直管段其加工长度就等于安装长度。对于有弯曲的管段其加工长度不等于安装长度,下料时要考虑揻弯的加工要求来确定其加工长度。法兰连接时确定加工长度应注意扣去垫片的厚度。

安装管子主要解决切断与连接、调直与弯曲两对矛盾。将管子按加工长度下料，通过加工连接成符合构造长度要求的管路系统。

测线计量尺寸首先要选择基准，基准选择正确，配管才能准确。建筑内部给水排水管道安装所用的基准为水平线、水平面和垂直线、垂直面。水平面的高度除可借助土建结构，如地坪标高、窗台标高外，还需用钢卷尺和水平尺，要求精度高时用水准仪测定。角度测量可用直角尺，要求精度高时用经纬仪。决定垂直线一般用细线（绳）或尼龙丝及重锤吊线，放水平线时用细白线（绳）拉直即可。安装时应弄清管道、卫生器具或设备与建筑物的墙、地面的距离以及竣工后的地坪标高等，保证竣工时这些尺寸全面符合质量要求。如墙面未抹灰就安装管道时则应留出抹灰厚度。

通过实测确定了管道的构造长度，可以用计算法和比量法确定安装长度。根据管配件、阀门的外形尺寸和装入管配件、阀门内螺纹长度，计算出管段的安装长度，此为计算法。比量下料法是在施工现场按照测得的管道构造长度，用实物管配件或阀门比量的方法直接在管子上决定其加工长度，做好记号然后进行下料。

室内给水管道的安装，根据建筑物的结构形式、使用性质和管道工作情况，可分为明装和暗装两种形式。

明装管道在安装形式上，又可分为给水干管、立管及支管均为明装以及给水干管、立管及支管部分明装两种。暗装管道就是给水管道在建筑物内部隐蔽铺设。在安装形式上，常将暗装管道分为全部管道暗装和供水干管、立管及支管部分暗装两种。

（1）给水干管安装

明装管道的给水干管安装位置，一般在建筑物的地下室顶板下或建筑物的顶层顶棚下。给水干管安装之前应将管道支架安装好。管道支架必须装设在规定的标高上，一排支架的高度、形式、离墙距离应一致。为减少高空作业，管径较大的架空铺设管道，应在地面上进行组装，将分支管上的三通、四通、弯头、阀门等装配好，经检查尺寸无误，方可进行吊装。吊装时，吊点分布要合理，尽量不使管子过分弯曲。在吊装中，要注意操作安全。各段管子起吊安装在支架上后，立即用螺栓固定好，以防坠落。

架空铺设的给水管，应尽量沿墙、柱子铺设，大管径管子装在里面，小管径管子装在外面，同时管道应避免对门窗开闭的影响。干管与墙、柱、梁、设备以及另一条干管之间应留有便于安装和维修的距离，通常管道外壁距墙面不小于100mm，管道与梁、柱及设备之间的距离可减少到50mm。

暗装管道的干管一般设在设备层、地沟或建筑物的顶棚里，或直接铺设于地面下。当铺设在顶棚里时，应考虑冬季的防冻、保温措施；当铺设在地沟内，不允许直接铺设在沟底，应铺设在支架上。直接埋地的金属管道，应进行防腐处理，有关管道防腐处理见教学单元9有关内容。

(2) 给水立管安装

给水立管安装之前，应根据设计图纸弄清各分支管之间的距离、标高、管径和方向，应十分注意安装支管的预留口的位置，确保支管的方向坡度的准确性。明装管道立管一般设在房间的墙角或沿墙、梁、柱铺设。立管外壁至墙面净距：当管径 $DN \leqslant 32mm$ 时，应为 25～35mm；当管径 $DN > 32mm$ 时，应为 30～50mm。明装立管应垂直，其偏差每米不得超过 2mm；高度超过 5m 时，总偏差不得超过 8mm。

给水立管管卡安装，层高不大于 5m，每层需安装 1 个；层高大于 5m，每层不得少于 2 个。管卡安装高度，距地面为 1.5～1.8m，2 个以上管卡可均匀安装。

立管穿楼板应加钢制套管，套管直径应大于立管 1～2 号，套管可采取预留或现场打洞安装。安装时，套管底部与楼板底部平齐，套管顶部应高出楼板地面 10～20mm，立管的接口不允许设在套管内，以免维修困难。

如果给水立管出地坪设阀门时，阀门应设在距地坪 0.5m 以上，并应安装可拆卸的连接件（如活接头或法兰），以便于操作和维修。

暗装管道的立管，一般设在管道井内或管槽内，采用型钢支架或管卡固定，以防松动。设在管槽内的立管安装一定要在墙壁抹灰前完成，并应做水压试验，检查其严密性。各种阀门及管道活接件不得埋入墙内，设在管槽内的阀门，应设便于操作和维修的检查门。

(3) 横支管安装

横支管的管径较小，一般可集中预制、现场安装。明装横支管，一般沿墙铺设，并设 0.002～0.005 的坡度坡向泄水装置。横支管安装时，要注意管子的平直度，明装横支管绕过梁、柱时，各平行管上的弧形弯曲部分应平行。水平横管不应有明显的弯曲现象，其弯曲的允许偏差为：管径 $DN \leqslant 100mm$ 时，每 10m 为 5mm；管径 $DN > 100mm$ 时，每 10m 为 10mm。

冷、热水管上下平行安装，热水管应在冷水管上面；垂直并行安装时，热水管应装在冷水管左侧，其管中心距为 80mm。在卫生器具上安装冷、热水龙头时，热水龙头应装在左侧，冷水龙头应装在右侧。

横支管一般采用管卡固定，固定点一般设在配水点附近及管道转弯附近。

暗装的横支管铺设在预留或现场剔凿的墙槽内，应按卫生器具接口的位置预留好管口，并应加临时管堵。

3. 热水管道安装

热水供应管道的管材一般为镀锌钢管、螺纹连接。宾馆、饭店、高级住宅、别墅等建筑宜采用铜管、承插口钎焊连接。

热水供应系统按照干管在建筑内布置位置有下行上给和上行下给两种方式。热水干管根据所选定的方式可以铺设在室内管沟、地下室顶部、建筑物顶棚内或设备层内。一般建筑物的热水管道铺设在预留沟槽、管井内。

管道穿过墙壁和楼板，应设置薄钢板或钢制套管。安装在楼板内的套管，其顶部应高出地面 20mm，底部应与楼板底面相平；安装在墙壁内的套管，其两端应与饰面相平。所有横支管应有与水流相反的坡度，便于泄水和排气，坡度一般为 0.003，但不得小于 0.002。

横干管直线段应设置足够的伸缩器。上行式配水横干管的最高点应设置排气装置，管网最低点设置泄水阀门或丝堵，以便放空管网存水。对下行上给全循环管网，为了防止配水管网中分离出的气体被带回循环管，应将每根立管的循环管始端都接到其相应配水立管最高点以下 0.5m 处。

一般干管离墙距离远，立管离墙距离近，为了避免热伸长所产生的应力破坏管道，两者连接点处常用处理立管的连接方法。当楼层较多时，这样的连接方法还可改善立管热胀冷缩的性能。

为了减少散热，热水系统的配水干管、水加热器、贮水罐等，一般要进行保温。保温所用绝热材料及施工方法见教学单元 9 有关内容。

4. 消防管道安装

建筑消防给水系统按功能上的差异可分为消火栓消防系统、自动喷水消防系统及水幕消防系统三类。

建筑消防给水管道的管材选用一般为：单独设置的消防管道系统，采用无缝钢管或焊接钢管，焊接和法兰连接；消防和生活共用的消防管道系统，采用镀锌钢管，管径 $DN \leqslant 100mm$ 时，为螺纹连接；管径 $DN > 100mm$ 时，采用镀锌处理的无缝钢管或焊接钢管，焊接或法兰连接。焊接部分应作防腐处理。

(1) 消火栓消防系统管道安装

消火栓消防系统由水枪、水带、消火栓、消防管道等组成。水枪、水带、消火栓一般设在便于取用的消火栓箱内。消火栓消防管道由消防立管及接消火栓的短支管组成。独立的消火栓消防给水系统，消防立管直接接在消防给水系统上；与生活饮用水共用的消火栓消防系统，其立管从建筑给水管上接出。消防立管的安装应注意短支管的预留口位置，要保证短支管的方向准确。而短支管的位置和方向与消火栓有关。即安装室内消火栓，栓口应朝外，栓口中心距地面为 1.1m。阀门距消火栓箱侧面为 140mm，距箱后内表面为 100mm。安装消火栓水龙带，水龙带与水枪和快速接头绑扎好后，应根据箱内构造将水龙带挂在箱内的挂钉或水龙带盘上，以便有火警时，能迅速启动。

(2) 自动喷水和水幕消防管道的安装

自动喷水装置是一种能自动作用喷水灭火，同时发出火警信号的消防设备。这种装置多设在人员密集、火灾危险性较大、起火蔓延很快的公共场所。

自动喷水消防系统由闭式洒水喷头、管网、控制信号阀和水源（供水设备）等所组成。

水幕消防装置是将水喷洒成帘幕状，用于隔绝火源或冷却防火隔绝物，防止火势蔓延，以保护着火邻近地区的房屋建筑、人员免受威胁。一般由洒水喷头、管网、控制设备、水源四部分组成。

自动喷水和水幕消防管网所用管材，可选择镀锌焊接钢管、镀锌无缝钢管，采取焊接或螺纹连接。如设计无要求，充水系统，可采取螺纹连接或焊接；充气或气水交替系统，应采用焊接。横支管应有坡度，充水系统的坡度不小于 0.002，充气系统和分支管的坡度，应不小于 0.004，坡向配水立管，以便泄空检修。不同管径的连接，避免采用补心，而应采用异径管（大小头），在弯头上不得采用补心，在三通上至多用一个补心，四通上至多用两个补心。

安装自动喷水消防装置，应不妨碍喷头喷水效果。如设计无要求时，应符合下列规定：吊架与喷头的距离，应不小于 300mm；距末端喷头的距离不大于 750mm；吊架应设在相邻喷头间的管段上，当相邻喷头间距不大于 3.6m，可设一个；小于 1.8m，允许隔段设置。在自动喷水消防系统的控制信号阀门前后，应设阀门。在其后面管网上不应安装其他用水设备。

### 6.4.2 排水管安装

建筑内部排水系统一般可分为生活污水排水系统、工业废水排水系统、雨雪水排水系统三类。生活污水排水系统，是指排除人们日常生活中的盥洗、洗涤污水和粪便污水的排水系统，是一种最广泛使用的建筑内部排水系统。

1. 生活污水排水系统及其组成

生活污水排水管道系统，一般由卫生器具排水管、排水支管（横管）、立管、排出管、通气设备和清通设备等组成。按铺设方式，分为明装和暗装两种。

（1）卫生器具排水管　卫生器具排水管是指连接卫生器具和排水支管（横管）之间的短管，除坐式大便器外，通常都设了存水弯。卫生器具排水管一般穿楼板安装。

（2）排水横支管　排水横支管是连接卫生器具排水管和排水立管的一段管道。在建筑物底层，它通常埋地铺设，也可以铺设在地沟、地下室地面上或顶板下。在建筑物其他各层，明装时它悬吊在楼板下或沿墙铺设在地面上，暗装时它设在吊顶内或沿墙铺设在地面管槽内。

（3）排水立管　排水立管的作用是将各层排水支管的污水收集并排至排出管。排水立管明装时沿墙、柱铺设，宜设在墙角；暗装时可铺设在管井或管槽内。

（4）出户管　出户管是排水立管与室外第一座检查井之间的连接管道。它的作用是接受一根或几根排水立管的污水并排至室外排水管网的检查井中去。它通常埋设在地下，也可以铺设在地下室顶棚下或地面上，还可以铺设在地沟里。由于出户管常因使用不当易堵塞而影响建筑物底层正常使用，所以建筑物底层常单独设出户管。

（5）通气管和辅助通气管　通气管是指最高层卫生器具以上并延伸至屋顶以上的一段立管。如建筑物层数较多或者在同一排水支管（横管）上的卫生器具较多时，应设置辅助通气管和辅助通气立管。通气管或辅助通气管的作用是使室内外排水管道与大气相通，使排水管道中的臭气和有害气体排至大气中，而且还能防止存水弯中的水封被破坏，保证排水管道中的水流畅通。

（6）清通设备　清通设备包括检查口（用于清通排水立管）、清扫口（用于清通排水支管）和检查井等，用于清通排水管道，保证水流畅通，是排水系统中不可缺少的部分。

另外，当建筑物有地下室，污水不能自流排除时，应设置污水提升泵，将污水提升排除；若污水需进行处理，还应设局部污水处理设施，如化粪池、接触消毒池等。

2. 室内排水管安装

室内排水管的安装一般先安装出户管，然后安装排水立管和排水支管，最后安装卫生器具。

（1）出户管安装

出户管的安装宜采取排出管预埋或预留孔洞方式。当土建砌筑基础时，将出户管按设计坡度，承口朝来水方向铺设，安装时一般按标准坡度，但不应小于最小坡度，坡向检查井。为了减小管道的局部阻力和防止污物堵塞管道，出户管与排水立管的连接，应采用两个45°弯头连接。排水管道的横管与横管、横管与立管的连接应采用45°三通或45°四通和90°斜三通或90°斜四通。预埋的管道接口处应进行临时封堵，防止堵塞。

管道穿越房屋基础应作防水处理。排水管道穿过地下室外墙或地下构筑物的墙壁处，应设刚性或柔性防水套管。防水套管的制作与安装可参见《全国通用给水排水标准图集2　防水套管》02S404。

排出管的埋深：在素土夯实地面，应满足排水铸铁管管顶至地面的最小覆土厚度0.7m；在水泥等路面下，最小覆土厚度不小于0.4m。

（2）排水立管安装

排水立管在施工前应检查楼板预留孔洞的位置和大小是否正确，未预留或留的位置不对，应重新打洞。

立管通常沿墙角安装，立管中心距墙面的距离应以不影响美观、便于接口操作为适宜。一般立管管径$DN50\sim DN75$时，距墙110mm左右；$DN100$时，距墙140mm；$DN150$时，距墙180mm左右。

排水立管安装宜采取预制组装法，即先实测建筑物层高，以确定立管加工长度，然后进行立管上管件预制，最后分楼层由下而上组装。排水立管预制时，应注意下列管件所在位置：

1）检查口设置及标高。排水立管每两层设置一个检查口，但最底层和有卫生器具的最高层必须设置。检查口中心距地面的距离为1m，允许偏差±20mm，并且至少高出该层卫生器具上边缘0.15m。

2）三通或四通设置及标高。排水立管上有排水横支管接入时，需设置三通或四通管件。当支管沿楼层地面安装时，其三通或四通口中心至地面距离一般为100mm左右；当支管悬吊在楼板下时，三通或四通口中心至楼板底面距离为350～400mm。此间距太小不利于接口操作；间距太大影响美观，且浪费管材。

立管在分层组装时，必须注意立管上检查口盖板向外，开口方向与墙面成45°夹角；设在管槽内立管检查口处应设检修门，以便对立管进行清通。还应注意三通口或四通口的方向要准确。

立管必须垂直安装，安装时可用线坠校验检查，当达到要求再进行接口。立管的底部弯管处应设砖支墩或混凝土支墩。

伸顶通气管应高出屋面0.3m，并且应大于最大积雪厚度。经常有人活动的平屋顶，伸顶通气管应高出屋面 2m。通气口上应做网罩，以防落入杂物。伸顶通气管伸出屋面应作防水处理。

（3）排水横支管安装

立管安装后，应按卫生器具的位置和管道规定的坡度铺设排水支管。排水支管通常采取加工厂预制或现场地面组装预制，然后现场吊装连接的方法。排水支管预制过程主要有测线、下料切断、连接、养护等工序。

测线要依据卫生器具、地漏、清通设备和立管的平面位置，对照现场建筑物的实际尺寸，确定各卫生器具排水口、地漏接口和清通设备的确切位置，实测出排水支管的建筑长度，再根据立管预留的三通或四通高度与各卫生器具排水口的标准高度，并考虑坡度因素求得各卫生器具排水管的建筑高度。

在实测和计算卫生器具排水管的建筑高度时，必须准确地掌握土建实际施工的各楼层地坪高度和楼板实际厚度，根据卫生器具的实际构造尺寸和国标大样图准确地确定其建筑尺寸。

测线工作完成后，即可进行下料，其关键在于计算是否正确。计算下料先要弄清管材、管件的安装尺寸，再按测线所得的构造尺寸进行计算。

排水支管连接时要算好坡度，接口要直，排水支管组装完毕后，应小心靠墙或贴地坪放置，不得绊动，接口湿养护时间不少于 48h。

排水支管吊装前，应先设置支管吊架或托架，吊架或托架间距一般为 1.5m 左右，宜设在支管的承口处。

吊装方法一般用人工绳索吊装，吊装时应不少于两个吊点，以便吊装时使管段保持水平状态，卫生器具排水管穿过楼板调整好，待整体到位后将支管末端插入立管三通或四通内，用吊架吊好，采取水平尺测量并调整吊杆顶端螺母以满足支管所需坡度。最后进行立管与支管的接口，并进行养护。在养护期，吊装的绳索若要拆除，则需用不少于两处吊点的粗钢丝固定支管。

伸出楼板的卫生器具排水管，应进行有效的临时封堵，以防施工时杂物落入堵塞管道。

3. 硬聚氯乙烯排水管安装

硬聚氯乙烯（PVC-U）排水管具有重量轻、价格低、阻力小、排水量大、表面光滑美观、耐腐蚀、不易堵塞、安装维修方便等优点，在建筑排水系统中应用硬聚氯乙烯管，有逐渐取代传统排水铸铁管的趋势。

硬聚氯乙烯排水管的安装顺序与排水铸铁管相同，先装出户管，后装立管、支管，然后安装卫生器具。管道接口一般为承插粘接。

（1）出户管安装

由于硬聚氯乙烯管抗冲击能力低，埋地铺设的出户管道宜分两段施工。第一段先做±0.00 以下的室内部分，至伸出外墙为止。待土建施工结束后，再铺设第二段，从外墙接入检查井。穿地下室墙或地下构筑物的墙壁处，应作防水处理。埋地铺设的管材为硬聚氯乙烯排水管时，应做 100～150mm 厚的砂垫层基础。回填时，应先填 100mm 左右的中、细砂层，然后再回填挖填土。出户管如采用排水铸铁管，底层硬聚氯乙烯排水立管插入排水铸铁管件（45°弯头）承口前，应先用砂纸打毛,插入后用麻丝填嵌均匀,以石棉水泥捻口,不得采用水泥砂浆,操作时应注意防止塑料管变形。

(2) 硬聚氯乙烯排水管的粘接

硬聚氯乙烯排水管的承插粘接,应用胶粘剂粘牢。其操作按下列要求进行:

1) 下料及坡口。下料长度应根据实测并结合各连接件的尺寸确定。切管工具宜选用细齿锯、割刀和割管机等机具。断口应平整并垂直于轴线,断面处不得有任何变形。插口处坡口可用中号板锉锉成15°~30°。坡口厚度宜为管壁厚度的1/3~1/2,长度一般不小于3mm。坡口后应将残屑清理干净。

2) 清理粘接面。管材或管件在粘接前应用棉丝或软干布将承口内侧和插口外侧擦拭干净,使被粘接面保持清洁,无尘砂与水迹。当表面沾有油污时,可用棉纱蘸丙酮等清洁剂清除。

3) 管端插入承口深度。配管时应将管材与管件承口试插一次,在其表面画出标记,管端插入承口应有一定深度。具体深度见表6-3。

管端插入管件承口深度　　　　　　　表6-3

| 序号 | 外径(mm) | 管端插入承口深度(mm) | 序号 | 外径(mm) | 管端插入承口深度(mm) |
|---|---|---|---|---|---|
| 1 | 40 | 25 | 4 | 110 | 50 |
| 2 | 50 | 25 | 5 | 160 | 60 |
| 3 | 75 | 40 | | | |

4) 胶粘剂涂刷。用毛刷蘸胶粘剂涂刷粘接承口内侧及粘接插口外侧时,应轴向涂刷,动作要快,涂抹均匀,涂刷的胶粘剂应适量,不得漏涂或涂抹过厚。应先涂承口,后涂插口。

5) 承插接口的连接。承插口涂刷胶粘剂后,应立即找正方向将管子插入承口,使其准直,再加挤压。应使管端插入深度符合所画标记,并保证承插接口的直度和接口位置正确,还应保持静待2~3min,防止接口滑脱。

6) 承插接口的养护。承插接口连接完毕后,应将挤出的胶粘剂用棉纱或干布蘸清洁剂擦拭干净。根据胶粘剂的性能和气候条件静止至接口固化为止。冬期施工时固化时间应适当延长。

(3) 立管的安装

立管安装前,应按设计要求设置固定支架或支承件,再进行立管的吊装。立管安装时,一般先将管段吊正,注意三通口或四通口的朝向应正确。硬聚氯乙烯排水管应按设计要求设置伸缩节。伸缩节安装时,应注意将管端插口要平直插入伸缩节承口橡胶圈中,用力应均匀,不可摇挤,避免顶歪橡胶圈造成漏水。安装完毕后,即可将立管固定。

立管穿越楼板比较容易漏水。若立管穿越楼板是非固定的,应在楼板中埋设钢制防水套管(套管管径比立管管径大1号),套管高于地面10~15mm,套管与立管之间的缝隙用油麻或沥青玛琋脂填实。当立管穿越楼板或屋面处固定时,应用不低于楼板强度等级的细石混凝土填实,立管周围应做出高于原地坪10~20mm的阻水圈,防止接合部位发生渗水漏水现象。也可采用橡胶圈止水,圈壁厚4mm、高10mm，套在立管上，设在楼板内，再浇捣细石混凝土，立管周围抹成高出楼面10~15mm的防水坡。还可以采用硬聚氯乙烯防漏环，环与立管粘接，安装方法同橡胶圈，但价格比橡胶圈便宜。

立管上的伸缩节应设置在靠近支管处，使支管在立管连接处位移较小。伸顶通气管穿屋面应作防水处理。通气管也可采用排水铸铁管，接口采取麻-石棉水泥捻口。

(4) 支管的安装

支管安装前，应预埋吊架。支管安装时，应按设计要求设置伸缩节，伸缩节的承口应逆水流方向，安装时应根据季节情况，预留膨胀间隙。支管的安装坡度应符合设计要求。

硬聚氯乙烯排水管安装必须保证立管垂直度，出户管、支管弯曲度要求。

(5) 硬聚氯乙烯排水管的螺纹连接

螺纹连接硬聚氯乙烯排水管系指管件的管端带有牙螺纹段，并采用带内螺纹与塑料垫圈和橡胶密封圈的螺母相连接的管道。

硬聚氯乙烯排水管螺纹连接常用于需经常拆卸的地方。与粘接相比，成本较高，施工要求高。在建筑排水工程中的应用没有粘接普遍。

1) 螺纹连接材料。管件必须使用注塑管件。塑料垫圈应采用与管材不同性质的塑料如聚乙烯等制成。橡胶密封圈需采用耐油、耐酸和耐碱的橡胶制成。

2) 螺纹连接施工。首先应清除材料上的油污与杂物，使接口处保持洁净。然后将管材与管件的接口试插一次，使插入处留有5~7mm的膨胀间隙，插入深度确定后，应在管材表面画出标记。

安装时，先在管端依次套上螺母、垫圈和胶圈，然后插入管件。用手拧紧螺母，并用链条扳手或专用扳手加以拧紧。用力应适当，以防止胀裂螺母。拧紧螺母时应使螺纹外露2~3扣。橡胶密封圈的位置应平整正确，使塑料垫圈四周均能压实。

6-2 彩图
排水塑料管道

(6) 塑料管道的施工安全

塑料管道粘接所使用的清洁剂和胶粘剂等属易燃物品，其存放、使用过程中，必须远离火源、热源和电源，室内严禁明火。管道粘接场所，禁止明火和吸烟，通风必须良好。集中操作预制场所，还应设置排风设施。管道粘接时，操作人员应站在上风处并应佩戴防护手套、防护眼镜和口罩等，避免皮肤与眼睛同胶粘剂接触。冬期施工，应采取防寒防冻措施。操作场所应保持空气流通，不得密闭。胶粘剂和清洁剂易挥发，装胶粘剂和清洁剂的瓶盖应随用随开，不用时应立即盖紧，严禁非操作人员使用。

## 6.5 卫生器具安装

卫生器具一般在土建内粉刷工作基本完工，建筑内部给水排水管道铺设完毕后进行安装，安装前应熟悉施工图纸和国家颁发的《全国通用给水排水标准图集 2 防水套管》02S404。做到所有卫生器具的安装尺寸符合国家标准及施工图纸的要求。

卫生器具的安装基本上有共同的要求：平、稳、牢、准、不漏、使用方便、性能良好。

平：所有卫生器具的上口边沿要水平，同一房间成排的卫生器具标高应一致。

稳：卫生器具安装后无晃动现象。

牢：安装牢固，无松动脱落现象。

准：卫生器具的平面位置和高度尺寸准确。

不漏：卫生器具上、下水管口连接处严密不漏。

使用方便：零部件布局合理，阀门及手柄的位置朝向合理。整套设施力求美观。

安装前，应对卫生器具及其附件（如配水嘴、存水弯等）进行质量检查，卫生器具及其附件有产品出厂合格证，卫生器具外观应规矩、表面光滑、造型美观、无破损无裂纹、边沿平滑、色泽一致、排水孔通畅。不符合质量要求的卫生器具不能安装。

卫生器具的安装顺序为：首先是卫生器具排水管的安装，然后是卫生器具落位安装，最后是进水管和排水管与卫生器具的连接。

卫生器具落位安装前，应根据卫生器具的位置进行支、托架的安装。支、托架的安装宜采用膨胀螺栓或预埋螺栓固定。卫生器具的支、托架防腐良好。支、托架的安装需正确、牢固，与卫生器具接触应紧密、平稳，与管道的接触应平整。

卫生器具安装位置应正确、平直。卫生器具的排水管管径选择和安装最小坡度应符合设计要求，若设计无要求，应符合表6-4有关规定。

连接卫生器具的排水管管径和管道的最小坡度　　　　　　　　表6-4

| 项次 | 卫生器具名称 | | 排水管管径(mm) | 管道的最小坡度 |
|---|---|---|---|---|
| 1 | 污水盆(池) | | 50 | 0.025 |
| 2 | 单、双格洗涤盆(池) | | 50 | 0.025 |
| 3 | 洗脸盆、洗手盆 | | 32～50 | 0.020 |
| 4 | 浴盆 | | 50 | 0.020 |
| 5 | 淋浴器 | | 50 | 0.020 |
| 6 | 大便器 | 高、低水箱 | 100 | 0.012 |
| | | 自闭式冲洗阀 | 100 | 0.012 |
| | | 拉管式冲洗阀 | 100 | 0.012 |
| 7 | 小便器 | 手动式冲洗阀 | 40～50 | 0.020 |
| | | 自动冲洗水箱 | 40～50 | 0.020 |
| 8 | 化验盆(无塞) | | 40～50 | 0.025 |

续表

| 项次 | 卫生器具名称 | 排水管管径(mm) | 管道的最小坡度 |
|---|---|---|---|
| 9 | 净身器 | 40~50 | 0.020 |
| 10 | 饮水器 | 20~50 | 0.010~0.020 |
| 11 | 家用洗衣机 | 50(软管为30) | — |

注：成组洗脸盆接至共用水封的排水管的坡度为 0.01。

卫生器具的安装高度，如设计无要求，应符合表 6-5 规定。

卫生器具的安装高度　　　　　表 6-5

| 项次 | 卫生器具名称 | | 卫生器具安装高度(mm) | | 备 注 |
|---|---|---|---|---|---|
| | | | 居住和公共建筑 | 幼儿园 | |
| 1 | 污水盆(池) | 架空式 | 800 | 800 | 自地面至器具上边缘 |
| | | 落地式 | 500 | 500 | |
| 2 | 洗涤盆(池) | | 800 | 800 | |
| 3 | 洗脸盆、洗手盆(有塞、无塞) | | 800 | 500 | |
| 4 | 盥洗槽 | | 800 | 500 | |
| 5 | 浴盆 | | ≤520 | — | |
| 6 | 蹲式大便器 | 高水箱 | 1800 | 1800 | 自台阶面至高水箱底 |
| | | 低水箱 | 900 | 900 | 自台阶面至低水箱底 |
| 7 | 坐式大便器 | 高水箱 | 1800 | 1800 | 自地面至高水箱底 |
| | | 低水箱 外露排水管式 | 510 | — | 自地面至低水箱底 |
| | | 低水箱 虹吸喷射式 | 470 | 370 | |
| 8 | 小便器 | 挂式 | 600 | 450 | 自地面至下边缘 |
| 9 | 小便槽 | | 200 | 150 | 自地面至台阶面 |
| 10 | 大便槽冲洗水箱 | | ≥2000 | — | 自台阶面至水箱底 |
| 11 | 妇女卫生盆 | | 360 | — | 自地面至器具上边缘 |
| 12 | 化验盆 | | 800 | — | 自地面至器具上边缘 |

卫生器具的给水配件应完好无损伤，接口严密，启闭部分灵活。卫生器具的给水配件（水嘴、阀门等）安装高度要求，应符合表 6-6 的规定。装配镀铬配件时，不得使用管钳，不得已时应在管钳上衬垫软布，方口配件应使用活扳手，以免破坏镀铬层，影响美观及使用寿命。

卫生器具给水配件的安装高度　　　　　表 6-6

| 项次 | 给水配件名称 | 配件中心距地面高度(mm) | 冷热水嘴距离(mm) |
|---|---|---|---|
| 1 | 架空式污水盆(池)水嘴 | 1000 | — |
| 2 | 落地式污水盆(池)水嘴 | 800 | — |
| 3 | 洗涤盆(池)水嘴 | 1000 | 150 |
| 4 | 住宅集中给水水嘴 | 1000 | — |
| 5 | 洗手盆水嘴 | 1000 | — |

续表

| 项次 | 给水配件名称 | | 配件中心距地面高度(mm) | 冷热水嘴距离(mm) |
|---|---|---|---|---|
| 6 | 洗脸盆 | 水嘴(上配水) | 1000 | 150 |
| | | 水嘴(下配水) | 800 | 150 |
| | | 角阀(下配水) | 450 | — |
| 7 | 盥洗槽 | 水嘴 | 1000 | 150 |
| | | 冷热水管其中热水嘴上下并行 | 1100 | 150 |
| 8 | 浴盆 | 水嘴(上配水) | 1100 | 150 |
| 9 | 淋浴器 | 截止阀 | 1150 | 95 |
| | | 混合阀 | 1150 | — |
| | | 淋浴喷头下沿 | 2100 | — |
| 10 | 蹲式大便器台阶面算起 | 高水箱角阀及截止阀 | 2040 | — |
| | | 低水箱角阀 | 250 | — |
| | | 手动式自闭冲洗阀 | 600 | — |
| | | 脚踏式自闭冲洗阀 | 150 | — |
| | | 拉管式冲洗阀(从地面算起) | 1600 | — |
| | | 带防污助冲器阀门(从地面算起) | 900 | — |
| 11 | 坐式大便器 | 高水箱角阀及截止阀 | 2040 | — |
| | | 低水箱角阀 | 150 | — |
| 12 | | 大便槽冲洗水箱截止阀(从台阶面算起) | ≥2400 | — |
| 13 | | 立式小便器角阀 | 1130 | — |
| 14 | | 挂式小便器角阀及截止阀 | 1050 | — |
| 15 | | 小便槽多孔冲洗管 | 1100 | — |
| 16 | | 实验室化验水嘴 | 1000 | — |
| 17 | | 妇女卫生盆混合阀 | 360 | — |

注：装设在幼儿园内的洗手盆、洗脸盆和盥洗槽水嘴中心离地面安装高度应为700mm，其他卫生器具给水配件的安装高度，应按卫生器具实际尺寸相应减少。

### 6.5.1 大便器安装

大便器分为蹲式大便器和坐式大便器两种。

1. 蹲式大便器的安装

蹲式大便器本身不带存水弯，安装时需另加存水弯。存水弯有P形和S形两种，P形比S形的高度要低一些。所以，S形仅用于底层，P形既可用于底层又能用于楼层，这样可使支管（横管）的悬吊高度要低一些。

蹲式大便器一般安装在地坪的台阶上，一个台阶高度为200mm；最多为两个台阶，高度400mm。住宅蹲式大便器一般安装在卫生间现浇楼板凹坑低于楼板不少于240mm内。这样，就省去了台阶，方便人们使用。

高水箱蹲式大便器的安装顺序如下：

（1）高水箱安装。先将水箱内的附件装配好，保证使用灵活。按水箱的高度、位置，在墙上画出钻孔中心线，用电钻钻孔，然后用膨胀螺栓加垫圈将水箱固定。

（2）水箱浮球阀和冲洗管安装。将浮球阀加橡胶垫从水箱中穿出来，再加橡皮垫，用螺母紧固；然后将冲洗管加橡胶垫从水箱中穿出，再套上橡胶垫和铁制垫圈后用根母紧固。注意用力适当，以免损坏水箱。

（3）安装大便器。大便器出水口套进存水弯之前，需先将麻丝白灰（或油灰）涂在大便器出水口外面及存水弯承口内。然后用水平尺找平摆正，待大便器安装定位后，将手伸入大便器出水口内，把挤出的白灰（或油灰）抹光。

（4）冲洗管安装。冲洗水管（一般为 DN32 塑料管）与大便器进水口连接时，应涂上少许食用油，把胶皮碗套上，要套正套实，然后用 14 号钢丝分别绑扎两道，不许压结在一条线上，两道钢丝拧扣要错位。

（5）水箱进水管安装。将预制好的塑料管（或铜管）一端用锁母固定在角阀上，另一端套上锁母，管端缠聚四氟乙烯生料带或缠油麻丝后，用锁母锁在浮球阀上。

（6）大便器的最后稳装。大便器安装后，立即用砖垫牢固，再以混凝土做底座。但胶皮碗周围应用干燥细砂填充，便于日后维修。最后配合土建单位在上面做卫生间地面。

2. 坐式大便器安装

坐式大便器按冲洗方式，分为低水箱冲洗和延时自闭式冲洗阀冲洗；按低水箱所处的位置，坐便器又分为分体式或连体式两种。分体式低水箱坐便器的安装顺序如下：

6-3 彩图 坐式大便器

（1）低水箱安装。先在地面将水箱内的附件组装好；然后根据水箱的安装高度和水箱背部孔眼的实际尺寸，在墙上标出螺栓孔的位置，采用膨胀螺栓或预埋螺栓等方法将水箱固定在墙上。就位固定后的低水箱应横平竖直，稳固贴墙。

（2）大便器安装。大便器安装前，应先将大便器的排出口插入预先安装的 DN100 污水管口内，再将大便器底座孔眼的位置用笔在地坪上标记，移开大便器用冲击电钻打孔（不打穿地坪），然后将大便器用膨胀螺栓固定。固定时，用力要均匀，防止瓷质便器底部破碎。

（3）水箱与大便器连接管安装。水箱和大便器安装时，应保证水箱出水口和大便器进水口中心对正。连接管一般为 90°铜质冲水管。安装时，先将水箱出水口与大便器进水口上的锁母卸下，然后在弯头两端缠生料带或缠油麻丝，一端插入低水箱出水口，另一端插入大便器进水口，将卸下的锁母分别锁紧两端，注意松紧要适度。

（4）水箱进水管上角阀与水箱进水口处的连接。常采用外包金属软管，能有效地满足角阀与低水箱管口不在同一垂直线上的安装。该软管两端为活接，安装十分方便。

（5）大便器排出口安装。大便器排出口应与大便器安装同步进行。其做法与蹲便器排出口安装相同，只是坐便器不需存水弯。

连体式大便器由于水箱与大便器连为一体，造型美观，整体性好，已成为当今高档坐便器主流。其安装比分体式大便器简单得多，仅需连接水箱进水管和大便器排出管及安装大便器即可。

此外，采用延时自闭式冲洗阀冲洗的坐便器及蹲便器具有所占空间小、美观、安装方便的特点，因而得到广泛的应用，其安装可参照设计施工图及产品使用说明进行。

### 6.5.2　洗脸盆、洗涤盆、小便器安装

1. 洗脸盆

洗脸盆有墙架式、立式、台式三种形式。

墙架式洗脸盆，如图 6-12 所示，是一种低档洗脸盆，墙架式洗脸盆安装顺序如下：

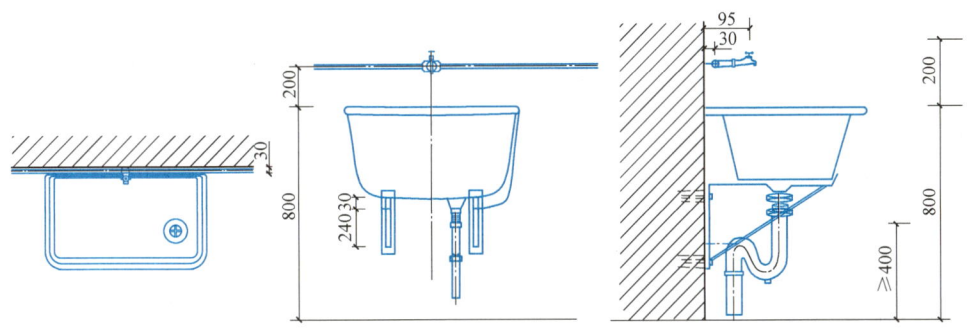

图 6-12　墙架式洗脸盆安装示意图

6-4　彩图 立式洗脸盆

（1）托架安装

根据洗脸盆的位置和安装高度，画出托架在墙上固定的位置。用冲击电钻钻孔，采用膨胀螺栓或预埋螺栓将托架平直地固定在墙上。

（2）进水管及水嘴安装

将脸盆稳装在托架上，脸盆上水嘴垫胶皮垫后穿入脸盆的进水孔，然后加垫并用根母紧固。水嘴安装时应注意热水嘴装在脸盆左边，冷水嘴装在右边，并保证水嘴位置端正、稳固。水嘴装好后，接着将角阀的入口端与预留的给水口相连接，另一端配短管（宜采用金属软管）与脸盆水嘴连接，并用锁母紧固。

（3）出水口安装

将存水弯锁母卸开，上端套在缠油麻丝或生料带的排水栓上，下端套上护口盘插入预留的排水管管口内，然后把存水弯锁母加胶皮垫找正紧固，最后把存水弯下端与预留的排水管口间的缝隙用铅油麻丝或防水油膏塞紧，盖好护口盘。

立式及台式洗脸盆属中高档洗脸盆，其附件通常是镀铬件，安装时应注意不要损伤镀铬层。安装立式及台式洗脸盆可参见国标图及产品安装要求，也可参照墙架式洗脸盆安装顺序进行。

## 2. 洗涤盆

住宅厨房、公共食堂中设洗涤盆，用作洗涤食品、蔬菜、碗碟等。医院的诊室、治疗室等也需设置。洗涤盆材质有陶瓷、砖砌后瓷砖贴面、水磨石、不锈钢。水磨石洗涤盆安装如图 6-13 所示。首先按图纸所示，确定洗涤盆安装位置，安装托架或砌筑支撑墙，然后装上洗涤盆，找平找正，与排水管道进行连接。在洗涤盆排水口丝扣下端涂铅油，缠少许麻丝，然后与 P 形存水弯的立节或 S 形存水弯的上节丝扣连接，将存水弯横节或存水弯下节的端头缠好油盘根绳，与排水管口连接，用油灰将排水管口塞严、抹平。最后按图纸所示安装、连接给水管道及水嘴。

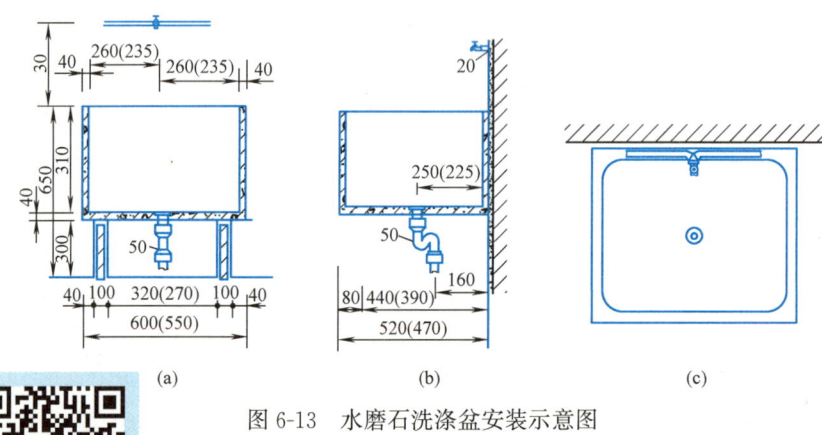

图 6-13 水磨石洗涤盆安装示意图
(a) 立面图；(b) 侧面图；(c) 平面图

## 3. 小便器

小便器是设于公共建筑的男厕所内的便溺设施，有挂式、立式和小便槽三种。挂式小便器安装，如图 6-14 所示。

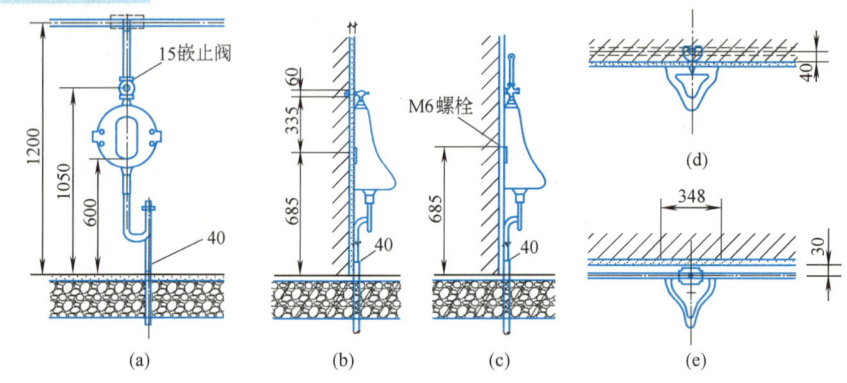

图 6-14 挂式小便器安装图

挂式小便器安装：对准给水管中心画一条垂线，由地面向上量出规定的高度画一水平线，根据产品规格尺寸由中心向两侧量出孔眼的距离，确定孔眼位置，钻孔，栽入螺栓，将小便器挂在螺栓上。小便器与墙面的缝隙可嵌入白水泥涂抹。挂式小便器安装时应检查给水、排水预留管口是否在一条垂线上，间距是否一致。然后分别与给水管道、排水管道进行连接。挂式小便器给水管道、排水管道分别可以采用明装或暗装施工。

### 6.5.3 浴盆安装

浴盆一般为长方形，也有方形的。长方形浴盆有带腿和不带腿之分。按配水附件的不同，浴盆可分为冷热水龙头、固定式淋浴器、混合龙头、软管淋浴器、移动式软管淋浴器浴盆。

冷热水龙头浴盆是一种普通浴盆。

1. 浴盆稳装

浴盆安装应在土建内粉刷完毕后才能进行。如浴盆带腿的，应将腿上的螺栓卸下，将拨锁母插入浴盆底卧槽内，把腿扣在浴盆上，带好螺母，拧紧找平，不得有松动现象。不带腿的浴盆底部平稳地放在用水泥砖块砌成的两条墩子上，从光地坪至浴盆上口边缘为520mm，浴盆向排水口一侧稍倾斜，以利排水。浴盆四周用水平尺找正，不得歪斜。

2. 配水龙头安装

配水龙头高于浴盆面150mm，热左冷右，两龙头中心距150mm。

3. 排水管路安装

排水管安装时先将溢水弯头、三通等组装好，准确地量好各段长度，再下料，排水横管坡度为0.02。先把浴盆排水栓涂上白灰或油灰，垫上胶皮垫圈，由盆底穿出，用根母锁紧，多余油灰抹平，再连上弯头、三通。溢水管的弯头也垫上胶皮圈，将花盖串在堵链的螺栓上。然后将溢水管插入三通内，用根母锁住。三通与存水弯连接处应配上一段短管，插入存水弯的承口内，缝隙用铅油麻丝或防水油膏填实抹平。

4. 浴盆装饰

浴盆安装完成后，由土建用砖块沿盆边砌平并贴瓷砖，在安装浴盆排水管的一端，池壁墙应开一个300mm×300mm的检查门，供维修使用。在最后铺瓷砖时，应注意浴盆边缘必须嵌进瓷砖10～15mm，以免使用时渗水。

在现实生活中由于使用浴盆会引起交叉感染，传播疾病，故现在许多地方已不再安装浴盆，而是将地面进行防水处理，然后站在地板上直接淋浴，淋浴水直接通过地漏排入排水管道系统。

除以上介绍的几种卫生器具的安装外，还有大便槽、小便槽、污水盆、化验盆、盥洗槽、淋浴器、妇女卫生盆及地漏等，施工时，可按设计要求及《全国通用给水排水标准图集》02S404要求安装。

## 6.6 建筑内部管道工程质量检查

给水排水管道工程在安装完毕后，应根据设计要求和施工验收规范进行质量检查。以便检查管道系统的强度和严密性是否达到设计要求。给水管道一般进行水压试验；排水管道做闭水（灌水）试验。

### 6.6.1 给水系统水压试验

建筑内部给水系统，一般进行水压试验。试压的目的一是检查管道及接口强度，二是检查接口的严密性。建筑内部暗装、埋地给水管道应在隐蔽或填土之前做水压试验。

1. 水压试验前的准备工作

（1）试压设备与装置

水压试验设备按所需动力装置分为手摇式试压泵与电动试压泵两种。给水系统较小或局部给水管道试压，通常选择手摇式试压泵；给水系统较大，通常选择电动试压泵。水压试验采用的压力表必须校验准确；阀门要启闭灵活，严密性好；保证有可靠的水源。

试验前，应将给水系统上各放水处（即连接水龙头、卫生器具上的配水点）采取临时封堵措施，系统上的进户管上的阀门应关闭，各立管、支管上阀门打开。在系统上的最高点装设排气阀，以便试压充水时排气。排气阀有自动排气阀、手动排气阀两种类型。在系统的最低点设泄水阀，当试验结束后，便于泄空系统中的水。

给水管道试压前，管道接口不得油漆和保温，以便进行外观检查。

给水管道试压装置，如图 6-15 所示。

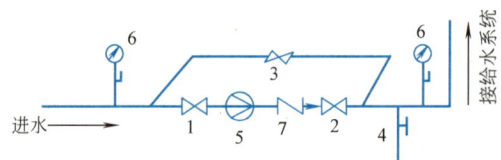

图 6-15　水压试验装置示意图
1—试压泵进水阀；2—试压泵出水阀；3—旁通阀；4—放水阀；
5—试压泵；6—压力表；7—止回阀

（2）水压试验压力

建筑内部给水管道系统水压试验压力如设计无规定，按以下规定执行。

给水管道试验压力不应小于 0.6MPa；生活饮用水和生产、消防合用的管道，试验压力应为工作压力的 1.5 倍，但不得超过 1.0MPa。对使用消防水泵的给水系统，以消防泵的最大工作压力作为试验压力。

试验时，达到规定压力即停止加压，在 10min 内压力降不大于 0.05MPa，然后将试验压力降至工作压力作外观检查，以不漏为合格。

2. 水压试验的方法及步骤

对于多层建筑给水系统，一般按全系统只进行一次试验；对于高层建筑给水系统，一般按分区、分系统进行水压试验。水压试验应有施工单位质量检查人员或技术人员、建设单位现场代表及有关人员到场，做好对水压试验的详细记录。各方面负责人签章，并作为技术资料存档。

水压试验的步骤如下：

（1）将水压试验装置进水管接在市政水管、水箱或临时水池上，出水管接入给水系统上。试压泵、阀门等附件宜用活接头或法兰连接，便于拆卸。

(2) 将 1、2、4 阀门关闭，打开阀门 3 和室内给水系统最高点排气阀，试压泵前后的压力表阀也要打开。当排气阀向外冒水时，立即关闭。然后关闭旁通阀 3。

(3) 开启试压泵的进出水阀 1、2，启动试压泵，向给水系统加压。加压泵加压应分阶段使压力升高，每达到一个分压阶段，应停止加压对管道进行检查，无问题时才能继续加压，一般应分 2~3 次使压力升至试验压力。

(4) 当压力升至试验压力，停止加压，观测 10min，压力降不大于 0.05MPa；然后将试验压力降至工作压力，管道、附件等处未发现漏水现象为合格。

(5) 试压过程中，发现接口渗漏、管道砂眼、阀门等附件漏水等问题，应做好标记，待系统水放空，进行维修后继续试压，直至合格。

(6) 试压合格后，应将进水管与试压装置断开。开启放水阀 4，将系统中试验用水放空。并拆除试压装置。

### 6.6.2 排水系统闭水试验

建筑内部排水管道为重力流管道，一般做闭水（灌水）试验，以检查其严密性。

建筑内部暗装或埋地排水管道，应在隐蔽或回填土之前做闭水试验，其灌水高度应不低于底层地面高度。确认合格后方可回填土或进行隐蔽。

对生活和生产排水管道系统，管内灌水高度一般以一层楼的高度为准；雨水管的灌水高度必须到每根立管最上部的雨水斗。

灌水试验以满水 15min 后，再灌满延续 5min，液面不下降为合格。

灌水试验时，除检查管道及其接口有无渗漏现象外，还应检查是否有堵塞现象。

排水系统的灌水试验可采取排水管试漏胶囊。试验方法如下：

(1) 立管和支管（横管）砂眼或接口试漏。先将试漏胶囊从立管检查口处放至立管适当部位，然后用打气筒充气，从支管口灌水，如管道有砂眼或接口不良，即会发生渗漏。

(2) 大便器胶皮碗试验。胶囊在大便器排水口充气后，通过灌水试验如胶皮碗绑扎不严，水在接口处渗漏。

(3) 地漏、立管穿楼板试漏。打开地漏盖，胶囊在地漏内充气后可在地面做泼水试验，如地漏或立管封堵不好，即向下层渗漏。

整个闭水试验过程中，各有关方面负责人必须到现场，做好记录和签证，并作为工程技术资料归档。

### 6.6.3 竣工验收

建筑给水排水系统除根据外观检查、水压试验及闭水灌水试验的结果进行验收外，还需对工程质量进行检查。

1. 建筑给水排水管道工程质量检查的内容

(1) 管道的平面位置、标高和坡度是否符合设计要求。

（2）管道、支架和卫生器具安装是否牢固。

（3）管道、阀件、水泵、水表等安装是否正确及有无渗漏现象。

（4）管道的管材、管径、接口是否达到设计要求。

（5）排水立管、干管、支管及卫生器具位置是否正确，安装是否牢固，各接口是否美观整洁。

（6）排水系统按给水系统的1/3配水点同时放水，检查各排水点是否畅通，接口有无渗漏。

（7）管道油漆和保温是否符合设计要求。

建筑给水排水管道工程质量一般先自查，不符合设计要求者，应及时返工，使之达到设计要求后再会同建设单位及有关人员进行给水排水工程验收。

建筑给水排水工程应按分项分部或单位工程验收。分项分部工程由施工单位会同建设单位共同验收，单位工程则应由主管单位组织施工、设计、建设及有关单位联合验收。验收期间应做好记录、签署文件，最后立卷归档。

2. 分项、分部工程的验收

应根据工程施工的特点，可分为隐蔽工程的验收、分项中间验收和竣工验收。

（1）隐蔽工程验收　隐蔽工程是指下道工序做完能将上道工序掩盖，并且是否符合质量要求无法再进行复查的工程部位，如暗装的或埋地的给水排水管道，均属隐蔽工程。在隐蔽前，应由施工单位组织建设单位及有关人员进行检查验收，并填写好隐蔽工程的检查记录，签署文件归档。

（2）分项工程的验收　在给水排水管道安装过程中，其分项工程完工、交付使用时，应办理中间验收手续，做好检查记录，以明确使用保管责任。

（3）竣工验收　建筑给水排水管道工程竣工后，经办理验收证明书后，方可交付使用，对办理过验收手续的部分不再重新验收。竣工验收应重点检查工程质量是否达到设计要求及施工验收规范要求。对不符合设计要求和施工验收规范要求的地方，不得交付使用。可列出未完成进行整改项目一览表，整改、修好达到设计要求和规范要求后再交付使用。

3. 单位工程的竣工验收

应在分项分部工程验收的基础上进行，各分项分部工程的质量，均应符合设计要求和施工验收规范的有关规定。验收时，施工单位应提供下列资料：

（1）施工图、竣工图及设计变更文件。

（2）设备、制品和主要材料的合格证或试验记录。

（3）隐蔽工程验收记录和中间试验记录。

（4）设备试运转记录。

（5）水压试验记录。

（6）管道冲洗记录。

（7）闭水试验记录。

（8）工程质量事故处理记录。

（9）分项、分部、单位工程质量检验评定记录。

施工单位应如实反映情况，实事求是，不得伪造、修改及补办。资料必须经各级有关技术人员审定。上述资料由建设单位立卷归档，作为各项工程合理使用的凭证，工程维修、扩建时的依据。

工程竣工验收后，为了总结经验及积累工程施工资料，施工单位一般应保存下列技术资料：

(1) 招标投标时的中标书。
(2) 施工组织设计和施工经验总结。
(3) 新技术、新工艺及新材料的施工方法及施工操作总结。
(4) 重大质量、安全事故情况，发生原因及处理结果记录。
(5) 有关重要技术决定。
(6) 施工日记及施工管理的经验总结。

## 复习思考题

1. 建筑给水排水管道及卫生器具施工准备工作有哪些？
2. 建筑给水排水管道及卫生器具施工应如何配合土建留洞留槽？
3. 试述钢管调直的方法。
4. 试述钢管切断方法及机具的选择。
5. 试述弯管种类及其加工方法。
6. 钢管螺纹连接适用的管材有哪几种？
7. 试述钢管螺纹加工机具以及管螺纹加工步骤。
8. 试述钢管螺纹连接配套的管件名称、作用。
9. 钢管焊接前进行坡口加工的目的是什么，坡口方法有哪几种？
10. 建筑给水排水管道常用哪些管材，各使用在什么场合，各采取哪些接口方式？
11. 试述建筑给水管道安装方法和安装顺序。
12. 什么是测线工作，何谓构造长度、安装长度、加工长度？
13. 试述建筑给水管道引入管铺设方法和要求。
14. 建筑给水管道的铺设方式有哪几种，各适用于什么情况？
15. 试述给水干管、立管和支管的安装方法和要求。
16. 试述热水管道的安装方法和要求。
17. 建筑消防常用哪些管材，接口方式如何？
18. 简述建筑消火栓系统的安装方法与要求。
19. 试述建筑自动喷水和水幕消防系统的安装方法与安装要求。
20. 建筑排水系统常用哪些管材，接口方式如何？
21. 试述建筑排水管道的安装顺序。
22. 排水管的铺设方式和要求是什么？
23. 试述排水立管和横支管的安装方法与要求。
24. 试述排水铸铁管接口操作要点。
25. 简述排水 PVC-U 管粘接施工步骤与要求。
26. 试述卫生器具的安装顺序。
27. 卫生器具安装的质量要求是什么？

28. 试述高水箱蹲便器的安装顺序与要求。
29. 试述低水箱坐便器的安装顺序与要求。
30. 洗脸盆有哪几种形式，如何安装？
31. 建筑给水管道试压前应做哪些准备工作？
32. 建筑给水管道水压试验压力如何确定？
33. 试述建筑给水系统水压试验的方法和步骤。
34. 简述建筑排水系统闭水试验方法和要求。
35. 建筑给水排水管道工程质量检查的主要内容是什么？
36. 什么叫隐蔽工程，隐蔽工程如何进行验收？
37. 建筑给水排水管道工程竣工验收时，施工单位应向建设单位提供哪些资料？

## 课后拓展

在进行管路布置敷设时，需要严格遵守安全原则与基本要求，这样才能发挥建筑内部给水排水管道的最大效能。安全生产是涉及职工生命安全的大事，是一项长期的、复杂的系统工程，需要不断探索、巩固和创新。

在生产操作中好习惯会使我们的工作更安全，坏习惯只能害人害己，因此我们每个人都必须养成良好的安全生产习惯，只有大家从自身做起，将麻痹赶出我们的思想，让遵章守纪的思想和行为深深根植在我们的心中，事故才会与我们无缘。

# 教学项目 7
## 给水排水机械设备安装与制作

**Chapter 07**

**教学目标**

通过水泵安装、鼓风机、给水排水非标设备的制作与安装等知识点的学习，学生会计算工程量，会编制给水排水机械设备安装与制作施工方案。

**素质目标**

培养团队合作意识，树立质量第一

## 7.1 水泵的安装

常用水泵有叶片式泵、容积式泵两大类。离心式水泵是应用最广的水泵，掌握了离心泵的安装，其他泵按照样本说明也可以安装。

### 7.1.1 水泵的安装

安装水泵的步骤依次是：安装前的检查，基础施工及验收，机座安装、水泵泵体安装、水泵电动机安装。

1. 安装前的检查

水泵安装前应对水泵进行以下检查：

（1）按水泵铭牌检查水泵性能参数，即水泵规格型号、电动机型号、功率、转速等；

（2）设备不应该有损坏和锈蚀等情况，管口保护物和堵盖应完整；

（3）用手盘车应灵活、无阻滞、卡住现象，无异常声音。

2. 水泵基础施工及验收

小型水泵多为整体组装式，即在出厂时已把水泵、电动机与铸铁机座组合在一起，安装时只需将机座安装在混凝土基础上即可。另一类是水泵泵体与电机分别装箱出厂的，安装时要分别把泵体和电机安装在混凝土基础上。

水泵基础应按设计图纸确定中心线、位置和标高，有机座的基础，其基础各向尺寸要大于机座 100~150mm，无机座的基础，外缘应距水泵或电机地脚螺栓孔中心 150mm 以上。基础顶面标高应满足水泵进出口中心高度要求，并不低于室内地坪 100mm。当基础的尺寸、位置、标高符合设计要求后，办理水泵基础交接验收手续，然后将底座置于基础上，套上地脚螺栓，调整底座的纵横中心位置与设计位置相一致。测定底座水平度：用水平仪（或水平尺）在底座的加工面上进行水平度的测量。其允许误差纵、横向均不大于 0.1‰。底座安装时应用平垫铁片使其调成水平，并将地脚螺栓拧紧。

基础一般用混凝土、钢筋混凝土浇筑而成，强度等级不低于 C15。固定机座或泵体、电机的地脚螺栓，可随浇筑混凝土同时埋入，此时要保证螺栓中心距准确，一般要依尺寸要求用木板把螺栓上部固定在基础模板上，螺栓下部用 $\phi 6$ 圆钢相互焊接固定。另一种做法是，在地脚螺栓的位置先预留埋置螺栓的深孔，待安装机座时再穿上地脚螺栓进行浇筑，此法叫二次浇筑法。由于土建施工先做基础，水泵及管道安装后进行，为了安装时更为准确，所以常采用二次浇筑。

地脚螺栓直径 $d$ 是根据水泵底座上的螺栓孔直径确定的，一般 $d$ 比孔径小 2~10mm，可参见表 7-1。地脚螺栓埋入基础的尾部做成弯钩或燕尾式，埋入深度可参照直径确定。地脚螺栓的不垂直度不大于 1%；地脚螺栓距孔壁的距离不应小于 15mm，其底端不应碰预留孔底；安装前应将地脚螺栓上的油脂和污垢消除干净；螺栓与垫圈、垫圈与水泵底座接触面应平整，不得有毛刺、杂屑；地脚螺栓的紧固，应在混凝土达到设计要求或相应的验收规范要求后进行，拧紧螺母后，螺栓必须露出螺母的 1.5～5 个螺距。地脚螺栓拧紧后，用水泥砂浆将底座与基础之间的缝隙填实，再用混凝土将底座下的空间填满填实，以保证底座的稳定。

地脚螺栓直径及埋深（mm）　　　　表 7-1

| 螺孔直径 | 12～13 | 14～17 | 18～22 | 23～27 | 28～33 | 34～40 | 41～47 | 48～55 |
|---|---|---|---|---|---|---|---|---|
| 螺栓直径 | 10 | 12～14 | 16 | 20 | 24 | 30 | 36 | 42 |
| 埋深尺寸 | 200～400 | | | | 500 | | 600 | 700 |

水泵基础深度一般比地脚螺栓埋深 200mm。

水泵基础验收主要内容：基础混凝土强度等级是否符合设计要求，外表面是否平整光滑，浇筑和抹面是否密实，可用手锤轻打，声音实脆且无脱落为合格。尺寸检查有平面位置、标高、外形尺寸、地脚螺栓留孔数量、位置、大小、深度。在基础强度达到设计要求或相应的验收规范要求后，方可进行水泵安装。在气温 10～15℃时，一般要在 7～12 天以后才可进行二次浇筑并进行安装。

3. 水泵泵体安装

水泵整机在基础上就位，机座中心线应与基础中心线重合，因此安装时首先在基础上画出中心线位置。机座用调整垫铁的方法进行找平，垫铁厚度依需要而定，垫铁组在能放稳和不影响灌浆的情况下，应尽量靠近地脚螺栓。每个垫铁组应尽量减少垫铁块数，一般不超过 3 块，并少用薄垫铁。放置平垫铁时，最厚的放在下面，最薄的放在中间，并将各垫铁相互焊接（铸铁垫铁可不焊），以免滑动影响机座稳固。机座的水平误差沿水泵轴方向，不超过 0.1mm/m，沿与水泵轴垂直方向，不超过 0.3mm/m。

水泵泵体、电动机如已装为一体，机座就位后找正、找平即完成安装。如分体安装时，还要进行水泵泵体和电动机的安装和连接。此时应按图纸要求在机座上定出水泵纵横中心线，纵中心线就是水泵轴中心线，横中心线是以出水管的中心线为准。水泵找平的方法有：把水平尺放在水泵轴上测量轴向水平或用吊垂线的方法，测量水泵进出口的法兰垂直平面与垂线是否平行，若不平行，可以用泵体基座与泵体螺栓相接处加减薄钢片调整。水泵找正，在水泵外缘以纵横中心线位置立桩，并在空中拉中心线交角 90°，在两根线上各挂垂线，使水泵的轴心和横向中心线的垂线相重合，使其进出口中心与纵向中心线相重合。

电动机的安装主要是把电动机轴的中心调整到与水泵轴的中心线在一条直线上，一般用钢板尺立在联轴器上做接触检查，转动联轴器，两个靠背轮与钢板尺处处紧密接触为合格。这是水泵安装中最关键的工序。另外，还要检查靠背轮之间的间隙能否满足在两轴作少量自由窜动时，不会发生顶撞和干扰。规定其间隙为：小型水泵 2～4mm，中型水泵 4～5mm，大型水泵 4～8mm。

水泵安装允许偏差应符合表 7-2 的规定；水泵安装基准线与建筑轴线、设备平面位置及标高的允许误差和检验方法见表 7-3。

**水泵安装允许偏差** 表 7-2

| 序号 | 项 目 | | 允许偏差（mm） | 检验频率 | | 检验方法 |
|---|---|---|---|---|---|---|
| | | | | 范围 | 点数 | |
| 1 | 底座水平度 | | ±2 | 每台 | 4 | 用水准仪测量 |
| 2 | 地脚螺栓位置 | | ±2 | 每只 | 1 | 用尺量 |
| 3 | 泵体水平度、铅垂度 | | 0.1/m | | 2 | 用水准仪测量 |
| 4 | 联轴器同心度 | 轴向倾斜 | 0.8/m | 每台 | 2 | 用水平尺、百分表、测微螺钉和塞尺检查 |
| 5 | | 径向位移 | 0.1/m | | 2 | |
| 6 | 皮带传动 | 轮宽中心平面位移 平皮带 | 1.5 | | 2 | 在主从动皮带轮端拉线用尺检查 |
| 7 | | 轮宽中心平面位移 三角皮带 | 1.0 | | 2 | |

**水泵安装基准线的允许误差和检验方法** 表 7-3

| 项次 | 项 目 | | 允许偏差(mm) | 检验方法 |
|---|---|---|---|---|
| 1 | 安装基准线 | 与建筑轴线距离 | ±20 | 用钢卷尺检查 |
| 2 | | 与设备 平面位置 | ±10 | 用水准仪和钢板尺检查 |
| 3 | | 与设备 标 高 | +20，-10 | |

**4. 水泵的配管**

泵的连接管有吸入管和压出管两部分，吸入管上装有闸阀（截断关闭用阀门），吸入口若在水池中，还装有底阀和过滤器，压出管上装有闸阀或截止阀（作为截断关闭或作调节流量用阀门）及止回阀。止回阀的作用是防止水泵停泵时压出水的倒流。连接管路应有牢固的独立支撑。

管道与泵的连接为法兰连接，要求法兰连接同心并平行。为了减少水泵配管对水泵本身产生的应力和泵运转时通过管道传递振动和噪声，可在水泵进出水管上安装可曲挠性接头。

吸水管路安装应该满足以下要求：

（1）吸水管路必须严密，不漏气，在安装完成后应和压水管一样，要求进行水压试验。

（2）建筑给水系统加压水泵，一般采用离心式清水泵。水泵宜设计成自动控制运行方式，间接抽水时应尽可能采用自灌式。当泵中心线高出吸水井或贮水池水位时，需设置引水装置，以保证水泵的正常启动。常用的引水装置有底阀、水环式真空泵、水射器和水上式底阀等。

（3）每台水泵宜设单独的吸水管（特别是消防泵），尤其是吸上式水泵，若共用吸水管，运行时可能影响其他水泵的启动，吸水管不少于3根，并在连通管上装阀门，吸水管合用部分应处于自灌状态。如水泵为自灌式或水泵直接从室外管网抽水时，吸水管末端必须安装吸水底阀。

（4）每台水泵出水管上应装设闸阀、止回阀和压力表。消防水泵的出水管应不少于两条，与环状管网相连，并应装设试验和检查用的放水阀门。

（5）当水泵直接从室外给水管网抽水时，应在吸水管上装设阀门、止回阀和压力表,并绕水泵设置装有阀门的旁通管,如图 7-1 所示。室外给水管网允许直接抽水时,应保证室外给水管网压力不得低于 100kPa(从室外地面算起)。

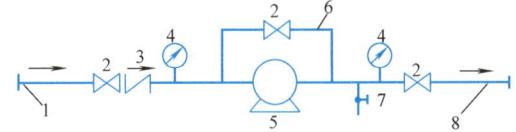

图 7-1　从室外管网抽水管道连接方式
1—来自室外管网;2—阀门;3—止回阀;4—压力表;5—水泵;
6—旁通管;7—泄水阀;8—接至室内管网

(6)吸入式水泵吸水管应有向水泵方向上扬且大于 0.005 的坡度,以免空气及水蒸气(水在负压区可能汽化)存在管内。吸水管路安装时不能出现空气囊,如吸水管水平管段变径时,偏心异径管的安装要求管顶平接,水平管段不能出现中间高的现象等,并应防止由于施工误差和泵房与管道产生不均匀沉降而引起的吸水管路的倒坡。

(7)水泵备用泵设置应视建筑物的重要性、对供水安全性的要求等因素确定。

(8)吸水管在水池中的位置应满足的要求是:吸水管入口应做成喇叭口,喇叭口直径 $D$ 等于 $1.3\sim1.5$ 倍吸入管直径 $d$。喇叭口悬空高度不少于 $0.8D$,且不宜少于 $0.5\mathrm{m}$。其最小淹没深度一般为 $0.5\sim1\mathrm{m}$。喇叭口与水池壁的净距为 $(0.75\sim1)D$,喇叭口之间净距不少于 $1.5D$,如图 7-2 所示,避免相互干扰。

压水管一般比吸水管小一号管径。铸铁变径管与泵出口连接,并作为泵体配件一同供货。在大流量供水系统中通常用微阻缓闭止回阀代替普通止回阀。在正常运行时,微阻缓闭止回阀是长开的,因此阻力小,当停泵,水停止流动时,阀板先速闭并剩余 20% 左右开启面积,以缓解回流水击作用力,然后阀板徐徐缓闭,缓闭时间可在 $0\sim60\mathrm{s}$ 范围内调节。与普通旋启式止回

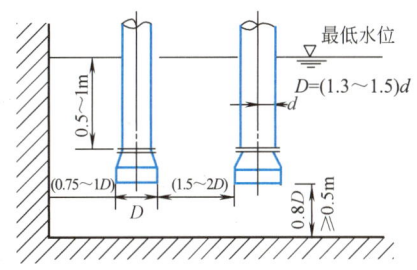

图 7-2　吸水管在水池中的位置要求

阀相比,减少阻力 20%~50%,节电率大于 20%,并起到防止水击的安全作用。

5. 水泵基础的减振

(1)水泵应采取隔振措施的场所

在建筑给水系统中,水泵是产生噪声的主要来源,而水泵工作时产生的噪声主要来自振动。为了确保正常生活、生产和满足环境保护的要求,根据《水泵隔振技术规程》CECS 59∶94 规定,下列场合设置水泵应采取隔振措施:

1)设置在播音室、录音室、音乐厅等建筑的水泵必须采取隔振措施。

2)设置在住宅、集体宿舍、旅馆、宾馆、商住楼、教学楼、科研楼、化验楼、综合楼、办公楼等建筑内的水泵应采取隔振措施。

3)在工业建筑内,邻近居住建筑和公共建筑的独立水泵房内,有人操作管

理的工业企业集中泵房内的水泵宜采取隔振措施。

4）在有防振和安静要求的房间，其上下和毗邻的房间内，不得设置水泵。

（2）水泵隔振的内容和措施

水泵隔振的内容：水泵的振动是通过固体传振和气体传振两条途径向外传送的。固体传振防治重点在于隔振，空气传振防治重点在于吸声。一般采用隔振为主，吸声为辅。固体传振通过泵基础、泵进出水管道和管支架。因此水泵隔振包括三项内容：水泵机组隔振；管道隔振；管支架隔振。这三项隔振必须同时配齐，以保证整体隔振效果。在必要时，对设置水泵的房间，建筑上还可采取隔振吸声措施。

水泵隔振措施：

1）水泵机组应设隔振元件。水泵机座下安装橡胶隔振垫、橡胶隔振器、弹簧减振器等。隔振元件的选用应根据水泵型号规格、水泵转速和安装位置等因素由设计人员选定。卧式水泵宜采用橡胶隔振垫，安装在楼层时宜采用多层串联叠加的橡胶隔振垫或橡胶隔振器或阻尼弹簧隔振器。立式水泵宜采用橡胶隔振器。采用橡胶隔振垫的卧式水泵隔振基座安装，如图7-3所示。

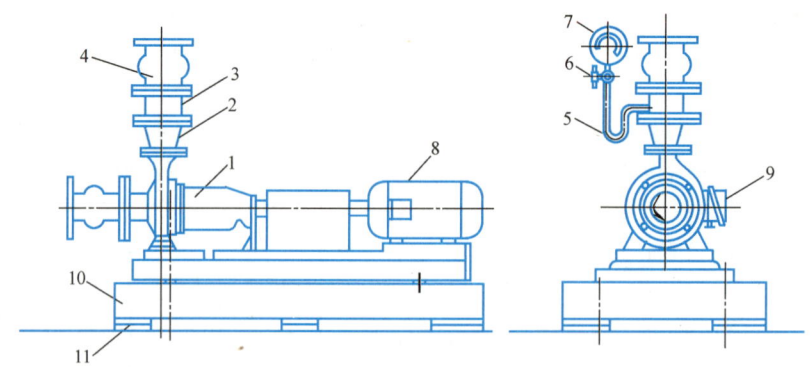

图7-3 水泵隔振基座安装图

1—水泵；2—吐出锥管；3—短管；4—可曲挠接头；5—表弯管；6—表旋塞；7—压力表；
8—电动机；9—接线盒；10—钢筋混凝土基座；11—减振垫

2）在水泵进出水管上宜安装可曲挠橡胶接头。可曲挠橡胶接头安装，如图7-4所示。

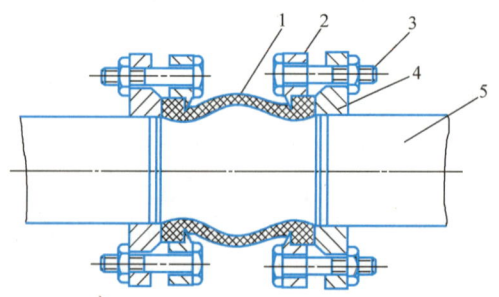

图7-4 可曲挠橡胶接头安装示意图

1—可曲挠橡胶接头；2—特制法兰；3—螺杆；4—普通法兰；5—管道

3）管道支架宜采用弹性吊架、弹性托架。弹性吊架安装如图 7-5 所示。

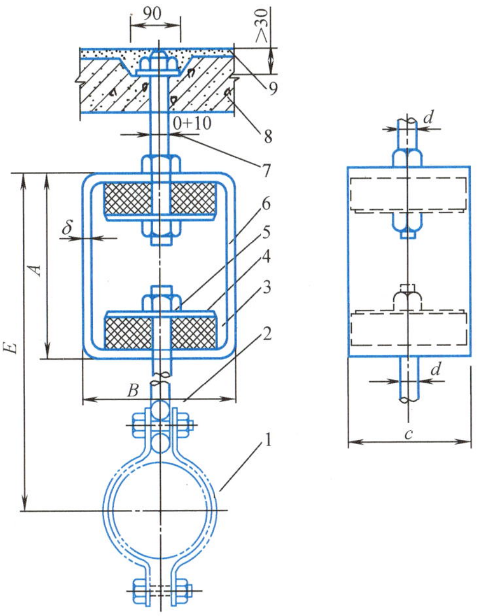

图 7-5　弹性吊架安装图

1—管卡；2—吊架；3—橡胶隔振器；4—钢垫片；5—螺母；6—框架；7—螺栓；
8—钢筋混凝土板；9—预留洞填水泥砂浆

4）管道穿墙或楼板处，应有防振措施，其孔口外径与管道间宜填玻璃纤维。

### 7.1.2　水泵试运转

水泵机组安装完毕，经检验合格，应进行试运转以检查安装质量。水泵长期停用，在运行前也应进行试运行。

试运转前应做好准备工作，新装水泵由施工单位制定试运转方案，包括试运转的人员组织、应达到的要求、操作规程、注意事项、记录表格、安全措施等。并对设备、仪表进行检查，电气部分除必须与机械部分同时运行者外，应先行试运转。

1. 水泵试运转前的检查

（1）电动机转向是否与水泵转向一致。

（2）润滑油的规格、质量、数量应符合设备技术文件的规定；有润滑要求的部位应按设备技术文件的规定进行预润滑。

（3）检查各部位螺栓是否松动或不全；填料压盖松紧度要适宜。

（4）吸水池水位是否正常。

（5）盘车应灵活、正常，无异常声音。

（6）安全保护装置应灵活可靠。

（7）压力表、真空表、止回阀、蝶阀（闸阀）等附件是否安装正确并完好。

（8）离心泵开动前，应先检查吸水管路、底阀是否严密；传动皮带轮和顶丝是否牢固；叶轮内有无东西阻塞。

## 2. 水泵启动、试运转

试运转时首先关闭出水管上阀门和压力表、真空表考克，打开吸水管上阀门，灌水或开动真空泵使水泵充满水；深井泵要打开润水管的阀门，对橡皮轴承进行润湿。此时即可启动电动机，进行试运转。电动机达到额定转速后，应逐渐打开出水管阀门，并打开压力表、真空表考克。

试运转合格后慢慢地关闭出水管阀门和压力表、真空表考克，停止电动机运行。试运转完毕。

试运转的要求是：离心泵和深井泵，应在额定负荷下运转 8h，轴承温升应符合产品说明书的要求，最高温度不得超过 75℃。填料函处温升很小，压盖松紧适度，只允许每分钟有 20～30 滴水泄出。水泵，不应有较大振动，声音正常。各部位不得有松动和泄漏现象。对于深井泵在启动 20min 应停止运转，进行轴向间隙终调节。电动机的电流值不应超过额定值。

水泵房中各种接头、部件均无泄漏现象。各种信号装置、计量仪表工作正常。从水泵房中输出的水应具有设计要求的水量、水压。水泵停止运转后，泵房内水管中的积水应全部放空。

试运转结束后要断开电源，排除泵和管道中存水，复查水泵轴向间隙和地脚螺栓、靠背轮螺纹、法兰螺栓等紧固部分，最后清理现场，整理各项记录，施工和使用单位在记录上签证。

## 3. 水泵运行故障及排除方法

离心水泵的常见故障及其原因和排除方法分别见表 7-4。

**离心水泵常见故障及排除方法** 表 7-4

| 故障现象 | 原因 | 排除方法 |
| --- | --- | --- |
| 水泵不吸水，压力表及真空表的指针剧烈跳动，电流表指针接近零位 | 1. 吸水管、水泵内尚有空气<br>2. 吸水管或真空表管漏气 | 1. 再往水泵内灌水<br>2. 检查和堵塞漏气处 |
| 水泵不吸水，真空表的指示高度真空 | 1. 底阀没打开<br>2. 吸水管阻力太大<br>3. 吸水高度太大 | 1. 检修底阀<br>2. 放大吸水管径，换用局部阻力小的管件 |
| 压力表指示有一定压力，但不出水 | 1. 压力管阻力太大或止回阀装反、闸阀损坏<br>2. 水泵叶轮转向不对<br>3. 水泵转速低于正常数<br>4. 叶轮流道阻塞 | 1. 检查压力管，清除阻塞<br>2. 检查电动机转向，并改变转向<br>3. 调整水泵转速<br>4. 清理叶轮流道 |
| 水泵流量过小，电流表指示数值较低 | 1. 水泵内部有淤塞<br>2. 密封环磨损，间隙过大 | 1. 清除水泵内杂物、水垢<br>2. 更换密封环 |
| 电动机过载，内部声音不正常，类似振动 | 1. 填料压盖过紧<br>2. 水泵叶轮损坏<br>3. 流量过大 | 1. 拧松压盖<br>2. 更换叶轮<br>3. 关小闸门，减少流量 |
| 水泵内部声音时大时小，电流表指针波动 | 1. 吸水水面过低，开始吸入空气<br>2. 吸水管阻力过大 | 1. 降低出水量以减少出水量<br>2. 检查底阀及吸水管，清除阻塞物 |

续表

| 故障现象 | 原　因 | 排除方法 |
| --- | --- | --- |
| 水泵振动 | 1. 水泵轴与电动机轴不在一条中心线上<br>2. 有的轴承损坏 | 1. 更换轴承<br>2. 检修或更换泵零件 |
| 轴承过热 | 1. 缺少润滑油<br>2. 滑动轴承的油圈损坏<br>3. 水泵轴与电动机轴中心不在一条中心线上 | 1. 加注或更换润滑油<br>2. 检查并清洗轴承<br>3. 重校联轴器，使中心线重合 |

## 7.2　鼓风机安装

鼓风机安装主要包括离心式鼓风机（压缩机）和罗茨鼓风机的安装。

离心式鼓风机（压缩机）装配精度要求严格，必须安全、稳定地运行。所以，从鼓风机本身和使用要求出发，都要求鼓风机在安装施工过程中，必须严格按照随机技术文件精心地操作，确保安装质量。

离心式鼓风机机组安装完毕后必须保证：

(1) 机组各机器牢固而不变形地固定在设计的空间坐标位置上。

(2) 调整机组各机器，使之符合各自的出厂检验要求。

(3) 机组各转子的轴心线在运行中能形成一条连续光滑的曲线。

(4) 机组和管道的热胀冷缩应不影响机组的正常运行。

(5) 在规定的连续运转时间内，运行稳定、安全可靠、性能符合设计要求。

离心式鼓风机安装必须符合随机图样和技术文件的规定、依据现行国家标准《风机、压缩机、泵安装工程施工及验收规范》GB 50275 和各工业部的有关安装规范。

罗茨鼓风机系属容积回转式鼓风机，其最大特点是，当压力在允许范围内加以调节时，流量变化甚微；压力的选择范围也很广，具有强制输气的特征，结构简单，维修方便，使用寿命长，整机振动小。

### 7.2.1　离心式鼓风机安装

1. 机组安装前的施工准备

机组正式安装前，用户和施工单位必须做好充分的准备工作，以保证施工质量和施工进度。准备工作主要包括：施工技术资料的准备、施工现场的准备、机具材料和人员的准备；设备的开箱、检查和清洗；基础的验收和放线；垫铁的准备和安置；地脚螺栓的检查和处理等。

(1) 设备的开箱、检查和清洗

机器在出厂时，大多是经过良好的防锈处理包装的，包装箱运抵现场后由用户交给安装施工单位，其中就有开箱检查的交接手续。开箱检查的具体内容有：

1) 根据设备装箱单清点检查机器零部件是否齐全。

2) 根据随机技术文件核对叶轮、机壳和其他部件的主要安装尺寸是否符合设计要求。

3) 叶轮旋转方向和定子导流叶片的导流方向是否符合随机技术文件的规定。

4) 检查鼓风机外露各加工表面的防锈情况和主要零部件是否碰伤和明显的变形。

5) 整体出厂的鼓风机，进排气口应有盖板严密遮盖。

设备的吊运、清洗，主要需注意吊运应平稳安全，不得损伤加工表面；在清洗时，转动部件应彻底清理干净，以免影响平衡。

（2）基础的检验和放线

为了保证安装工作顺利进行，施工单位一般应会同土建单位对基础的外形尺寸、与安装有关的尺寸以及基础表面的质量进行检查。

基础放线是正确的找出并画出设备安装基准线和施工线，以便将设备坐落在正确的空间位置上。安装基准线是指平面基准线（纵轴线和横向线）和标高基准线。安装施工线是指地脚螺孔中心线、设备底座边框线和安装垫铁的位置线。

基础的检验、定位的方法，一般采用拉钢丝挂线坠法和墨斗弹线法。如图 7-6 所示，单台基础可按现有孔位定轴线，按轴线固定标靶和钢丝固定架，再通过钢丝和线坠对基础进行检验和放线。标靶可用一块钢板埋设在基础上，然后打上冲眼。钢丝固定架的结构如图 7-7 所示。标高座是机器标高的标准，其结构如图 7-8 所示。

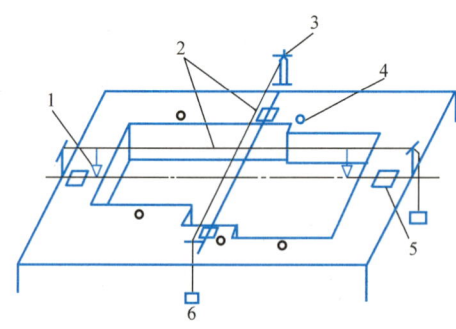

图 7-6　基础的定位与测量

1—线坠；2—0.5mm 钢丝；3—固定架；4—标高座；5—标靶；6—重物

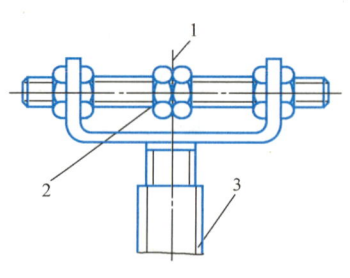

图 7-7　固定架

1—钢丝；2—调节螺母；3—紧固螺钉

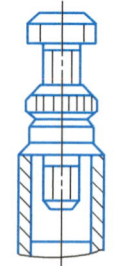

图 7-8　标高座

(3) 垫铁的安装

垫铁是调整机器高低、水平，承担机器质量和地脚螺栓紧力，传递振动的主要途径，它对设备运行的平稳性影响很大。

有垫铁安装法如图 7-9 所示，无垫铁安装法如图 7-10 所示。

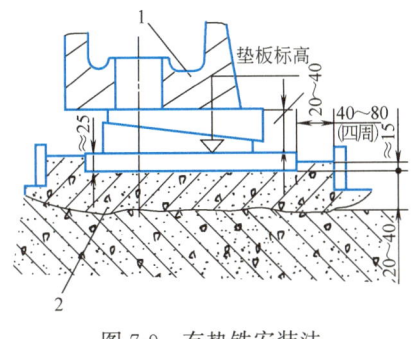

图 7-9 有垫铁安装法
1—底座；2—二次浇筑

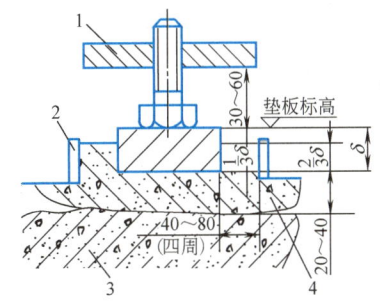

图 7-10 无垫铁安装法
1—底座；2—模板；3—基础；4—二次浇筑

有垫铁安装法　垫铁的数量和位置由机器的结构决定。其原则是每个地脚螺栓配备两组垫铁（左右各一）；地脚螺栓之间视距离可增设辅助垫铁；垫铁长度（位置）必须超过地脚螺栓中心。

平垫铁的安置要求为：

1）平垫铁与基础接触稳固，不摇摆。

2）平垫铁上表面应保持水平，水平度误差不大于 0.10/1000。

3）平垫铁上表面的标高符合要求，偏差不大于 ±1mm。

4）无垫铁安装法的垫板水平度误差应不大于 0.20/1000，标高偏差应不大于 ±2mm。

(4) 地脚螺栓的准备

地脚螺栓有死地脚螺栓、活地脚螺栓和锚固地脚螺栓三种类型。

死地脚螺栓通常用来固定工作时没有强烈振动和冲击的各种设备，它与基础浇灌在一起。中小型鼓风机、辅助机械、塔罐类设备常用这种地脚螺栓。施工中有一次灌浆法和两次浇灌法。二次浇灌法要求有预留孔，施工方便，但牢固程度较一次法稍差。

活地脚螺栓一般用于工作时有强烈振动、冲击或较大扰力值的重型设备，大中型鼓风机、变速器、大型电动机等均采用这种地脚螺栓。活地脚螺栓孔内一般不填充混凝土，而是填充干砂或塑料颗粒或什么都不填，其目的主要是当地脚螺栓振断、振松后易于更换或调整。

锚固式地脚螺栓又称膨胀螺栓，一般用于无振动的小型设备和一些电器仪表柜，具有施工简单、定位准确的优点。

在安装施工前，应根据设计要求准备好地脚螺栓，并要求各地脚螺栓孔垂直并有调整的余地，同时要求螺栓安放垂直，不得歪斜，否则应予以修整。

(5) 机组的准备

机组在就位之前,除了开箱检查清洗之外,还应做一些检查和修整工作,以防返工。

1) 增速器　增速器解体,清理干净,保证油路畅通;箱体与底座之间应贴合,自由间隙不应大于 0.04mm,箱体中各面自由间隙不应大于 0.06mm。

2) 鼓风机　鼓风机按组件解体,清理干净;轴承座与底座之间、机壳锚爪与底座(支撑)之间,自由间隙应不大于 0.05mm;机壳或轴承与底座之间的导向键应符合图样文件要求,如图 7-11 所示。其中 $C_1+C_2=0.03\sim 0.06$mm;$C=0.5\sim 1.0$mm;$\delta_1$ 和 $\delta_2 > 3\sim 5$mm,$G$ 为 $0\sim 0.03$mm 过盈配合。

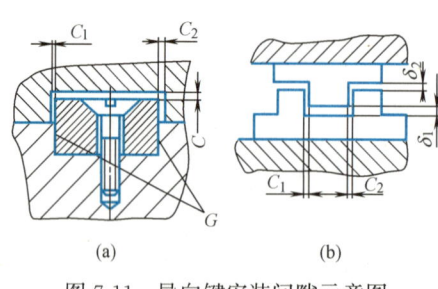

图 7-11　导向键安装间隙示意图
(a) 水平导向键;(b) 垂直导向键

3) 电动机　按电动机出厂随机技术文件要求进行。除将其清理干净外,还有装配半联轴器的工作。由于电动机是由厂直发用户的,所以鼓风机制造厂配套的电动机端半联轴器也发至用户,在安装时装配,应在电动机就位前完成。联轴器的装配关键在于测量相关配合尺寸公差、修整键和键槽及控制热装时的加热温度。

2. 机组的就位与找正

(1) 增速器的就位与初找正

设备安装前的准备工作完成以后,就可分别将增速器的下箱体、鼓风机下机壳以及与之相连的支撑底座和电动机等穿上地脚螺栓,并分别吊装在基础的各自位置上。假如整个机组是以中间位置的增速器为基础的,机组就位后,应首先进行增速器的位置找正及其调平工作。位置找正是指三坐标中的空间位置。

(2) 鼓风机和电动机的就位与初找正

以增速器下箱体为基准,对鼓风机、电动机进行整个机组的初步调平和找正。鼓风机、电动机就位找正时注意事项如下:

1) 联轴器之间的距离,必须按联轴器或者总装布置图的尺寸要求执行。

2) 在测量联轴器间距时,鼓风机转子应紧靠主推力轴承侧,电动机转子应位于磁力中心位置上。

3) 鼓风机轴承箱与底座之间或机壳锚爪与底座之间应贴合,局部间隙应不大于 0.05mm。

4) 有导向键的轴承座或机壳锚爪与底座之间(即滑动支撑)的限位螺栓应正确固定,有利于热膨胀。

(3) 机组的找正

所谓机组的找正是指机组同轴度的找正。在安装过程中,机组的找正是非常关键的工序,它贯穿安装工作的始终。机组的找正按程序可分为初找正、精找正和终找正三个阶段,无论哪个阶段,找正方法和精度要求都是相同的。机组找正的测量方法有单表法、两表法和三表法、光学准直仪找正法几种。

3. 机组的组装与检验

在机组就位、调平、找正之后，进行各单机的组装、检验和调整工作，这是保证内在安装质量的重要环节。

(1) 齿轮增速器的组装与检验

齿轮增速器的组装内容包括：增速器的精平、轴承的安装、齿轮的啮合调整、轴承的检查与修正。

1) 增速器精平　齿轮增速器在正式组装前应首先复查增速器的水平状态，纵横向水平度误差为 0.05/1000。

2) 齿轮对啮合的检查与调整　齿轮对啮合检查之前，应首先确认各轴衬下瓦是否安装合格。

3) 轴承的检查和修整　在齿轮接触符合要求后，这就要求下瓦不再进行影响到轴心位置的调整，否则前功尽弃。

(2) 鼓风机的组装与检验

鼓风机组装包括：轴承的安装、隔板和密封的安装、转子的打表和定位、机壳的扣合等。

1) 轴承的安装　轴承的安装是一项十分重要的工作，轴承安装质量会直接影响到鼓风机运转的平稳性和可靠性。轴承安装应达到的要求是：

① 轴承本身各零件之间配合紧密。

② 轴承在轴承箱孔中安置稳固。

③ 转子在轴承中具有良好的润滑和冷却的条件。

④ 保证转子在定子中的位置符合要求。

2) 隔板和密封的安装　隔板在安装前应进行清洗和检查，清除磕碰和堆起，在配合面涂以二硫化钼油，即润滑又可防锈。

3) 转子的打表和定位　转子在出厂时已经作了径向跳动的检查，并记录在产品证明书中。但是从工厂试车后一直到现场运转前这段时间内，可能会有些时效变化，同时为了给下次检修留下依据，所以在安装时，应对转子的重要部位的跳动作一次准确的检查。记录值应有角度和数值两项内容。

转子在定子中位置确定之后，应把转子相对于轴承箱孔的位置值（径向和轴向）记录下来，以供检修时参考。

4) 机壳的扣合　鼓风机在组装合格后，应复测并校正与增速器齿轮的同轴度，然后就可以扣合机壳上半，要求上下机壳结合面应贴合，在未把紧中分面螺栓拧紧前，中分面的自由间隙一般不应大于 0.12~0.16mm。为了防止在机壳中分面处漏气，可在中分面上均匀涂一层厚度为 0.2mm、宽度为 10~15mm 的密封涂料，涂在螺栓的内侧和外侧。

机壳中分面在打紧定位销钉后方可拧紧螺栓，并按规定的力矩和顺序拧紧。总的顺序是：先中间，后两端，左右对称，两轮拧紧，如图 7-12 所示。

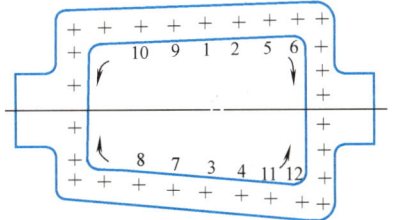

图 7-12　机壳螺栓拧紧的顺序

(3) 电动机的组装与检验

对于滚动轴承的电动机，只需要清洗轴承、加注润滑脂和进行绝缘检查。

对于滑动轴承的电动机，需要对轴承的安装进行检验和调整，同时还要对定子和转子的绝缘值进行检测和调整。

(4) 其他辅机的安装

机组在精确找正之后，就可进行润滑油系统、气体管道系统的配管和连接。这两个系统应注意的问题是：清洁、无泄漏、与主机的连接部位无过大的应力、管道的热胀冷缩不影响机组的正常运行。

管道无应力连接的具体要求是：管道与鼓风机连接时，法兰面应对中贴平，即螺栓能够自由地穿入螺栓孔，相连接的两个法兰端面平行度误差不大于 0.2mm，管道连接后机器的跑位位移不得大于 0.025mm。注意避免配管中的假象，例如，有时从配管外表看，好像做到了对中贴平，但是管道消声器等重物是在临时支撑的情况下与鼓风机连接的，当支撑撤掉时，这些重物的重量就全部落在鼓风机上了。润滑油系统的总回油管坡度不得小于 4‰，轴承箱的排油管的坡度一般为 6‰~8‰，同时要注意油管应便于拆卸和清洗。

4. 机组的试运行

机组试运行的目的是：考核、调整机组的技术性能；检验安装的质量、消除缺陷；保证投产后能稳定可靠地运行。

在机组试运转前，首先要完成润滑油系统的冲洗、调试和电动机的试运转。

润滑油系统的冲洗要求是：冲洗时间不得少于 24h，整个管路系统必须冲洗干净。

(1) 机组试运转前的准备工作

机组试运转之前应检查油、水、气各个系统管道的连接，是否达到了使用条件，管道是否已经清理干净；检查仪表、阀门的开启情况，仪表的灵敏度是否合格；盘动转子应无碰擦声响，联轴器及其保护罩已连接就位；进口节流阀（蝶阀）应开至便于启动的位置（一般应开至 15°~20°），开启放空阀和旁通阀；对于具有浮环密封的鼓风机，当用空气进行试运转时，应取出浮环座和内外浮环，换上预先准备的梳齿型试运转密封；气体冷却器的冷却水应先打开，冷油器的冷却水在开车时不必打开，待开车后视供油温度而定。

(2) 机组的试运转

1) 启动润滑系统使之符合各项要求。

2) 启动密封油系统（指浮环密封参与试运转的场合）使之达到运行要求。

3) 机组启动　用电动机拖动的机组，应先点动启动，以检查转子与定子之间有无不正常的摩擦和碰刮现象；用汽轮机拖动的机组的启动，按产品说明书的规定分阶段升速。

4) 机组的高负荷运行　机组启动后，在不改变节流阀开度的状态下运行 30~60min，使增速器齿轮、轴承的轴颈在小载荷下进行跑合运行。然后，停机检查轴承、轴颈的润滑情况，如有磨损情况应及时修整。

5) 机组的低负荷运行　机组的低负荷运行是为了进一步跑合机械摩擦表面，

同时考核机械运转性能。运转时间一般为：工作转速不大于3000r/min的机组为4h；工作转速大于3000r/min的机组为8h。

6）机组的满负荷运转　在机组低负荷运转合格后，可以不停机直接进行满负荷运转，即打开进口节流阀，逐渐关小放空阀和排气阀，应注意是排气升压应当缓慢进行，每5min升压不得高于0.1MPa，逐步达到设计工况。满负荷运转时间一般不少于24h。

（3）机组的停车

1）紧急停机　在机组的试运转过程中，遇有下列情况之一时，应立即按动主电动机的停车按钮紧急停机，然后再进行停机后的善后处理工作。

① 机组突然发生强烈振动，并已超过跳闸值。

② 机体内部有碰刮或者不正常摩擦声音。

③ 任一轴承或密封处出现冒烟现象，或者某一轴承温度急剧上升到报警值。

④ 油压低于报警值并无法恢复正常时。

⑤ 油箱液位低，已有吸空现象。

⑥ 轴位移值出现明显的持续增长，达到报警值时。

2）正常停机　机组正常停机按如下程序进行操作：

① 逐步打开放空阀（或出口旁通阀），同时逐步关闭排气阀。

② 逐步关小进气节流门至20°~25°。

③ 按动停车按钮，并注意停机过程中有无异常的现象。

④ 机组停止5~10min后，切断气体冷却器和冷油器冷却水。

⑤ 机组停止20min以后，或者轴承温度降到45℃以下时方可停止供油。对于具有浮环密封的机组，密封油泵必须继续供油，直至机体温度低于80℃为止。

机组停止后，在2~4h内应定期盘动转子180°。

5. 离心式鼓风机的维护

离心式鼓风机、压缩机是气体压缩、输送的核心装置，因此，不仅要求操作者能正确地使用和操作，而且还要求维修人员能正确认真地进行维护，以保持机组长期稳定、安全运行。有关离心鼓风机组常见故障的原因分析、排除故障方法见表7-5。

机组常见故障的原因及其排除方法　　　　表7-5

| 故障现象 | 原　　因 | 排　除　方　法 |
|---|---|---|
| 振动过大 | 轴系找正偏差过大 | 检查对中情况，调整符合要求 |
| | 转子不平衡 | 检查是否由于叶轮积垢或者磨损不均匀而引起的，应清除后重新校验动平衡检查转子的跳动，判断是否弯曲变形，若变形较小可重校验动平衡，若变形大，则应更换备件转子，将原转子进行全面检查，确定修正调直方案，检查转子配合的零件有无松动、平衡块是否移位，如果移位，应纠正复位 |
| | 轴承安装不当或轴承磨损 | 检查轴承安装状态和轴承的润滑状态，必要时应予修正或更换 |

续表

| 故障现象 | 原　因 | 排除方法 |
|---|---|---|
| 振动过大 | 气体管路给机壳以大的附加应力 | 检查和校正管路与机壳的无应力连接,选择合理的支撑固定管路的方法,避免管路由于冷热变化使机壳产生较大的变形和位移 |
| | 联轴器不平衡 | 卸下联轴器的转动件,检查其动平衡质量,检查联轴器与转子的同轴度,改变轴承参数或者更正抗振性高的轴承,改变鼓风机运行工况,迅速离开喘振区 |
| | 轴承油膜振荡<br>鼓风机喘振<br>邻近机器的影响 | 相关的基础要彼此分开,并增加连接管线的弹性 |
| 支撑轴承故障 | 润滑油不合格,造成轴承磨损和温度过高 | 定期检查润滑油的性能指标,严格控制润滑油中的水分和脏物的含量 |
| | 轴承安装不恰当,松动或接触不良而造成振动和局部磨损 | 检查轴承安装状态,必要时进行调整 |
| | 轴承间隙不符合要求,造成磨损、振动 | 检查轴承间隙,必要时进行调整或者更换轴承 |
| | 润滑油量小,温度高 | 加大润滑油量,检查进油管路有无阻塞 |
| | 轴承质量差或挤压、合金脱壳 | 找出原因,更换轴承 |
| | 转子振动造成轴承的磨损和裂纹 | 检查转子振动原因,采取相应措施消除 |
| 止推轴承故障 | 轴向推力过大造成磨损或温度高 | 检查和调整轴承的接触情况,保证符合要求,检查鼓风机平衡盘密封间隙,使之符合要求 |
| | 润滑油不合格造成磨损或温度高 | 定期检查润滑油的性能指标 |
| | 进油量小、排油不畅,造成温度高 | 加大进油量和排油量 |
| 浮环密封故障 | 安装偏差和振动造成不均匀磨损、泄漏量大造成磨损和温度过高 | 重新检查和找正浮环密封的安装状态,采取措施减小转子的振动检查过滤器,更换过滤器芯子检查油管路是否清洁 |
| | 浮环间隙不符合规定造成不均匀磨损或泄漏量大 | 检查浮环间隙,必要时进行调整 |
| | 油压不足 | 检查参考气压力,使其不小于最低值 |
| 润滑系统故障 | 油泵内漏或过滤器脏堵,造成油压降低 | 检查油泵,清洗过滤器 |
| | 润滑油管路系统振动 | 校正油泵与电动机的对中 |
| | 有压管路集气 | 定期排放有压管路中的空气 |
| 齿轮增速故障 | 齿轮单端啮合,出现齿轮脱落现象 | 安装精度差或者箱体变形,应重新校正调整达到要求,检查油质、清洗油管路 |
| | 油脏或油量不足,使齿面产生划痕 | |
| | 胶合 | 保证齿面有足够的润滑油 |

续表

| 故障现象 | 原　因 | 排除方法 |
|---|---|---|
| 鼓风机性能下降 | 机体内流道积累太多，使通流面积水 | 清理流道积垢，进气管路应设置空气过滤器 |
| | 气体密封间隙过大，而使鼓风机内泄流量过大 | 检查气体密封间隙，并更换不合格的密封 |

### 7.2.2 罗茨鼓风机的安装

罗茨鼓风机系属容积回转式鼓风机，其最大特点是，当压力在允许范围内加以调节时，流量变化甚微；压力的选择范围也很广，具有强制输气的特征，结构简单，维修方便，使用寿命长，整机振动小。

1. 装配间隙及调整

罗茨鼓风机的叶轮与叶轮之间及叶轮与机体之间存在的相对运动，属于非接触式的，所以，必须有合适的工作间隙，才能既达到密封作用又能保证风机正常运转。

装配间隙是 20℃ 时的理论静态间隙值，能保证在额定工况下满足动态时所需的工作间隙。因此，装配间隙乃是保证风机性能和安全运转的重要因素。每台风机出厂时，都已对装配间隙进行运行调整，用户不得随意变动。

2. 润滑

采用飞溅润滑，润滑部位为同步齿轮和前后轴承。

（1）主油箱

箱内置有冷却器和冷却润滑油。该油系提供同步齿轮和自由端轴承润滑之用。同步齿轮浸入规定油位的油池内，通过齿轮旋转以及甩油盘的作用形成飞溅供油系统。

（2）副油箱

油箱内的油系提供定位轴承润滑之用，通过甩油盘的作用形成飞溅供油系统。

3. 安装

L 型鼓风机的安装，可参阅一般机械设备安装规范，除此以外尚需注意下列各项：

（1）地脚螺栓采用二次灌浆法。

（2）机组安装的基础面应浇成凸面并平整，根据进排气口的方向和维修需要，基础面四周应留有适当宽裕的地位。

（3）安装时首先检查机体内并确认无杂物时，即封闭进排气口，彻底清除管道内的铁锈、焊渣等杂物，然后与风机接通；要求各法兰结合面不漏气，清洗主副油箱。

（4）当输送空气介质，其含尘量超过 $100\text{mg/m}^3$ 时，建议在进气口消声器前端装置空气过滤器。

（5）消声器应设置于靠近鼓风机进排气口处（压力仪表之前）。

（6）在靠近鼓风机进排气口的直管段上，应装置压力仪表，当风机处于超负荷运行时，仪表应能反映出或发出报警信号。

（7）为了保证鼓风机安全运行，机器不允许承载管道、阀门、框架等外加负荷；此种负荷必须设法用支撑承托。要求在进排气口管道上装置波纹管等以消除管道振动和热变形影响。

（8）安装时必须找准风机与电动机的正确位置，允许底座与地面采用调整垫铁来进行调整水平，其允许差为 0.2mm/1000mm。

（9）安装时绝对不允许破坏风机的装配间隙。安装后，盘动鼓风机转子，应转动灵活，无撞击和摩擦现象。

（10）冷却水的进水口前需配置调节阀，但不应将调节阀装置在出水口端。

4. 使用

（1）使用要求

1）进气口气体温度不高于 40℃。

2）气体中固体微粒含量不大于 $100mg/m^3$。微粒最大尺寸应不大于装配间隙表中所规定的最小工作间隙的 1/2。

3）轴承温度最高不超过 95℃。

4）润滑油温度最高不超过 65℃。

5）不得超过标牌规定的升压范围。

（2）鼓风机启动前的准备工作

1）检查紧固件和定位销的安装质量。

2）检查进排气管道和阀门的安装质量。

3）检查鼓风机的装配间隙是否符合要求。

4）检查鼓风机与电动机的找中、找正。

5）检查机组的底座四周是否全部垫实，地脚螺栓是否紧固。

6）向油箱注入规定牌号的全损耗系统用油至两条油位线的中间，润滑油牌号随季节温度或工作环境温度的变化而定。

7）向冷却部分通水，冷却水温度不高于 25℃。

8）全部打开鼓风机进排气口阀门、盘转子，注意倾听各部分有无不正常的杂声。

9）检查电动机转向是否符合指向要求，把负载控制器调整到允许额定值。

（3）鼓风机空负载试运转

1）新安装或大修后的风机都应经过空负载试运转。

2）罗茨鼓风机空负载运转的概念是：在排气口阀门全开的条件下投入运转。

3）试运转时应观察润滑油的飞溅情况是否正常，如过多或过少都应调整油量。

4）没有不正常的气味或冒烟现象及碰撞或摩擦声，轴承部位的径向振动速度不大于 6.3mm/s。

5）空负载运行 30min 左右，如情况正常，即可投入带负载运转；如发现不正常，进行检查排除后仍需作空负载试运转。

(4) 鼓风机正常带负荷持续运转

1) 要求逐步缓慢地调节，带上负载，直至额定负载，不允许一次调节至额定负载。

2) 所谓额定负载，系指进、排气口之间的静压差，在排气口压力正常情况下，需注意进气口压力变化，以免超负载。

3) 风机正常工作中，严禁完全关闭进、排气口阀门，也不准超负载运行。

4) 由于罗茨鼓风机的特性，不允许将排气口气体长时间的直接回流入鼓风机的进气口（改变了进气口温度），否则必将影响机器的安全。如需采取回流调节，则必须采用冷却措施。

5) 鼓风机在额定工况下运行时，各滚动轴承的表面温度一般不超过 95℃，油箱内润滑油温度不超过 65℃，轴承部位的振动速度不大于 6.3mm/s。

6) 要经常注意润滑油飞溅情况及油量位置。

5. 维护与检修

鼓风机的安全运行及使用寿命，取决于正确而经常的维护和保养，除了要注意一般性的维修规程外，对下述各点要着重注意。

(1) 检查各部位的紧固情况及定位销是否有松动现象。

(2) 鼓风机的机体内部无漏水、漏油现象。

(3) 鼓风机的机体内部不能有结垢、生锈和剥落现象存在。

(4) 注意润滑和冷却情况是否正常，注意润滑油的质量，经常倾听鼓风机运行有无杂声，注意机组是否在不符合规定的工况下运行。

(5) 鼓风机的过载，有时不是立即显示出来的，所以要注意进排气压力、轴承温度和电动机电流的增加趋势来判断机器是否运行正常。

(6) 拆卸机器前，应对机器各配合尺寸进行测量，做好记录，并在零部件上做好标记，以保证装配后维持原来配合要求。

(7) 新机器或大修后的鼓风机，油箱应加以清洗，并按使用步骤投入运行，建议运行 8h 后更换全部润滑油。

(8) 维护检修应按具体使用情况拟订合理的维修制度，按期执行，并做好记录；每年大修一次，并更换轴承和有关易损件。

6. 故障及排除方法

由于罗茨鼓风机所发生的故障原因涉及使用条件和运行情况等多方面因素，难以阐明其原因和排除方法，需根据实际情况予以分析后排除，见表 7-6 所列常规故障及排除方法。

故障及排除方法　　　　　　　　　　　　　　　　表 7-6

| 故障现象 | 发生原因 | 排除方法 |
| --- | --- | --- |
| 风量不足 | 1. 叶轮与机体因磨损而引起间隙增大 | 更换磨损零件 |
|  | 2. 配合间隙有变动 | 按要求调整 |
|  | 3. 系统有泄漏 | 检查后排除 |

续表

| 故障现象 | 发 生 原 因 | 排 除 方 法 |
|---|---|---|
| 电动机超载 | 1. 系统压力变化 | |
| | (1)进口过滤器堵塞造成阻力增高,形成负压 | 检查后排除 |
| | (2)出口系统压力增加 | 检查后排除 |
| | 2. 零件不正常所引起 | |
| | (1)静、动件发生摩擦 | 调整间隙 |
| | (2)齿轮损坏 | 更换 |
| | (3)轴承损坏 | 更换 |
| 温度过高 | 1. 机体 | |
| | (1)压力比值(出口/进口)增大 | 检查后排除 |
| | (2)进口气体温度增高 | 检查后排除 |
| | (3)静、动件发生摩擦 | 调整间隙 |
| | 2. 轴承 | |
| | (1)轴承损坏 | 更换 |
| | (2)润滑油过多或不足 | 调整油量 |
| | (3)润滑油油温过高或油质欠佳 | 改变油质 |
| | 3. 润滑油 | |
| | (1)冷却水系统断路或水量不足 | 检查后排除或调节 |
| | (2)齿轮不正常或损坏 | 检查后排除或更换 |
| | (3)轴承损坏 | 更换 |
| | (4)油质欠佳 | 更换 |
| 叶轮与叶轮之间发生撞击 | 1. 齿轮圈与尺毂紧固件松动,发生位移 | 调整间隙后定位并紧固 |
| | 2. 齿面磨损,导致叶轮之间间隙变化 | 调整间隙 |
| | 3. 齿轮与齿轮键松动 | 更换键 |
| | 4. 主从动轴弯曲超限 | 校正或更换 |
| | 5. 机体内混入杂质或由于介质所形成结垢 | 清除结垢和杂质 |
| | 6. 滚动轴磨损、间隙增大 | 更换 |
| | 7. 超额定压力运行 | 检查原因并排除 |
| 叶轮与机壳径向发生摩擦 | 1. 间隙超限 | 调整间隙 |
| | 2. 滚动轴磨损、间隙增大 | 更换 |
| | 3. 主从动轴弯曲超限 | 校直或更换 |
| | 4. 超额定压力运行 | 检查原因并排除 |
| 振动超限 | 1. 转子平整精度过低 | 按要求校正 |
| | 2. 转子平整被破坏 | 检查后排除 |
| | 3. 轴承磨损或损坏 | 更换 |
| | 4. 地脚螺栓或紧过件松动 | 检查后紧固 |

续表

| 故障现象 | 发生原因 | 排除方法 |
|---|---|---|
| 齿轮损坏 | 1. 超负荷运行或承受不正常冲击 | 更换 |
|  | 2. 润滑油量过少，油质欠佳 | 更换 |
|  | 3. 齿轮磨损，间隙超限 | 更换 |
| 轴承损坏 | 1. 润滑油质量不佳或不足 | 更换 |
|  | 2. 超负荷运行 | 更换 |

7. ZLX 系列消声器的安装

ZLX 型罗茨鼓风机消声器，如图 7-13 所示，是为全国联合设计的 L 型罗茨鼓风机系列产品而研制的消声器，它采用带有中间吸声芯的阻性环形结构，用超细玻璃棉作为吸声材料，并且有压力损失小、消声效果好、结构简单、装拆方便等优点，可适配于罗茨鼓风机，也可用于其他离心鼓风机、离心通风机。

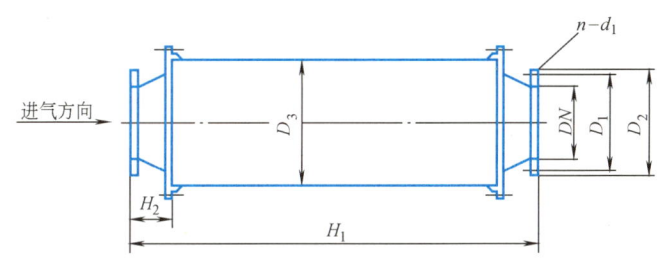

图 7-13 ZLX 系列消声器外形及安装尺寸图

ZLX 系列消声器的安装需注意事项：

（1）ZLX 型消声器直接安装于罗茨鼓风机敞开的进、出气口上，也可以串接在进、出气口管道上，允许垂直或水平安装，但应以近风机安装为宜。

（2）安装时，消声器连接法兰面上应使用橡胶板等弹性垫以隔断固体传声，并保证气密。

（3）安装时，消声器本身的质量不应直接支撑在风机上，以免引起变形，可以用适当的支架在消声器外壳或法兰部位支撑其重量。

（4）在可能有杂物吸入消声器的环境下，消声器进气口应加装钢板网等必要的防护网罩。消声芯应定期检修。

（5）当消声器的法兰尺寸与连接管道不相适配时，允许通过变径管连接。

（6）消声器也可以安装在密闭的机房侧墙或屋顶上，而不与风机直接连接，以达到密闭隔声及通风的目的，一般可以取得良好的效果。

（7）安装消声器时应按具体情况采用相应的隔声、吸声等必要措施，以降低机壳辐射噪声，达到综合治噪的目的。

（8）消声器使用、运输、储存过程中应避免雨水、油污、水蒸气等直接进入消声器，并应避免大量含尘气体或腐蚀性气体进入消声器，以延长消声器使用寿命。

（9）ZLX 型消声器除了与 L 型罗茨鼓风机配套外，也可以在本消声器允许范围内与其他风机配套使用。

（10）本系列消声器两端采用平面对焊钢制管法兰，也可根据用户要求另行制作。

## 7.3 非标设备制作

### 7.3.1 碳钢设备制作

碳钢容器按外形分为圆形、矩形、锥形等，以圆形和矩形最普遍；按密闭形式分为敞口和封闭两类；按容器内的压力分为有压和无压两类。有压容器按耐压高低，分为低压（0.5MPa以下）、中压和高压（0.5MPa以上）容器。

施工现场制作的碳钢容器一般为无压或低压容器。中、高压碳钢容器通常在容器制造厂生产。

矩形碳钢容器一般由上底、下底和壁板三部分组成，下料、焊接比较容易。

圆形碳钢容器一般由罐身、封头和罐顶三部分组成。其制作方法为：先分别制作罐身、封头、罐底和接管法兰，然后将各部分焊接成型。制作用钢材应满足设计及有关规范要求。

1. 下料成型

（1）管子和罐身的下料与成型

管子和罐身下料前，必须在钢板上画线。画线是确定管子、罐身和零件在钢板上被切割或被加工的外形，内部切口的位置，罐身上开孔的位置，卷边的尺寸，弯曲的部位，机械切削或其他加工的界线。

画线时，要考虑切割与机械加工的余量。管节、罐身画线时还要留出焊接接头所需的焊接余量。

制作管子和罐身，有用一块钢板卷成整圆的管子和罐身；也有卷成弧片，再由若干弧片拼焊成圆。

卷成整圆的钢板宽度 $B$ 的计算公式：

$$B = \pi(D+d) \tag{7-1}$$

式中　$D$——管子或罐身的内径，mm；
　　　$d$——钢板厚度，mm。

由若干弧片成圆，并采用 X 形焊缝的钢板宽度 $B'$ 为：

$$B' = \frac{B}{n} \tag{7-2}$$

式中　$B$——卷成管子或罐身钢板宽度，mm；
　　　$n$——卷成管子或罐身的弧片数。

画线可在工作平台或在平坦地面上进行。根据需要，也可在罐身或其他表面进行。一般是在钢板边缘画出基准线，然后从此线开始按设计尺寸逐渐画线。

零件也应按平面展开图画线。

为提高画线螺母速度，对于小批量、同规格的管子或罐身可以采取在油毡或厚纸板上画线，剪成样板，再用此样板在钢板上画线。

管子与罐身制作质量要求应符合设计或有关规范规定。

钢板毛料采用各种剪切机、切割机剪裁。但在施工现场，多采用氧-乙炔气切割。氧-乙炔气切割面不平整，还需用砂轮机或风铲修整。

毛料在卷圆前，应根据壁厚进行焊缝坡口的加工。

毛料一般采用三辊对称式卷板机滚弯成圆，如图 7-14 所示。滚弯后的曲度取决于滚轴的相对位置、毛料的厚度和机械的性能。滚弯前，应调整滚轴之间的相对距离 $H$ 和 $B$，如图 7-15 所示，但 $H$ 值比 $B$ 值容易调整，因此都以调整 $H$ 来满足毛料滚弯的要求。滚轴直径、毛料厚度和卷圆直径之间，求出 $H$ 值。但由于材料的回弹量难以精确确定，因此，在实际卷圆中，都采用经验方法，逐次试用调整 $H$ 值，以达到所要求的卷圆半径。毛料也可在四辊卷板机上卷圆。在三辊卷板机上卷圆，首尾两处滚不到而产生直线段。因此可采用弧形垫板消除直线段，如图 7-16 所示。四辊卷板机卷圆时，毛料首尾两段都能滚到，不存在直线段的问题。

毛料卷圆后，可用弧形样板检查椭圆度，如图 7-17 所示。

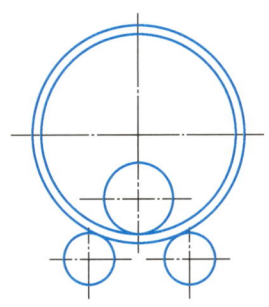

图 7-14　三辊卷板机示意

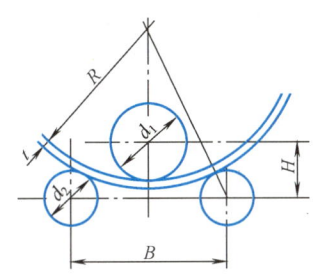

图 7-15　滚弯各项参数示意

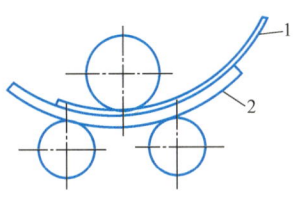

图 7-16　垫板消除直线段
1—钢板；2—垫板

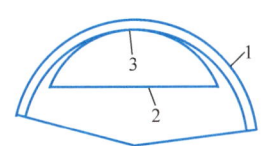

图 7-17　弧形样板检查椭圆度
1—拼件；2—样板；3—焊枪

7-1　彩图
管道圆度检测

椭圆度校正方法是在卷板机上再滚弯若干次，也可在弧度误差处用氧-乙炔气割枪加热校正。

三辊机上辊和四辊机侧倾斜安装后还可卷制成大小头等锥形零件，但辊筒倾角均不大于 $10°\sim18°$。

大直径管子或罐身卷圆后堆放及焊接时，为了防止变形，保证质量，可采取如图 7-18 所示的米字形活动支撑固定，还可校正弧度误差。

（2）封头制作

给水排水容器的封头，常见的有椭圆形和碟形，如图 7-19 所示，也有半圆形、锥形和平形。一般情况下，直径不大于500mm时采用平封头。

一般情况下，平封头可在现场采取氧-乙炔气切割得到，但非平封头则需委托容器制造厂加工。容器制造厂制造封头常采取热压成型。即采用胎具，平板毛料加热至700~1200℃，在不小于1000吨位的油压或水压压力机下压制成型。

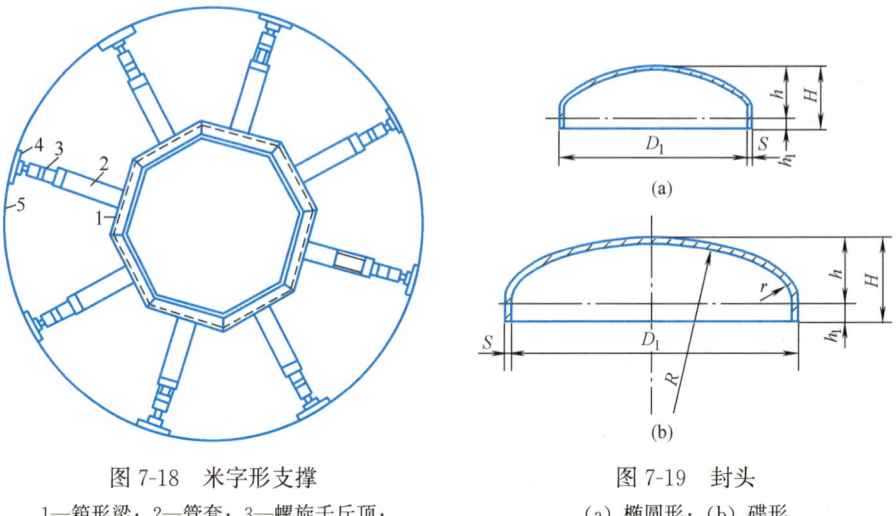

图 7-18 米字形支撑
1—箱形梁；2—管套；3—螺旋千斤顶；
4—弧形衬板；5—钢管

图 7-19 封头
（a）椭圆形；（b）碟形

现场进行封头和罐身拼接时，两者直径误差不应超过±2mm，如图7-20所示。

罐脚采用钢管，三只罐脚成120°焊于罐底，如图7-21所示。

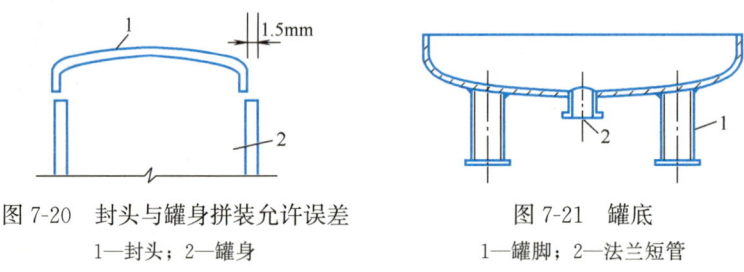

图 7-20 封头与罐身拼装允许误差
1—封头；2—罐身

图 7-21 罐底
1—罐脚；2—法兰短管

容器的法兰接管口、窥视孔、罐底泄空口等，均可按有关规范制作。

2. 碳钢容器的焊接

焊接的方法有手工电弧焊、手工氩弧焊、自动埋弧焊和接触焊等。施工现场常采用手工电弧焊和气焊。

（1）手工电弧焊

手工电弧焊的电焊机分交流和直流两种，施工现场多采用交流电焊机。

1）焊接接头形式。根据焊件连接的位置不同，焊接接头分对接接头、搭接接头、T形接头和角式接头。

钢管的焊接采取对接接头。

焊缝强度不应低于母材的强度，需有足够的焊接面积，并在焊件的厚度方向上焊透。因此，应根据焊件的不同厚度，选用不同的坡口形式。

对接接头焊缝有平口、V形坡口、X形坡口、单U形坡口和双U形坡口等，如图7-22所示。

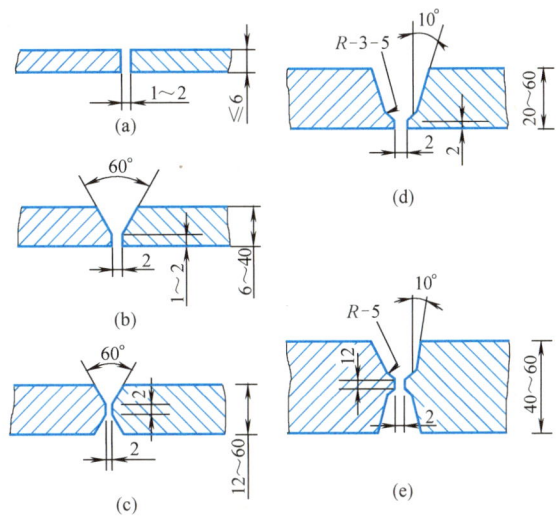

图7-22　对接接头
(a) 不开坡口的平接（平口）；(b) V形坡口；(c) X形坡口；
(d) 单U形坡口；(e) 双U形坡口

焊接厚度不大于6mm，采取不开坡口的平接。大于6mm，采用V形或X形坡口。当焊件厚度相等时，X形坡口的焊着金属约为V形坡口的1/2，焊件变形及产生的内应力也较小。单U形和双U形坡口的焊着金属较V形和X形坡口都小，但坡口加工困难。

搭接接头的搭接长度，一般为3~5倍的焊件厚度，如图7-23所示。用于焊接厚度12mm以下的焊件，采用双面焊缝。管零件的焊接常采用T形接头，如图7-24所示。这种接头的焊缝强度高，装配和加工方法简单。容器拼装焊接常采用角式接头，如图7-25所示。

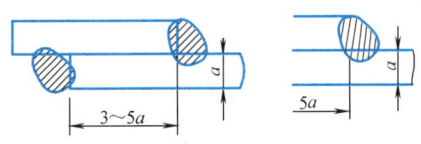

图7-23　搭接接头焊缝

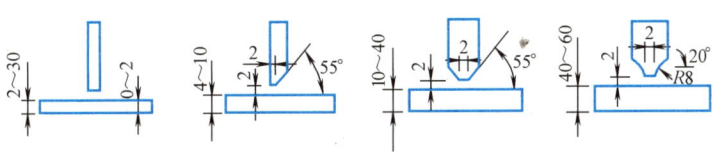

图7-24　T形接头

坡口方法有下列几种：较厚的焊件，在现场用气割坡口，但需修整不平整处；手提砂轮机坡口；用风动或电动的扁铲坡口；成批定型坡口可在加工厂用专用机床加工。

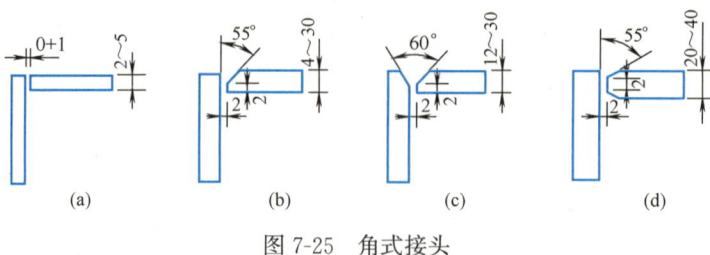

图 7-25 角式接头

2) 焊缝形式和焊接方法。焊缝形式有平焊、横焊、立焊、仰焊,如图 7-26 所示。平焊操作方便,焊接质量易保证。横焊、立焊、仰焊操作困难,焊接质量较难保证。因此,凡是有条件采用平焊的,都应采用平焊接法。

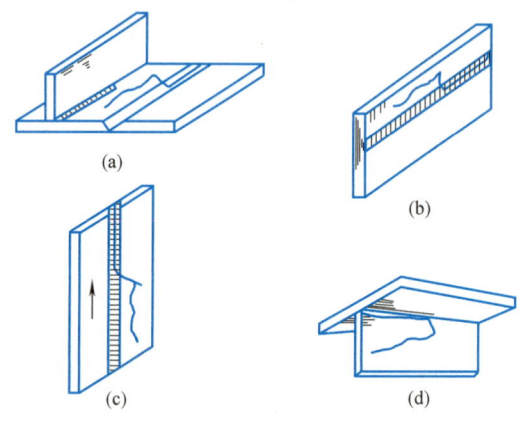

图 7-26 焊缝形式
(a) 平焊缝;(b) 立焊缝;(c) 横焊缝;(d) 仰焊缝

3) 焊接应力与变形。管道或容器拼装焊接时,焊件上温度分布极不均匀,使金属的热胀冷缩表现为焊件扭曲、起翘,产生变形。焊接完毕,焊接金属在冷却时收缩,但附近的金属阻止其收缩,导致在焊缝处产生应力和变形。这种应力超过一定值,焊缝金属产生裂缝。焊接温度越高或者连续焊接长度越长,焊接应力就越大。

防止焊接应力过大的方法,一是合理地设计焊缝的位置;二是从工艺上减少焊接应力。

分段焊接法可减少金属变形。这是因为焊接长度较短时,金属的升温和冷却都较快,产生的变形也较小。分段焊接法是一种常用的焊接法,如钢管焊接时,常将管口周长分成 3~4 段或更多段进行焊接,分段数随管径增大而增加。

大面积的容器底板的焊接顺序,如图 7-27 所示。圆筒体或管接口采取同时对称焊接也可减少焊接应力,如图 7-28 所示。

反变形焊接法是减少焊接应力和变形的常用方法。即在焊接前,焊件按相反的变形进行拼焊,焊后焊接应力互相抵消,从而达到减少变形的目的。

容器制造厂常采用焊件退火的应力消除法。退火温度为 500~600℃。退火时金属具有很大的塑性,焊接应力在塑性变形后完全消失。

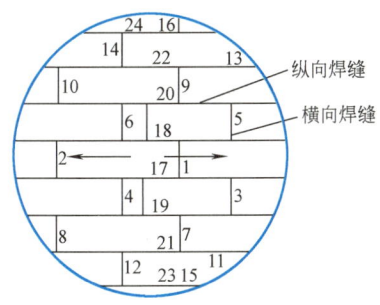
图 7-27　大面积容器底板焊接顺序

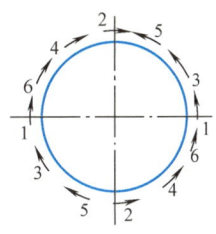
图 7-28　同时对称焊接

4）焊接缺陷及其检查方法。焊接外观缺陷主要有：焊缝尺寸不符合设计要求、咬边、焊瘤、弧坑、焊疤、焊缝裂缝、焊穿等；内部缺陷有：没焊透、夹渣、气孔、裂纹等。焊接缺陷，如图 7-29 所示。

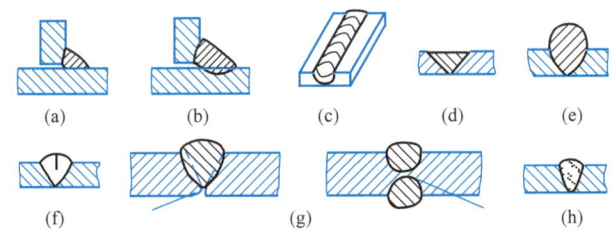

图 7-29　焊接缺陷
(a) 咬边；(b) 焊瘤；(c) 弧坑；(d) 焊缝下削；(e) 焊缝鼓凸；
(f) 焊缝裂缝；(g) 没焊透；(h) 焊缝内部裂纹

焊接质量检查方法有：外观检查、严密性检查、X 或 γ 射线检查和超声波检查等。外观缺陷用肉眼或借助放大镜进行检查。

在给水排水工程中，焊缝严密性检查是主要的检查项目。检查方法主要为水压试验和气压试验。对于无压容器，可只做满水试验。即将容器满水至设计高度，焊缝无渗漏为合格。水压试验是按容器工作状态检查，因此是基本的检查内容。水压试验压力：当工作压力小于 0.5MPa 时，为工作压力的 1.5 倍，但不得小于 0.2MPa；当工作压力大于 0.5MPa 时，为工作压力的 1.25 倍，但不得小于工作压力加 0.3MPa 压力。

容器在试验压力负荷下持续 5min，然后将压力降至工作压力，并在保持工作压力的情况下，对焊缝进行检查。若焊缝无破裂、不渗水、没有残余变形，则认为水压试验合格。X 射线检查需用 X 光发射机，常在室内使用。γ 射线检查需用 γ 射线发射机，具有操作简单、射线强度较小、携带方便和经济实用的优点，得到了广泛使用。

焊接射线检查分两种方式，一种是所有焊缝都检查，另一种是焊缝抽样检查。抽样数目按设计规定或有关规范要求确定。

(2) 氧-乙炔气焊

氧-乙炔气焊简称气焊，是利用乙炔气和氧气混合燃烧后产生 3100～3300℃

的高温，将两焊接接缝处的基本金属熔化，形成熔池进行焊接，或在形成熔池后，向熔池内充填熔化焊丝进行焊接。由于这种焊接方法散热快、热量不集中，焊接温度不高，远不及电焊使用普遍，一般仅用于 6mm 以下薄钢板。火焰的调节十分重要，它直接影响到焊接质量和焊接效率。

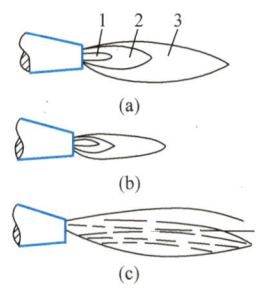

图 7-30　气焰的火焰
（a）中性燃；（b）过氧燃；（c）过炔燃
1—内焰；2—中焰；3—外焰

火焰可分为中性（正常）焰、过氧（氧化）焰和过炔（还原）焰三种，如图 7-30 所示。不同的火焰，有不同的火焰外形、化学性能和温度分布。

### 7.3.2　塑料设备制作

在施工现场制作给水排水设备的塑料有硬聚氯乙烯、聚氯乙烯、聚苯乙烯、聚甲醛、聚三氟氯乙烯、聚氟乙烯等。这些塑料均属热塑性塑料，其主要成分为聚合类树脂。

几种主要热塑性塑料的物理、机械性能如表 7-7 所列。

热塑性塑料的物理、机械性能　　　表 7-7

| 性能 | | 单位 | 指标 | | | | | |
|---|---|---|---|---|---|---|---|---|
| | | | 硬聚氯乙烯 | 聚氯乙烯 | 聚丙烯 | 聚乙烯 | 聚苯乙烯 | 聚甲醛 |
| 相对密度 | | | 1.35～1.45 | 1.16～1.35 | 0.9～0.91 | 0.94～0.96 | 1.05～1.07 | 1.42～1.43 |
| 伸长率 | | % | 20～40 | 200～450 | >200 | 60～150 | 48 | 15～25 |
| 抗拉强度 | | MPa | 35～50 | 10.5～24 | 30～39 | >20 | ≥30 | 40～70 |
| 抗压强度 | | MPa | 56～91 | 6.3～12 | 39～56 | 22.5 | | 12.2 |
| 抗弯强度 | | | 70～120 | | 42～56 | 25～40 | ≥50 | 80～110 |
| 硬度 | 布氏 | | 14.7～17.4 | | | 邵氏 D60～70 | | |
| | 洛氏 | | | | R95～105 | | M65～80 | M80 |
| 抗变形温度 | 18.6 (kg/cm$^3$) | ℃ | 48 | | 56～67 | 48 | 66～91 | 124 |
| | 4.6 (kg/cm$^3$) | ℃ | 60～82 | | 100～116 | 60～82 | | 170 |
| 马丁耐热度 | | ℃ | ≥65 | 40～70 | 44 | 121 | 70～75 | 60～64 |
| 脆化温度 | | ℃ | −30 | −30 | −35 | −70 | −30 | |
| 熔点 | | ℃ | 160 | 160 | 164～170 | 123～129 | 200 | 175 |
| 热胀系数 | | 10$^{-5}$/℃ | 5～18.5 | 7～25 | 10～11.2 | 12.6～16 | 8 | 8.1～10 |

**1. 硬聚氯乙烯塑性性能及其加工**

硬聚氯乙烯塑料的工作温度一般为−10～50℃。无荷载使用温度可达 80～90℃。在 80℃以下，呈弹性变形；超过 80℃，呈高弹性状态。至 180℃，呈黏性流动状。热塑加压成型温度为 80~165℃，板材压制温度为 165~175℃。在 220℃塑料汽化，而在-30℃呈脆性。

硬聚氯乙烯塑料线膨胀系数 $(6\sim8)\times10^{-5}\mathrm{m/(m\cdot℃)}$，是碳钢的 5~6 倍，因此热胀冷缩现象非常显著。

硬聚氯乙烯塑料在日照、高温环境中极易老化。塑料的老化表现为变色、发软、变黏、变脆、龟裂、长霉，以及物理、化学、机械和介电性能明显下降。为防止塑料设备老化，在使用过程中应尽量避免能使其老化的条件存在，如将塑料设备设置在室内，从露天移至地下。此外，根据塑料的使用条件，选择加入适当的稳定剂和防老剂的塑料作为制造设备的材料，同样可延缓塑料设备的老化。

硬聚氯乙烯在热塑范围内，温度愈高，塑性愈好。但加热到板材压制温度时，塑料分层。因此，成型加热温度应控制在 120~130℃。

硬聚氯乙烯板、管的机械加工性能优良，可采用木工、钳工、机工工具和专用塑料割刀进行锯、割、刨、凿、钻等加工。但是加工速度应控制，以防因高速加工而急剧升温，使其软化、分解。机械加工应避免在板、管面产生裂痕。刻痕会产生应力集中，使强度破坏频率增高。已产生的刻痕应打磨光洁。不宜在低于 15℃环境中加工，避免因材料脆性提高而发生断裂。

**2. 硬聚氯乙烯设备成型**

硬聚氯乙烯塑料板下料画线与碳钢设备相同，但应根据塑料性能预留冷收缩量和成型后再加工余量。

硬聚氯乙烯设备成型加热，应在电热烘箱或气热烘箱内进行。弯管、扩口等小件也可采用蒸汽、电热、甘油浴和明火加热，加热温度和加热时间根据试验确定。

板材加热后需在模内成型。由于木材热系数低，因此常采用木胎模。塑料木胎模成型如图 7-31 所示。

如果罐身是用弧形板拼装接成的，各种弧形板用阴、阳模成型，如图 7-32 所示。

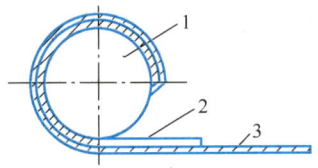
图 7-31 塑料木胎模成型
1—圆柱形木模；2—成型的聚氯乙烯；3—帆布

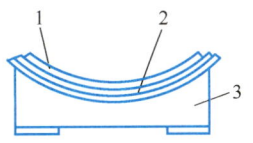
图 7-32 塑料弧形板成型
1—硬聚氯乙烯板；2—帆布或塑料模面；3—隔模

容器的封头，根据其尺寸和径深比，或用单块板料成型，或分块组对拼接。单块板料成型模型如图 7-33 所示。板线画线下料所留加工余量不宜过大，以免产生压制叠皱。分块压制拼焊的大封头，如图 7-34 所示。拼制尺寸误差可用喷灯局部加热矫形修正。

**3. 硬聚氯乙烯管、板焊接与坡口**

塑料焊接是大多数热塑性塑料最常用的加工方法。当被焊物件受到焊枪喷出

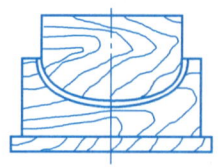
图 7-33 单块板料封头成型模型

图 7-34 拼接封头分块成型

的热空气加热至一定温度时,焊条和焊件表面就表现为塑性流动状态。此时在焊条上施加一定的压力,就可将焊件焊接牢固。塑料管的连接、管件制作和塑料设备的制作等常采用焊接。

(1) 焊接设备和焊条

热风焊枪是塑料焊接的专用工具,由电热丝、风管(钢管)、焊嘴等组成,如图 7-35 所示。

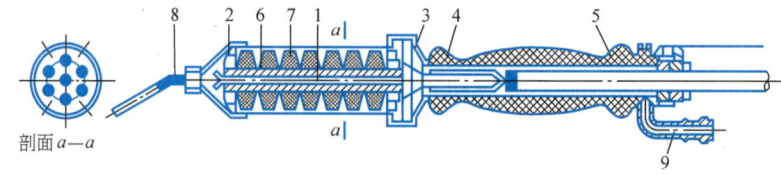

图 7-35 热风焊枪

1—枪体;2—连接罩;3—连接口;4—钢管;5—把手;6—电热丝;
7—绝缘体;8—焊嘴;9—压缩空气管

塑料焊接温度为 190~220℃。

塑料焊接时,空气由热风系统(图 7-36)送至焊枪内电阻丝加热后由焊嘴喷射至焊件和焊条上。焊嘴的最佳热风温度应为 210~240℃。

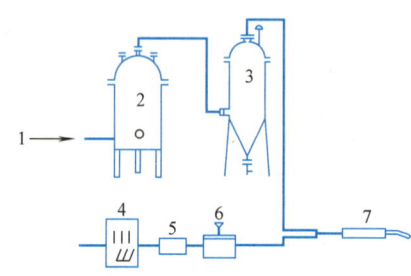

图 7-36 热风系统

1—压缩空气机;2—滤清器;3—稳压器;4—刀闸;5—漏电自动切断器;6—调压器;7—焊枪

焊接所用焊条由硬聚氯乙烯树脂制成。焊接用的焊条不宜过粗,一般采用双焊条(8字形焊条)以避免焊接后焊条内部会产生应力,从而引起收缩和龟裂的情况。采用双焊条还具有下述优点:

1) 可以减少加热次数,减少由于热应力引起的强度降低。

2) 双焊条的焊接工艺易掌握,焊缝表面波动少,排列整齐,焊缝紧密、强度高,速度快。在焊缝根部应采用细的(2mm)单焊条,以保证焊条熔化填满焊缝间隙。

(2) 塑料焊接坡口和焊接要求

塑料管、板焊接时,一般要求坡口。常用的坡口形式有两种:一是 V 形坡口,用于薄管壁或薄板;二是 X 形坡口,用于厚管壁或厚板。塑料焊接的搭接及焊缝形式,如图 7-37 所示。焊接时,焊条宜垂直于焊缝表面。焊条位置如图 7-38 所示。焊接终了时，焊条应堆出坡口端面 10mm 左右，焊完后再切去。焊接过程中需切断焊条时，应用刀将留在焊缝内的端头切成斜面。从切断处焊接的新焊条也必须切成斜口。焊缝局部或全部焊接完毕后，应让焊接件自然冷却，焊缝是管道或容器强度薄弱处，如有特殊要求，可采用玻璃钢强化。

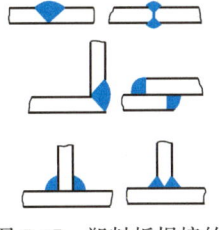

图 7-37　塑料板焊接的搭接及焊缝形式

塑料焊接质量要求如下：

1）焊缝表面平整无凸瘤，切断面必须紧密均匀，无气孔与夹杂物。

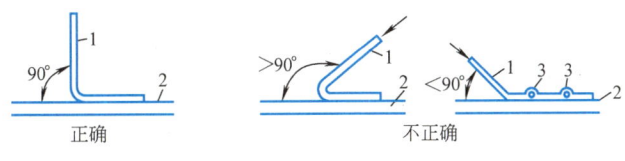

图 7-38　焊条位置
1—焊条；2—焊件；3—波纹

2）焊接时，焊条与焊缝两侧应均匀受热，外观不得有弯曲、断裂、烧焦和宽窄不一等缺陷。

3）焊条与焊件熔化要良好，不允许有覆盖、重积等现象。

4）焊缝的强度一般不能低于母材强度的 60%。

5）焊缝接头处必须错开 50mm 以上，以免影响强度。

除热风加热焊外，塑料管还可采用接触焊和超声焊；塑料板还可采用接触加热挤压焊接、高频电流加热焊接。

接触焊主要应用于 ABS、聚丙烯醋酸酯类、聚苯乙烯等塑料管的连接。

4. 圆形塑料容器的拼装与焊接

圆形塑料容器是由封头、筒身、筒底等组成，由自成型塑料板拼装，然后焊接。各塑料板件成型后需用标准弧尺检查，弧形正负误差不大于 0.1%D。两块弧形板拼装时，对口错边不应大于板厚的 10%，且不大于 2mm。简单拼接时，两筒体不应产生过大轴向与径向的间隙、筒体轴向和径向误差、板和筒体的尺寸误差，可用焊枪或喷灯加热后纠正。

5. 塑料容器的检查

塑料容器焊接成型后应检查质量，常用下列方法检查：

（1）焊缝外观检查。焊缝表面应清洁、平整，焊纹排列整齐而紧密，挤浆均匀，无焦灼现象。

（2）常压容器注水试验。对于常压容器，注满水，24h 内不渗漏为合格。

（3）压力容器试压。对于压力容器，在 1.5 倍工作压力的试验压力（水压试验）下，保持 5min 不渗漏为合格。

（4）电火花检查。在焊缝两侧同时移动电火花控制线和地线，根据漏电情况确定质量优劣。

(5) 气压试验。向容器内打入有压空气，在焊缝外侧涂满肥皂水，根据漏气与否确定施工质量。

一般焊缝外观检查是必须检查的内容。其他检查方法，可根据施工现场条件，任选一种进行。

### 7.3.3 玻璃钢设备制作

在热固性塑料内，掺入玻璃纤维等填料予以增强的复合材料，称为玻璃钢。玻璃钢内的玻璃纤维和热固性塑料都没有改变它们原有的材料特性。根据热固性塑料的不同，常用的玻璃钢有环氧玻璃钢、不饱和聚酯玻璃钢、酚醛玻璃钢等。

玻璃钢的抗拉强度很高，耐热性好，化学稳定性和电绝缘性好，而且重量轻。

玻璃纤维的机械强度远远超过大块玻璃的机械强度，直径愈小，强度愈高。直径 $4\mu m$ 的玻璃纤维抗拉强度为 $3000\sim3800MPa$。固化环氧树脂抗拉强度为 $84\sim105MPa$。固化聚酯抗拉强度为 $40\sim70MPa$。环氧玻璃钢的抗拉强度为 $430\sim500MPa$。聚酯玻璃钢的抗拉强度为 $210\sim355MPa$。因此，玻璃钢抗拉强度接近或超过碳钢抗拉强度。高强度组分主要是玻璃纤维，当然也受树脂种类影响。

玻璃钢的相对密度为 $1.8\sim2.2$，对酸、碱和各种无机物的耐腐蚀性能良好。

用玻璃钢制造的设备有各类容器、塔器、槽车、酸洗槽、反应罐、冷却塔、除尘设备、分离设备、水质净化设备、污水处理设备以及管、阀、泵等。玻璃钢设备的制作和安装也较容易。

玻璃钢制造工艺很多，在玻璃钢设备制造厂，多采用机械成型工艺，常用制造方法有缠绕法、喷射法和换压法，对产品的固化处理常采用感应加热或红外加热。施工现场通常采取手糊成型工艺。玻璃钢手糊是在模具上一层树脂一层玻璃纤维顺次涂覆，排出空气，紧密粘结。手糊工艺不需要复杂的机械设备，不受容器的大小和形状限制，不需要很高的操作技术，可以任意局部加强涂覆，因而成本较低。但手糊质量随操作水平而定，而且劳动条件差。手糊成型后，经过加热固化，成为玻璃钢设备。

1. 玻璃钢的组分材料及施工方法

（1）玻璃纤维

玻璃纤维按制造工艺不同，分定长纤维和连续纤维两类。玻璃钢设备多采用连续纤维。连续纤维按化学组成分为有碱和无碱两种。一般采用金属锂、钠含量小于 1% 的无碱纤维。无碱纤维的耐水性、机械强度、耐老化性、电绝缘性都较好，但价格高。根据在纺纱过程中是否退绕、加捻，玻璃纤维纱分有捻和无捻两种。有捻纱强度高，但树脂不易浸透。为了保证玻璃纤维的拉丝质量，拉丝时要浸润。浸润剂有石蜡乳剂、聚醋酸乙烯和其他浸润剂。采用石蜡乳剂，纤维的蜡覆阻碍了与树脂的粘结，所以，使用前应进行加热、脱蜡。无捻纱一般用聚醋酸乙烯浸润。无捻粗纱织成的玻璃布，称为无捻粗纱方格布，铺覆性、抗冲击性、耐变形性都较好；树脂易浸润，增厚效果好；价格便宜。有捻玻璃布分平纹布、斜纹布、缎纹布等。后两种的致密、强度（除抗冲击强度）和柔性都较好。缎纹布的强度较斜纹布高，而斜纹布的强度又较平纹布高。玻璃布愈厚，耐压强度愈低，但抗冲击强度提高。

用于手糊玻璃钢的玻璃布有无碱无捻粗纱方格布，还可用无碱有捻斜纹布、缎纹布。无捻粗纱和短切纤维填充容器死角。

玻璃钢设备手糊前，应对玻璃布进行剪裁。剪裁尺寸，应考虑由于玻璃布经纬方向的强度不同，玻璃布应纵横交替铺设，而且应保证两块玻璃布有不小于50mm的搭接宽度。如要求壁厚均匀，可采用对接。玻璃布剪裁时应使两层玻璃布的搭接、对接缝或其他粘接缝错开，剪裁尺寸应以便于操作为宜。

（2）树脂

树脂是制作玻璃钢设备的胶粘剂。因此，应能配制成黏度适宜的黏液，而且应符合设备所需的防腐要求，有一定的强度、无毒或低毒，价格要便宜。常用的树脂有环氧、酚醛、聚酯、有机硅等。

环氧树脂耐腐蚀性好，与玻璃纤维的粘结力强，机械度高，但价格较高。环氧树脂的品种很多，常用的为双酚A型环氧树脂。

不饱和聚酯树脂的价格低，但强度和耐热性差，毒性较大。酚醛树脂价格也低，但需高温高压成型，现场手糊玻璃钢中很少采用。

（3）掺和剂

为了改变树脂某种性能，或为了降低成本，可在树脂内根据需要，掺入固化剂、稀释剂、增韧剂、触变剂、填料等。固化剂能缩短玻璃钢设备的固化时间，常用固化剂为乙二胺。稀释剂用于降低树脂黏度，便于操作，如环氧丙烷丁基醚甲苯、酒精等。树脂里加入增韧剂能增强玻璃钢设备的抗冲击性，常用的有邻苯二甲酸、二丁酯。掺入触变剂可减少树脂在操作时垂直面下坠流挂，常用的触变剂有二氧化硅、膨润土、聚氯乙烯粉。树脂内加入填料石棉、铝粉可提高抗冲击性；石英粉、铁粉、三氧化二铝可提高压缩强度；滑石粉、石膏粉可减少树脂固化收缩。

树脂胶粘剂配合比应根据玻璃布种类及质量、腐蚀介质、所需玻璃钢性能、施工条件等进行不同配合比试验，采用最佳配合比。

环氧树脂胶粘剂配合比为：

618号环氧树脂：乙二胺：二丁酯＝100：（6～8）：（10～15）

618号环氧树脂：$\beta$羟基乙基乙二胺：二丁酯：环氧丙烷：丁基醚＝100：（17～20）：（17～20）：10：5

为了使胶粘剂便于涂刷和渗入玻璃布，同时又不流坠，粘结黏度应为0.5～1Pa·s。为了保证胶粘剂在涂刷过程中不胶凝，而在涂刷完毕后较快胶凝，应根据施工需要确定胶凝时间，一般为3～6h，经过试验由不同配合比而定。

2. 玻璃钢设备的层间结构

玻璃钢设备一般由多层组成层间结构。内层为表面耐腐蚀层，由于与腐蚀介质接触，因而要求有一定的抗蚀性和致密性。该层玻璃钢中树脂含量较高，达70%～80%，厚度较薄，约0.5～1mm。次层为中间层又称中间防渗层，主要起防渗作用，玻璃钢中树脂含量一般为50%～70%，厚度为2～2.5mm。其次层为强度层，玻璃钢设备主要由此层承受外力。强度层的承载能力与玻璃钢中玻璃纤维含量有关，玻璃纤维含量一般为50%～70%。外层由树脂胶液与填料组成，粘结玻璃纤维布。树脂含量一般为80%～90%，厚度一般为1～2mm。

手糊玻璃钢设备层间结构如表7-8所示。

手糊玻璃钢设备层间结构　　　　　　表7-8

| 玻璃钢名称 | 层 间 结 构 | | | |
| --- | --- | --- | --- | --- |
| | 内层 | 中间层 | 强度层 | 外层 |
| 环氧玻璃钢 | 环氧 | 环氧 | 环氧 | 环氧 |
| 环氧—聚酯玻璃钢 | 双酚A聚酯 | 双酚A聚酯 | 环氧 | 环氧 |
| 聚酯玻璃钢 | 双酚A聚酯 | 双酚A聚酯 | 聚酯 | 聚酯 |
| 环氧—酚醛玻璃钢 | 酚醛 | 环氧—酚醛 | 环氧 | 环氧 |

3. 模具和隔离剂

手糊玻璃钢容器必须在模具上成型。模具的材料有木、混凝土、石膏、聚氯乙烯等。模具材料应有足够的刚度，以承受玻璃钢的重量而不变形；不为树脂胶粘剂腐蚀；不因热固化而变形、收缩、产生裂纹等；不影响树脂热固化。根据容器形状复杂程度、要求模具重复使用次数等因素选择模具材料。模具制造的形状和尺寸应该正确，构造应便于装模和脱模。环氧玻璃钢槽的木模具，如图7-39所示。

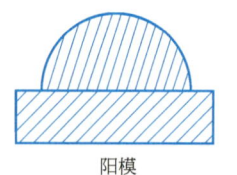

阳模　　　　　阴模

图7-39　环氧玻璃钢槽的木模具

在容器模具上应留设法兰接管模，如图7-40所示。

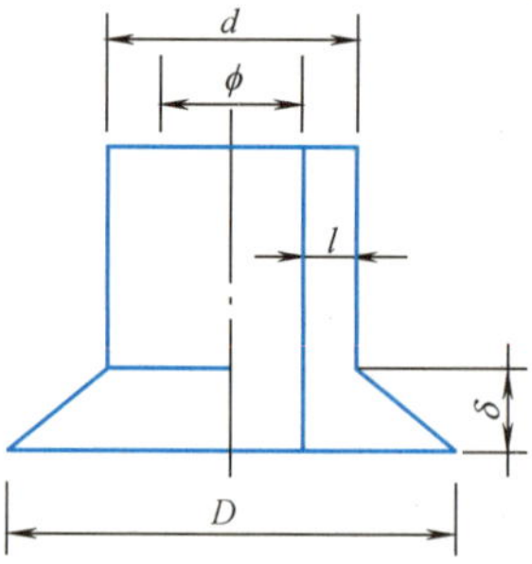

为了在玻璃钢固化后便于脱模，应在模具的工作面上涂刷隔离剂。隔离剂还可修正模具制作尺寸误差，并使玻璃钢表面平整光滑。

隔离剂有过氯乙烯溶液、聚乙烯醇溶液等溶液类，聚酯薄膜、聚氯乙烯薄膜等膜类和硅脂、变压器油等油脂类。其中以溶液类使用最广泛。聚乙烯醇溶液无毒且价廉，其配方为：

聚乙烯醇：乙醇：水=(5～8)：(35～60)：(60～35)。

还可以在隔离剂内掺入各种附加剂，以改善其使用性能。

图7-40　法兰接管模
$D$—接管底盘直径；$\phi$—接管内径；
$l$—接管管壁厚度；$\delta$—接管根部底盘厚度；
$d$—接管外径

4. 胶衣层和手糊操作

为了防止胶粘剂固化收缩导致玻璃布纹凸出,应采用胶衣层改善玻璃钢设备内层表面平整度。胶衣层必须采用具有弹性的树脂,并与树脂粘结良好。

手糊玻璃钢操作时,先在模具表面用掺入填料的树脂涂刷一层类似于底漆的胶衣层,再在胶衣层上涂刷树脂,然后铺贴玻璃布,压平,防止产生皱褶,并排出气泡,使树脂渗入玻璃布。压平、驱赶气泡都应沿玻璃布的径向进行。

容器或设备的死角、凹陷处,采用如图 7-41 所示方法填满,然后涂贴树脂和玻璃布。

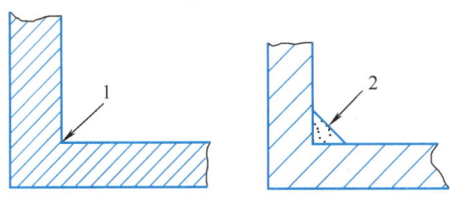

图 7-41  玻璃钢容器凹角填覆
1—死角区;2—树脂填塞

手糊完毕后进行固化。一般在常温下固化。固化时间取决于树脂配方、固化温度和制品质量要求。

固化后脱模,宜用木制或铜制工具起模,若需起重工具吊模,应垫设柔性材料,以防止损伤玻璃钢。

5. 玻璃钢设备操作环境及其卫生防护

玻璃钢操作不宜露天进行,通常在固定的室内操作。由于玻璃钢所使用的材料有一定的低毒性,要求室内具有良好的采光、通风设施,操作工人应配置必要的劳保用品。

玻璃钢成型过程中使用的材料,大多为易燃材料,燃烧后产生有毒有害烟尘,因此,施工现场必须严禁烟火,并配置消防器材。

废弃的玻璃钢应回收利用或无害处理,不得焚烧,以免污染环境。

### 复习思考题

1. 水泵机组安装的要求是什么?
2. 水泵吸水及压水管路的安装要求是什么?
3. 水泵减振措施有哪些?
4. 鼓风机安装的要求是什么?
5. 鼓风机机组常见故障与排除方法有哪些?
6. 碳钢设备制作的要求是什么?
7. 玻璃钢设备制作的要求是什么?

### 课后拓展

给水排水系统中各种设备的制作、选择与布置是系统安装中的重点项目。给水排水系统的设备有很多，各有各的用途，同学们在满足使用要求的前提下应具有节能意识，主动加入节能减排的行动中。节能减排就是节约能源、降低能源消耗、减少污染物排放，减排项目必须加强节能技术的应用，以避免因片面追求减排结果而造成的能耗激增，应注重社会效益和环境效益均衡。

抓节能减排本身也是在抓成本，也是在提高经济效益，给水排水系统及设备安装应使用电耗、人力成本等综合能耗达到最低。节能减排工作带来经济效益的提升会变成一个新的效益增长点，这是相辅相成的。

# 教学项目 8
## 给水排水构筑物施工

**Chapter 08**

### 教学目标

通过检查井等附属构筑物常用材料、施工方法、安全技术,钢筋混凝土构筑物施工工艺,沉井施工工艺等知识点的学习,学生会计算工程量,会编制检查井等附属构筑物、钢筋混凝土构筑物施工工艺及沉井施工施工方案。

### 素质目标

提高防腐蚀能力,保持高昂的斗志。

随着我国城市建设的迅速发展，给水排水构筑物的建设越来越多，在城市建设中占有越来越重要的地位。

# 8.1 检查井等附属构筑物施工

## 8.1.1 砖石工程材料

砌筑材料常采用烧结普通砖和 P 型烧结多孔砖。

1. 烧结普通砖

烧结普通砖的技术要求包括砖的形状、尺寸、外观、强度及耐久性等。

（1）形状尺寸：普通黏土砖的尺寸规定为 240mm×115mm×53mm。这样，4 个砖长，8 个砖宽或 16 个砖厚，都恰好为 1m。1m³ 砖砌体需用砖 512 块。

（2）外观检查：包括尺寸偏差、弯曲强度、缺棱掉角和裂纹等内容。并要求内部组织结实，不含爆裂性矿物杂质如石灰质等。对酥砖、螺纹砖和欠火砖都有限制。根据砖的强度、耐久性能和外观指标分为特、一等和二等砖。

（3）强度：烧结普通砖根据抗压强度分为 MU30、MU25、MU20、MU15、MU10 五个等级。

（4）抗冻性：将吸收饱和的砖在 −15℃ 与 10~20℃ 的条件下经 15 次冻融循环，其质量损失不得超过 2%，裂纹长度不得超过二等砖规定。在南方温暖地区使用的砖可以不考虑砖的抗冻性。

（5）吸水率：砖的吸水率有标准规定。特等砖不大于 25%，一等砖不大于 27%，二等砖无要求。欠火砖的孔隙率大，吸水率也大，相应的强度低，耐水性差，不宜用于水池砌筑。

（6）密度：烧结普通砖的密度一般为 1600~1800kg/m³。

2. P 型烧结多孔砖

（1）形状尺寸：P 型烧结多孔砖的尺寸规定为 240mm×115mm×90mm。

（2）密度：承重的多孔砖密度一般为 1400kg/m³ 左右。

（3）P 型烧结多孔砖的质量标准按现行国家标准《烧结多孔砖和多孔砌块》GB 13544—2011 执行。

## 8.1.2 砖砌检查井施工

1000mm 砖砌检查井，如图 8-1 所示。

1. 砌筑形式

砌筑形式主要有一顺一丁、三顺一丁、全丁等。

（1）一顺一丁

一顺一丁是一皮全部顺砖与一皮全部丁砖间隔砌成。上下皮竖缝相互错开 1/4 砖长（图 8-2a）。这种砌法效率较高，适用于砌一砖、一砖半及二砖墙。

（2）三顺一丁

三顺一丁是三皮全部顺砖与一皮全部丁砖间隔砌成。上下皮顺砖间竖缝错开 1/2 砖长；上下皮顺砖与丁砖间竖缝错开 1/4 砖长（图 8-2b）。这种砌法因顺砖较多，效率较高，适用于砌一砖、一砖半墙。

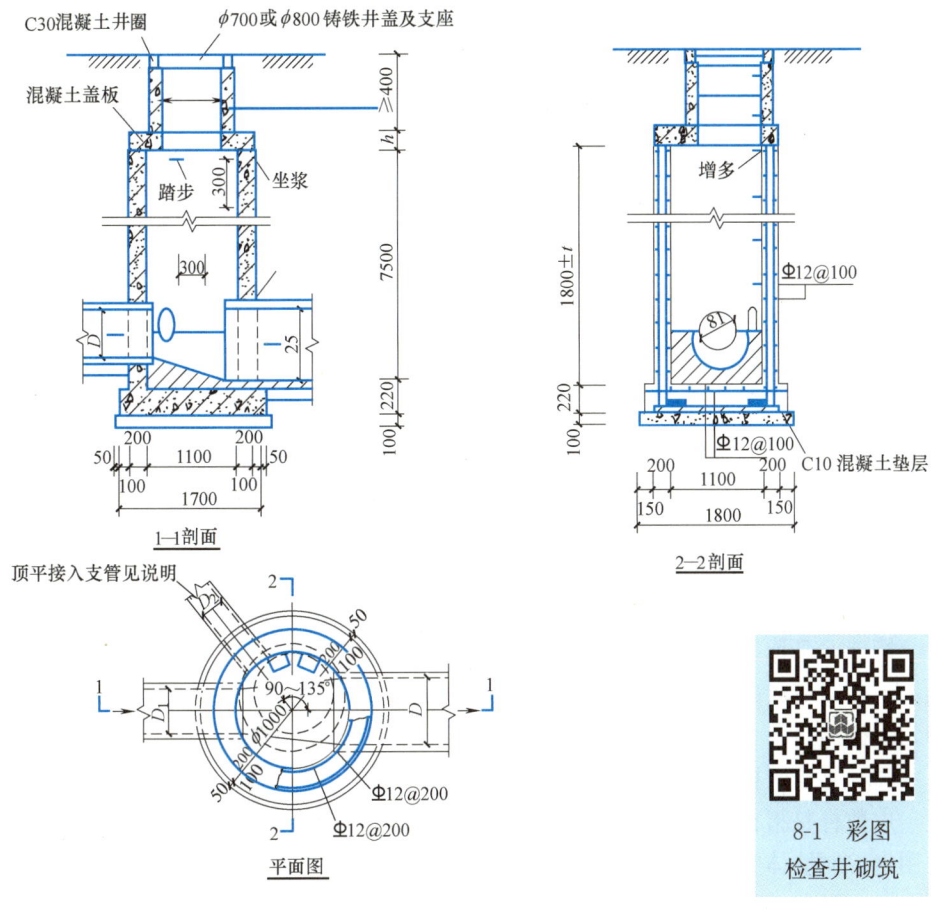

说明:
1. 单位：mm。
2. 外墙及底板混凝土为 C25；钢筋Φ-HPB300 级钢；搭接长度 40d；基础保护层 40，其他为 35。
3. 底浆、抹三角灰采用 1∶2 防水水泥砂浆。
4. 砌筑用 M7.5 水泥砂浆，MU10 红砖；1∶2 防水水泥砂浆抹面，厚 20。
5. 井室净高一般为 1800，埋深不足时酌情减少。
6. 其他参见相关标准图。

图 8-1  1000mm 砖砌检查井

（3）全丁

全丁砌法是各皮全用丁砖砌筑，上下皮竖缝相互错开，如图 8-3 所示。这种砌法适用于砌筑圆形砌体，如检查井等。

2. 砌筑工艺

砖墙的砌筑一般有抄平、放线、摆砖、立皮数杆、盘角、挂线、砌筑、勾缝、清理等工序。

（1）抄平、放线

砌墙前先在基础底板上定出标高，并用水泥砂浆或 C10 细石混凝土找平，然后根据龙门板的轴线，弹出墙身轴线、边线及门窗洞口位置，二楼以上墙的轴线

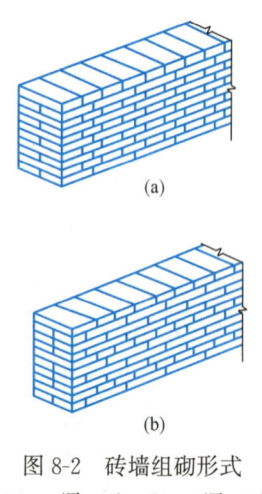
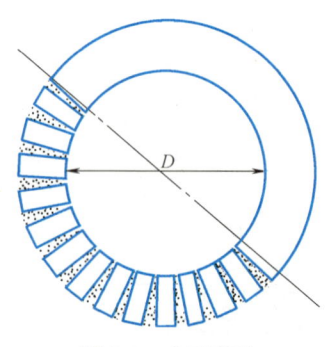

图 8-2 砖墙组砌形式　　　　　图 8-3 全丁砌法
(a) 一顺一丁；(b) 三顺一丁

可以用经纬仪或垂球将轴线引测上去。

（2）摆砖

摆砖，又称摆脚，是指在放线的基面上按选定的组砌方式用干砖试摆，目的是为了校对所放出的墨线是否符合砖的模数，以尽可能减少砍砖，并使砌体灰缝均匀。摆砖由一个大角到另一个大角，砖与砖留 10mm 缝隙。

（3）立皮数杆

皮数杆是指在其上画有每皮砖和灰缝厚度等高度位置的一种木制标杆。砌筑时用来控制墙体竖向尺寸及各部位构件的竖向标高，并保证灰缝厚度的均匀性。

（4）盘角、挂线

盘角是控制墙面横平竖直的主要依据，所以，一般砌筑时应先砌墙角。墙角砖层高度必须与皮数杆相符合，做到"三皮一吊，五皮一靠"，墙角必须双向垂直。

墙角砌好后，即可挂小线，作为砌筑中间墙体的依据，以保证墙面平整，一般一砖墙、一砖半墙可用单面挂线，一砖半墙以上则应用双面挂线。

（5）砌筑、勾缝

砌筑操作方法各地不一，但应保证砌筑质量要求，通常采用"三一砌砖法"，即一块砖、一铲灰、一揉压，并随手将挤出的砂浆刮去的砌筑方法。这种砌法的优点是灰缝容易饱满、固结力好、墙面整洁。

勾缝是砌清水墙的最后一道工序，可以用砂浆随砌随勾缝，叫作原浆勾缝；也可砌完墙后再用 1:1.5 的水泥砂浆或加色砂浆勾结，称为加浆勾缝。勾缝具有保护墙面和增加墙面美观的作用，为了确保勾缝质量，勾缝前应清除墙面粘结的砂浆和杂物，并洒水润湿，在砌完墙后，应画出 1cm 的灰槽，灰缝可勾成凹、平、斜或凸形状，勾缝完后还应清扫墙面。

3. 砖砌检查井施工

检查井一般分为现浇钢筋混凝土、砖砌、石砌、混凝土或钢筋混凝土预制拼装等结构形式，以砖（或石）砌检查井居多。

(1) 常用的检查井形式

常用的砖砌检查井有圆形及矩形。圆形井适用于管径 $D=200\sim800$mm 的雨、污水管道上；矩形井适用于 $D=800\sim2000$mm 的污水管道上。

(2) 采用材料

1) 砖砌体：采用 MU10 砖，M7.5 水泥砂浆；井基采用 C10 混凝土。

2) 抹面：采用 1:2（体积比）防水水泥砂浆，抹面厚 20mm，砖砌检查井井壁内外均用防水水泥砂浆抹面，抹至检查井顶部。

3) 浇槽：采用井墙一次砌筑的砖砌流槽，如采用 C10 混凝土时，浇筑前应先将检查井之井基、井墙洗刷干净，以保证共同受力。

(3) 施工要点

1) 在已安装好的混凝土管检查井位置处，放出检查井中心位置，按检查井半径摆出井壁砖墙位置。

2) 一般检查井用 24 墙砌筑，采用内缝小外缝大的摆砖方法，满足井室弧形要求。外灰缝填碎砖，以减少砂浆用量。每层竖灰缝应错开。

3) 对接入的支管随砌随安装，管口伸入井室 30mm，当支管管径大于 300mm 时，支管顶与井室墙交接处用砌拱形式，以减轻管顶受力。

4) 砌筑圆形井室应随时检查井径尺寸。当井筒砌筑距地面有一定高度时，井筒量边收口，每层每边最大收口 3cm；当偏心三面收口每层砖可收口 4～5cm。

5) 井室内踏步，除锈后，在砌砖时用砂浆填塞牢固。

6) 井筒砌完后，及时稳好井圈，盖好井盖，井盖面与路面平齐。

(4) 施工注意事项

1) 砌筑体必须砂浆饱满、灰浆均匀。

2) 预制和现浇混凝土构件必须保证表面平整、光滑、无蜂窝麻面。

3) 壁面处理前必须清除表面污物、浮灰等。

4) 盖板、井盖安装时加 1:2 防水水泥砂浆及抹三角灰，井盖顶面要求与路面平。

5) 回填土时，先将盖板坐浆盖好，在井墙和井筒周围同时回填，回填土密实度根据路面要求而定，但不应低于 95%。

### 8.1.3 预制检查井安装

(1) 应根据设计的井位桩号和井内底标高，确定垫层顶面标高、井口标高及管内底标高等参数，作为安装的依据。

(2) 按设计文件核对检查井构件的类型、编号、数量及构件的重量。

(3) 垫层施工不得扰动井室地基，垫层厚度和顶面标高应符合设计规定，长度和宽度要比预制混凝土底板的长、宽各大 100mm，夯实后用水平尺校平，必要时应预留沉降量。

(4) 标示出预制底板、井筒等构件的吊装轴线，先用专用吊具将底板水平就位，并复核轴线及高程，底板轴线允许偏差±20mm，高程允许偏差为±10mm。底板安装合格后再安装井筒，安装前应清除底板上的灰尘和杂物，并按标示的轴线进行安装。井筒安装合格后再安装盖板。

(5) 当底板、井筒与盖板安装就位后，再连接预埋连接件，并做好防腐。然后将边缝润湿，用1:2水泥砂浆填充密实，做成45°抹角。当检查井预制件全部就位后，用1:2水泥砂浆对所有接缝进行里、外勾平缝。

(6) 最后将底板与井筒、井筒与盖板的拼缝，用1:2水泥砂浆填满密实，抹角应光滑平整，水泥砂浆强度等级应符合设计要求。当检查井与刚性管道连接时，其环形间隙要均匀，砂浆应填满密实；与柔性管道连接时，胶圈应就位准确、压缩均匀。

#### 8.1.4 现浇检查井施工

(1) 按设计要求确定井位、井底标高、井顶标高、预留管的位置与尺寸。

(2) 按要求支设模板。

(3) 按要求拌制并浇筑混凝土。先浇底板混凝土，再浇井壁混凝土，最后浇顶板混凝土。混凝土应振捣密实，表面平整、光滑，不得有漏振、裂缝、蜂窝和麻面等缺陷；振捣完毕后进行养护，达到规定的强度后方可拆模。

(4) 井壁与管道连接处应预留孔洞，不得现场开凿。

(5) 井底基础应与管道基础同时浇筑。

检查井施工允许误差应符合表8-1的规定。

**检查井施工允许误差**　　　　　　　　　　　　　表8-1

| 项　目 | | 允许偏差（mm） | 检验频率 | | 检验方法 |
|---|---|---|---|---|---|
| | | | 范围 | 点数 | |
| 井身尺寸 | 长、宽 | ±20 | 每座 | 2 | 用尺量，长宽各计一点 |
| | 直径 | ±20 | 每座 | 2 | 用水准仪测量 |
| 井口高程 | 非路面 | ±20 | 每座 | 1 | 用水准仪测量 |
| | 路面 | 与道路规定一致 | 每座 | 1 | 用水准仪测量 |
| 井底高程 | 安管 $D \leqslant 1000$ | ±10 | 每座 | 1 | 用水准仪测量 |
| | 安管 $D > 1000$ | ±15 | 每座 | 1 | 用水准仪测量 |
| | 顶管 $D < 1500$ | +10，-20 | 每座 | 1 | 用水准仪测量 |
| | 顶管 $D \geqslant 1500$ | +10，-40 | 每座 | 1 | 用水准仪测量 |
| 踏步安装 | 水平及竖直间距外露长度 | ±10 | 每座 | 1 | 用尺量，计偏差较大者 |
| 脚窝 | 高、宽、深 | ±10 | 每座 | 1 | 用尺量，计偏差较大者 |
| 流槽宽度 | | +10 | 每座 | 1 | 用尺量 |

注：表中$D$为管径（mm）。

#### 8.1.5 雨水口施工

**1. 施工工艺**

雨水口一般采用砖、石砌筑施工，砌筑工艺与检查井相同，要点如下：

(1) 按道路设计边线及支管位置，定出雨水口中心线桩，使雨水口的长边与道路边线重合（弯道部分除外）。

(2) 根据雨水口的中心线桩挖槽，挖槽时应留出足够的肥槽，如雨水口位置有误差应以支管为准进行核对,平行于路边修正位置,并挖至设计深度。

(3) 夯实槽底。有地下水时应排除并浇筑 100mm 的细石混凝土基础;为松软土时应夯筑 3∶7 灰土基础,然后砌筑井墙。

(4) 砌筑井墙。

1) 按井墙位置挂线,先干砌一层井墙,并校对方正。一般井墙内口尺寸为 680mm×380mm 时,对角线长 779mm;内口尺寸为 680mm×410mm 时,对角线长 794mm;内口尺寸为 680mm×415mm 时,对角线长 797mm。

2) 砌筑井墙。雨水口井墙厚度一般为 240mm,用 MU10 砖和 M10 水泥砂浆按一顺一丁的形式组砌,随砌随刮平缝,每砌高 300mm 应将墙外肥槽及时填土夯实。

3) 砌至雨水口连接管或支管处应满卧砂浆,砌砖已包满管道时应将管口周围用砂浆抹严抹平,不能有缝隙,管顶砌半圆砖券,管口应与井墙面平齐。当雨水连接管或支管与井墙必须斜交时,允许管口进入井墙 20mm,另一侧凸出 20mm,超过此限时必须调整雨水口位置。

4) 井口应与路面施工配合同时升高,当砌至设计标高后再安装雨水箅。雨水箅安装好后,应用木板或铁板盖住,以免在道路面层施工时,被压路机压坏。

5) 井底用 C10 细石混凝土抹出向雨水口连接管集水的泛水坡。

(5) 安装井箅。井箅内侧应与道牙或路边成一条直线,满铺砂浆,找平坐稳,井箅顶与路面平齐或稍低,但不得凸出。现浇井箅时,模板支设应牢固、尺寸准确,浇筑后应立即养护。

2. 施工注意事项

(1) 位置应符合设计要求,不得歪扭。

(2) 井箅与井墙应吻合。

(3) 井箅与道路边线相邻边的距离应相等。

(4) 内壁抹面必须平整,不得起壳裂缝。

(5) 井箅必须完整无损、安装平稳。

(6) 井内严禁有垃圾等杂物,井周回填土必须密实。

(7) 雨水口与检查井的连接应顺直、无错口;坡度应符合设计规定。

3. 质量要求

雨水口施工允许误差应符合表 8-2 的规定。

雨水口施工允许误差　　　　表 8-2

| 顺序 | 项目 | 允许偏差(mm) | 检验频率 范围 | 检验频率 点数 | 检验方法 |
| --- | --- | --- | --- | --- | --- |
| 1 | 井圈与井壁吻合 | 10 | 每座 | 1 | 用尺量 |
| 2 | 井口高 | 0<br>-10 | 每座 | 1 | 与井周路面比 |
| 3 | 雨水口与路边线平行位置 | 20 | 每座 | 1 | 用尺量 |
| 4 | 井内尺寸 | +20<br>0 | 每座 | 1 | 用尺量 |

#### 8.1.6 阀门井施工

**1. 施工工艺**

阀门井一般采用砖、石砌筑施工,砌筑工艺与检查井相同,要点如下:

(1) 井底施工要点

1) 用 C10 混凝土浇筑底板,下铺 150mm 厚碎石(或砾石)垫层,无论有无地下水,井底均应设置集水坑。

2) 管道穿过井壁或井底,需预留 50~100mm 的环缝,用油麻填塞并捣实或用灰土填实,再用水泥砂浆抹面。

(2) 井室的砌筑要点

1) 井室应在管道铺设完毕、阀门装好之后着手砌筑,阀门与井壁、井底的距离不得小于 0.25m;雨天砌筑井室,需在铺设管道时一并砌好,以防雨水流入井室而堵塞管道。

2) 井壁厚度为 240mm,通常采用 MU10 砖、M7.5 水泥砂浆砌筑,砌筑方法同检查井。

3) 砌筑井壁内外均需用 1:2 水泥砂浆抹面,厚 20mm,抹面高度应高于地下水最高水位 0.5m。

4) 爬梯通常采用 $\phi$16 钢筋制作,并防腐,水泥砂浆未达到设计强度的 75% 以前,切勿脚踏爬梯。

5) 井盖应轻便、牢固、型号统一、标志明显;井盖上配备提盖与撬棍槽;当室外温度不高于 -21℃ 时,应设置为保温井口,增设木制保温井盖板。安装方法同检查井井盖。

6) 盖板顶面标高应与路面标高一致,误差不超过 ±50mm,当在非铺装路面上时,井口需略高于路面,但不得超过 50mm,并有 0.02 坡度做护坡。

**2. 施工注意事项**

(1) 井壁的勾缝抹面和防渗层应符合质量要求。

(2) 井壁同管道连接处应严密,不得漏水。

(3) 阀门的启闭杆应与井口对中。

**3. 质量要求**

阀门井施工允许误差应符合表 8-3 的规定。

阀门井施工允许误差 表 8-3

| 项 目 | | 允许误差(mm) | 检验频率 | | 检验方法 |
|---|---|---|---|---|---|
| | | | 范围 | 点数 | |
| 井身尺寸 | 长、宽 | ±20 | 每座 | 2 | 用尺量,长宽各计一点 |
| | 直径 | ±20 | 每座 | 2 | 用尺量 |
| 井盖高程 | 非路面 | ±20 | 每座 | 1 | 用水准仪测量 |
| | 路面 | 与道路规定一致 | 每座 | 1 | 用水准仪测量 |
| 底高程 | D<1000mm | ±10 | 每座 | 1 | 用水准仪测量 |
| | D>1000mm | ±15 | 每座 | 1 | 用水准仪测量 |

注:表中 D 为直径。

#### 8.1.7 支墩施工

1. 材料要求

支墩通常采用砖、石砌筑或用混凝土、钢筋混凝土现场浇筑，其材质要求如下：

（1）砖的强度等级不应低于 MU10。

（2）片石的强度等级不应低于 MU20。

（3）混凝土或钢筋混凝土的强度等级不应低于 C10。

（4）砌筑用水泥砂浆的强度等级不应低于 M5。

2. 支墩的施工

（1）平整夯实地基后，用 MU10 砖、M10 水泥砂浆进行砌筑。遇到地下水时，支墩底部应铺 100mm 厚的卵石或碎石垫层。

（2）横墩后背土的最小厚度不应小于墩底到设计地面深度的 3 倍。

（3）支墩与后背的原状土应紧密靠紧，若采用砖砌支墩，原状土与支墩间的缝隙，应用砂浆填实。

（4）对横墩，为防止管件与支墩发生不均匀沉陷，应在支墩与管件间设置沉降缝，缝间垫一层油毡。

（5）为保证弯管与支墩的整体性，向下弯管的支墩，可将管件上箍连接，钢箍用钢筋引出，与支墩浇筑在一起，钢箍的钢筋应指向弯管的弯曲中心，钢筋露在支墩外面部分，应有不小于 50mm 厚的 1∶3 水泥砂浆作保护层；向上弯管应嵌入支墩内，嵌进部分中心角不宜小于 135°。

（6）垂直向下弯管支墩内的直管段，应包玻璃布一层，缠草绳两层，再包玻璃布一层。

3. 支墩施工注意事项

（1）位置设置要准确，锚定要牢固。

（2）支墩应修筑在密实的地基或坚固的基础上。

（3）支墩应在管道接口做完、位置固定后再修筑。

（4）支墩修筑后，应加强养护、保证支墩的质量。

（5）在管径大于 700mm 的管线上选用弯管，水平设置时，应避免使用 90°弯管，垂直设置时，应避免使用 45°弯管。

（6）支墩的尺寸一般随管道覆土厚度的增加而减小。

（7）必须在支墩达到设计强度后，才能进行管道水压试验，试压前，管顶的覆土厚度应大于 0.5m。

（8）经试压支墩符合要求后，方可分层回填土，并夯实。

#### 8.1.8 安全与防护措施

在砌筑操作前，必须检查施工现场各项准备工作是否符合安全要求，如道路是否畅通，机具是否完好牢固，安全设施和防护用品是否齐全，经检查符合要求后才可施工。

施工人员进入现场必须戴好安全帽。砌基础时，应检查和注意基坑土质的变化情况，堆放砖石材料应离开坑边 1m 以上，砌墙高度超过地坪 1.2m 以上时，应搭设脚手架。架上堆放材料不得超过规定荷载值,堆砖高度不得超过三皮侧砖,同一块脚手板上的操作人员不应超过两人,按规定搭设安全网。

不准站在墙顶上做画线、刮缝及清扫墙面或检查大角垂直等工作,不准用不稳固的工具或物体在脚手板上垫高操作。

砍砖时应面向墙面,工作完毕应将脚手板和砖墙上的碎砖、灰浆清扫干净,防止掉落伤人,正在砌筑的墙上不准走人,不准站在墙上做画线、刮缝、吊线等工作。

雨天或每日下班时,应做好防雨准备,以防雨水冲走砂浆,致使砌体倒塌。冬期施工时,脚手板上如有冰霜、积雪,应先清除后才能上架子进行操作。

砌筑墙体高度超过2m时,必须搭设操作平台,并做好防护措施,经专人验收合格后方准使用。

## 8.2 钢筋混凝土构筑物施工

某地修建的直径100m露天半地下式钢筋混凝土辐射式大型沉淀池,其结构如图8-4所示。沉淀池由进水管道、中心支座、排泥廊道、池壁、池底和刮泥机等组成。进水管道为直径900mm钢管,埋于池底板以下,平均埋深为3.4m。管外部包有钢筋混凝土。进水管在池中央弯成竖管,顶部呈喇叭口状。整个竖管埋在中心支座内。

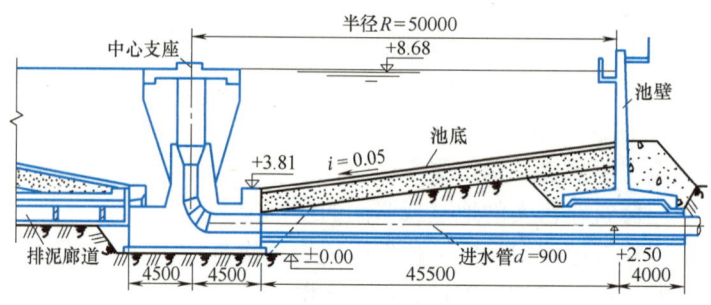

图8-4 直径100m辐射式沉淀池

中心支座位于沉淀池中央,底部直径9m,设有环形集泥坑。顶部装有刮泥桁架。整个中心支座高度8.81m,混凝土总量为244m³。

排泥廊道为矩形钢筋混凝土结构,断面尺寸1.8m×2.0m。内置两条直径250mm铸铁排泥管,并附设冲洗、通风管道和内部照明。

沉淀池池壁高5.9m,由16块壁板组成,每块弧长19.64m,混凝土总量2075m³。池底划分为同心圆三圈,由40块组成,混凝土总量1955m³。池底下部为500~750mm厚的砂砾垫层,如图8-5所示。

刮泥机分为刮泥桁架、牵引小车、中央回转支承和支架轨道四部分,总重为70余t。桁架长72m,其下部装有消除池底积泥的刮泥刀。

工程施工场地的地质情况,根据钻探资料,场地地质条件大致分为三层:

第一层自地面至-3.6~-4.7m,为可塑状及流塑状态的粉质黏土和粉土;

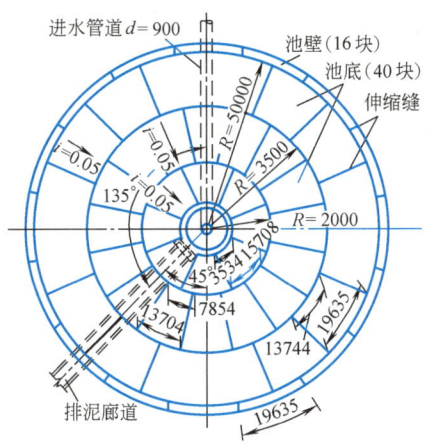

图 8-5 池底分块平面

第二层自 $-4.7\sim -8.0\mathrm{m}$，主要系黄褐色粉砂层；第三层自 $-8.0\mathrm{m}$ 以下，系黑灰色砂层，以中、细砂为主，粗砂次之。

场地地区静止地下水位，一般在地面以下 $1.01\sim 1.24\mathrm{m}$，平均渗透系数约为 $20\mathrm{m/d}$。

按照上述地质条件，沉淀池中心支座和排泥廊道均位于地下水水位以下 3m 多的粉砂层上。因此，施工中对于降低地下水位，并防止产生流砂现象将十分重要。

### 8.2.1 确定施工顺序

根据工程结构和施工条件，沉淀池的施工顺序确定为：

（1）先进行中心支座、排泥廊道、进水管道的土方开挖，池壁基础沟槽也同时进行开挖。当开挖接近地下水位时，及时采取降水措施，以保证土方工程能顺利开挖至设计高程。

（2）铺设进水管道，安装中心喇叭口，浇筑中心支座、排泥廊道和进水管道的钢筋混凝土，其施工进度应在池底开工前全部完成。

（3）清除池底耕植土层，分段浇筑池壁钢筋混凝土。将位于进水管道和排泥廊道上部的两段池壁，安排在后期浇筑，以便作为池内外施工通道及运输刮泥机设备。

（4）全面铺填池底砂垫层，并相应填筑池壁外部的回填土。浇筑池底混凝土，拆除中心支座、排泥廊道及进水管道的降水措施，回填砂砾层。

（5）池体结构完成后，安装刮泥机，最后进行沉降观测和满水试验及完成其他收尾工作。

### 8.2.2 土方开挖与施工排水

沉淀池工程土方工作量不大，由于地下水位高，故选定采用人工分层进行开挖。

按照制定的施工组织设计的安排，采用轻型井点降低地下水位的方法，以改善开挖地下水位以下土方的作业条件。井点布置为单层环形井点系统，配备双电源保证不间断抽水。沉淀池中心支座和排泥廊道的土方开挖及井点系统布置，如图8-6所示。

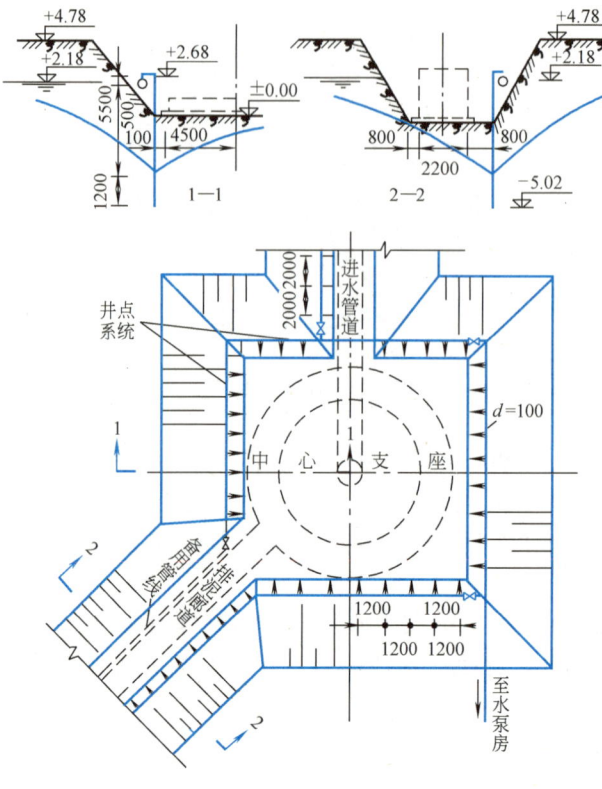

图8-6 土方开挖和井点系统布置

沉淀池中心支座位于地下-4.7m粉砂层上，施工中曾发生两次流砂现象。其主要原因归纳如下：①井点下完后，紧接开始挖土，因地下水位抽降不大，土中饱和水分过多（应在井点安装后，提前抽水经3~5d，再开挖土方）；②井点系统中集水总管（$d=100$mm）过细，水泵能量不足，水泵吸程与真空度没有调节好，影响井点出水量；③施工中木脚手杆击伤管路，造成漏气；④施工季节气温较低，部分集水总管泡在水坑中被冻受堵等。针对上述原因，采取了改进措施，克服了流砂现象。

### 8.2.3 模板施工

1. 模板支设

模板是使混凝土结构和构件按所要求的几何尺寸成型的模型板。模板系统包括模板和支架系统两大部分，此外尚需适量的紧固连接件。在现浇钢筋混凝土结构施工中，对模板的要求是保证工程结构各部分形状尺寸和相互位置的正确性，具有足够的承载能力、刚度和稳定性，构造简单，装拆方便。接缝不得漏浆、经济。模板工程量大，材料和劳动力消耗多。正确选择模板形式、材料及合理组织施工对加速现浇钢筋混凝土结构施工和降低工程造价具有重要作用。

（1）木模板

为了节约木材,应尽量不用木模板。但有些工程或工程结构的某些部位由于工艺等需要,仍要使用木模板。

木模板一般是在木工车间或木工棚加工成基本组件(拼板),然后在现场进行拼装。拼板如图 8-7 所示,由板条和拼条钉成,板条厚度一般为 25~50mm。宽度不宜超过 200mm(工具式模板不超过 150mm),以保证在收缩时缝隙均匀,浇水后易于密缝,受潮后不易翘曲,梁底的拼板由于承受较大的荷载要加厚至 40~50mm。拼板的拼条根据受力情况可以平放也可以立放。拼条间距取决于所浇筑混凝土的侧压力和板条厚度,一般为 400~500mm。

1) 基础模板:如土质较好,阶梯形基础模板的最下一级可不用模板而进行原槽浇筑,如图 8-8 所示。安装时,要保证上、下模板不发生相对位移。如有杯口还要在其中放入杯口模板。

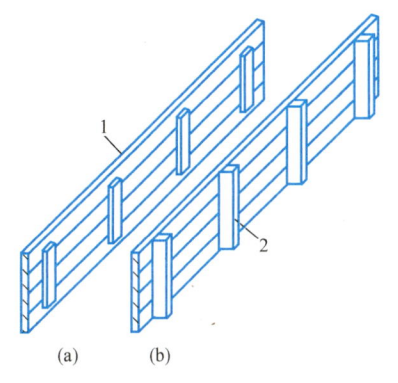

图 8-7 拼板的构图
(a) 拼条平放;(b) 拼条立放
1—板条;2—拼条

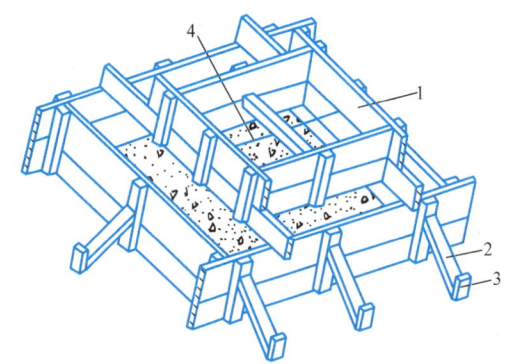

图 8-8 阶梯形基础模板
1—拼板;2—斜撑;3—木桩;4—钢丝

2) 柱子模板:由两块相对的内拼板夹在两块外拼板之间拼成,亦可用短横板(门子板)代替外拼板钉在内拼板上,如图 8-9 所示。

柱底一般有一钉在底部混凝土上的木框,用以固定柱模板底板的位置。柱模板底部开有清理孔,沿高度每间隔 2m 开有浇筑孔。模板顶部根据需要开有与梁模板连接的缺口。为承受混凝土的侧压力和保持模板形状,拼板外面要设柱箍。柱箍间距与混凝土侧压力、拼板厚度有关。由于柱子底部混凝土侧压力较大,因而柱模板越靠近下部柱箍越密。

3) 梁模板由底模板和侧模板等组成,如图 8-10 所示。梁底模板承受竖向荷载,一般较厚,下面有支架(琵琶撑)支撑。支架的立柱最好做成可以伸缩的,以便调整高度,底部应支承在坚实的地面、楼面或垫以木板。在多层框架结构施工中,

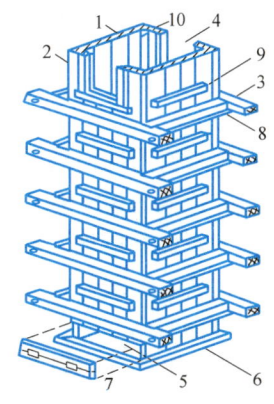

图 8-9 方形柱子的模板
1—内拼板;2—外拼板;3—柱箍;
4—梁缺口;5—清理孔;6—木框;
7—盖板;8—拉紧螺栓;9—拼条;
10—三角板

应使上层支架的立柱对准下层支架的立柱。支架间应用水平和斜向拉杆拉牢，以增强整体稳定性，当层间高度大于 5m 时，宜选桁架做模板的支架，以减少支架的数量。梁侧模板主要承受混凝土的侧压力，底部用钉在支架顶部的夹条夹住，顶部可由如图 8-10 所示方形柱子的模板楼板的搁栅或支撑顶住。高大的梁，可在侧板中上位置用钢丝或螺栓相互撑拉，梁跨度不小于 4m 时，底模应起拱，如设计无要求时，起拱高度宜为全跨长度的（1~3）/1000。

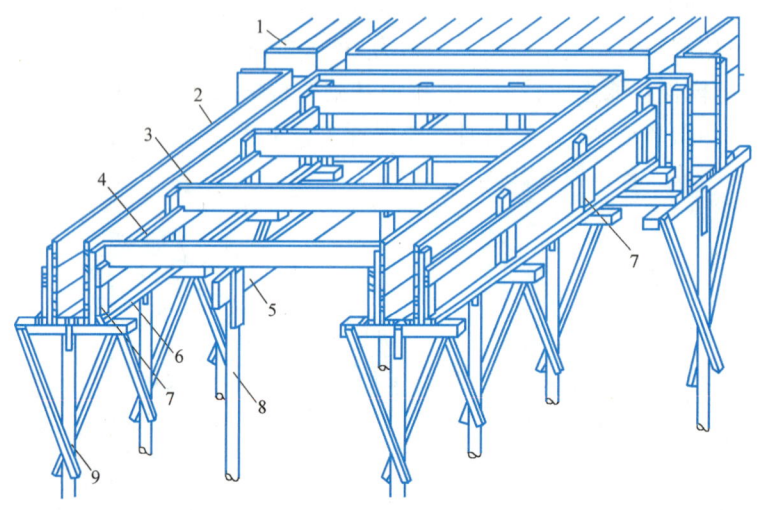

图 8-10　梁及楼板模板
1—楼板模板；2—梁侧模板；3—搁栅；4—横挡；5—牵挡；6—夹条；
7—短撑；8—牵杠撑；9—支撑

（2）组合钢模板

组合钢模板由钢模板和配件两大部分组成，它可以拼成不同尺寸、不同形状的模板，以适应基础、柱、梁、板、墙施工的需要。组合钢模尺寸适中，轻便灵活，装拆方便，既适用于人工装拆，也可预拼成大模板、台模等，然后用起重机吊运安装。

1）钢模板

钢模板有通用模板和专用模板两类。通用模板包括平面模板、阴角模板、阳角模板和连接角模；专用模板包括倒棱模板、梁腋模板、柔性模板、搭接模板、可调模板及嵌补模板。以下主要介绍常用的通用模板。平面模板由面板、边框、纵横肋构成，如图 8-11 所示。边框与面板常用 2.5~3.0mm 厚钢板冷轧冲压整体成型，纵横肋用 3mm 厚扁钢与面板及边框焊成。为便于连接，边框上有连接孔，边框的长向及短向其孔距均一致，以便横竖都能拼接。平模的长度有 1800mm、1500mm、1200mm、900mm、750mm、600mm、450mm 七种规格，宽度有 100~600mm（以 50mm 进级）十一种规格，因而可组成不同尺寸的模板。在构件接头处（如柱与梁接头）及一些特殊部位，可用专用模板嵌补。不足模数的空缺也可用少量木模补缺，用钉子或螺栓将方木与平模边框孔洞连接。阴、阳角模用以成型混凝土结构的阴、阳角，连接角模用做两块平模拼成 90°角的连接件。

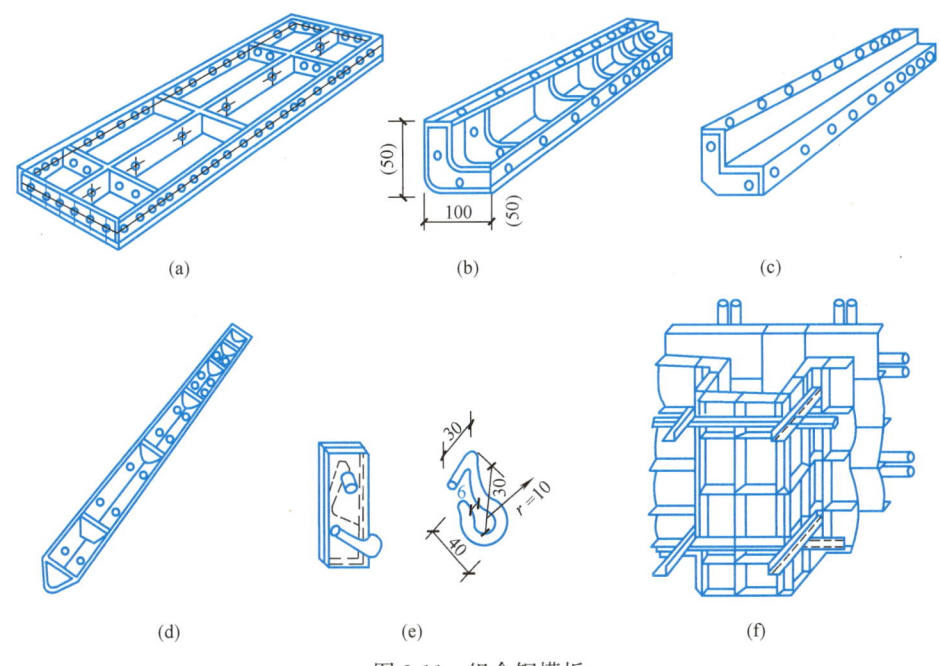

图 8-11 组合钢模板

(a) 平模板；(b) 阴角模板；(c) 阳角模板；(d) 连接角模板；(e) U 形卡；(f) 附墙柱模

2）钢模配板

采用组合钢模时，同一构件的模板展开可用不同规格的钢模做多种方式的组合排列，因而形成不同的配板方案。配板方案对支模效率、工程质量和经济效益都有一定影响。合理的配板方案应满足：钢模块数少，木模嵌补量少，并能使支承件布置简单，受力合理。其原则：

① 优先采用通用规格及大规格的模板。这样模板的整体性好，又可以减少装拆工作。

② 合理排列模板。宜以其长边沿梁、板、墙的长度方向或柱的方向排列，以利使用长度规格大的钢模，并扩大钢模的支承跨度。如结构的宽度恰好是钢模长度的整倍数量，也可将钢模的长边沿结构的短边排列。模板端头接缝宜错开布置，以提高模板的整体性，并使模板在长度方向易保持平直。

③ 合理使用角模。对无特殊要求的阳角，可不用阳角模，而用连接角模代替。阴角模宜用于长度大的阴角，柱头、梁口及其他短边转角（阴角）处，可用方木嵌补。

④ 便于模板支承件（钢楞或桁架）的布置，对面积较方整的预拼装大模板及钢模端头接缝集中在一条线上时，直接支承钢模的钢楞，其间距布置要考虑接缝位置，应使每块钢模都有两道钢楞支承。对端头错缝连接的模板，其直接支承钢模的钢楞或桁架的间距，可不受接缝位置的限制。

3）支承件

支承件包括柱箍、梁托架、钢楞、桁架、钢管顶撑及钢管支架。

柱箍可用角钢、槽钢制作，也可采用钢管及扣件组成。梁侧托架用来支托梁底模和夹模,如图 8-12(a)所示。梁托架可用钢管或角钢制作,其高度为 500~800mm,宽度达 600mm,可根据梁的截面尺寸进行调整,高度较大的梁,可用对拉螺栓或斜撑固定两边侧模。

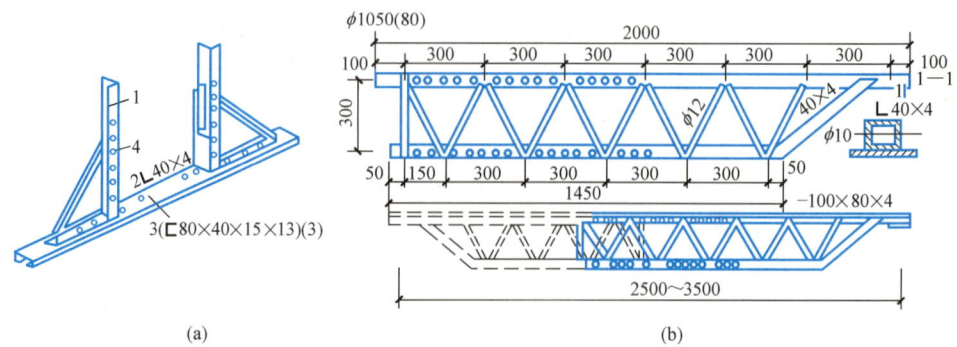

图 8-12 托架及支托桁架
(a) 梁托架;(b) 支托桁架
1—三角梁;2—角钢竖肋;3—槽钢底座;4—固定螺栓

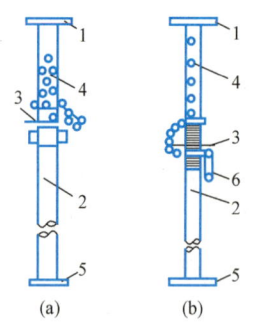

图 8-13 钢管顶撑
(a) 对接扣连接;(b) 回转扣连接
1—顶板;2—套管;3—转盘;
4—插管;5—底板;6—转动手柄

支托桁架有整体式和拼接式两种,拼接式桁架可由两个半榀桁架拼接,以适应不同跨度的需要,如图 8-12(b)所示。钢管顶撑由套管及插管组成,如图 8-13 所示。其高度可借插销粗调,借螺旋微调。钢管支架由钢管及扣件组成,支架柱可用钢管对接(用对接扣连接)或搭接(用回转扣连接)接长。支架横杆步距为 1000~1800mm。

2. 模板拆除

现浇混凝土结构模板的拆除时间,取决于结构的性质、模板的用途和混凝土硬化速度。及时拆除,可提高模板的周转,为后续工作创造条件。如过早拆模,因混凝土未达到一定强度,过早承受荷载会产生变形甚至会造成重大质量事故。

模板拆除的相关规定:

(1) 非承重模板(如侧板),应在混凝土强度能保证其表面及棱角不因拆除模板而受损坏时,方可拆除。

(2) 承重模板应在与结构同条件养护的试块达到表 8-4 规定的强度后,方可拆除。

(3) 在拆除模板过程中,如发现混凝土有影响结构安全的质量问题时,应暂停拆除,经过处理后,方可继续拆除。

(4) 已拆除模板及其支架的结构,应在混凝土强度达到设计强度后才允许承受全部计算荷载。当承受施工荷载大于计算荷载时,必须经过核算,加设临时支撑。

**整体式结构拆除时所需的混凝土强度**　　　　表 8-4

| 项次 | 结构类型 | 结构跨度(m) | 按设计混凝土强度的标准百分率(%) |
|---|---|---|---|
| 1 | 板 | ≤2<br>>2,≤8<br>≥8 | 50<br>75<br>100 |
| 2 | 梁、拱、壳 | ≤8<br>>8 | 75<br>100 |
| 3 | 悬臂梁构件 | ≤2<br>>2 | 75<br>100 |

拆除模板注意事项：

(1) 拆模时不要用力过猛，拆下来的模板要及时运走、整理、堆放，以便再用。

(2) 模板及其支架拆除的顺序及安全措施应按施工技术方案执行。拆模程序一般应是后支的先拆，先拆除非承重部分，后拆除承重部分。一般是谁安谁拆。重大复杂模板的拆除，事先应制定拆模方案。

(3) 拆除框架结构模板的顺序，首先是柱模板，然后是楼板底板、梁侧模板，最后梁底模板。拆除跨度较大的梁下支柱时，应先从跨中开始，分别拆向两端。

(4) 层楼板支柱的拆除，应按下列要求进行：上层楼板正在浇筑混凝土时，下一层楼板的模板支柱不得拆除，再下一层楼板模板的支柱，仅可拆除一部分；跨度 4m 及 4m 以上的梁下均应保留支柱，其间距不大于 3m。

(5) 拆模时，应尽量避免混凝土表面或模板受到损坏，注意整块板落下伤人。

### 8.2.4 钢筋施工

钢筋混凝土结构及预应力混凝土结构常用的钢材有热轧钢筋、钢绞线、消除应力钢丝和余热处理钢筋四类。

钢筋混凝土结构常用热轧钢筋，按照《混凝土结构设计规范》(2015 年版) GB 50010—2010 将热轧钢筋按屈服强度特征值分 300 级、335 级、400 级、500 级。钢筋牌号表示为：热轧光圆钢筋牌号 HPB300；普通热轧带肋钢筋牌号 HRB400、HRB500；细晶粒热轧钢筋牌号 HRBF 400、HRBF 500；余热处理带肋钢筋牌号 RRB 400。具体见表 8-5。

**常用热轧钢筋分类**　　　　表 8-5

| 牌　号 | 符号 | 公称直径 $d$ (mm) |
|---|---|---|
| HPB300 | Φ | 6～22 |
| HRB400<br>HRBF400<br>RRB400 | Φ<br>Φ$^F$<br>Φ$^R$ | 6～50 |
| HRB500<br>HRBF500 | Φ<br>Φ$^F$ | 6～50 |

钢筋进场应有产品合格证、出厂检验报告，每捆（盘）钢筋均应有标牌，进场钢筋应按进场的批次和产品的抽样检验方案抽取试样做机械性能试验，合格后方可使用。钢筋在加工过程中出现脆断、焊接性能不良或力学性能显著不正常等现象时，还应进行化学成分检验或其他专项检验。同时还应进行外观检查，要求钢筋应平直、无损伤，表面不得有裂纹、油污、颗粒状或片状老锈。

钢筋在运输和储存时，必须保留标牌，并按批分别堆放整齐，避免锈蚀和污染。

钢筋一般在钢筋车间加工，然后运至现场绑扎或安装。其加工过程一般有冷拉、冷拔、调直、剪切、除锈、弯曲、绑扎、焊接等。

1. 钢筋加工

钢筋的加工包括调直、除锈、切断、接长、弯曲等工作。

钢筋调直宜采用机械调直，也可利用冷拉进行调直。采用冷拉方法调直钢筋时，HPB300 级钢筋的冷拉率不宜大于 4%；HRB400 级钢筋的冷拉率不宜大于 1%。除利用冷拉调直钢筋外，粗钢筋还可采用锤直和拔直的方法；直径 4～14mm 的钢筋可采用调直机进行调直。调直机具有使钢筋调直、除锈和切断三项功能。冷拔低碳钢丝在调直机上调直后，其表面不得有明显擦伤，抗拉强度不得低于设计要求。

钢筋的表面应洁净，油渍、漆污和用锤敲击时能剥落的浮皮、铁锈等应在使用前清除干净。在焊接前，焊点处的水锈应清除干净。钢筋的除锈，宜在钢筋冷拉或钢丝调直过程中进行，这对大量钢筋的除锈较为经济省工。用机械方法除锈，如采用电动除锈机除锈，对钢筋的局部除锈较为方便。手工（用钢丝刷、砂盘）喷砂和酸洗等除锈，由于费工费料，现已很少采用。

钢筋下料时需按下料长度切断。钢筋切断可采用钢筋切断机或手动切断器。手动切断器一般只用于小于 $\phi 12$ 的钢筋；钢筋切断机可切断小于 $\phi 40$ 的钢筋。切断时根据下料长度统一排料；先断长料，后断短料；减少短头，减少损耗。

钢筋下料之后，应按钢筋配料单进行画线，以便将钢筋准确地加工成所规定的尺寸。当为弯曲形状比较复杂的钢筋时，可先放出实样，再进行弯曲。钢筋弯曲宜采用弯曲机，弯曲机可弯 $\phi 6 \sim \phi 40$ 的钢筋。小于 $\phi 25$ 的钢筋当无弯曲机时，也可采用板钩弯曲。目前钢筋弯曲机主要用于弯曲粗钢筋。为了提高工效，工地常自制多头弯曲机（一个电动机带动几个钢筋弯曲盘）以弯曲细钢筋。

加工钢筋的允许偏差：受力钢筋顺长度方向全长的净尺寸偏差不应超过±10mm；弯起筋的弯折位置偏差不应超过±20mm；箍筋内净尺寸偏差不应超过 5mm。

2. 钢筋绑扎与安装

钢筋加工后，进行绑扎、安装。钢筋绑扎、安装前，应先熟悉图纸，核对钢筋配料单和钢筋加工牌，研究与有关工种的配合，确定施工方法。

钢筋的接长、钢筋骨架或钢筋网的成型应优先采用焊接或机械连接，如不能采用焊接（如缺乏电焊机或焊机功率不够）或骨架过大过重不便于运输安装时，可采用绑扎的方法。钢筋绑扎一般采用 20～22 号钢丝，钢丝过硬时，可经退火处理。绑扎时应注意钢筋位置是否准确,绑扎是否牢固,搭接长度及绑扎点位置是否符合规范要求。板和墙的钢筋网,除靠近外侧两行钢筋的相交点全部扎牢外,中间部分的相交点可相隔交错扎牢,但必须保证受力钢筋不位移。双向受力的钢筋,必须全部扎牢;梁和柱的箍筋,除设计有特殊要求,应与受力钢筋垂直设置。箍筋弯钩叠合处,应沿受力钢筋方向错开设置;柱中的竖向钢筋搭接时,角部钢筋弯钩应与模板成 45°(多边形柱为模板内角的平分角,圆形柱应与模板切线垂直);弯钩与模板的角度最小不得小于 15°。

当受力钢筋采用机械连接接头或焊接接头时,设置在同一构件内的接头宜相互错开。同一构件中相邻纵向受力钢筋的绑扎搭接接头宜相互错开。钢筋搭接处,应在中心和两端用钢丝扎牢。在受拉区域内,HPB300 级钢筋绑扎接头的末端应做弯钩。绑扎搭接接头中钢筋的横向净距不应小于钢筋直径,且不应小于 25mm;钢筋绑扎搭接接头连接区段的长度为 $1.3L_1$($L_1$ 为搭接长度);凡搭接接头中点位于该连接区段长度内的搭接接头均属于同一连接区段。同一连接区段内,纵向钢筋搭接接头面积百分率为该区段内有搭接接头的纵向受力钢筋截面面积与全部纵向受力钢筋截面面积的比值。同一连接区段内,纵向受拉钢筋搭接接头面积百分率应符合规范要求。

钢筋绑扎搭接长度按下列规定确定:

(1) 纵向受力钢筋绑扎搭接接头面积百分率不大于 25% 时,其最小搭接长度应符合表 8-6 的规定。

**纵向受拉钢筋的最小搭接长度** 表 8-6

| 钢 筋 类 型 | | 混凝土强度等级 | | | |
|---|---|---|---|---|---|
| | | C15 | C20~C25 | C30~C35 | ≥C40 |
| 光圆钢筋 | HPB300 | 45d | 35d | 30d | 25d |
| 带肋钢筋 | HRB400 级、RRB400 级 | — | 55d | 40d | 35d |

注:两根直径不同的钢筋的搭接长度,以较细钢筋的直径计算。

(2) 当纵向受拉钢筋搭接接头面积百分率大于 25% 但不大于 50% 时,其最小搭接长度应按表 8-5 中的数值乘以系数 1.2 取用;当接头面积百分率大于 50% 时,应按表 8-5 中的数值乘以系数 1.35 取用。

(3) 纵向受拉钢筋的最小搭接长度根据前述 (1)、(2) 条确定后,在下列情况时还应进行修正:带肋钢筋的直径大于 25mm 时,其最小搭接长度应按相应数值乘以系数 1.1 取用;对环氧树脂涂层的带肋钢筋,其最小搭接长度应按相应数值乘以系数 1.25 取用;当在混凝土凝固过程中受力钢筋易受扰动时(如滑模施工),其最小搭接长度应按相应数值乘以系数 1.1 取用;对末端采用机械锚固措施的带肋钢筋,其最小搭接长度可按相应数值乘以系数 0.7 取用;当带肋钢筋的混凝土保护层厚度大于搭接钢筋直径的 3 倍且配有箍筋时,其最小搭接长度可按相应数值乘以系数 0.8 取用;对有抗震设防要求的结构构件,其受力钢筋的最小搭接长度对一、二级抗震等级应按相应数值乘以系数 1.15 采用;对三级抗震等级应按相应数值乘以系数 1.05 采用。

（4）纵向受压钢筋搭接时，其最小搭接长度应根据（1）～（3）条的规定确定相应数值后，乘以系数 0.7 取用。

（5）在任何情况下，受拉钢筋的搭接长度不应小于 300mm，受压钢筋的搭接长度不应小于 200mm。

在梁、柱类构件的纵向受力钢筋搭接长度范围内，应按设计要求配置箍筋。

钢筋安装或现场绑扎应与模板安装相配合。柱钢筋现场绑扎时，一般在模板安装前进行，柱钢筋采用预制安装时，可先安装钢筋骨架，然后安装柱模板，或先安装三面模板，待钢筋骨架安装后，再钉第四面模板。梁的钢筋一般在梁模板安装后，再安装或绑扎；断面高度较大（>600mm），或跨度较大、钢筋较密的大梁，可留一面侧模，待钢筋安装或绑扎完后再钉。楼板钢筋绑扎应在楼板模板安装后进行，并应按设计先画线，然后摆料、绑扎。

钢筋保护层应按设计或规范的要求正确确定。工地常用预制水泥垫块垫在钢筋与模板之间，以控制保护层厚度。垫块应布置成梅花形，其相互间距不大于1m。上下双层钢筋之间的尺寸，可通过绑扎短钢筋或设置撑脚来控制。

### 8.2.5 混凝土施工

混凝土工程包括混凝土的拌制、运输、浇筑捣实和养护等施工过程。各个施工过程既相互联系又相互影响，在混凝土施工过程中除按有关规定控制混凝土原材料质量外，任一施工过程处理不当都会影响混凝土的最终质量，因此，如何在施工过程中控制每一施工环节，是混凝土工程需要研究的课题。随着科学技术的发展，近年来混凝土外加剂发展很快。它们的应用改进了混凝土的性能和施工工艺。此外，自动化、机械化的发展，纤维混凝土和碳素混凝土的应用，新的施工机械和施工工艺的应用，也大大改变了混凝土工程的施工面貌。

1. 混凝土搅拌设备

混凝土搅拌是将各种组成材料拌制成质地均匀、颜色一致、具备一定流动性的混凝土拌合物。如混凝土搅拌得不均匀就不能获得密实的混凝土，影响混凝土的质量，所以搅拌是混凝土施工工艺中很重要的一道工序。由于人工搅拌混凝土质量差，消耗水泥多，而且劳动强度大，所以只有在工程量很小时才用人工搅拌。一般均采用机械搅拌。混凝土搅拌机按其搅拌原理分为自落式和强制式两类，如图 8-14 所示。

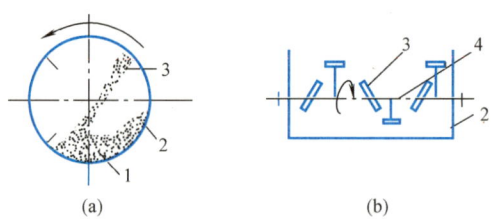

图 8-14　混凝土搅拌机类型
(a) 自落式搅拌；(b) 强制式搅拌
1—混凝土拌合物；2—搅拌筒；3—叶片；4—转轴

自落式搅拌机的搅拌筒内壁焊有弧形叶片,当搅拌筒绕水平轴旋转时,叶片不断将物料提升到一定高度,利用重力的作用,自由落下。由于各物料颗粒下落的时间、速度、落点和滚动距离不同,从而使物料颗粒达到混合的目的。自落式搅拌机适合于搅拌塑性混凝土和低流动性混凝土。

JZ 锥形反转出料搅拌机是自落式搅拌机中较好的一种,由于它的主副叶片分别与拌筒轴线成 45°和 40°夹角,故搅拌时叶片使物料做轴向窜动,所以搅拌运动比较强烈。它正转搅拌,反转出料,功率消耗大。这种搅拌机构造简单,质量轻,搅拌效率高,出料干净,维修保养方便。

强制式搅拌机利用运动着的叶片强迫物料颗粒朝环向、径向和竖向各个方面产生运动,使各物料均匀混合。强制式搅拌机作用比自落式强烈,适于搅拌干硬性混凝土和轻骨料混凝土。

强制式搅拌机分立轴式和卧轴式,立轴式又分涡桨式和行星式。卧轴式又分 JD 单卧轴搅拌机和 JS 双卧轴搅拌机,由旋转的搅拌叶片强制搅动,兼有自落和强制搅拌两种功能,搅拌强烈,搅拌的混凝土质量好,搅拌时间短,生产效率高。卧轴式搅拌机在我国是 20 世纪 80 年代才出现的,但发展很快,已形成了系列产品,并有一些新结构出现。

我国规定混凝土搅拌机以其出料容量($m^3$)×1000 标定规格,现行混凝土搅拌机的系列为:50、150、250、350、500、750、1000、1500 和 3000。

选择搅拌机时,要根据工程量大小、混凝土的坍落度、骨料尺寸等而定,既要满足技术上的要求,亦要考虑经济效果和节约能源。

2. 确定搅拌制度

为了获得质量优良的混凝土拌合物,除正确选择搅拌机外,还必须正确确定搅拌制度,即搅拌时间、投料顺序和进料容量等。

(1)搅拌时间:搅拌时间是影响混凝土质量及搅拌机生产率的重要因素之一,时间过短,拌合不均匀,会降低混凝土的强度及和易性;时间过长,不仅会影响搅拌机的生产效率,而且会使混凝土和易性降低或产生分层离析现象。搅拌时间与搅拌机的类型、鼓筒尺寸、骨料的品种和粒径以及混凝土的坍落度等有关,混凝土搅拌的最短时间(即自全部材料装入搅拌筒中起到卸料)可按表 8-7 采用。

混凝土搅拌的最短时间 (s)　　　　表 8-7

| 混凝土坍落度 (mm) | 搅拌机类型 | 搅拌机出料容量(L) | | |
|---|---|---|---|---|
| | | <250 | 250~500 | >500 |
| ≤ | 自落式 | 90 | 120 | 150 |
| | 强制式 | 60 | 90 | 120 |
| > | 自落式 | 90 | 90 | 120 |
| | 强制式 | 60 | 60 | 90 |

注:掺有外加剂时,搅拌时间应适当延长。

(2)投料顺序:投料顺序应从提高搅拌质量,减少叶片、衬板的磨损,减少拌合物与搅拌筒的粘结，减少水泥飞扬改善工作条件等方面综合考虑确定。常用方法有：

一次投料法。即在上料斗中先装石子，再加水泥和砂，然后一次投入搅拌机。在鼓筒内先加水或在料斗提升进料的同时加水，这种上料顺序使水泥夹在石子和砂中间，上料时不致飞扬，又不致粘住斗底，且水泥和砂先进入搅拌筒形成水泥砂浆，可缩短包裹石子的时间。

二次投料法。它又分为预拌水泥砂浆法和预拌水泥净浆法。预拌水泥砂浆法是先将水泥、砂和水加入搅拌筒内进行充分搅拌，成为均匀的水泥砂浆，再投入石子搅拌成均匀的混凝土。预拌水泥净浆法是将水泥和水充分搅拌成均匀的水泥净浆后，再加入砂和石子搅拌成混凝土。二次投料法搅拌的混凝土与一次投料法相比较，混凝土强度提高约15％，在强度相同的情况下，可节约水泥约为15％～20％。

水泥裹砂法。此法又称为SEC法。采用这种方法拌制的混凝土称为SEC混凝土，也称作造壳混凝土。其搅拌程序是先加一定量的水，将砂表面的含水量调节到某一规定的数值后，再将石子加入与湿砂拌匀，然后将全部水泥投入，与润湿后的砂、石拌合，使水泥在砂、石表面形成一层低水灰比的水泥浆壳（此过程称为"成壳"），最后将剩余的水和外加剂加入，搅拌成混凝土。采用SEC法制备的混凝土与一次投料法比较，强度可提高20％～30％，混凝土不易产生离析现象，泌水少，工作性能好。

（3）进料容量（干料容量）：为搅拌前各种材料体积的累积。进料容量 $V_j$ 与搅拌机搅拌筒的几何容量 $V_g$ 有一定的比例关系，一般情况下 $V_j/V_g=0.22\sim 0.4$，鼓筒式搅拌机可用较小值。如任意超载（进料容量10％以上），就会使材料在搅拌筒内无充分的空间进行拌合，影响混凝土拌合物的均匀性；如装料过少，则又不能充分发挥搅拌机的效率。进料容量可根据搅拌机的出料容量按混凝土的施工配合比计算。

使用搅拌机时，应该注意安全。在鼓筒正常转动之后，才能装料入筒。在运转时，不得将头、手或工具伸入筒内。在因故（如停电）停机时，要立即设法将筒内的混凝土取出，以免凝结。在搅拌工作结束时，也应立即清洗鼓筒内外。叶片磨损面积如超过10％左右，就应按原样修补或更换。

3. 混凝土搅拌站

混凝土拌合物在搅拌站集中拌制，可以做到自动上料、自动称量、自动出料和集中操作控制，机械化、自动化程度大大提高，劳动强度大大降低，使混凝土质量得到改善，可以取得较好的技术经济效果。施工现场可根据工程任务的大小、现场的具体条件、机具设备的情况，因地制宜地选用，如采用移动式混凝土搅拌站等。

为了适应我国基本建设事业飞速发展的需要，一些大城市已开始建立混凝土集中搅拌站，目前的供应半径约15～20km。搅拌站的机械化及自动化水平一般较高，用自卸汽车直接供应搅拌好的混凝土，然后直接浇筑入模。这种供应"商品混凝土"的生产方式，在改进混凝土的供应，提高混凝土的质量以及节约水泥、骨料等方面，有很多优点。

4. 混凝土的运输

对混凝土拌合物运输的要求是：运输过程中，应保持混凝土的均匀性，避免产生分层离析现象，混凝土运至浇筑地点，应符合浇筑时所规定的坍落度，见表8-8；混凝土应以最少的中转次数、最短的时间，从搅拌地点运至浇筑地点，保证混凝土从搅拌机卸出后到浇筑完毕的延续时间不超过表8-9的规定。运输工作应保证混凝土的浇筑工作连续进行；运送混凝土的容器应严密，其内壁应平整光洁，不吸水，不漏浆，粘附的混凝土残渣应经常清除。

混凝土浇筑时的坍落度　　　　　　　　　　　　　　　　表8-8

| 项次 | 结构种类 | 坍落度(mm) |
|---|---|---|
| 1 | 基础或地面等的垫层、无配筋的厚大结构（挡土墙、基础或厚大的块体等）或配筋稀疏的结构 | 10～30 |
| 2 | 板、梁和大型及中型截面的柱子等 | 30～50 |
| 3 | 配筋密列的结构（薄壁、斗仓、筒仓、细柱等） | 50～70 |
| 4 | 配筋特密的结构 | 70～90 |

注：1. 本表系指采用机械振捣的坍落度，采用人工捣实时可适当增大。
2. 需要配制大坍落度混凝土时，应掺用外加剂。
3. 曲面或斜面结构的混凝土，其坍落度值，应根据实际需要另行选定。
4. 轻骨料混凝土的坍落度，宜比表中数值减少10～20mm。
5. 自密实混凝土的坍落度另行规定。

混凝土从搅拌机中卸出后到浇筑完毕的延续时间（min）　　　表8-9

| 混凝土强度等级 | 气温（℃） | |
|---|---|---|
| | 不高于25 | 高于25 |
| C30及C30以下 | 120 | 90 |
| C30以上 | 90 | 60 |

注：1. 掺用外加剂或采用快硬水泥拌制混凝土时，应按试验确定。
2. 轻骨料混凝土的运输、浇筑延续时间应适当缩短。

混凝土运输工作分为地面运输、垂直运输和楼面运输三种情况。

地面运输如运距较远时，可采用自卸汽车或混凝土搅拌运输车；工地范围内的运输多用载重1t的小型机动翻斗车，近距离亦可采用双轮手推车。

混凝土的垂直运输，目前多用塔式起重机、井架，也可采用混凝土泵。

塔式起重机运输的优点是地面运输、垂直运输和楼面运输都可以采用。混凝土在地面由水平运输工具或搅拌机直接卸入吊斗吊起运至浇筑部位进行浇筑。

混凝土的垂直运送，除采用塔式起重机之外，还可使用井架。混凝土在地面用双轮手推车运至井架的升降平台上，然后井架将双轮手推车提升到楼层上，再将手推车沿铺在楼面上的跳板推到浇筑地点。另外，井架可以兼运其他材料，利用率较高。由于在浇筑混凝土时，楼面上已立好模板，扎好钢筋，因此需铺设手推车行走用的跳板。为了避免压坏钢筋，跳板可用马凳垫起。手推车的运输道路应形成回路，避免交叉和运输堵塞。

混凝土泵是一种有效的混凝土运输工具，它以泵为动力，沿管道输送混凝土，可以同时完成水平和垂直运输，将混凝土直接运送至浇筑地点。多层和高层框架建筑、基础、水下工程和隧道等都可以采用混凝土泵输送混凝土。混凝土泵车是将混凝土泵装在车上，车上装有可以伸缩或曲折的"布料杆"，管道装在杆内，末端是一段软管，可将混凝土直接送到浇筑地点，如图 8-15 所示。这种泵车布料范围广、机动性好、移动方便，适用于多层框架结构施工。

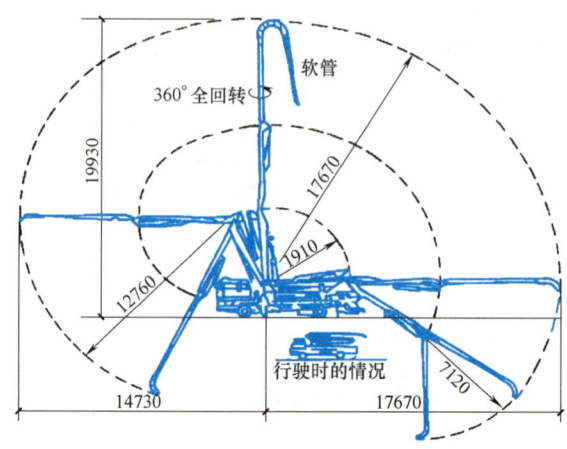

图 8-15　三折叠式布料车浇筑范围

泵送混凝土除应满足结构设计强度外，还要满足可泵性的要求，即混凝土在泵管内易于流动，有足够的黏聚性，不泌水、不离析，并且摩擦阻力小。要求泵送混凝土所采用粗骨料应为连续级配，其针片状颗粒含量不宜大于 10%；粗骨料的最大粒径与输送管径之比应符合规范的规定；泵送混凝土宜采用中砂，其通过 0.315mm 筛孔的颗粒含量不应少于 15%，最好能达到 20%。泵送混凝土应选用硅酸盐水泥、普通硅酸盐水泥、矿渣硅酸盐水泥和粉煤灰硅酸盐水泥，不宜采用火山灰质硅酸盐水泥。为改善混凝土工作性能，延缓凝结时间，增大坍落度和节约水泥，泵送混凝土应掺用泵送剂或减水剂，泵送混凝土宜掺用粉煤灰或其他活性矿物掺合料。掺磨细粉煤灰，可提高混凝土的稳定性、抗渗性、和易性和可泵性，既能节约水泥，又使混凝土在泵管中增加润滑能力，提高泵和泵管的使用寿命。混凝土的坍落度值为 80～180mm；泵送混凝土的用水量与水泥和矿物掺合料的总量之比不宜大于 0.60。泵送混凝土的水泥和矿物掺合料的总量不宜小于 300kg/$m^3$。为防止泵送混凝土经过泵管时产生阻塞，要求泵送混凝土比普通混凝土的砂率要高，其砂率值为 35%～45%；此外，砂的粒度也很重要。

混凝土泵在输送混凝土前，管道应先用水泥浆或砂浆润滑。泵送时要连续工作，如中断时间过长，混凝土将出现分层离析现象，应将管道内混凝土清除，以免堵塞，泵送完毕要立即将管道冲洗干净。

5. 混凝土浇筑

混凝土浇筑要保证混凝土的均匀性和密实性，要保证结构的整体性、尺寸准确和钢筋、预埋件的位置正确，拆模后混凝土表面要平整、光洁。

浇筑前应检查模板、支架、钢筋和预埋件的正确位置,并进行验收。由于混凝土工程属于隐蔽工程,因而对混凝土量大的工程、重要工程或重点部位的浇筑,以及其他施工中的重大问题,均应随时填写施工记录。

(1) 浇筑方法

混凝土浇筑前应做好必要的准备工作,如模板、钢筋和预埋管线的检查和清理以及隐蔽工程的验收;浇筑用脚手架、走道的搭设和安全检查;根据试验室下达的混凝土配合比通知单准备和检查材料;并做好施工用具的准备等。

浇筑柱子时,施工段内的每排柱子应由外向内对称地顺序浇筑,不要由一端向另一端推进,以防柱子模板因湿胀造成受推倾斜而误差积累难以纠正。截面在400mm×400mm以内,或有交叉箍筋的柱子,应在柱子模板侧面开孔用斜溜槽分段浇筑,每段高度不超过2m。截面在400mm×400mm以上、无交叉箍筋的柱子,如柱高不超过4.0m,可从柱顶浇筑;如用轻骨料混凝土从柱顶浇筑,则柱高不得超过3.5m。柱子开始浇筑时,底部应先浇筑一层厚50~100mm与所浇筑混凝土成分相同的水泥砂浆。浇筑完毕,如柱顶处有较大厚度的砂浆层,则应加以处理。柱子浇筑后,应间隔1~1.5h,待所浇混凝土拌合物初步沉实,再浇筑上面的梁板结构。

梁和板一般应同时浇筑,从一端开始向前推进。只有当梁高大于1m时才允许单独浇筑梁,此时的施工缝留在楼板板面下20~30mm处。梁底与梁侧面注意振实,振动器不要直接触及钢筋和预埋件。楼板混凝土的虚铺厚度应略大于板厚,用表面振动器或内部振动器振实,用铁插尺检查混凝土厚度,振捣完后用长的木抹子抹平。

为保证捣实质量,混凝土应分层浇筑,每层厚度见表8-10。

**混凝土浇筑层的厚度**　　　　　表 8-10

| 项次 | 捣实混凝土的方法 | | 浇筑厚度(mm) |
| --- | --- | --- | --- |
| 1 | 插入式振动 | | 振动器作用部分长度的1.25倍 |
| 2 | 表面振动 | | 200 |
| 3 | 人工捣实 | (1)在基础或无筋混凝土和配筋稀疏的结构中<br>(2)在梁、板、墙、柱结构中<br>(3)在配筋密集的结构中 | 250<br>200<br>150 |
| 4 | 轻骨料混凝土 | 插入式振动<br>表面振动(表面振动时需加荷) | 300<br>200 |

浇筑叠合式受弯构件时,应按设计要求确定是否设置支撑,且叠合面应根据设计要求预留凸凹差(当无要求时,凸凹差为6mm),形成自然粗糙面。

(2) 混凝土振捣

混凝土浇入模板以后是较疏松的,里面含有空气与气泡。而混凝土的强度、抗冻性、抗渗性以及耐久性等,都与混凝土的密实程度有关。目前主要是用人工或机械捣实混凝土使混凝土密实。人工捣实是用人力的冲击来使混凝土密实成型，只有在缺乏机械、工程量不大或机械不便工作的部位采用。机械捣实的方法有多种，下面主要介绍振动捣实。

在振动力作用下混凝土内部的黏着力和内摩擦力显著减少，使骨料犹如悬浮在液体中，在其自重作用下向新的位置沉落，紧密排列，水泥砂浆均匀分布填充空隙，气泡被排出，游离水被挤压上升，混凝土填满了模板的各个角落并形成密实体积。机械振实混凝土可以大大减轻工人的劳动强度，减少蜂窝麻面的发生，提高混凝土的强度和密实性，加快模板周转，节约水泥10%～15%。影响振动器的振动质量和生产率的因素是复杂的。当混凝土的配合比、骨料的粒径、水泥的稠度以及钢筋的疏密程度等因素确定之后，振动质量和生产率取决于"振动制度"，也就是振动的频率、振幅和振动时间等。

正确选择振动机械。振动机械可分为内部振动器、表面振动器、外部振动器和振动台，如图8-16所示。内部振动器又称插入式振动器，是建筑工地应用最多的一种振动器，多用于振实梁、柱、墙、厚板和基础等。

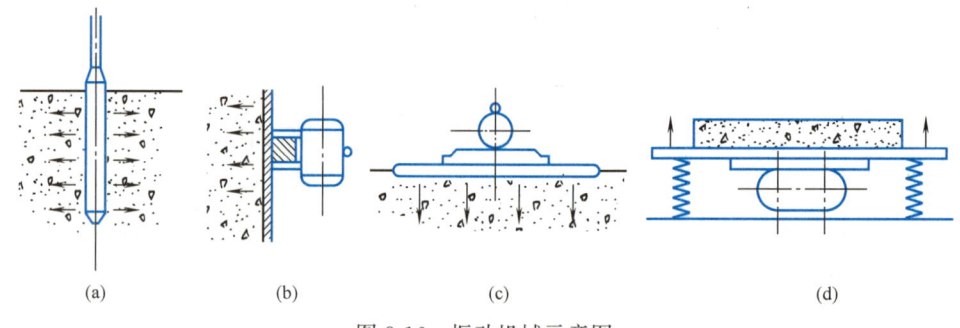

图8-16 振动机械示意图
(a) 内部振动器；(b) 外部振动器；(c) 表面振动器；(d) 振动台

用插入式振动器振动混凝土时，应垂直插入，并插入下层混凝土50mm，以促使上下层混凝土结合成整体。每一振点的振捣延续时间，应使混凝土捣实（即表面呈现浮浆和不再沉落为限）。采用插入式振动器捣实普通混凝土的移动间距，不宜大于作用半径的1.5倍。捣实轻骨料混凝土的间距，不宜大于作用半径的1倍；振动器与模板的距离不应大于振动器作用半径的1/2，并应尽量避免碰撞钢筋、模板、预埋件等。插点的分布有行列式和交错式两种，如图8-17所示。

表面振动器又称平板振动器，它是将电动机装上左右两个偏心块固定在一块平板上而成，其振动作用可直接传递到混凝土面层上。这种振动器适用于捣实楼板、地面、板形构件和薄壳等薄壁结构。在无筋或单层钢筋结构中，每次振实的厚度不大于250mm；在双层钢筋的结构中，每次振实厚度不大于120mm。表面振动器的移动间距，应保证振动器的平板覆盖已振实部分的边缘，以使该处的混凝土振实出浆为准。也可进行两遍振实，第一遍和第二遍的方向要互相垂直，第一遍主要使混凝土密实，第二遍则使表面平整。

附着式振动器又称外部振动器，它通过螺栓或夹钳等固定在模板外侧的横挡或竖挡上，偏心块旋转所产生的振动力通过模板传给混凝土，使之振实。但模板应有足够的刚度。对于小截面直立构件，插入式振动器的振动棒很难插入，可使

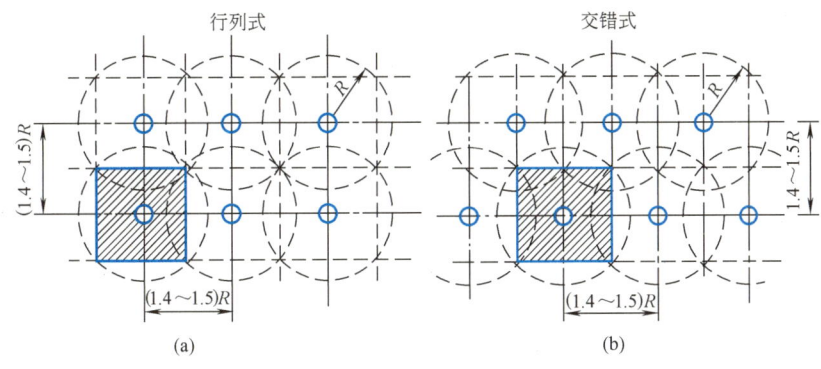

图 8-17 插点的分布
(a) 行列式；(b) 交错式

用附着式振动器。附着式振动器的设置间距，应通过试验确定，在一般情况下，可每隔 1~1.5m 设置一个。

振动台是混凝土制品厂中的固定生产设备，用于振实预制构件。

(3) 混凝土养护与拆模

混凝土浇筑捣实后，逐渐凝固硬化，这个过程主要由水泥的水化作用来实现，而水化作用必须在适当的温度和湿度条件下才能完成。因此，为了保证混凝土有适宜的硬化条件，使其强度不断增长，必须对混凝土进行养护。

混凝土浇筑后，如气候炎热、空气干燥，不及时进行养护，混凝土中的水分蒸发过快出现脱水现象，使已形成凝胶体的水泥颗粒不能充分水化，不能转化为稳定的结晶，缺乏足够的粘结力，从而会在混凝土表面出现片状或粉状剥落，影响混凝土的强度。此外，在混凝土尚未具备足够的强度时，水分过早地蒸发，还会产生较大的变形，出现干缩裂缝，影响混凝土的整体性和耐久性。因此，混凝土养护绝不是一件可有可无的事，而是一个重要的环节，应按照要求，精心进行。

混凝土养护方法分自然养护和人工养护。

自然养护是指利用平均气温高于 5℃ 的自然条件，用保水材料或草帘等对混凝土加以覆盖后适当浇水，使混凝土在一定的时间内在湿润状态下硬化。当最高气温低于 25℃ 时，混凝土浇筑完后应在 12h 以内加以覆盖和浇水；最高气温高于 25℃ 时，应在 6h 以内开始养护。浇水养护时间的长短视水泥品种而定，硅酸盐水泥、普通硅酸盐水泥和矿渣硅酸盐水泥拌制的混凝土，不得少于 7 昼夜；火山灰质硅酸盐水泥和粉煤灰硅酸盐水泥拌制的混凝土或有抗渗性要求的混凝土，不得少于 14 昼夜。浇水次数应使混凝土保持具有足够的湿润状态。养护初期，水泥的水化反应较快，需水也较多，所以要特别注意在浇筑以后头几天的养护工作，此外，在气温高、湿度低时，也应增加洒水的次数。混凝土必须养护至其强度达到 1.2MPa 以后，方准在其上踩踏和安装模板及支架。也可在构件表面喷洒塑料薄膜，来养护混凝土，适用于在不易洒水养护的高耸构筑物和大面积混凝土结构。它是将过氯乙烯树脂塑料溶液用喷枪喷洒在混凝土表面上，溶液挥发后在混凝土表面形成一层塑料薄膜，使混凝土与空气隔绝，阻止水分的蒸发以保证水化作用的正常进行。所选薄膜在养护完成后能自行老化脱落。不能自行脱落的薄膜，不宜喷洒在要做粉刷的混凝土表面上，在夏季，薄膜成型后要防晒，否则易产生裂纹。

人工养护就是用人工来控制混凝土的养护温度和湿度，使混凝土强度增长，如蒸汽养护、热水养护、太阳能养护等，主要用来养护预制构件。现浇构件大多用自然养护。

模板拆除日期取决于混凝土的强度、模板的用途、结构的性质及混凝土硬化时的气温。

不承重的侧模，在混凝土强度能保证其表面棱角不因拆除模板而受损坏时，即可拆除。承重模板，如梁、板等的底模，应待混凝土达到规定强度后，方可拆除。结构的类型、跨度不同，其拆模强度不同，底模拆除时对混凝土强度要求，见表 8-4。

已拆除承重模板的结构，应在混凝土达到规定的强度等级后，才允许承受全部设计荷载。拆模后应由监理（建设）单位、施工单位对混凝土的外观质量和尺寸偏差进行检查，并做好记录。如发现缺陷，应进行修补。对面积小、数量不多的蜂窝或露石的混凝土，先用钢丝刷或压力水洗刷基层，然后用 1∶2～1∶2.5 的水泥砂浆抹平；对较大面积的蜂窝、露石、露筋应按其全部深度凿去薄弱的混凝土层，然后用钢丝刷或压力水冲刷，再用比原混凝土强度等级高一个级别的细骨料混凝土填塞，并仔细捣实。对影响结构性能的缺陷，应与设计单位研究处理。

### 8.2.6 构筑物施工

**1. 中心支座施工**

中心支座的钢筋混凝土工程施工，是根据结构体形、构造特点及施工条件等，为了便于模板的支设和保证混凝土浇筑质量，将整体结构分为上下两层。第一层从底板至集泥坑，最大高度为 3.75m，混凝土浇筑量为 153m³；第二层由集泥坑至支座顶部，最大高度近 5m，其中有 6 根断面仅为 400mm 宽的钢筋混凝土支柱，浇筑比较困难，该层的混凝土浇筑量为 71m³。中心支座的分层和支设模板，如图 8-18 所示。

浇筑中心支座的混凝土，由现场搅拌站集中配制，由自卸汽车运输，倾倒在受料槽后，用皮带运输机和手推车转运到浇筑工作面，中心支座的混凝土，如图 8-19 所示。

**2. 排泥廊道施工**

排泥廊道由沉淀池中心至排泥泵站，长度 77m，为矩形钢筋混凝土结构，断面尺寸为 1.8m×2.0m，埋于地下 3m 处，并设有 7 处伸缩缝。其模板的支设和混凝土浇筑，如图 8-20 所示。排泥廊道的施工采用间隔逐段流水作业。位于池底下部的排泥廊道，其施工进度应与中心支座密切配合。

**3. 沉淀池池壁施工**

沉淀池池壁高 5.9m，根据伸缩缝的设置，全池共分为 16 块池壁，采用流水

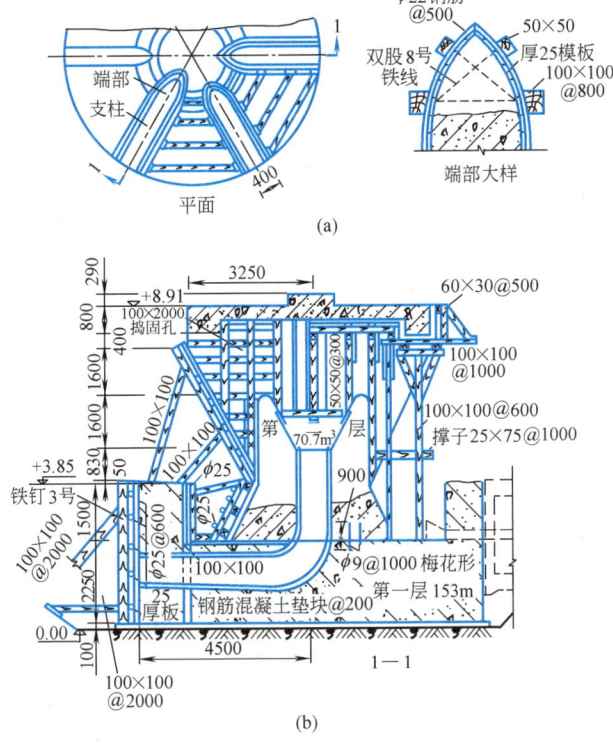

图 8-18 中心支座分层和支模

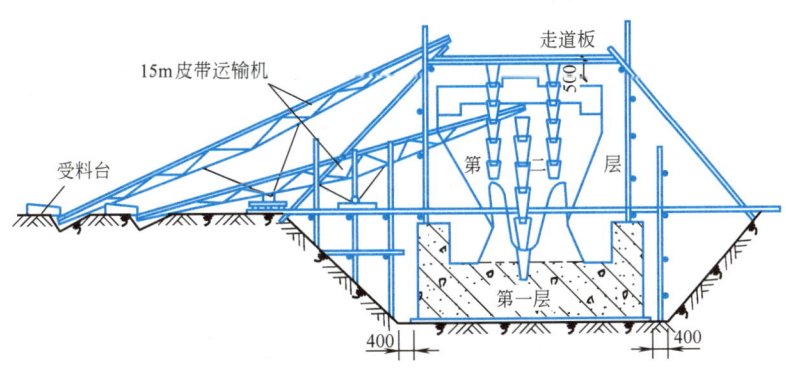

图 8-19 中心支座混凝土浇筑

作业施工。每块池壁混凝土的浇筑分三次进行，池壁模板的支设和分层浇筑情况，如图 8-21 所示。

池壁模板为定型薄钢板模板，共有两种规格，即 0.5m×1.0m 和 0.7m×1.4m，由 50mm×50mm 的小方木做框架，外包薄钢板。采用薄钢板木制模板，装拆方便且较坚固，比一般现场拼装的木拼合板的周转率高三倍。但缺点是薄钢板不渗水，洒水养护混凝土不方便。

池壁的钢筋绑扎、混凝土浇筑，以及施工缝、伸缩缝的处理均按照设计要求

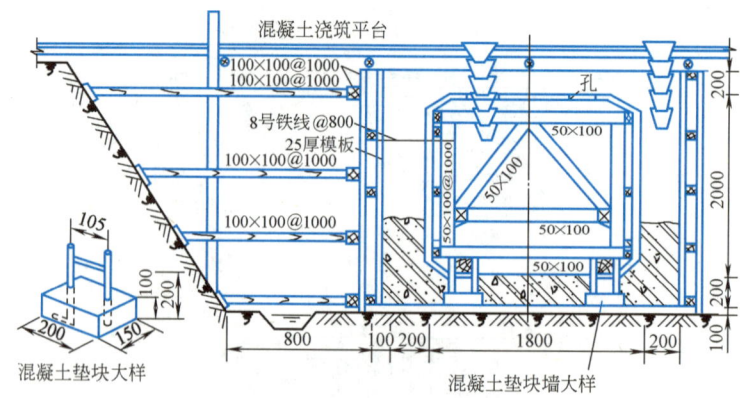

图 8-20　排泥廊道支模及浇筑

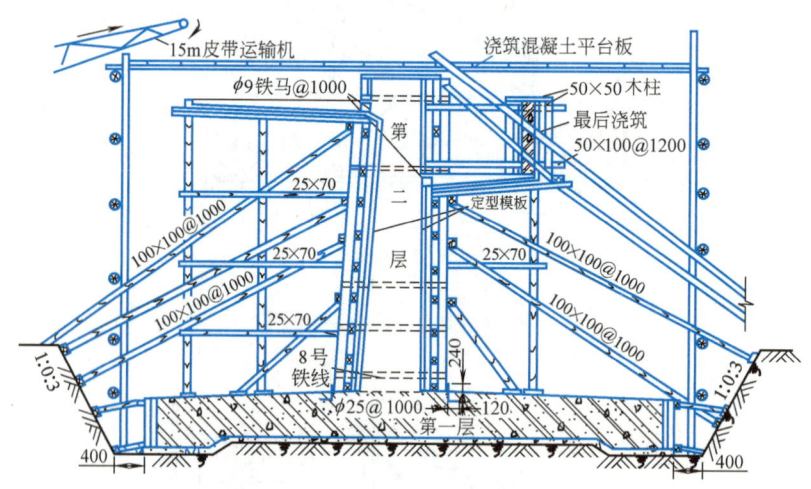

图 8-21　池壁分层及支模

和施工操作规程规定进行施工。对处于地下水位以下部分的池壁及基础均涂刷热沥青玛琋脂隔绝层。

池外壁回填土方采用电动打夯机夯实，外部填土应配合内部填土同步进行，其高差不宜超过 1m，以保证池壁的稳定。

4. 池底施工

池底混凝土浇筑施工前，先将全部表层耕植土清除。按原设计要求，应回填粉质黏土或黏土，干密度不得低于 $1.6t/m^3$。因施工中难于控制土的最佳含水量，为保证回填质量改用回填砂砾层。根据设计要求，夯填密实度为中密度、砂干密度达到 $1.72t/m^3$ 以上为合格。

回填砂砾层采用洒水夯实法，夯实工具使用电动打夯机、平头夯、尖头夯及平板振动器。为控制回填质量，每 $400m^2$ 砂面取样一次，检验夯填密实度。

砂砾层回填按分区进行施工，每区范围为 15~20m，并备有刻度尺控制回填厚度。回填的施工顺序为先中心支座、排泥廊道及进水管道的最低处，然后由池中心向四周扩展。按照池底设计要求的 0.05 坡度，每填好一个区域即测量高程，待全部回填完成后,开始混凝土垫层的浇筑。

池底板的浇筑由中心向四周分块进行。浇筑池底垫层混凝土设置的施工缝,按设计要求,与池底钢筋混凝土的伸缩缝相互错开。池底、池壁混凝土的浇筑顺序,如图 8-22 所示。

池底板伸缩缝,按要求应为二次灌缝,即先在伸缩缝中浇灌一层 100mm 厚的玛琋脂,再填上 50mm 厚的沥青胶砂,用烙铁熨平。

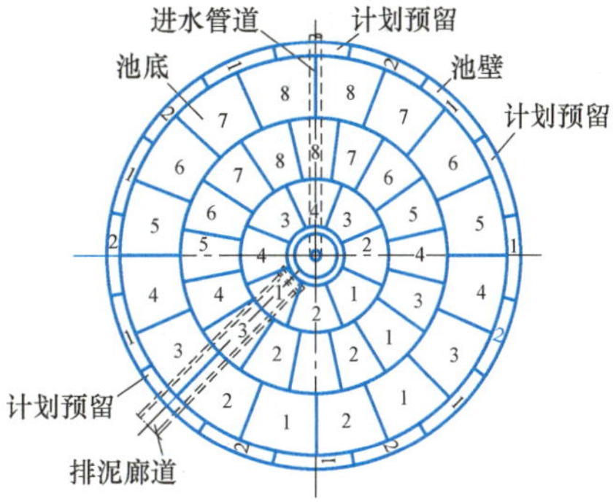

图 8-22 池底、池壁混凝土的浇筑顺序

5. 沉降观测及注水试验

沉降观测的沉降点,分别设置在中心支座和池壁上。中心支座设 4 个,分别置于支座顶板的轴线上,距边缘 1m,用长脚帽钉预先焊在钢筋上,并高出浇筑混凝土后的表面;每块池壁设置 2 个沉降观测点,采用角钢焊于钢筋上,使其露出混凝土表面 40~50mm,角钢距伸缩缝 1.5m。

通过施工期内沉降观测,中心支座平均沉降 5mm,在设计允许范围内。池壁每块沉降值不同,个别池壁沉降达 20mm,需在安装刮泥机轨道时,统一找平。

根据施工验收规范的规定,满水试验需在沉淀池混凝土达到设计强度后进行。满水前,应封闭水池进出水管道,在 16 块池壁外侧设置千分表,以便观测池壁位移情况。

经过满水试验,沉淀池的渗漏量均小于规范规定的标准,满足使用的要求。

### 8.2.7 混凝土结构工程施工安全

1. 钢筋加工安全

(1) 机械的安装必须坚实稳固,保持水平位置。固定式机械应有可靠的基础,移动式机械作业时应楔紧行走轮。

(2) 外作业应设置机棚,机旁应有堆放原料、半成品的场地。

(3) 加工较长的钢筋时,应有专人帮扶,并听从操作人员指挥,不得随意推拉。

(4) 作业后,应堆放好成品、清理场地、切断电源、锁好电闸。

(5) 焊机必须接地,以保证操作人员安全,对于焊接导线及焊钳接导处,都应可靠地绝缘。

(6) 大量焊接时,焊接变压器不得超负荷,变压器升温不得超过 60℃。

(7) 点焊、对焊时,必须开放冷却水,焊机出水温度不得超过 40℃,排水量应符合要求。天冷时应放尽焊机内存水,以免冻塞。

(8) 对焊机闪光区域,需设钢板隔挡。焊接时禁止其他人员停留在闪光区范围内,以防火花烫伤。焊机工作范围内严禁堆放易燃物品,以免引起火灾。

(9) 室内电弧焊时,应有排气装置。焊工操作地点相互之间应设挡板,以防弧光刺伤眼睛。

2. 模板施工安全

(1) 进入施工现场人员必须戴好安全帽，高空作业人员必须佩戴安全带，并应系牢。

(2) 经医生检查认为不适宜高空作业的人员，不得进行高空作业。

(3) 工作前应先检查使用的工具是否牢固，扳手等工具必须用绳链系挂在身上，以免掉落伤人。工作时要思想集中，防止钉子扎脚和空中滑落。

(4) 安装与拆除5m以上的模板，应搭脚手架，并设防护栏，防止上下在同一垂直面操作。

(5) 高空、复杂结构模板的安装与拆除，事先应有切实的安全措施。

(6) 遇六级以上大风时，应暂停室外的高空作业，雪霜雨后应先清扫施工现场，略干后不滑时再进行工作。

(7) 二人抬运模板时要互相配合、协同工作。传递模板、工具应用运输工具或绳子系牢后升降，不得乱扔。装拆时，上下应有人接应，钢模板及配件应随装随拆运送，严禁从高处掷下。高空拆模时，应有专人指挥，并在下面标出工作区，用绳子和红白旗加以围拦，暂停人员过往。

(8) 不得在脚手架上堆放大批模板等材料。

(9) 支撑、牵杠等不得搭在门框架和脚手架上。通路中间的斜撑、拉杠等应设在1.5m高以上。

(10) 支模过程中，如需中途停歇，应将支撑、搭头、柱头板等钉牢。拆模间歇应将已活动的模板、牵杠等运走或妥善堆放，防止因扶空、踏空而坠落。

(11) 模板上有预留洞者，应在安装后将孔洞口盖好。混凝土板上的预留洞，应在模板拆除后随即将洞口盖好。

(12) 拆除模板一般用长撬棍。人不许站在正在拆除的模板上。在拆除楼板模板时，要注意整块模板掉下，尤其是用定型模板做平台模板时，更要注意，拆模人员要站在门窗洞口外拉支撑，防止模板突然全部掉落伤人。

(13) 在组合钢模板上架设的电线和使用电动工具，应用36V低压电源或采取其他有效措施。

3. 混凝土施工安全

(1) 垂直运输设备，应有完善可靠的安全保护装置（如起重量及提升高度的限制、制动、防滑、信号等装置及紧急开关等），严禁使用安全保护装置不完善的垂直运输设备。

(2) 垂直运输设备安装完毕后，应按出厂说明书要求进行无负荷、静负荷、动负荷试验及安全保护装置的可靠性试验。

(3) 对垂直运输设备应建立定期检修和保养责任制。

(4) 操作垂直运输设备的司机，必须通过专业培训。考核合格后持证上岗，严禁无证人员操作垂直运输设备。

(5) 操作垂直运输设备，在有下列情况之一时，不得操作设备。

① 司机与起重机之间视线不清、夜间照明不足，而又无可靠的信号和自动停车、限位等安全装置。

② 设备的传动机构、制动机构、安全保护装置有故障，问题不清，动作不灵。

③ 电气设备无接地或接地不良、电气线路有漏电。

④ 超负荷或超定员。

⑤ 无明确统一信号和操作规程。

(6) 进料时，严禁将头或手伸入料斗与机架之间察看或探摸进料情况，运转中不得用手或工具等物伸入搅拌筒内扒料出料。

(7) 料斗升起时，严禁在其下方工作或穿行。料坑底部要设料斗枕垫，清理料坑时必须将料斗用链条扣牢。

(8) 向搅拌筒内加料应在运转中进行；添加新料必须先将搅拌机内原有的混凝土全部卸出来才能进行。不得中途停机或在满载荷时启动搅拌机，反转出料者除外。

(9) 作业中，如发生故障不能继续运转时，应立即切断电源将筒内的混凝土清除干净，然后进行检修。

(10) 支腿应全部伸出并支固，未支固前不得启动布料杆。布料杆升离支架后方可回转。布料杆伸出时应按顺序进行。严禁用布料杆起吊或拖拉物件。

(11) 当布料杆处于全伸状态时，严禁移动车身。作业中需要移动时，应将上段布料杆折叠固定，移动速度不超过 2.78m/s。布料杆不得使用超过规定直径的配管，装接的软管应系防脱安全绳带。

(12) 应随时监视各种仪表和指示灯，发现不正常应及时调整或处理。如出现输送管道堵塞时，应进行逆向运转使混凝土返回料斗，必要时应拆管排除堵塞。

(13) 泵送工作应连续作业，必须暂停时应每隔 5~10min（冬季 3~5min）泵送一次。若停止较长时间后泵送时，应逆向运转一至二个行程，然后顺向泵送。泵送时料斗内应保持一定量的混凝土，不得吸空。

(14) 应保持储满清水，发现水质混浊并有较多砂粒时应及时检查处理。

(15) 泵送系统受压力时，不得开启任何输送管道和液压管道。液压系统的安全阀不得任意调整，蓄能器只能充入氮气。

(16) 使用前应检查各部件是否连接牢固，旋转方向是否正确。

(17) 振动器不得放在初凝的混凝土、地板、脚手架、道路和干硬的地面上进行试振。维修或作业间断时，应切断电源。

(18) 插入式振动器软轴的弯曲半径不得小于 50cm，并不多于两个弯，操作时振动棒应自然垂直地沉入混凝土，不得用力硬插、斜推或使钢筋夹住棒头，也不得全部插入混凝土中。

(19) 振动器应保持清洁，不得有混凝土粘在电动机外壳上妨碍散热。

(20) 作业转移时，电动机的导线应保持有足够的长度和松度。严禁用电源线拖拉振动器。用绳拉平板振动器时，绳应干燥绝缘，移动或转向时不得用脚踢电动机。

(21) 振动器与平板应保持紧固，电源线必须固定在平板上，电器开关应装在手把上。

（22）在一个构件上同时使用几台附着式振动器工作时，所有振动器的频率必须相同。

（23）操作人员必须穿戴绝缘手套。

（24）作业后，必须做好清洗、保养工作。振动器要放在干燥处。

## 8.3 沉井工程施工

### 8.3.1 概述

在高地下水位地段、流砂地段、软土地段和现场狭窄地段，采用大开槽方法修建深埋构筑物，在施工技术方面会遇到很多困难。在这些现场条件下，可采用沉井方法施工。

沉井施工过程，如图 8-23 所示。在地面制备井筒，然后在井筒内挖土，由于支承井筒的土被挖空，井筒靠自重（有时附加荷载）克服井外壁与土之间的摩擦力，逐渐下沉到设计标高，浇灌混凝土底板封底，固定井筒位置，然后再完成内部工程。

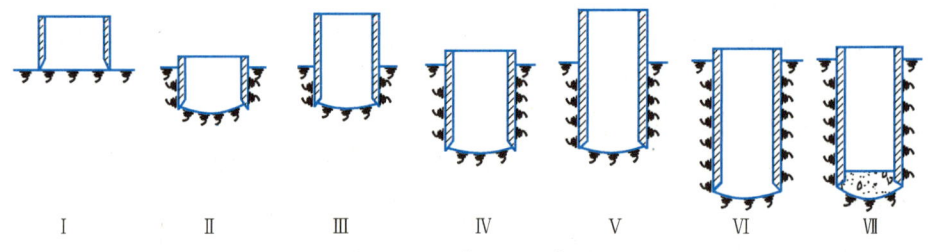

图 8-23 沉井下沉示意图

Ⅰ—预制井筒；Ⅱ—挖土下沉；Ⅲ—接井筒；Ⅳ—挖土下沉；Ⅴ—接井筒；Ⅵ—挖土下沉；Ⅶ—封底

沉井施工比开槽施工减少大量挖方。下沉时井筒起支撑作用。在浅水区可以采用筑岛沉井；在深水区可以采用气压沉井。

在给水排水工程中，地表水取水构筑物、地下水源井、各种深埋水池、地下泵房或泵房的地下部分等，都常采用沉井施工。

沉井大多为钢筋混凝土结构，常用横断面为圆形和矩形。纵断面形状大多为阶梯形，如图 8-24 所示，井筒内壁与底板相接处有环形凹口，下部为刃脚。井筒下沉过程中，刃脚切入土层，因此用型钢加固，如图 8-25 所示。

井筒在原地面制备。有时，为了减少井内开挖土方量，也可在基坑内制备。井筒分一次制备和分段制备。分段制备适用分段下沉。在水中施工时，除在下沉地点筑岛制备井筒外，也可在陆地上制备，浮运到下沉地点下沉。

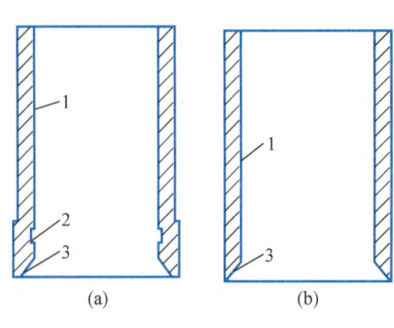

图 8-24 沉井纵断面

1—井壁；2—凹口；3—刃脚

沉井下沉过程中，可能产生破坏土的棱体，如图 8-26 所示。土质松散，更易产生。因此，当土的破坏棱体范围内有已建构筑物时，应采取措施，保证构筑物安全，并对构筑物进行沉降观察。

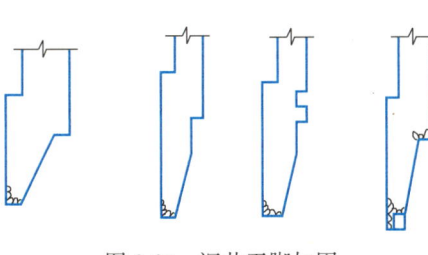

图 8-25　沉井刃脚加固　　　　图 8-26　沉井施工的土破坏棱体

1—沉井；2—土破坏棱体

### 8.3.2　沉井下沉计算

沉井下沉时，必须克服井壁与土间的摩擦力和地层对刃脚的反力。井壁与土间的摩擦力有两种计算方法：一种认为，摩擦力随土深而增加，并且在深 5m 时达到最大值，5m 以下保持常值，如图 8-27（a）所示。另一种认为，摩擦力随土深而增加，在刃脚台阶处达到最大值，以下即保持常值，如图 8-27（b）所示。根据对若干个沉井下沉的观察，后一种比较符合实际情况。沉中下沉力系平衡如图 8-28 所示，沉井下沉重量应满足下列公式：

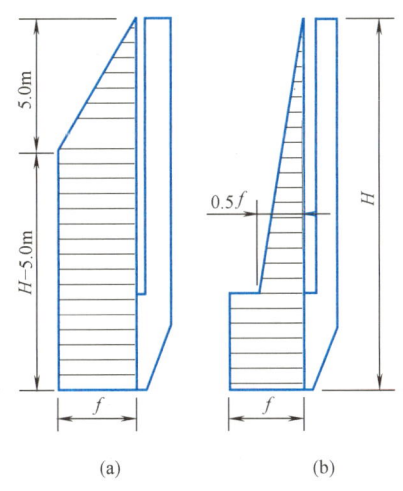
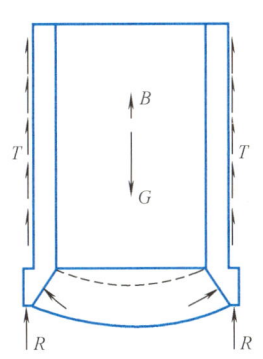

图 8-27　沉井下沉时井筒壁与土之间摩擦力分布　　图 8-28　沉井下沉力系平衡

（a）摩擦力 $f$ 在地表以下 5m 处达到最大值；

（b）摩擦力 $f$ 在刃脚处达到最大值

$$G-B \geqslant T+R$$
$$\geqslant K \cdot f \cdot \pi \cdot D[h+1/2(H-h)]+R \quad (8-1)$$

式中　$G$——沉井下沉重量，kN；

　　　$B$——井筒所受浮力，kN；

$T$——井壁与土间的摩擦力，kN；
$R$——刃脚反力，kN；
$K$——安全系数，取 1.15～1.25；
$f$——摩擦系数，kN/m²；
$D$——井筒外径，m；
$H$——井筒高，m；
$h$——刃脚高度，m。

如果将刃脚底面及斜面的土方挖空，则 $R=0$。

当下沉地点是由不同土层组成时，则平均摩擦系数 $f$ 由下式决定：

$$f=\frac{f_1 n_1+f_2 n_2+\cdots+f_n n_n}{n_1+n_2+\cdots+n_n} \tag{8-2}$$

式中 $f_1, f_2, \cdots, f_n$——各层土与井筒壁的摩擦系数；
$n_1, n_2, \cdots, n_n$——各土层的厚度。

根据沉井受压条件而设计的井壁厚度，往往使沉井不能有足够的自重而下沉，过分增加沉井壁厚，又不合理。可以采取附加荷载以增加沉井下沉重量；或采用振动方法使之下沉；或采用泥浆套或气套方法，减少下沉摩擦力。

### 8.3.3 井筒制备

**1. 基坑及坑底处理**

沉井采用在基坑内制备具有以下优点：减少自地面算起的浇灌高度，便于垂直运输；减少下沉时井内挖方量；易于清除表土层中的障碍物；降低轻型井点系统总管理设标高，增加降水深度等。坑底标高以在地下水水位以上 0.5m 为宜，使坑底具有一定承载能力。干燥土层，则根据技术经济条件确定基坑开挖深度。

井筒制备时，其重量借刃脚底面传递给地基。为了防止在井筒制备过程中产生地基沉降，应进行地基处理或增加传力面积。

当原地基承载力较大，可进行浅基处理，即在与刃脚底面接触的地基范围内，进行原土夯实、砂垫层、砂石垫层、灰土垫层等处理，垫层厚度一般为 30～50cm。然后在垫层上浇灌混凝土井筒。这种方法称无垫木法。

若坑底承载力较弱，应在人工垫层上设置垫木，增大受压面积。所需垫木的面积，应符合下式：

$$F \geqslant Q/P_0 \tag{8-3}$$

式中 $F$——垫木面积，m²；
$Q$——沉井制备重力，当沉井是分段制备时，应采用第一节井筒制备重力，kN；
$P_0$——地基允许承载力，kN/m²。

垫木铺设，如图 8-29 所示。通常先铺设圆形片筒纵横轴线的四点或方形井筒的四角，然后按间距铺设其他垫木。垫木面必须严格抄平，垫木之间用砂石找平。垫木在沉井下沉前拆除，并在垫木拆除处用砂卵石填平。但是，施工经验表明，垫木拆除和砂卵石回填不易保证质量，容易引起沉井偏斜。

为了避免采用垫木，可采用无垫木刃脚斜土模的方法，如图 8-30 所示。沉井

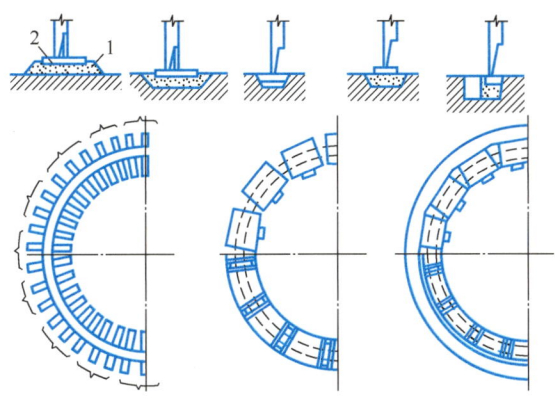

图 8-29 垫木铺设

1—垫层；2—垫木

重量由刃脚底面和刃脚斜面传递给土台，增大承压面积。土台用开挖或填筑而成。与刃脚接触的坑底和土台处，抹厚 2cm 的 1：3 水泥砂浆，以保证刃脚制备的质量。

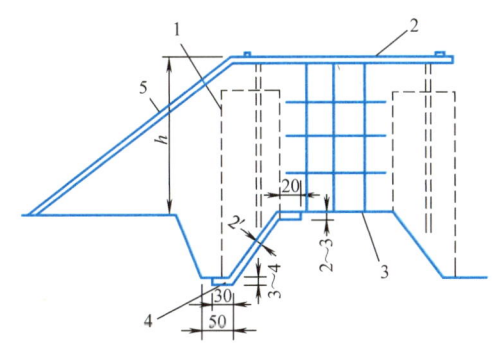

图 8-30 无垫木刃脚斜土模（单位：cm）

1—沉井模板；2—拌合台；3—圆土台；4—砂浆面；5—斜模板

在沼泽地区或深度不大的水中，采用筑岛方法制备和下沉井筒。岛的面积应满足施工的需要，一般井筒外边与岛岸间的最小距离不应小于 5～6m。岛面高程应高于施工期间最高水位 0.75～1.0m，并考虑风浪高度。筑岛宜用砂卵石土。水深在 1.5m，流速在 0.5m/s 以内时，筑岛可直接抛土而不需围堰。当水深和流速较大时，可将岛筑于板桩围堰内。

2. 井筒的混凝土浇筑

钢筋混凝土井筒制备过程与一般钢筋混凝土构筑物施工相同。

刃脚模板的支设，如图 8-31 所示，托架与预制块可按刃脚形状支设。刃脚支模的底部与人工垫层，如图 8-32 所示。

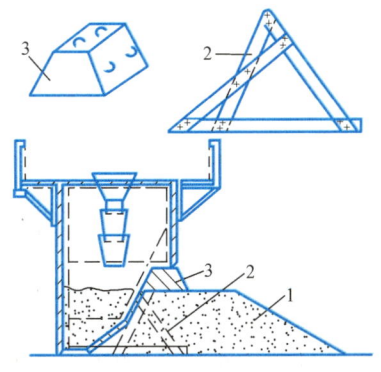

图 8-31 刃脚模板支设

1—碎石垫层；2—板条托架；3—预制块

井筒壁模板的支设方法与水池壁模板支设方法相同。井筒还可采用预制钢筋混凝土壁板装配,壁板构造,如图 8-33 所示。壁厚见表 8-11,混凝土强度等级为 C30。壁板间的连接与装配式水池相同。

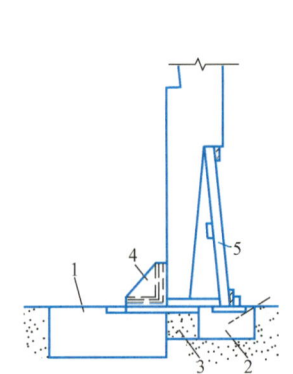

图 8-32 刃脚支模的底部构造
1—固紧块;2—临时基础;3—碎石捣实;
4—加固角钢;5—木撑条

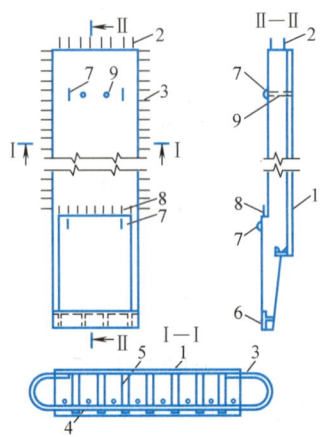

图 8-33 沉井井壁的装配式构件
1—钢板防水层;2、3—伸出钢筋;4—纵向钢筋;
5—连接扁钢;6—刃脚加固型钢;
7、9—吊环和插孔;8—固紧螺栓

装配式沉井的壁厚　　　　表 8-11

| 井筒半径(m) | 井 筒 长 度(m) | | |
|---|---|---|---|
| | 10 | 20 | 30 |
| 5 | 0.25 | 0.3 | — |
| 8 | 0.3 | 0.3 | — |
| 10 | 0.3 | 0.3 | 0.4 |
| 12.5 | 0.4 | 0.4 | 0.4 |
| 15 | 0.4 | 0.5 | 0.5 |
| 18 | 0.5 | 0.6 | 0.6 |
| 20 | 0.5 | 0.6 | 0.7 |

#### 8.3.4 沉井下沉

井筒混凝土强度达到设计强度 70% 时开始下沉。下沉前要封堵井壁各处的预留孔。如设有垫木的井筒,应对称地拆除垫木。

沉井下沉有两种方法:排水下沉和不排水下沉。

1. 排水下沉

排水下沉,直接用水泵将井筒内地下水排除或采用人工降低地下水位方法。井筒内明沟排水时,根据沉井下沉深度,或将水泵放在筒顶支搭的平台上,或放在井壁内预留支架或吊架上,如图 8-34 所示。

大型沉井下沉采用明沟排水时,在井内开设排水沟,设置多台水泵,如图 8-35 所示。

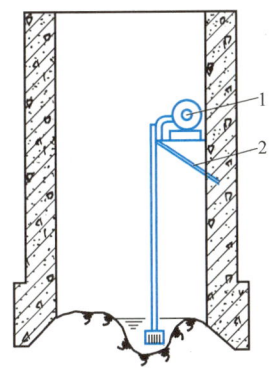
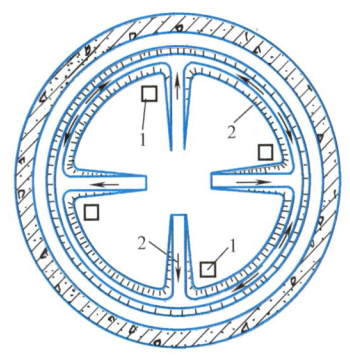

图 8-34 钢筋支架设置水泵
1—水泵；2—钢筋支架

图 8-35 大型沉井井内明沟排水
1—水泵；2—排水沟

当沉井下沉较深时，明沟排水使井筒内外地下水动水压力差增大，导致流砂涌入井内，虚挖方量增加，并造成周围地层中空，引起地面沉陷。这种排水方法工作条件较差，但所用设备较简单。

为了避免明沟排水的缺点，采用人工降低地下水位方法，如图 8-36 所示。

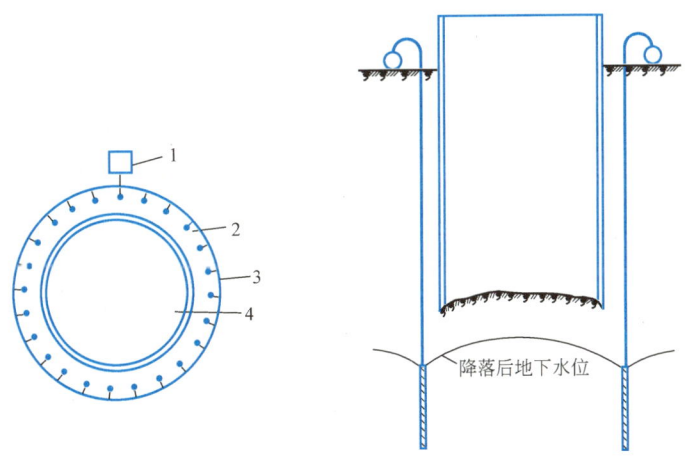

图 8-36 排水下沉时井点系统布置
1—抽水站；2—井点管；3—总管；4—井筒

在流砂现象严重或沼泽地区，可采用冻结法施工。

井筒内挖土一般采用合瓣式挖土机，如图 8-37 所示。土斗在井中部挖土，四周由人工挖土，土方全部由挖土机运出。

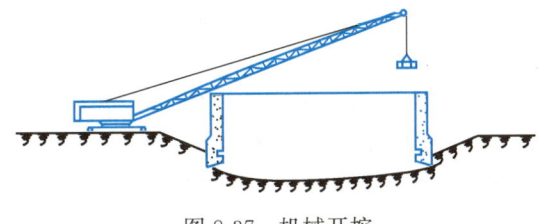

图 8-37 机械开挖

沉井高度较大，无法采用合瓣铲时，可在井筒壁上安装台令把杆，用抓斗挖土。垂直运土机具，有少先式起重机、台令把杆、卷扬机等。卸土地点距井壁一般不小于20m，以免堆土过近井壁土方坍塌，导致沉井下沉摩擦力增大。台令把杆，如图8-38所示安装在井壁上。这种运土设备使用方便，不占井口面积，把杆旋转后，即可卸土，改变把杆倾角可达较大的工作范围。把杆的起重索由卷扬机控制。还可采用桅杆起重杆如图8-39所示。采用水枪冲泥和水力吸泥机排泥进行排水下沉，如图8-40所示。高压水供给水枪冲泥，同时高压水又供给水力吸泥机，如图8-41所示，把泥浆排出井筒外。大型沉井下沉还可采用塔式起重机吊运土方到井外，如图8-42所示。

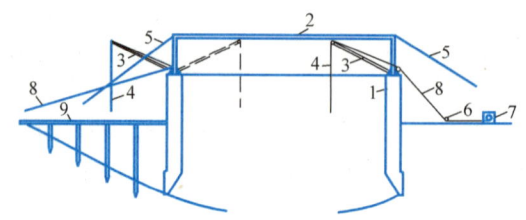

图8-38 台令把杆运土

1—沉井井壁；2—台令；3—把杆；4—起重机；5—浪风（全绳）；6—滑轮；7—卷扬机；8—钢丝绳；9—平台

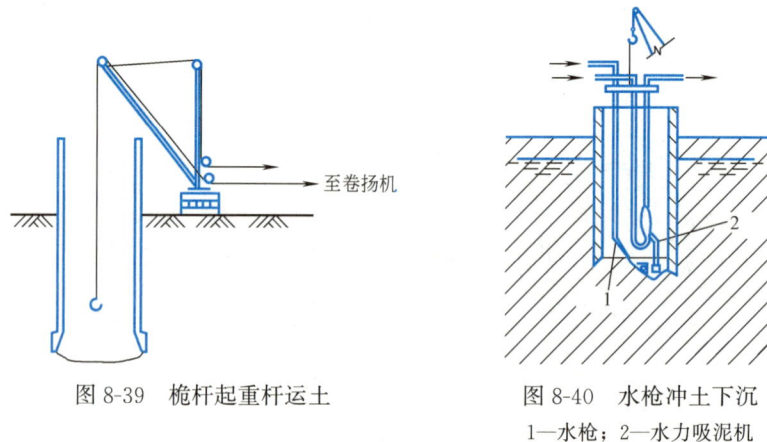

图8-39 桅杆起重杆运土　　图8-40 水枪冲土下沉

　　　　　　　　　　　　1—水枪；2—水力吸泥机

人工挖土沿刃脚四周均匀而对称地进行，以保持沉井均匀下沉。

人工开挖方法，只有在小型沉井、下沉深度较小、而机械设备不足的情况下才采用。

排水下沉具有挖土和排除障碍物方便等优点，但细颗粒土容易产生流砂现象。因此，在地下水量较大、水位较高的粉细砂层，经常采用不排水下沉。

2. 不排水下沉

不排水下沉是在水中挖土。为了避免流砂现象，井中水位应与原地下水位相同。有时还可向井内灌水，使井内水位稍高于地下水位。

不排水下沉时，土方亦由合瓣铲或抓斗挖出，当铲斗将井的中央部分土方挖成锅底形时，井壁四周的土涌向中心，沉井就下沉。

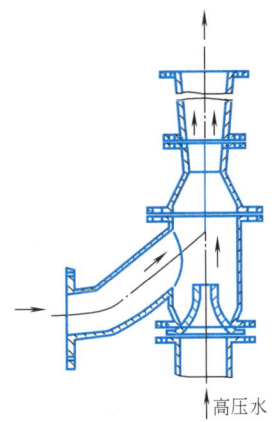

图 8-41 水力吸泥机

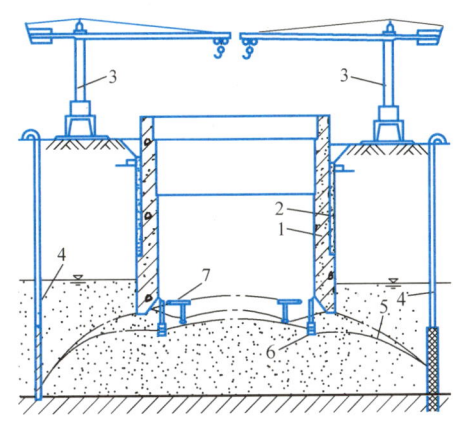

图 8-42 大型沉井下沉

1—井筒壁；2—泥浆套；3—塔式起重机；4—井筒外井点管；
5—地下水位降落曲线；6—井筒内井点管；7—水力吸泥机

如井壁四周的土不易下溜时，可用高压水枪进行水下冲土。水枪沿井壁布置，冲动刃脚部分的土。

为了使井筒下沉均匀，最好设置几个水枪，如图 8-43 所示。每个水枪均应设置阀门，以便沉井下沉不均匀时，进行调整。水枪的压力根据土质而定，参考表 8-12。

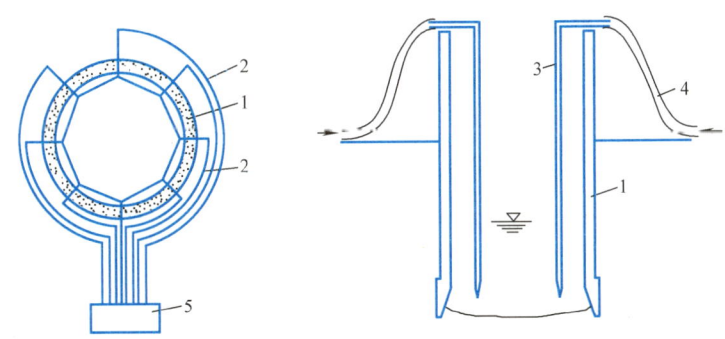

图 8-43 水枪布置图

1—井筒；2—水管；3—水枪；4—胶管；5—泵站

水枪冲土的水压与土的关系　　　　　　　表 8-12

| 土　质 | 水压(kg/cm²) | 土　质 | 水压(kg/cm²) |
|---|---|---|---|
| 松散细砂 | 2.5～4.5 | 中等密实黏土 | 6～7.5 |
| 软质黏土 | 2.5～4.5 | 砾石 | 8.5～9 |
| 密实腐殖土 | 5 | 密实黏土 | 7.5～12.5 |
| 松散中砂 | 4.5～5.5 | 中等颗粒砾石 | 10～12.5 |
| 黄土 | 6～6.5 | 硬黏土 | 12.5～15 |
| 原状中砂 | 6～7 | 原状颗粒石 | 13.5～15 |

水枪直径一般为 63~100mm，喷嘴直径为 10~12mm。

合瓣铲水下开挖时，大颗粒砂、石由铲斗挖出后，泥砂将沉于井底，可用吸泥机吸出。

3. 触变泥浆沉井

为了减少井筒下沉的摩擦力，可以采用泥浆套施工方法，在井壁与土之间注入触变泥浆。井筒只要其重量克服井壁与泥浆之间的摩擦力就可下沉。由于摩擦力减少，可减薄筒壁，降低井筒造价。

为了在井壁与土之间造成泥浆套，井筒制备时，在井壁内埋入钢制泥浆管，或在混凝土中直接留设压浆通道。井筒下沉时，泥浆从刃脚台阶处的泥浆通道出口向外挤出，形成泥浆套，如图 8-44 所示。

为了防止泥浆直接喷射至土层，并使泥浆分布均匀，在压浆管的出口处设置泥浆射口围圈，如图 8-45 所示。

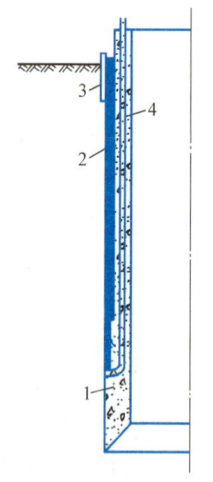

图 8-44　泥浆套下沉示意
1—刃脚；2—泥浆套；3—地表围圈；
4—泥浆套

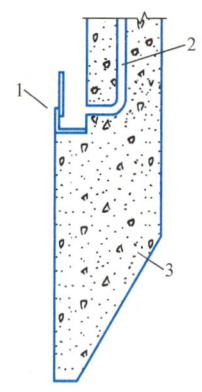

图 8-45　泥浆射口围圈
1—射口围圈；2—泥浆套道；
3—刃脚

为了在沉井下沉过程中储备一定数量的泥浆，补充泥浆套失浆，同时，预防地表土滑塌，在井筒壁上沿设置泥浆地表围圈。泥浆地表围圈用薄钢板制成，拼装后的直径略大于井筒外径。埋设时，其顶面露出地表 0.5m 左右。

沉井井壁顶部泥浆输入口，如图 8-46 所示。

选用的泥浆应具有较好的固壁性能。泥浆指标根据原材料的性质、水文地质条件以及施工工艺条件来选定。在饱和的粉细砂层下沉时，容易造成翻砂，引起泥浆漏失，因此，泥浆的黏度及静切力都应较高。但黏度和静切力均随静置时间增加而增大，并逐渐趋近于一个稳定值。为此，在选择泥浆配合比时，先考虑相对密度与黏度两个指标，然后再考虑失水量、泥皮、静切力、胶体率、含砂率及 pH。泥浆相对密度为 1.15~1.20。

泥浆的配合比可选用：

(1) 纯膨润土用 23%～30%。

(2) 水 70%～77%。

(3) 化学接合剂。碱($Na_2CO_3$)0.4%～0.6%，羧甲基纤维素 0.03%～0.06%。

下沉过程中，应对已压入的泥浆定期取样检查。

施工过程中，泥浆套厚度不要过大，否则易造成井筒倾斜和位移。泥浆会沉井，由于下沉摩擦力减少，容易造成下沉超过设计标高，应做好及时封底的准备工作。尤其要注意在吸泥下沉过程中，避免由于翻砂而引起泥浆破坏，应正确处理好井内外水位及泥浆面高度等方面的关系。

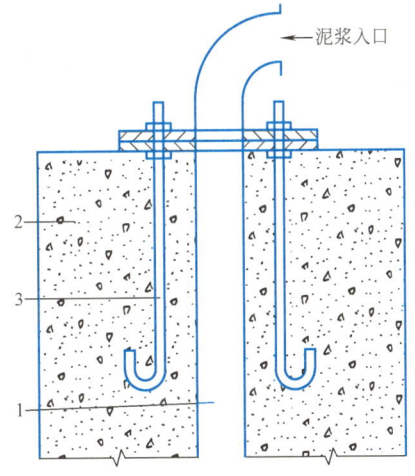

图 8-46　沉井井壁顶部泥浆输入口
1—泥浆套道；2—井壁；3—预埋螺栓

### 8.3.5　井筒下沉的质量检查与控制

沉井下沉过程中，由于水文地质资料掌握不全，下沉控制不严，以及其他各种原因，可能发生井筒倾斜、筒壁裂缝、下沉过快或不继续下沉等事故，应及时采取措施加以校正。

1. 井筒倾斜的观测

沉井下沉时，可能发生井筒倾斜，如图 8-47 所示。$A$、$B$ 为井筒外径的两端点，由于倾斜而产生高差 $h$。倾斜误差校正结果有可能发生井筒轴线水平位移，如图 8-48 所示，井筒在倾斜位置Ⅰ绕 $A$ 转动，校正到垂直位置Ⅱ，如果继续转动到位置Ⅲ，下沉至Ⅳ，再绕 $B$ 转动到垂直位置Ⅴ，Ⅱ和Ⅴ两个垂直位置的轴线水平位移 $a$。允许井筒按高度倾斜 1%，而且，轴线位移值不超过 50mm。

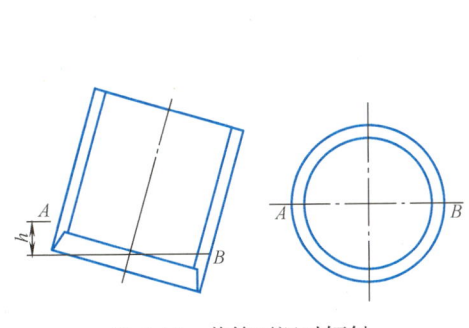

图 8-47　井筒下沉时倾斜

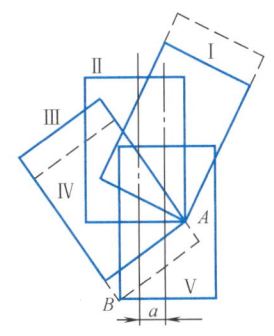

图 8-48　井筒倾斜的校正过程

井筒发生倾斜的原因很多，主要是刃脚下面的土质不均匀，井壁四周压力不均衡，挖土操作不对称，以及双刃脚下某一处遇有障碍物所造成。

倾斜观测分井内和井外两种，井内观测可采用垂球观测、电测等。

垂球观测是在井筒内壁四个对称点悬挂垂球。下沉位置正确时，垂球线应与井壁上所画的竖直标志线平行且重合。如井筒倾斜，则垂球位置，如图 8-49 所示。这种方法简单实用,但不能定量观测。

电测布置,如图 8-50 所示。当井筒倾斜时,垂球与裸露导线接触通电,发出信号。校正倾斜直至信号消失。为了安全,电测设备的电压应为 24~36V。这种方法可自动观察,易于倾斜初发时即行校正,但也无法定量观测。

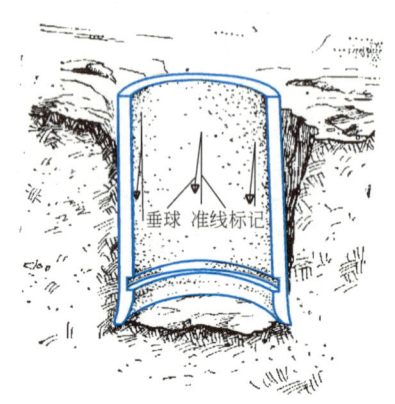

图 8-49 垂球法观测轴线倾斜

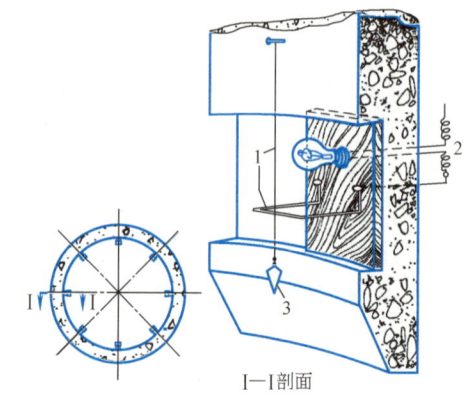

图 8-50 电测方法
1—裸露电线;2—电源;3—垂球

上述井内观测方法,只适用于排水下沉。

井外观测可采用标尺测定和水准测量两种,后者较正确。

采用标尺测定时,下沉前在井筒外壁四个对称点(即沉井的两个互相垂直外径的端点)绘出高程标记,如图 8-51(a)所示。并对准高程标记设置水平标尺,如图 8-51(b)所示。水平标尺位置与井壁距离应保证不受井筒下沉所产生的破坏棱体影响。

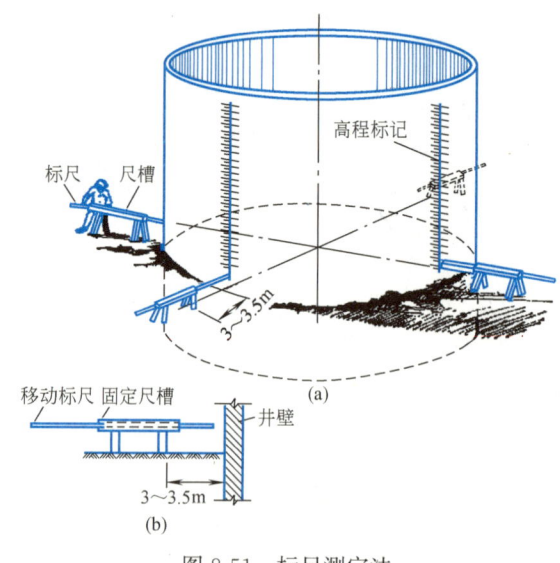

图 8-51 标尺测定法
(a)井外观测法示意;(b)水平标尺示意

观测时移动水平标尺，使其一端与井壁接触，读出下沉高程数，在固定尺槽的刻度上得出井筒水平移动数值。相应两次读数之差即为井筒水平位移与垂直下沉的距离。

水准测量使用水准仪或激光水准仪，需率先在井筒四周设置高况标志。这在比较重要的下沉阶段中，或已产生倾斜而需求误差值时采用。

2. 井筒倾斜的校正

由于挖土不匀而引起井筒轴线倾斜时，用挖土方法校正。在下沉较慢的一边多挖土，下沉快的一边刃脚处将土夯实或做人工垫层，使井筒恢复垂直。如果这种方法不足以校正，就应在井筒外壁一边开挖土方，相对另一边回填土方。如果需要，可以回填高填土，并且夯实。

还可采用加载校正，在井筒下沉较慢的一边增加荷载，如图8-52所示。如果由于地下水浮力而使加载失效，则应抽水后进行校正。

在下沉慢的一边安装振动器振动可使井筒下沉，如图8-53所示。

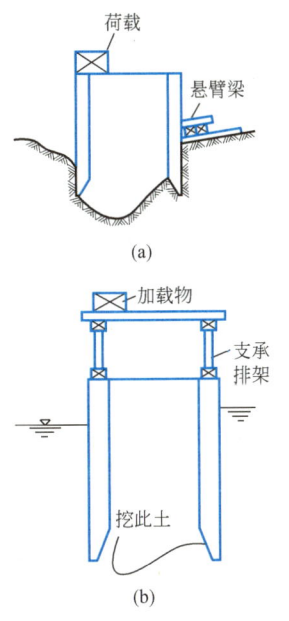

图8-52 加荷载纠正井筒倾斜

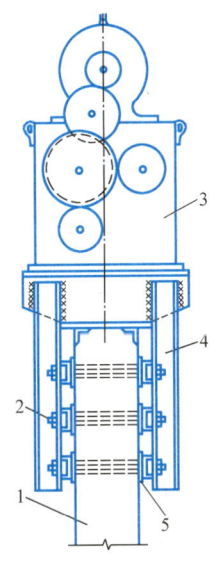

图8-53 振动器使沉井下沉
1—沉井井壁；2—连接螺栓；3—振动器；
4—机架；5—垫块

在下沉慢的一边用高压水枪冲击，减少土与井壁摩擦力，也有助于轴线纠正。

下沉过程中障碍物处理。下沉时，可能因刃脚遇到弧石或其他障碍物而无法下沉；松散土中还可能因此产生溜方，如图8-54所示，引起井筒倾斜。弧石用刨挖方法去除，或用风镐凿碎，坚硬弧石用炸药清除。

3. 井筒裂缝

下沉过程中产生的井筒裂缝有环向和纵向两种。环向裂缝是由于下沉时井筒

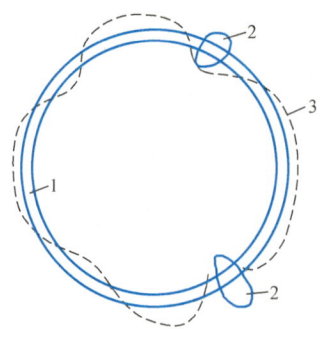

图 8-54 弧石产生溜方
1—井筒；2—弧石（块石）；3—刃脚处实际挖土范围（溜方范围）

四周土压力不均造成的。为了防止井筒发生裂缝，除了保证必要的井筒设计强度外，施工时应使井筒达到规定强度后才能下沉。此外，也可在井筒内部安设支撑，但会增加挖运土方困难。井筒的纵向裂缝是由于在挖土时遇到弧石或其他障碍物，而井筒又仅支于若干点上，混凝土强度又较低时产生的。采用爆破下沉，亦可能产生裂缝。如果裂缝已经发生，必须在井筒外面挖土，以减少该方向的土压力，或撤除障碍物，防止裂缝继续扩大，同时用水泥砂浆、环氧树脂或其他补强材料涂抹裂缝进行补救。

**4. 下沉过快和沉不下去**

由于长期抽水，或因砂的流动，使井筒外壁与土之间的摩擦力减少；或因土的耐压强度较小，会使井筒下沉速度超过挖土速度而无法控制。在流砂地区常会产生这种情况。防治方法一般多在井筒外将土夯实，增加土与井壁的摩擦力。在下沉到设计标高时，为防止自沉，可不将刃脚处土方挖去，下沉到设计标高时立即进行封底。也可在刃脚处修筑单独式混凝土支墩或连续式混凝土圈梁，以增加受压面积。

沉井沉不下去的原因，一是遇有障碍，一是自重过轻，应采取相应方法处理。

## 8.4 管井施工

### 8.4.1 概述

由于地下水的类型、埋藏条件、含水层的性质等各不相同，开采和集取地下水的方法以及地下水取水构筑物的形式也各不相同。地下水取水构筑物按取水形式主要分为两类：垂直取水构筑物——井；水平取水构筑物——渠。井可用于开采浅层地下水，也可用于开采深层地下水，但主要用于开采较深层的地下水；渠主要依靠其较大的长度来集取浅层地下水。在我国，利用井集取地下水更为广泛。

井的主要形式有管井、大口井、辐射井、复合井等，渠的主要形式为渗渠。

### 8.4.2 管井

**1. 管井的构造**

管井主要由井室、井壁管、过滤器、沉淀管等部分组成，如图 8-55 所示。

（1）井室

井室是用于安装各种设备（如水泵、电机、阀门及控制柜等）、保护井口免受污染和进行运行管理维护的场所。常见井室按所安装的抽水设备不同，可建成深井泵房、深井潜水泵房、卧式泵房等，其形式可为地面式、地下式或半地下式。

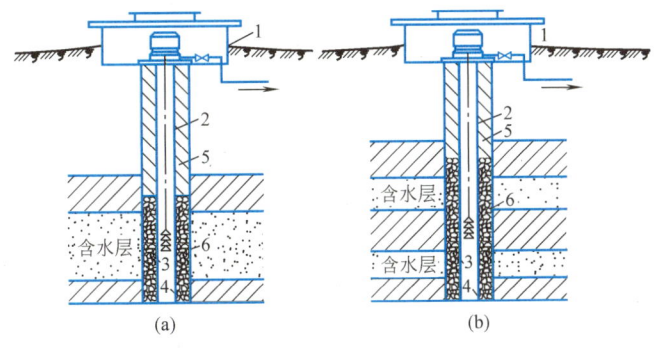

图 8-55 管井的一般构造
(a) 单层过滤器管井；(b) 双层过滤器管井
1—井室；2—井壁管；3—过滤器；4—沉淀管；5—黏土封闭；6—规格填砾

为防止井室地面的积水进入井内，井口应高出地面 0.3~0.5m。为防止地下含水层被污染，井口周围需用黏土或水泥等不透水材料封闭，其封闭深度不得小于 3m。井室应有一定的采光、通风、供暖、防水和防潮设施。

(2) 井壁管

井壁管不透水，它主要安装在不需进水的岩土层段（如咸水含水层段、出水少的黏性土层段等），用以加固井壁、隔离不良（如水质较差、水头较低）的含水层。井壁管可以是铸铁管、钢管、钢筋混凝土管或塑料管，应具有足够的强度，能经受地层和人工充填物的侧压力，不易弯曲，内壁平滑圆整，经久耐用。当井深小于 250m 时，一般采用铸铁管；当井深小于 150m 时，一般采用钢筋混凝土管；当井深较小时可采用塑料管。井壁管内径应按出水量要求、水泵类型、吸水管外形尺寸等因素确定，通常不小于过滤器的外径。当采用潜水泵或深井泵扬水时，井壁管的内径应比水泵井下部分最大外径大 100mm。

在井壁管与井壁间的环形空间中填入不透水的黏土形成的隔水层，称作黏土封闭层。如在我国华北、西北地区，由于地层的中、上部为咸水层，所以需要利用管井开采地下深层含水层中的淡水。此时，为防止咸水沿着井壁管和井壁之间的环形空间流向填砾层，并通过填砾层进入井中，必须采用黏土封闭以隔绝咸水层。

(3) 过滤器

过滤器是指直接连接于井壁管上，安装在含水层中，带有孔眼或缝隙的管段，是管井用以阻挡含水层中的砂粒进入井中，集取地下水，并保持填砾层和含水层稳定的重要组成部分，俗称花管。过滤器表面的进水孔尺寸，应与含水层土颗粒组成相适应，以保证其具有良好的透水性和阻砂性。过滤器的构造、材质、施工安装质量对管井的出水量大小、水质好坏（含砂量）和使用年限，起着决定性的作用。过滤器的基本要求是：有足够的强度和抗腐蚀性能，具有良好的透水性，能有效地阻挡含水层砂粒进入井中，并保持人工填砾层和含水层的稳定性。

为防止含水层砂粒进入井中，保持含水层的稳定，又能使地下水通畅地流入井中，需要在过滤器与井壁之间的环形空间内回填砂砾石。这种回填砂砾石形成的人工反滤层，称为填砾层。

（4）沉淀管

沉淀管位于井底，用于沉淀进入井内的细小泥砂颗粒和自地下水中析出的其他沉淀物。地下水进入管井后，含砂量虽然满足取水水质要求，但并非绝对不含砂，其中一些泥砂颗粒仍会沉淀下来，天长日久，积少成多，会在井中沉积下一定体积的泥砂，甚至堵塞过滤器，影响管井的出水量。为此，应在管井的底部设置沉淀管。

2. 管井的施工

管井的建造一般包括钻凿井孔、物探测井、冲孔、换浆、井管安装、回填滤料、黏土封闭、洗井及抽水试验等主要工序，最后进行管井验收。

（1）钻凿井孔

钻凿井孔的方法主要有回转钻进和冲击钻进，用得最广泛的是回转钻进。

1）回转钻进。回转钻进是用回转钻机带动钻头旋转对地层切削、挤压、研磨破碎而钻凿成井孔的。

回转钻进的一般设备、机具装置，如图 8-56 所示。钻塔是吊装各类机具的支架和操作钻机钻进的场所。钻塔的顶部装有一滑轮组，称为天车，它是吊装各类机具的支点。钻机是主要动力传动设备，转盘带动钻杆和钻头旋转并对地层进行切削，卷扬机用于吊装各种机具。

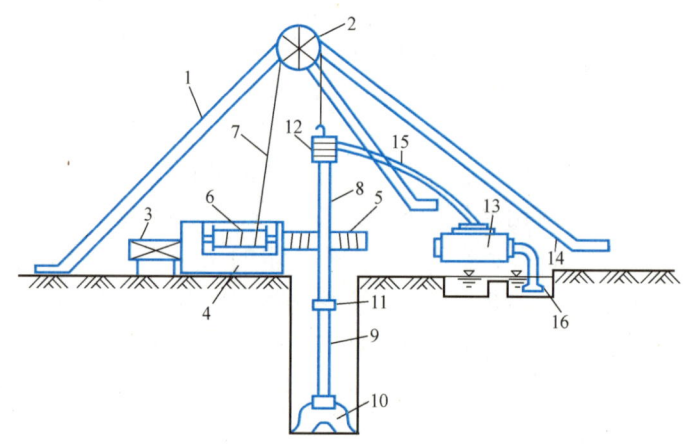

图 8-56　回转钻进机具装置示意图

1—钻塔；2—天车；3—电动机；4—钻机；5—转盘；6—卷扬机；
7—钢丝绳；8—主钻杆；9—钻杆；10—钻头；11—钻杆接手；
12—提引龙头；13—泥浆泵；14—泥浆管；
15—泥浆高压胶管；16—泥浆池

钻凿松散地层常用的钻头有鱼尾钻头、三翼钻头和牙轮钻头等。鱼尾钻头为两翼钻头，如图 8-57 所示。在鱼尾钻头切削地层的刀刃上焊有高硬度的合金。在三翼钻头切削地层部位装有高硬度的牙轮，即牙轮钻头，它钻进速度快，稳定性好，但构造较复杂。

钻杆为圆形空心的无缝钢管，可以通过泥浆。在钻杆中，只有一根主钻杆，长度视钻塔高度而定。主钻杆一般为方形，钻机转盘在方形孔卡住主钻杆，带动其旋转。主钻杆连接普通钻杆，钻杆再连接钻头。钻头向地层深部钻进是靠不断提升、接长钻杆实现的，所以钻杆的总长度应大于设计井深。

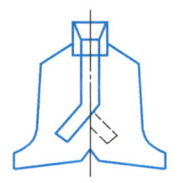

图 8-57　鱼尾钻头

提引龙头在主钻杆的上方，由卷扬机的钢丝绳牵引，悬吊于天车之下。提引龙头可使钻具上下升降，其内装有高压轴承，能保证主钻杆自由转动。提引龙头是空腹的，可以让泥浆泵送来的高压泥浆通过，送往井下深处，以保持钻孔稳定及冷却钻头。

回转钻进过程是：钻机的动力（电动机或柴油机）通过传动装置使转盘旋转，转盘带动主钻杆，主钻杆接钻杆，钻杆接钻头，从而使钻头旋转并切削地层不断钻进。当钻进一个主钻杆深度后，由钻机的卷扬机提起钻具，将钻杆用卡盘卡在井口，取下主钻杆，接一根钻杆，再接上主钻杆，继续钻进，如此反复进行，直至设计井深。钻头切削地层时，将产生巨大热量，必须加以润滑和冷却。同时，钻头切削下来的岩石碎屑必须从井孔中清除出来。在钻进过程中，一般用含砂量极低的优质黏土在泥浆池中调制成一定浓度的泥浆，再用高压泥浆泵将泥浆加压，通过高压胶管、提引龙头、钻杆腹腔，向下通过钻头喷射至工作面，一方面起到冷却钻头、润滑钻具的作用，同时又能与被切削下来的岩土碎屑混合，在压力作用下，沿着井孔与钻杆之间的环形空间上升至地面，流入泥浆池。被泥浆携带到地表的岩土碎屑在第一泥浆池中沉淀下来，去除岩土碎屑后流入第二个泥浆池，继续使用。此外，因泥浆始终充满井孔，又有较大的相对密度，能起到平衡地层侧压力、保护井壁、防止井孔坍塌的作用。

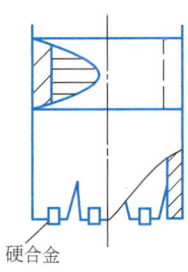

图 8-58　岩心钻头

在基岩地层中钻井，必须使用岩心钻头，如图 8-58 所示。岩心钻头依靠镶焊在钻头上的硬合金切削地层。在钻头钻进过程中，它只将沿井壁的岩石切削粉碎，中间部分就成为圆柱状的岩石，称为岩心。岩心可以取到地面上来，供观察分析岩石的矿物成分、结构构造以及地层的地质构造等用。岩心回转钻进的机具和工作方法与回转钻进基本相同。

2）冲击钻进。冲击钻进主要靠钻头对地层的冲击作用来钻凿井孔。冲击钻进过程是：钻机的动力通过传动装置带动钻具钻头在井中做上下往复运动，冲击破碎地层。当钻进一定深度（约 0.5m）后，即提出钻具，放下取土筒，将井内岩土碎块取上来，然后再放下钻具，继续冲击钻进。如此重复钻进，直至设计井深。冲击钻进是不连续的，钻进效率较低，进尺速度慢。但冲击钻进钻具设备简单、轻便，在供水管井施工中，也有采用。

（2）物探测井

井孔打成后，需马上进行物探测井，查明地层结构，含水层与隔水层的深度、厚度，地下水的矿化度（总含盐量）和咸、淡水分界面等，以便为井管安装、填砾和黏土封闭提供可靠资料。

(3) 冲孔、换浆

井孔打成后，在井孔中仍充满着泥浆，泥浆稠度较大，含有大量泥质，无法安装井管，应进行填砾和黏土封闭。在下管前必须将井孔中的泥浆及沉淀物排出孔外。方法很简单，用钻机将不带钻头的钻杆放入井底，用泥浆泵吸取清水打入井中，将泥浆换出，此工序称为冲孔、换浆。要求换浆彻底，至井孔中出水全为清水为止。清水护壁作用不如泥浆好，有可能造成井壁局部坍塌，所以要求在换浆彻底的基础上，尽量缩短冲孔时间，换浆完毕后应立即下管。

(4) 井管安装

井孔换浆完毕后，应立即进行井管安装，简称下管。下管前应根据凿井资料，确定过滤器的长度和安装位置，又称排管。下管的顺序一般为沉淀管、过滤器、井壁管。井管安装必须保证质量，接口要牢固，井管要顺直，不能偏斜和弯曲，过滤器要安装到位，否则将影响填砾质量和抽水设备的安装及正常运行，甚至造成整个管井的质量不合格。

井管安装时，先将第一根井管吊入井孔中，在井口用卡盘将井管的上端卡住，然后吊起第二根井管并与第一根井管连接，一般可用螺纹连接或焊接，接好后向井孔中下放，然后再用卡盘卡住第二根井管，连接第三根井管，重复以上过程，直至第一根井管放到井底。

长度大、重量大的井管安装时，可采用安装浮力塞的方法以减轻井管的重量。下管时，可在井壁管中加装用强度较小的材料做成的浮力塞（如圆木板外加橡胶圈），使井管下沉时产生浮力。待下管完毕后，用钻杆将浮力塞凿通即可。

为保证井管在井孔中顺直居中，可采用加扶正器的方法。例如，用长约20cm、宽5~10cm、厚度略小于井管外壁与井壁之间距离的三块木块，在井管外壁按120°放置，用钢丝缠牢，即为常用的扶正器。木块宽度不宜过大，过宽将影响填料。扶正器数量越多，扶正效果越好，但扶正器过多也将影响砾料的回填。一般每隔30~50m安装一个扶正器。

井管安装还可采用托盘法。采用托盘法下管时，一般用铸铁或混凝土做成比井管外径略大的托盘承托全部井管，借助起重钢丝绳将其放入井孔内。当托盘放至井底后，利用中心钢丝绳抽出固定起重钢丝绳的销钉，即可收回起重钢丝绳，托盘则留在井底。

(5) 填砾和黏土封闭

下管完毕后，应立即填砾和封闭。管井填砾和封闭质量的优劣，都直接影响管井的水质和水量。填砾时要平稳、均匀、连续、密实，应随时测量填砾深度，掌握砾料回填状况，以免出现中途堵塞现象。一般情况下，回填砾料的总体积应与井管与孔壁之间环形空间的体积大致相等。

黏土封闭一般用黏土球，球径约25mm。采用黏土球进行井管外封闭的方法与填砾的方法相同。封闭时，黏土球一定要下沉到要求的深度，中途不可出现堵塞现象。当填至井口时，应进行夯实。

(6) 洗井和抽水试验

1) 洗井。在钻凿井孔过程中，由于泥浆向含水砂层中的渗透作用，在含水砂层部位的井壁上可形成一层几个毫米厚的泥浆壁，俗称泥皮，而且在井周围的含水层中将滞留有大量的黏土颗粒和岩土碎屑，严重影响地下水的流动和含水层的出水量。洗井就是用抽水的方法，使地下水产生强大的水流，冲刷泥皮和将杂质颗粒冲带到井中，再拍到地面上去，从而达到清除含水层中的泥浆和冲刷掉井壁上的泥皮的目的。同时，洗井还可以冲洗出含水层中的部分细小颗粒，使井周围含水层形成天然反滤层，使管井的出水量达到最大的正常值。

洗井工作应在下管、填砾、封闭之后立即进行，以防止泥浆壁硬化，给洗井带来困难。洗井方法主要有水泵洗井、压缩空气洗井、活塞洗井等多种方法。

水泵洗井，是使用水泵进行抽水，使水位降深达到水泵可能达到的最大值，从而达到洗井的目的。

压缩空气洗井，是用空气压缩机，通过高压胶管将空气压入井中，借助水气混合的冲力不仅可以更有效地破坏泥浆壁，而且可以夹带较多的泥浆、岩土碎屑、砂粒，将其运送到井口以外。因此，洗井效率高，洗井比较彻底，是目前生产上采用较多的洗井方法。但对于砂层颗粒较细的含水层一般不宜采用此方法，因它携走的砂粒较多，对砂层有一定的破坏作用。

活塞洗井，是用安装在钻杆上带有活门的活塞（通常用橡胶薄板做成），在井壁管内上下拉动，它借助真空抽吸作用和压缩作用，在过滤器周围形成反复冲洗的水流，以破坏泥浆壁，清除含水层中残留的泥浆颗粒。活塞洗井强度大，洗井彻底，洗井效果良好。尤其是对本身颗粒细、含泥质较多的含水层，能较彻底地清除含水层中的泥质，使其过水通畅，出水量明显增大。但它机械强度大，易破坏井管，尤其是对非金属井管。为防止提拉活塞损坏井管，活塞提拉速度不宜过大。如采用轻软质的活塞，减慢提拉速度，可防止井管破坏。

洗井方法很多，应根据井管的结构、施工状况、地层的水文地质条件以及设备条件加以选用。

洗井的标准是彻底破坏泥浆壁，将含水层中残留的泥浆和岩土碎屑清除干净，以使出水清澈。当井水含砂量在 $1/50000 \sim 1/20000$ 以下（$1/50000$ 以下适用粗砂地层，$1/20000$ 以下适用于细砂地层）时，洗井为合格，可以结束洗井工作。

2）抽水试验。抽水试验是管井建造的最后阶段。一般在洗井的同时，就可以做抽水试验。抽水前应测出地下水静水位，抽水时要测定井的出水量和相应的水位降深值，以评价井的出水量；采取水样进行分析，以评价地下水的水质。

3. 管井的验收

管井验收是管井建造后的一项重要工作，只有验收合格后，管井才能投产使用。管井竣工后，应由设计单位、施工单位和使用单位根据《供水管井设计、施工及验收规范》共同验收。只有管井的施工文件资料齐全，水质、水量、管井的质量均达到设计要求，甲方才能签字验收。作为饮用水水源的管井，应经当地的卫生防疫部门对水质检验合格后，方可投产使用。

管井验收时，施工单位应提交下列资料：

（1）管井施工说明书

该说明书系综合性施工技术文件，应有管井的地质柱状图；井的结构，其中包括井径、井深、过滤器规格和位置、填砾和封闭深度、井位坐标和井口绝对高程等;施工记录,其中包括班报表、交接班记录表、发生事故情况、事故处理措施和处理结果等;有关资料,其中包括井管安装资料,填砾、封闭施工记录资料,洗井和含砂量测定资料,抽水试验原始记录表及水文地质参数计算资料,水的化学分析及细菌分析资料等。

(2) 管井使用说明书

该文件包括:井的最大允许开采量和适用的抽水设备类型及规格型号;水井使用中可能发生的问题及使用维修方面的建议;为了防止水质恶化和管井损坏,所提出的关于维护方面的建议。

(3) 钻进中的岩样

钻进中的岩样应分别装在木盒或塑料袋中,并附有标明岩土名称、取样深度、岩性描述及取样方法的卡片和地质编录原始记录。

上述资料是管井管理的重要依据,使用单位必须将此作为管井的技术档案妥善保存,以备分析、研究管井运行中可能出现的问题。

## 8.5 大口井施工

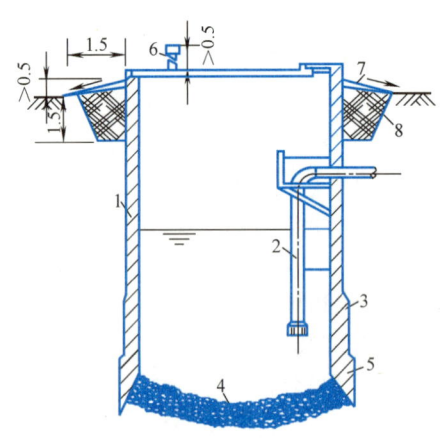

图 8-59 大口井的构造
1—井筒;2—吸水管;3—井壁透水管;
4—井底反滤层;5—刃脚;6—通风
管;7—排水管;8—黏土层

大口井具有构造简单、取材容易、施工方便、使用年限长、容积大能兼起调节水量作用等优点。但大口井深度小,对潜水水位变化适应性差。

大口井的一般构造,如图 8-59 所示。主要由井口(井台)、井筒和进水部分组成。

井口,大口井地表以上部分,主要作用是防止洪水、污水以及杂物进入井内,井口应高出地表 0.5m 以上并在井口周边修建宽度为 1.5m 的排水坡。若覆盖层为透水层,排水坡下面还应填以厚度不小于 1.5m 的夯实土层。同时,还要考虑安装扬水设备等。

井筒,进水部分以上的一段,通常用钢筋混凝土浇灌或砖、石砌筑而成,用以加固井壁与隔离不良水质的含水层。

进水部分,包括进水井壁和井底反滤层。

1. 大口井的施工

大口井的施工方法主要有大开槽法和沉井法。

(1) 大开槽施工法:是将基槽一直开挖到设计井深,并进行排水,在基槽中进行砌筑或浇筑透水井壁和井筒以及铺设反滤层等工作。大开槽施工的优点是:施工方便,便于铺设反滤层,可以直接采用当地的建筑材料。但此法开挖土方量大，施工排水费用高。一般情况下，此法只适用于口径小（$D<4m$）、深度浅（$H<9m$），或地质条件不宜采用沉井施工的地方。

（2）沉井施工法：是先在井位处开挖基坑，将带有刃脚的井筒或进水井壁放在基坑中，再在井筒内挖土，让井筒靠自重切土下沉。随着井内继续挖土，井筒不断下沉，于是可在上面续接井筒或进水井壁，直至设计井深。

沉井施工有排水与不排水两种方式。见本单元8.3节。

2. 大口井维护管理

大口井的维护管理基本上与管井相同。值得提出的是，很多大口井建造在河漫滩、河流阶地及低洼地区，需考虑不受洪水冲刷和被洪水淹没。大口井要设置密封井盖，井盖上应设密封人孔（检修孔），并应高出地面 0.5～0.8m；井盖上还应设置通风管，管顶应高出地面或最高洪水位2.0m以上。

3. 辐射井

辐射井是由集水井与若干呈辐射状铺设的水平集水管（辐射管）组合而成的，如图8-60所示。它与大口井相比，更适用于较薄的含水层和厚度小而埋深大的含水层。辐射井是一种高效能的地下水取水构筑物。辐射井按集水井是否进水又分为两种形式：一是集水井底与辐射管同时进水；二是集水井底封闭，仅靠辐射管集水。前者适用于厚度较大的含水层（5～10m），后者适用于较薄的含水层。

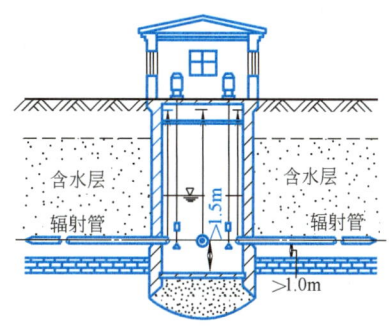

图 8-60　单层辐射管的辐射井

（1）辐射井施工

集水井的施工方法基本上同大口井的施工方法，多采用沉井法。

辐射管施工多采用顶进法，以集水井为工作间，将油压千斤顶水平放置，由千斤顶将带有顶管帽的厚壁铜质辐射管顶入含水层，辐射管顶入位置对面的井壁为后支撑，如图8-61所示。在顶进过程中，在辐射管内放入排砂管，与顶管帽相

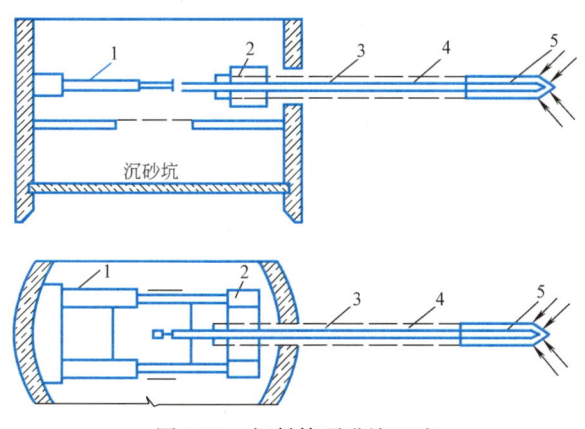

图 8-61　辐射管顶进施工法

1—油压千斤顶；2—管卡；3—辐射管；4—排砂管；5—顶管帽

连接，含水层地下水在压力作用下，挟带细粒砂，经顶管帽的孔眼进入排砂管，排至集水井。由于细小砂粒不断自含水层中排走；辐射管则借助顶力得以不断地穿进地层；同时，在辐射管周围可形成透水性良好的天然反滤层。由于井壁处有填料止水装置，在施工过程中，地下水不能由辐射管孔眼进入井内。顶进一节辐射管后，再接一节辐射管，一般用螺纹连接，直至设计长度。由于辐射管在集水井中水平顶入地层，故受井径的限制，一节辐射管的长度一般为1～2m。

（2）辐射井的维护管理

辐射井的维护管理基本上同大口井。

## 复习思考题

1. 砌筑用砖的要求是什么？
2. 砖砌体有哪几种形式？
3. 叙述砖砌体的施工过程。
4. 叙述砖砌水池及检查井的施工要点。
5. 钢筋有哪几种类型？写出表示符号。
6. 钢筋冷拉方法及作用是什么？
7. 如何计算钢筋的下料长度？
8. 钢筋代换应满足哪些原则，怎样代换？
9. 钢筋接头有哪些要求？
10. 模板的作用及支设要求是什么？
11. 现浇钢筋混凝土包括哪几个施工过程？
12. 混凝土振捣的具体方法和要求是什么？
13. 混凝土养护的要求和注意事项是什么？
14. 钢筋混凝土水池施工要点是什么？
15. 叙述沉井施工过程。
16. 沉井施工的特点及其应用场合是什么？
17. 沉井井筒倾斜如何校正？
18. 沉井下沉时易发生哪些异常现象，如何处理？
19. 管井施工前应做好哪些准备工作？
20. 大口井施工方法及注意事项有哪些？
21. 辐射井施工特点是什么？
22. 抽水试验的目的及方法是什么？
23. 叙述管井施工过程及填料注意事项。

## 课后拓展

给水排水系统中构筑物的种类较多，合理选择构筑物形式、施工材料是关乎系统正常、低能耗运行的关键，特别是混凝土、钢筋混凝土构筑物一旦成型就很难改变，否则会带来较大的经济损失。所以，我们就要从施工准备做起，认真抓好每个施工环节、做到一丝不苟。养成按照标准流程做事，敬畏标准规程的习惯。

# 教学项目 9
# 管道及设备的防腐与保温

### 教学目标

通过管道与设备表面处理、管道及设备的防腐材料、管道及设备的保温材料、管道及设备的防腐保温施工方法等知识点的学习,学生会编制管道及设备的防腐与保温施工方案。

### 素质目标

树立服务意识,技艺求精的工作态度。

## 9.1 管道及设备的表面处理

### 9.1.1 管道及设备的腐蚀与防腐

腐蚀主要是管道及设备等材料在外部环境影响下所产生的化学反应或电化学反应，使材料遭受破坏、发生质变。由于化学反应引起的腐蚀称为化学腐蚀；由于电化学反应引起的腐蚀称为电化学腐蚀。金属材料（或合金材料）上述两种反应均会发生。

一般情况下，金属与氧气、氯气、二氧化硫、硫化氢等气体或与汽油、乙醇、苯等非电解质接触所引起的腐蚀都是电化学腐蚀。腐蚀的危害性很大，它使大量的钢铁和其他宝贵的金属变为废品，使生产和生活使用的设施很快报废。

在室内、外给水排水管道系统中，通常会因为管道腐蚀而引起系统漏水、漏汽（气），这样既浪费能源，又影响生产或生活，如管道中输送有毒、易燃、易爆的介质时，还会污染环境，甚至造成重大事故。为了保证正常的生产秩序和生活秩序，延长系统的使用寿命，除了正确选材外，还必须采取有效的防腐措施。

### 9.1.2 埋地金属管道腐蚀机理

埋地金属管道主要是电化学腐蚀。按照金属晶格构造学说，金属是由带正电的离子和带负电的自由电子和部分中性原子组成的，当金属浸入电解质溶液中，由于水的极性作用，某些金属的离子脱离金属进入电解质溶液形成水化金属正离子，而将带负电荷的自由电子留在金属表面上。进入电解质溶液的水化金属正离子将受到留在金属表面上的带负电荷的自由电子的吸引，又回到金属同电解溶液接触的界面上，形成一个像电容器那样的双电层电池而处于平衡状态。若把两种不同的金属浸在同一电解质的溶液中，它们将各自形成一个双电层电池，但两个双电层电池的电位不等，金属活泼性强的电池电位低于金属活泼性差的电池电位。如果用导线将两块金属连接起来，就构成了电流的回路，此时自由电子从活泼性强的金属流向活泼性差的金属上。由于自由电子的流失，破坏了双电层电池的平衡，活泼性强的金属正离子将不断地向电解质溶液中溶解。电化学腐蚀过程规定，凡失去自由电子的一方为阳极，得到自由电子的一方为阴极，由于阳极自由电子不断流向阴极，而使阴极的负电子逐渐增多，这些多余的负电子堆积在阴极金属的表面上，吸引着电解质溶液中带正电的氢离子与之接近，最后与氢离子的正电荷中和，使氢离子变为氢气从电解质溶液中逸出，而阳极由于不断地失去自由电子，使金属带正电的离子不断脱离金属而遭腐蚀。

### 9.1.3 防止金属管道电化学腐蚀的对策

（1）涂防腐层，使金属与水隔离，断绝了形成双电层电池的条件。

（2）牺牲阳极保护法：在钢管道附近，埋设一些比钢活泼的金属，例如锌片，用导线将锌片与管道连接起来，由于锌比钢活泼，锌片遭腐蚀，钢管道得到保护。

（3）外加电流阴极保护：向埋地金属管道通直流电，将电源负极接到钢管上，电源的正极与辅助阳极相连，从而使被保护管道变为阴极而制止钢管道电子的流失，达到防腐蚀的目的。

工程上常根据管道的重要性而确定联合使用以上几种措施。

### 9.1.4 管道及设备的表面处理

为了使防腐材料能起较好的防腐作用，除所选涂料本身能耐腐蚀外，还要求涂料和管道、设备表面能很好地结合。一般钢管（或薄钢板）和设备表面总有各种污物，如灰尘、污垢、油渍、氧化物、焊渣、毛刺等，这些都会影响防腐涂料对金属表面的附着力。如果铁锈（氧化物）未除尽，油漆涂刷到金属表面后，漆膜下被封闭的空气继续氧化金属，使之继续生锈，以致使漆膜被破坏，锈蚀加剧。为了增加油漆的附着力和防腐效果，在涂刷底漆前，必须将管道或设备表面的污物清除干净，并保持干燥。

管道及设备表面的锈层可用下列方法消除：

1. 人工除锈

人工除锈一般使用刮刀、锉刀、钢丝刷、砂布或砂轮片等摩擦外表面，将金属表面的锈层、氧化皮、铸砂等除掉。对于钢管的内表面除锈，可用两端带拉绳的圆形钢丝刷来回拉擦。内外表面除锈必须彻底，以露出金属光泽为合格，再用干净的废棉纱或废布擦干净，最后用压缩空气吹扫。人工除锈的方法劳动强度大，效率低，质量差，操作环境差。但在施工条件受限，机械设备不足，而劳动力充足时，通常采用人工除锈。

2. 机械除锈

采用金刚砂轮打磨或用压缩空气喷石英砂（喷砂法）吹打金属表面，将金属表面的锈层氧化皮、铸砂等污物除净。

喷砂除锈是加工厂或预制厂常用的一种除污方法，其采用 0.4～0.6MPa 的压缩空气，把粒度为 0.5～2.0mm 的砂子喷射到有锈污的金属材料表面上，靠砂子的打击使金属材料表面的污物去掉，露出金属的质地光泽来，再用干净的废棉纱或废布擦干净。用这种方法除锈的金属材料表面变得既粗糙又均匀，使油漆能与金属表面很好地结合，并且能将金属表面凹陷处的锈除尽。

喷砂除锈虽然效率高、质量好，但喷砂过程中产生大量的灰土，污染环境，影响人们的身体健康。为避免干喷砂的缺点，减少尘埃的飞扬，可用喷湿砂的方法来除污。为防止喷湿砂除锈后的金属表面再度生锈，需在水中加入一定剂量（1％～15％）的缓蚀剂（如磷酸三钠、亚硝酸钠），使除污后的金属表面形成一层牢固而密实的膜（即钝化）。

3. 化学除锈

用酸洗的方法清除金属表面的锈层、氧化皮。化学除锈方法无噪声，无尘埃污染。采用浓度 10％～20％的稀硫酸溶液，浸泡金属物件 15～60min；也可用 10％～15％的盐酸在室温下进行酸洗。钢管一般可采用稀硫酸，铜、铜合金及其他一些有色金属常用硝酸进行酸洗。为使酸洗时不损伤金属，在酸溶液中加入缓蚀剂。酸洗后要用清水洗涤，并用 50％浓度的碳酸钠溶液中和，然后用热水冲洗 2～3 次，最后用热空气干燥。

酸洗的方法一般有槽式浸泡法和系统循环法两种。槽式浸泡法是将管子置放在盛有配洗液的容器中用沉浸法将管内锈蚀清除的方法。适当掌握浸泡时间，酸洗后的管子以目测检验内外壁呈金属光泽为合格，并立即将管子放入氨水或碳酸钠溶液的槽中进行中和。最后用热水冲洗后及时干燥。

槽式浸泡法工艺如下：

除锈 → 脱脂 → 酸洗 → 水冲洗 → 二次酸洗 → 中和 → 钝化 → 水冲洗 → 蒸汽吹扫 → 热风干燥 → 涂油 → 包扎

采用该工艺酸洗时其工艺分散，易于控制和检查，缺点是占用施工场地大。

循环酸洗法是将酸液用泵加压后在管道内进行系统循环的方法来脱除锈蚀，循环酸洗法工艺流程如下：

管道完整性检查 → 通水试漏检查 → 循环酸洗 → 中和 → 钝化 → 热水冲洗蒸汽吹干 → 涂油

循环酸洗法占用施工场地较小，但循环酸洗的除锈程度较难控制。

4. 旧涂料的处理

在旧涂料上重新刷漆时，可根据旧漆膜的附着情况，确定是否全部清除或部分清除。如旧漆膜附着良好，铲刮不掉，可不必清除；如旧漆膜附着不好，则必须清除重新涂刷。

## 9.2 管道及设备的防腐

管道及设备表面处理完成后，可采用涂刷油漆涂料、施工防腐绝缘层结构或在管内设置衬里材料等方法进行防腐。

### 9.2.1 常用油漆涂料的选用

涂刷油漆涂料方法一般使用在明装管道及设备上，既能防止腐蚀，又有装饰及标志作用。涂刷油漆涂料防腐蚀原理是靠油漆膜将空气、水分、腐蚀介质等隔离开，以保护管道及设备表面不受腐蚀。

油漆是一种有机高分子胶体混合物的溶液，主要由成膜物质、溶剂（或稀释剂）、颜料（或填料）三部分组成。成膜物质实际上是一种胶粘剂，是油漆的基础材料，它的作用是将颜料或填料粘结融合在一起，以形成牢固附着在物体表面的漆膜。溶剂（或稀释剂）是一些挥发性液体，它的作用是溶解和稀释成膜物质。颜料（或填料）是粉状的，它的作用是增加漆膜厚度和提高漆膜的耐磨、耐热和耐化学腐蚀性能。

油漆的品种繁多，性能各不相同。按施工顺序主要分为底层漆和面层漆。底层漆打底，应采用附着力强并且有良好防腐性能的油漆。面层漆罩面，用来保护底层漆不受损伤，并使金属材料表面颜色符合设计和规范规定。

常用的油漆涂料，按其是否加入固体材料（颜料和填料）分为：不加固体材料的清油、清漆和加固体材料的各种颜色涂料。

1. 管道涂料防腐

（1）室内和地沟内的管道及设备防腐，所采用的色漆应选用各色油性调合漆、各色酚醛磁漆、各色醇酸磁漆以及各色耐酸漆、防腐漆等。对半通行或不通行地沟内的管道的绝热层，其外表面应涂刷具有一定防潮耐水性能的沥青冷底子油或各色酚醛磁漆、各色醇酸磁漆等。

（2）室外管道绝热保护层防腐，应选用耐候性好并具有一定防水性能的涂料。绝热保护层采用非金属材料时，应涂刷两道各色酚醛磁漆或各色醇酸磁漆，也可先涂刷一道沥青冷底子油再刷两道沥青漆。当采用薄钢板做绝热保护层时，在薄钢板内外表面均应先刷两道红丹防锈漆，其外表面再涂两道色漆。

9-1 微课
管道防腐

2. 明装管道及设备涂料防腐层

明装管道及设备的涂料品种选择，主要根据其所处周围环境来确定涂层类别。

（1）室内及通行地沟内明装管道及设备，一般先涂刷两道红丹油性防锈漆或红丹酚醛防锈漆；外面再涂刷两道各色油性调合漆或各色磁漆。

（2）室外明装管道及设备、半通行和不通行地沟内的明装管道以及室内的冷水管道，应选用具有一定防潮耐水性能的涂料。其底漆可用红丹酚醛防锈漆，面漆可用各色酚醛磁漆、各色醇酸磁漆或沥青漆。

3. 面漆选择

管道内介质品类繁多，目前还没有对各种介质管道制定统一的涂色规定。对一般介质管道，采用表9-1列的涂色要求。室内明装给水排水管道面漆一般刷两道银粉漆。

管道涂色分类表　　　　　　　　　　　　　　　表 9-1

| 管道名称 | 颜色 | | 备注 | 管道名称 | 颜色 | |
|---|---|---|---|---|---|---|
| | 底色 | 色环 | | | 底色 | 色环 |
| 工业用水管 | 黑或灰 | — | | 压缩空气管 | 浅蓝 | — |
| 生活饮用水管 | 蓝 | — | | 净化压缩空气管 | 浅蓝 | 黄 |
| 过热蒸汽管 | 红 | 黄 | | 乙炔管 | 白 | — |
| 饱和蒸汽管 | 红 | — | | 氧气管 | 洋蓝 | — |
| 废气管 | 红 | 绿 | 自流及加压 | 氢气管 | 白 | 红 |
| 凝结水管 | 绿 | 红 | | 氮气管 | 棕 | — |
| 余压凝结水管 | 绿 | 白 | | 油管 | 橙黄 | — |
| 热力网送出管 | 绿 | 黄 | | 排水管 | 绿 | 蓝 |
| 热力网返回水管 | 绿 | 褐 | | 排气管 | 红 | 黑 |
| 疏水管 | 绿 | 黑 | | 盐水管 | 浅黄 | — |

色环涂刷宽度：

外径小于150mm，为50mm；

外径150～300mm，为70mm；

外径大于300mm，为100mm。

色环与色环之间的距离视具体情况掌握，以分布匀称、便于观察为原则。除管道弯头及穿墙处必须加色环外，一般直管段上环间距离保持5m左右为宜。

管道上还应涂上表示介质流动方向的箭头。有两个方向流动可能时，应标出两个相反方向的箭头。箭头一般漆成白色或黄色，底色浅者则漆深色箭头。

#### 9.2.2 油漆涂料施工

涂刷底层漆或面层漆应根据需要决定每层涂膜厚度。一般可涂刷一遍或多遍。多遍涂刷时必须在前一遍油漆干燥后进行，涂刷第一遍底漆时要用劲刷，必须使油漆全部覆盖金属表面。油漆涂刷的厚度应均匀，不应刷得太厚，不得有脱皮、起泡、流淌和漏涂现象。

涂料施工的环境空气必须清洁，无煤烟、灰尘及水汽。环境温度宜在15～35℃之间，相对湿度在70%以下。室外涂料遇雨、降露时应停止施工。涂料施工的方式有下述几种：

1. 手工涂刷

手工涂刷是用油漆刷，自上而下，从左至右，先里后外，先斜后直，先难后易，纵横交错地进行。手工涂刷应分层涂刷，每层应往复进行，并保持涂层均匀，不得漏涂（快干性漆不宜采用刷涂）。该方法操作简单，适应性强，但效率低，涂刷质量受操作者技术水平的影响较大。

2. 机械喷涂

采用的工具为喷枪，以压缩空气为动力。此喷涂是用喷枪的压缩空气通过喷嘴时产生高速气流，将漆罐内漆液混合成雾状，喷涂于物体表面。喷射的漆流和喷漆面垂直。喷漆面为平面时，喷嘴与喷漆面应相距250～350mm；喷漆面如为圆弧面，喷嘴与喷漆面的距离应为400mm左右。喷涂时，喷嘴的移动应均匀，速度宜保持在10～18m/min。喷漆使用的压缩空气压力为0.2～0.4MPa。这种方法的效率高，漆膜厚薄均匀，表面平整，适合用于大面积物体表面的油漆涂刷。

刷漆的方法还有滚涂、浸涂、高压喷涂等。

#### 9.2.3 埋地金属管道的防腐

为了减少管道系统与地下土接触部分的金属腐蚀，管材的外表面必须按要求进行防腐，敷设在腐蚀性土中的室外直接埋地的管道应根据腐蚀性程度选择不同等级的防腐层。

1. 沥青

沥青是一种有机胶结构，主要成分是复杂的高分子烃类混合物及含硫、含氮的衍生物。它具有良好的粘结性、不透水性和不导电性。能抵抗稀酸、稀碱、盐、水和土壤的侵蚀，但不耐氧化剂和有机溶液的腐蚀，耐气候性也不强。它价格低廉，是地下管道最主要的防腐涂料。

沥青有两大类：石油沥青和煤沥青。

石油沥青有天然石油沥青和炼油沥青。天然石油沥青是在石油产地天然存在的或从含有沥青的岩石中提炼而得；炼油沥青则是在提炼石油时得到的残渣，经过继续蒸馏或氧化后而得。在防腐过程中，一般采用建筑石油沥青和普通石油沥青。

煤沥青又称煤焦油沥青、柏油，是由烟煤炼制焦炭或制取煤气时干馏所挥发的物质中冷凝出来的黑色黏性液体，经进一步蒸馏加工提炼所剩的残渣而得。煤沥青对温度变化敏感，软化点低，低温时性脆，其最大的缺点是有毒，因此一般不直接用于工程防腐。

沥青的性质是用针入度、伸长度、软化点等指标来表示的。针入度反映沥青软硬稀稠的程度：针入度越小，沥青越硬，稠度就越大，施工就越不方便，老化就越快，耐久性就越差。伸长度反映沥青塑性的大小：伸长度越大，塑性越好，越不易脆裂。软化点表示固体沥青熔化时的温度：软化点越低，固体沥青熔化时的温度就越低。防腐沥青要求的软化点应根据管道的工作温度而定。软化点太高，施工时不易熔化；软化点太低，则热稳定性差。

在管道及设备的防腐工程中，常用的沥青型号有 30 号甲、30 号乙、10 号建筑石油沥青和 75 号、65 号、55 号普通石油沥青。

2. 防腐层结构及施工方法

埋地管道腐蚀的强弱主要取决于土的性质。根据土腐蚀性质的不同，可将防腐层结构分为普通防腐层（三油二布一薄膜）、加强防腐层（四油三布一薄膜）、特加强防腐层（五油四布一薄膜）三种，应根据土腐蚀等级、选用防腐材料种类、防腐设计规定等通过设计来选用，当设计无规定时，应符合表 9-2 石油沥青涂料防腐绝缘层结构及表 9-3 环氧煤沥青涂料防腐绝缘层结构的规定。

石油沥青涂料防腐绝缘层施工应符合下列规定：涂底漆时基面应干燥，基面除锈后与涂底漆的间隔时间不得超过 8h。应涂刷均匀、饱满，不得有凝固、起泡现象，底漆厚度为 0.1～0.2mm，管两端 150～250mm 范围内不得涂刷。沥青涂料应涂刷在洁净、干燥底漆上，常温下涂刷沥青涂料时，应在涂刷底漆后 24h 之内实施。涂沥青涂料后立即缠绕玻璃布，玻璃布的压边宽度应为 30～40mm，接头搭接长度不得小于 100mm，各层搭接接头应相互错开，管端或施工中断处应留出长 150～250mm 的阶梯形接槎，阶梯宽度应为 50mm。包扎聚氯乙烯工业薄膜保护层时不得有褶皱、脱壳现象，压边宽度应为 30～40mm，搭接长度应为 100～150mm。沟槽内管道接口处施工应在焊接、试压合格后进行，接槎处应粘接牢固、严密。

石油沥青涂料防腐绝缘层结构　　　　表 9-2

| 普通防腐层 | | | 加强防腐层 | | | 特加强防腐层 | | |
|---|---|---|---|---|---|---|---|---|
| 三油二布一薄膜 | | | 四油三布一薄膜 | | | 五油四布一薄膜 | | |
| 层数 | 结构 | 厚度(mm) | 层数 | 结构 | 厚度(mm) | 层数 | 结构 | 厚度(mm) |
| 1 | 底漆一层 | ≥4 | 1 | 底漆一层 | ≥5.5 | 1 | 底漆一层 | ≥7 |
| 2 | 沥青 1.5mm | | 2 | 沥青 1.5mm | | 2 | 沥青 1.5mm | |
| 3 | 玻璃布一层 | | 3 | 玻璃布一层 | | 3 | 玻璃布一层 | |
| 4 | 沥青 1.5mm | | 4 | 沥青 1.5mm | | 4 | 沥青 1.5mm | |
| 5 | 玻璃布一层 | | 5 | 玻璃布一层 | | 5 | 玻璃布一层 | |
| 6 | 沥青 1.5mm | | 6 | 沥青 1.5mm | | 6 | 沥青 1.5mm | |
| 7 | 聚氯乙烯工业薄膜一层 | | 7 | 玻璃布一层 | | 7 | 玻璃布一层 | |
| | | | 8 | 沥青 1.5mm | | 8 | 沥青 1.5mm | |
| | | | 9 | 聚氯乙烯工业薄膜一层 | | 9 | 玻璃布一层 | |
| | | | | | | 10 | 沥青 1.5mm | |
| | | | | | | 11 | 聚氯乙烯工业薄膜一层 | |

**环氧煤沥青涂料防腐绝缘层结构**　　　　　　　表 9-3

| 二油 | | | 三油一布 | | | 四油二布 | | |
|---|---|---|---|---|---|---|---|---|
| 层数 | 结构 | 厚度(mm) | 层数 | 结构 | 厚度(mm) | 层数 | 结构 | 厚度(mm) |
| 1 | 底漆 | ≥0.2 | 1 | 底漆 | ≥0.4 | 1 | 底漆 | ≥0.6 |
| 2 | 面漆 | | 2 | 面漆 | | 2 | 面漆 | |
| 3 | 面漆 | | 3 | 玻璃布 | | 3 | 玻璃布 | |
| | | | 4 | 面漆 | | 4 | 面漆 | |
| | | | 5 | 面漆 | | 5 | 玻璃布 | |
| | | | | | | 6 | 面漆 | |
| | | | | | | 7 | 面漆 | |

环氧煤沥青涂料防腐绝缘层施工应符合下列规定：底漆应在基面除锈后的 8h 之内涂刷，涂刷应均匀，不得漏刷，管两端 150～250mm 范围内不得涂刷。面漆涂刷和包扎玻璃布应在底漆表干后进行，底漆与第一道面漆涂刷的间隔时间不得超过 24h。

冷底子油能与管面粘结得很牢，并能与沥青玛琦脂层牢牢结合。冷底子油的配合比见表 9-4。

**冷底子油的配合比**　　　　　　　表 9-4

| 使 用 条 件 | 沥青：汽油(质量比) | 沥青：汽油(体积比) |
|---|---|---|
| 气温在+5℃以上 | 1：(2.25～2.5) | 1：3 |
| 气温在+5℃以下 | 1：2 | 1：2.5 |

调制冷底子油用 30 号甲建筑石油沥青，熬制前，将沥青敲碎成 1.5kg 以下的小块，放入干净的沥青锅中，逐步升温和搅拌，并使温度保持在 180～200℃ 范围内（不得超过 220℃），连续熬制 1.5～2.5h，直到不产生气泡，即表示脱水完毕。待脱水完毕后的沥青温度降至 100～120℃ 时，按配合比将沥青缓缓地倒入已称量过的无铅汽油中，并不断搅拌到完全均匀混合为止。

采用机械法或酸洗法除去管子表面上的污垢、灰尘和铁锈后，在 24h 内应在干燥洁净的管壁上涂刷冷底子油。涂时应保持涂层均匀，油层厚度为 0.1～0.15mm。

沥青玛琦脂由沥青与无机填料（如高岭土、石灰石粉、石棉粉或滑石粉等）组成，以增大强度。

沥青玛琦脂的配合比（质量比）为：沥青：高岭土＝3：1 或沥青：橡胶粉＝95：5。

调制沥青玛琦脂应在沥青脱水后，将其温度保持在 180～200℃ 的范围内，逐渐加入干燥并预热到 120～140℃ 的填充料（橡胶粉的预热温度为 60～80℃），并不断搅拌，使它们均匀混合，然后测定沥青玛琦脂的软化点、伸长度、针入度等三大技术指标（每锅均应测定），达到有关规定时方为合格。

热沥青玛琦脂调制成后，应涂在干燥清洁的冷底子油层上，涂层应光滑、均匀。最内层沥青玛琦脂如用人工或半机械化涂抹时，应分为两层，每层厚 1.5～

2mm。以石棉油毡或浸有冷底子油的玻璃丝布制成的防水卷材应呈螺旋形缠包在热沥青玛琋脂上，每圈之间允许有不大于 5mm 的缝隙或搭边。前后两卷材的搭接长度为 80～100mm，并用热沥青玛琋脂将接头粘合。缠包牛皮纸时，每圈之间应有 15～20mm 的搭边，前后两卷的搭接长度不得小于 100mm，接头用热沥青玛琋脂或冷底子油粘合。管道外壁制作特强防腐层时，两道防水卷材的缠绕方向宜相反。

涂抹沥青玛琋脂时，其温度应保持在 160～180℃；环境气温高于 30℃时，温度可降至 150℃，温度高于 150℃以上的热沥青玛琋脂直接涂刷到管壁上是粘固不牢的，必须先在管壁上涂以冷底子油。即使在冬季，冷底子油也能与管子牢牢地粘合。正常、加强和特加强防腐层的最小厚度分别为 3mm、6mm、9mm，其厚度误差分别为 -0.3mm、-0.5mm、-0.5mm。

### 9.2.4 钢管和铸铁管防腐

埋设在地下的钢管和铸铁管，很容易腐蚀。为了延长管子的使用寿命，在管内设置衬里材料。根据介质的种类，设置各种不同的衬里材料，如橡胶、塑料、玻璃钢、涂料等，其中以橡胶衬里和水泥砂浆为最常用。

1. 橡胶衬里

（1）衬胶管道的性能

橡胶具有较强的耐化学腐蚀能力，除可被强氧化剂（硝酸、铬酸、浓硫酸及过氧化氢等）及有机溶剂破坏外，对大多数的无机酸、有机酸及各种盐类、醇类等都是耐腐蚀的，可作为金属设备、管道的衬里。根据管内输送介质的不同以及具体的使用条件，衬以不同种类的橡胶。衬胶管道一般适用于输送 0.6MPa 以下和 50℃以下的介质。

根据橡胶含硫量的不同，橡胶可分为软橡胶、半硬橡胶和硬橡胶。软橡胶含硫量为 2%～4%，半硬橡胶含硫量为 12%～20%，硬橡胶含硫量为 20%～30%。

橡胶的理论耐热度为 80℃，如果在温度作用时间不长时，也能耐较高的温度（常达到 100℃），但在灼热空气长期作用下，会使橡胶老化。橡胶还具有较高耐磨性，适宜做泵和管子的衬里材料，可输送含有大量悬浮物的液体。

在化学耐腐蚀性方面，硬橡胶比软橡胶性能强，而且硬橡胶比软橡胶更不易氧化，膨胀变形也小。硬橡胶比软橡胶的抵抗气体透过性强，工作介质为气体时，宜以硬橡胶做衬里；当衬胶层工作温度不变，机械作用不大时，宜采用硬橡胶。采取橡胶衬里管材通常为碳素钢管。

（2）衬胶管道的安装

防腐蚀衬胶管道全部用法兰连接，弯头、三通、四通等管件均制成法兰式。预制好的法兰管及法兰管件、法兰阀件均编号，打上钢印，按图安装。法兰间需预留衬里厚度和垫片厚度，用厚垫片或多层垫片垫好，将管子管件连接起来，安装到支架上。

衬胶管道安装好后，需做水压试验。试验压力为 0.3～0.6MPa，历时 15min，水压表指示值不下降则为合格。然后拆下来送橡胶制品厂进行衬里。防腐衬胶管道的第一次安装装配不允许强制对口硬装，否则衬胶后可能安装不上。

因此，要求尺寸准确，合理安装。

2. 水泥砂浆衬里

水泥砂浆衬里适用于生活饮用水和常温工业用水的输水钢管、铸铁管道和储水罐的内壁防腐蚀。

水泥砂浆衬里常采取喷涂法施工。衬里用的水泥砂浆应混合得十分均匀，且搅拌时间不宜超过 10min，其质量配合比为水泥：砂：水＝1.0：1.5：0.32。水泥砂浆衬里厚度与管径有关，厚度 5～9mm 不等。

水泥砂浆衬里的质量，应达到表面无脱落、孔洞和凸起的最低标准。

3. 衬玻璃管道

（1）衬玻璃管的性质和特点。衬玻璃管是采用一定方法将玻璃衬在金属管内壁，以弥补管强度不高的缺点。

玻璃具有良好的耐腐蚀性特点，但它的耐热稳定性和强度较差，如把它衬到赤红的钢管里，由于钢管冷却收缩，使玻璃处在应力状态下，借助压应力的作用和底釉的作用，使玻璃和铁胎紧密地结合在一起，形成一体。这样就提高了衬玻璃管的耐热稳定性和机械强度。

（2）衬玻璃的方法有吹制法衬玻璃、膨胀法衬玻璃及喷涂法衬玻璃。

4. 衬搪瓷管道

搪瓷管道是由含硅量高的瓷釉通过 900℃的高温煅烧，使瓷釉紧密附着在金属胎表面而制成的。瓷釉的厚度一般为 0.8～1.5mm。由于瓷釉是一种很好的耐腐蚀材料，所以搪瓷管道具有优良的耐腐蚀性能，还具有良好的机械性能，因此能防止某些介质与金属离子起作用而污染物品。它广泛地应用在石油化工、医院、农药、合成材料等生产中。

搪瓷管道除有优良的耐腐蚀性能外，还有一定的热传导性能，能耐一定的压力和较高的温度，有良好的耐磨性能和电绝缘性能。同时搪瓷表面很光滑，不易挂料，适于物料洁净的场合。

（1）瓷釉的物理机械性能　搪瓷管道性能主要取决于瓷釉。

（2）搪瓷管道的耐温及耐压性能　瓷釉与钢铁的热膨胀系数不同。搪瓷厚的管道，在冷热温度的作用下，瓷釉和钢铁之间可能会产生内应力。搪瓷管道一般在缓慢加热或冷却条件下，使用温度为－30～270℃，但与使用条件（如腐蚀性介质成分、浓度、加热条件等）、制造质量等因素有关。搪瓷管道耐温急变性较差，耐冷冲击（瓷层从热突然受冷）容许温度差小于110℃，耐热冲击（瓷层从冷突然受热）容许温度差小于120℃。其容许温度差与使用温度、使用压力、规格尺寸等因素有关。为了延长搪瓷管道的使用寿命，应避免受冷热冲击。

搪瓷管道的使用压力主要取决于钢板的强度、管道的密封性及制造工艺水平。一般管内使用压力 0.25～1MPa。目前，高压管道已达到 5MPa。

（3）搪瓷管道的耐腐蚀性能　搪瓷管道具有良好的耐腐蚀性能。除了氢氟酸、含氟离子的介质、温度高于 180℃的浓磷酸、温度高于 150℃的盐酸及强碱外，它还能耐各种浓度的无机酸、有机酸、弱碱及有机溶剂。尤其是在盐酸（常温）、硫酸、硝酸等介质中，具有优良的耐腐蚀性能。从某种意义上说，它还优于不锈钢等贵重金属。从耐有机溶剂及使用温度上考虑，它优于工程塑料。

（4）金属胎材料的选择　搪瓷管道用金属胎一般多采用低碳素钢管，也可用铸铁管。金属胎材料选择恰当与否，直接影响搪瓷质量。

钢管的内表面必须平整，不允许有明显的伤疤、麻点、裂缝、氧化皮及夹渣等缺陷。

搪瓷用的铸铁管，要求组织结构致密，不允许有粗大的分散石墨、气泡、孔隙、裂纹等缺陷。

（5）防腐蚀衬里管道的搬运和堆放　搬运衬里管道应小心谨慎，防止碰撞和振动，以免损坏衬里。已经做好的衬里管道及其附件应在5～30℃的室内存放，室内应整洁、干净，无有害物质。

（6）管段和配件的检查　安装前应检查管段、配件的数量和质量，特别是要检查衬里的完整情况。

## 9.3　管道及设备的保温

绝热包括保温保冷。绝热是减少系统热量向外传递（保温）和外部热量传入系统（保冷）（给水排水管道一般没有保冷要求，只有防结露）而采取的一种工艺措施。

保温和保冷是不同的，保冷的要求比保温高。虽然保温和保冷有所不同，但往往并不严格区分，习惯上统称为保温。在建筑物内部给水排水系统中常常涉及保温。

保温的主要目的是减少冷、热量的损失，节约能源，提高系统运行的经济性。此外，对于蒸汽和热水设备和管道，保温后能改善四周的劳动条件，并能避免或保护运行操作人员不被烫伤，实现安全生产。对于低温设备和管道（如制冷系统）保温能提高外表面的温度，避免在外表面上结露或结霜，也可以避免人的皮肤与之接触受冻。对于高寒地区的室外回水或给水排水管道，保温能防止水管冻结。由此可见，保温对节约能源，提高系统运行的经济性，改善劳动条件和防止意外事故的发生都具有非常重要的意义。

### 9.3.1　保温材料选用

保温材料应具有：导热系数小，密度在 $400kg/m^3$ 以下；具有一定的强度，一般应能承受 0.3MPa 以上的压力；能耐一定的温度；对潮湿、水分的侵蚀有一定的抵抗力；不应含有腐蚀性的物质；造价低，不易燃，便于施工；保温材料如用涂抹法施工时，要求与管道有一定的粘结力。

在实际工程中，一种材料全部满足上述要求是很困难的，这就需要根据具体情况具体分析、比较，抓主要问题，选择最有利的保温材料。低温系统应首先考虑保温材料的密度小，导热系数小，吸湿率小等特点；高温系统则应着重考虑材料在高温下的热稳定性。在大型工程项目中，保温材料的需要量和品种规格都较多，还应考虑材料的价格、货源以及减少品种规格等。品种和规格多会给采购、存放、使用、维修管理等带来很多麻烦。对于在运行中有振动的管道或设备，宜选用强度较好的保温材料及管壳，以免长期受振使材料破碎。对于间歇运行的系统，还应考虑选用热容量小的材料。

目前，保温材料的种类很多，比较常用的保温材料有岩棉、玻璃棉、矿渣棉、珍珠岩、硅藻土、石棉水泥等类材料及碳化软木、聚苯乙烯泡沫塑料、聚氨酯泡沫塑料、泡沫玻璃、泡沫石棉、铝箔、不锈钢箱等。各厂家生产的同一保温材料的性能均有所不同，选用时应按照厂家的产品样本或使用说明书中所给的技术数据选用。

### 9.3.2 保温结构及施工方法

1. 一般规定

（1）管道保温工程应符合设计要求。一般保温结构由防锈层、保温层、防潮层、保护层、防腐蚀及识别标志等组成，并按顺序进行施工。

（2）管道保温施工应在管道试压及涂漆合格后进行。施工前必须先清除管子表面脏物及铁锈，再涂刷两遍防锈漆，防锈油漆应采用防锈能力强的油漆，并保持管道外表面的清洁干燥。冬、雨期施工应有防冻、防雨措施。

（3）保温层是保温结构的主要部分，所用保温材料及保温层厚度应符合设计要求。保温层施工一般应单独进行。

（4）非水平管道的保温工程施工应自下而上进行。防潮层、保护层搭接时，其宽度应为30～50mm。

（5）保温层毡的环缝和纵缝接头间不得有空隙，其捆扎的镀锌钢丝或箍带间距为150～200mm。疏松的毡制品宜分层施工，并扎紧。

（6）阀门或法兰处的保温施工，当有热紧或冷紧要求时，应在管道热、冷紧完毕后进行。保温层结构应易于拆装，法兰一侧应留有螺栓长度加25mm的空隙。

（7）防潮层所用材料有沥青及沥青油毡、玻璃丝布、聚乙烯薄膜等。防止水蒸气或雨水渗入保温材料，以保证材料良好的保温效果和使用寿命。油毡防潮层应搭接，搭接宽度为30～50mm，缝口朝下，并用沥青玛琋脂粘结密封。每300mm捆扎镀锌钢丝或箍带一道。玻璃丝布防潮层应搭接，搭接宽度为30～50mm，应粘贴于涂有3mm厚的沥青玛琋脂的绝缘层上，玻璃丝布外再涂上3mm厚的沥青玛琋脂。

（8）防潮层应完整严密，厚度均匀，无气孔、鼓泡或开裂等缺陷。

（9）保温层上采用石棉水泥保护层时，应有镀锌钢丝网。保护层抹面应分两次进行，要求平整、圆滑，端部棱角整齐，无显著裂缝。

（10）保护层一般采用石棉石膏、石棉水泥、金属薄板及玻璃丝布等材料，主要是保护保温层或防潮层不受机械损伤。

（11）防腐层及识别标志一般采用油漆直接涂刷于保护层上，以防止或保护保护层不受腐蚀，同时也起识别管内流动介质的作用。

（12）缠绕式保护层，重叠部分为其带宽的1/2。缠绕时应裹紧，不得有松脱、翻边、皱褶和鼓包,起点和终点必须用镀锌钢丝捆扎牢固,并密封。

(13) 金属保护层应压边、箍紧,不得有脱壳或凸凹不平现象,其环缝和纵缝应搭接或咬口,缝口应朝下,用自攻螺钉紧固时,不得刺破防潮层。螺钉间距不应大于200mm,保护层端头应封闭。

2. 管道保温施工

(1) 保温结构的组成

管道保温结构由绝热层、防潮层和保护层三部分组成。

绝热层是保温结构的主体部分,可根据介质的温度、材料供应、施工条件来选择绝热材料。

防潮层使得绝热层不受潮,包扎在绝热层外,地沟、直埋供热管道均需做防潮层。常用的防潮层材料有:沥青胶或防水冷胶料玻璃布防潮层、沥青玛琋脂玻璃布防潮层、聚氯乙烯膜防潮层、石油沥青油毡防潮层等。

保护层具有保护绝热层和防水的性能,且要求其重量轻、耐压强度高、化学稳定性好、不易燃烧、外形美观等。常用的保护层有金属保护层(如镀锌钢板、铝合金板、不锈钢板等)、包扎式复合保护层(如玻璃布、改性沥青油毡、玻璃布铝箔等)、涂抹式保护层(如石棉水泥、沥青胶泥等)。

(2) 保温结构施工

管道保温结构的施工方法有涂抹法、绑扎法、预制块法、缠绕法、填充法、粘贴法、浇灌法、喷涂法等。

1) 涂抹法。采用如膨胀珍珠岩、石棉纤维等不定型的绝热材料,加入胶粘剂如水泥、水玻璃等,按一定的配料比例加水拌合成塑性泥团,用手或工具涂抹到管道表面上即可,每层涂料厚度为10~20mm,直至达到设计要求的厚度为止,但必须在前一层完全干燥后再涂抹下一层,如图9-1所示。

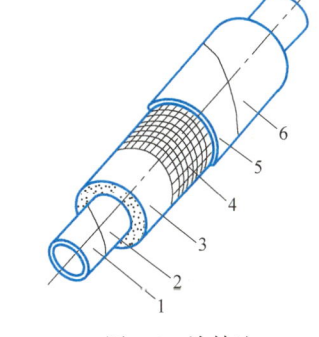

图9-1 涂抹法
1—管道;2—防锈漆;3—绝热层;
4—钢丝网;5—保护层;6—防腐漆

当管道内介质温度超过100℃时,可采用草绳胶泥结构,先在管道上缠一层草绳,再在草绳上涂抹胶泥,接着再缠一层草绳,再涂抹胶泥,直至达到设计要求的厚度为止。

涂抹结构在干燥后即变成整体硬结材料,因此每隔一定距离应留有热胀补偿缝,当管内介质温度不超过100℃时,补偿缝间距为7m左右,缝隙为5mm;当管内介质温度超过300℃时,补偿缝间距为5m,缝隙为20mm,缝隙内应填石棉绳。

2) 绑扎法。将成型布状或毡状的管壳、管筒或弧形毡直接包覆在管道上,再用镀锌钢丝网或包扎带,把绝热材料包扎在管道上。这种绝热材料有岩棉、玻璃棉、矿渣棉、石棉等制品。绑扎法需按管径大小,分别用1.2~2.0mm的镀锌钢丝绑扎固定,见图9-2。对于软质、半硬质材料厚度要求在80mm以上时,应采用分层绝热结构。分层施工时，第一层和第二层的纵缝和横缝均应错开，且其水平管道的绝热层纵缝应布置在管道轴线的左右侧，而不应布置在上下侧，如图 9-3 所示。

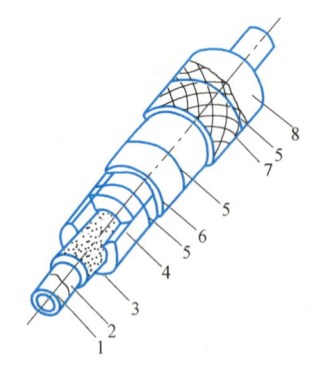

图 9-2 绑扎法
1—管道；2—防锈漆；3—胶泥；4—绝热层；
5—镀锌钢丝；6—沥青油毡；7—玻璃丝布；
8—防腐漆

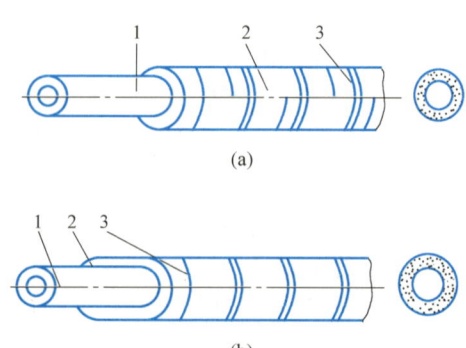

图 9-3 水平管道保温管壳（半圆瓦）敷设位置
（a）正确；（b）不正确
1—管道；2—膨胀珍珠岩管壳；3—镀锌钢丝（$\phi1.4$）

3）预制块法。预制块法是将保温材料由专门的工厂或在施工现场预制成梯形、弧形或半圆形瓦块，如图 9-4 所示。预制长度一般在 300～600mm，根据所用材料不同和管径大小，每一圈为 2 块、3 块、4 块或更多块数，安装时用镀锌钢丝将其绑扎在管子外面。绑扎时应使预制块的纵横接缝错开，并以石棉胶泥或同质绝热材料胶泥粘合，使纵、横接缝无空隙，其结构形式见图 9-5。当管径 $DN \leqslant 80mm$ 时，采用半圆形管壳（图 9-4a）；管径 $DN \geqslant 100mm$ 时，宜采用弧形瓦或梯形瓦（图 9-4b、c）；当绝热层外径大于 200mm 时，应在绝热层外面用网孔 30mm×30mm～50mm×50mm 的镀锌钢丝网捆扎。

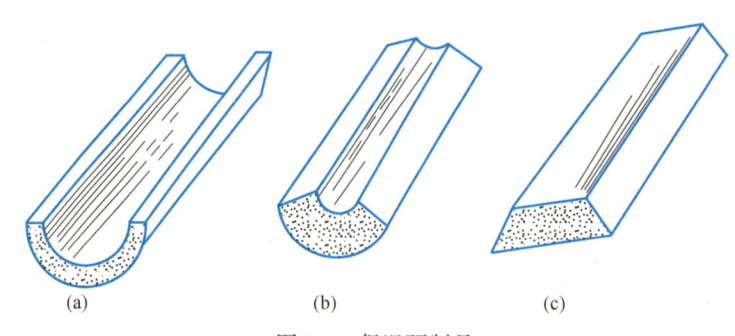

图 9-4 保温预制品
（a）半圆形管壳；（b）弧形瓦；（c）梯形瓦

4）缠绕法。如图 9-6 所示，缠绕法用于小直径管道，采用的绝热材料如石棉绳、石棉布、高硅氧绳和铝箔进行缠绕。缠绕时每圈要彼此靠紧，以防松动。缠绕的起止端要用镀锌钢丝扎牢，外层一般以玻璃丝布包缠后涂漆。

5）填充法。填充式保温结构见图 9-7。它是用钢筋或扁钢做一个支撑环套在

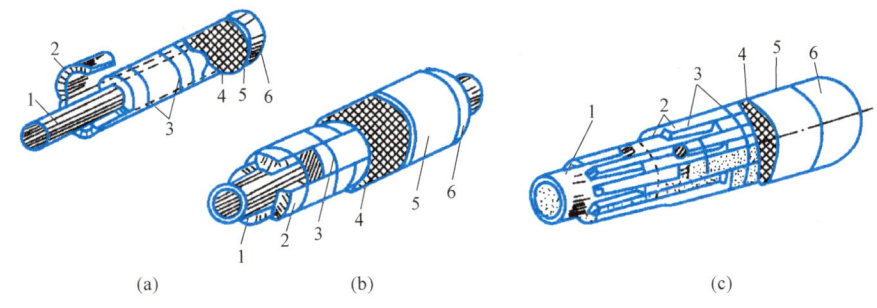

图 9-5 预制品保温结构
(a) 半圆形管壳；(b) 弧形瓦；(c) 梯形瓦
1—管道；2—绝热层；3—镀锌钢丝；4—镀锌钢丝网；5—保护层；6—油漆

管道上，在支撑环外面包扎镀锌钢丝网，中间填充散状绝热材料。施工时，根据管径的大小及绝热层厚度，预先做好支撑环套在管子上，其间距一般为 300～500mm，然后再包钢丝网，在上面留有开口，以便填充绝热材料，最后用镀锌钢丝网缝合，在外面再做保护层。

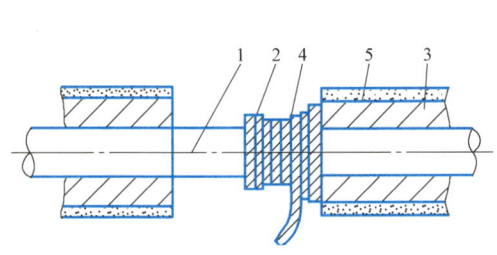 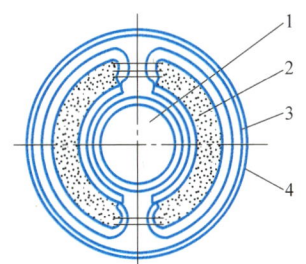

图 9-6 缠绕式保温结构
1—管道；2—法兰；3—管道绝热层；
4—石棉绳；5—石棉水泥保护壳

图 9-7 填充保温结构
1—管子；2—绝热材料；
3—支撑环；4—保护壳

6) 粘贴法。将胶粘剂涂刷在管壁上，将绝热材料粘贴上去，再用胶粘剂代替对缝灰浆勾缝粘结，然后再加设保护层，保护层可采用金属保护壳或缠玻璃丝布。粘贴绝热结构如图 9-8 所示。

7) 套筒法。套筒法绝热是将矿纤材料加工成型的保温筒直接套在管子上，施工时，只要将保温筒上轴向切口扒开，借助矿纤材料的弹性便可将保温筒紧紧套在管子上。套筒式绝热结构如图 9-9 所示。

8) 浇灌法。浇灌法绝热结构分有模浇灌和无模浇灌两种，浇灌用的绝热材料大多用泡沫混凝土，浇灌时多采用分层浇灌的方式，根据设计绝热层厚度分 2～3 次浇灌，浇灌前应将管子的防锈漆面上涂一层机油，以保证管子的自由伸缩。

9) 喷涂法。喷涂法适用于现场发泡的聚氨酯泡沫塑料。喷涂时可先在管外做一个绝热层外壳，然后喷涂成型。管道直埋敷设常采用这种方法。

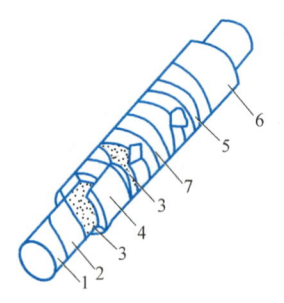

图 9-8 粘贴绝热结构
1—管道；2—防锈漆；3—胶粘剂；4—绝热材料；
5—玻璃丝布；6—防腐漆；7—氯乙烯薄膜

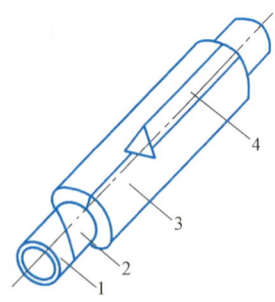

图 9-9 套筒式绝热结构
1—管道；2—防锈漆；
3—绝热瓦；4—带胶铝箔带

(3) 预制装配式保温结构

预制块保温是将预制成的半圆形管壳、弧形瓦或板块保温材料拼装覆盖于管道上，用钢丝捆扎。它适用于水泥珍珠岩、超细玻璃棉、玻璃棉、水泥细石等能预制成型的保温材料。由于它是由工厂预制而成，施工方便、保证质量、机械强度好而广泛采用。但因拼装时有纵横接缝，易导致热损失；预制件在搬运和施工过程中易损耗，异形表面的保温施工难度大等。

为了使保温材料与管壁紧密结合，保温材料与保温面之间应涂抹一层 3～5mm 厚的石棉粉或石棉硅藻土胶泥，然后将保温材料拼装，绑扎在保温面上。对弯头的保温应将保温制品切割成虾米弯进行小块拼装。保温材料拼装时应将接缝错开，对多层拼装时应交错盖缝。接缝间应严密或在接缝处用胶泥填塞，胶泥应用与保温材料性能接近的材料配制。

绑扎保温材料一般采用 18～20 号钢丝，绑扎间距不应超过 300mm，并且每块保温制成品至少应绑扎两处，每处绑扎的钢丝不应少于两道，其接头应放在保温制品的接缝处，以便将接头嵌入接缝内。

(4) 缠包式保温结构

缠包式保温是将卷状的软质保温材料包扎一层或几层缠包于管道上。缠包式保温用矿渣棉毡或玻璃棉毡作为保温材料。这种保温方法施工简单，修补方便、耐振动。但棉毡等弹性大，很难做成坚固的保护层，因而易产生裂缝，使棉毡受潮，增大热损失。施工可以采用螺旋状包缠或对缝平包把保温材料包扎在管道上。施工时，先按管子的外圆周长加上搭接宽度，把矿渣棉毡或玻璃棉毡剪成适当的条块，再把这种条块缠包在已涂刷过两道防锈漆的管子上。包裹时应将棉毡压紧，使矿渣棉毡的密度不小于 150～200kg/m³，玻璃棉毡的密度不小于 130～160kg/m³，以减少它们在运行期间的压缩变形。如果一层棉毡的厚度达不到规定的保温厚度时，可以使用两层或三层棉毡分层缠包。

棉毡的横向接缝必须紧密结合，如有缝隙应用矿渣棉或玻璃棉填塞。棉毡的纵向接缝应放在管子的顶部。搭接宽度为 50～300mm，可根据保温层外径的大小确定。保温层外径如小于 500mm 时，棉毡外面用直径 1～1.4mm 的镀锌钢丝捆扎，间隔为150～200mm。保温层外径大于500mm时，除用镀锌钢丝捆扎外，还应用网孔30mm×30mm的镀锌钢丝网包扎。

(5) 充填式保温结构

充填法保温是将不定型的松散状保温材料充填于四周由支承环和镀锌钢丝网等组成的网笼空间内。它适用于矿渣棉、玻璃棉、超细玻璃棉等保温材料。这种保温方法所用散状材料重量轻、导热系数小、保温效果好，支承环和外包钢丝网笼不易开裂。但施工麻烦，消耗金属且增加了额外热损失，同时结构要用大量支承环，制作耗费时间。施工时，保温材料的粉末四处飞扬，影响操作人员的身体健康，因此在热力管道保温中较少采用，常用于制冷管道的保温。此外，铝管道多采用充填式保温结构，支承环焊接到支承角钢上。

(6) 浇灌式保温结构

浇灌式保温结构用于不通行地沟内或无沟地下敷设的热力管道，分为有模浇灌和无模浇灌两种。浇灌用的保温材料大多用泡沫混凝土。浇灌前，需先在管子的防锈漆面上涂抹一层机油，以保证管子的自由伸缩。

(7) 阀门的保温结构

阀门的保温结构有涂抹式或捆扎式两种形式。

涂抹式保温是将湿保温材料直接涂抹在阀体上。所用的保温材料及涂抹方法与管道保温相同。在保温层的外面，用网孔为50mm×50mm的镀锌钢丝网覆盖，钢丝网外面涂抹石棉水泥保护壳，做法与管道保温相同。

捆扎式保温是用玻璃丝布或石棉布缝制成软垫，内填装玻璃棉或矿渣棉，填装保温材料后的软垫厚度等于所需保温层的厚度。施工时将这种软垫包在阀体上，外面用1～1.6mm的镀锌钢丝或直径为3～10mm的玻璃纤维绳捆扎。

除了上述保温方法外还有套筒式保温、粘贴法保温、贴钉法保温等。不管采用什么保温，在施工时应符合下述要求：

管道保温材料应粘贴紧密、表面平整、圆弧均匀、无环形断裂、绑扎牢固。保温层厚度应符合设计要求，厚度应均匀，允许偏差为-10%～+5%。

垂直管道做保温时，应根据保温材料的密度和抗压强度，设置支撑托板。一般按3～5m设置1个，支撑托板应焊在管壁上，其位置应在立管支架的上部200mm。

保温管道的支架处应留膨胀伸缩缝。用保温瓦或保温后呈硬质的材料保温时，在直线段上每隔5～7m应留1条间隙为5mm的膨胀缝，在弯管处管径不大于300mm应留1条20～30mm的膨胀缝。膨胀伸缩缝和膨胀缝需用柔性保温材料（石棉绳或玻璃棉）填充。

3. 防潮层施工

对于保冷结构和敷设于室外的保温管道，需设置防潮层。作防潮层的材料主要有两种：一种是以沥青为主的防潮材料，另一种是以聚乙烯薄膜作防潮材料。施工时应将防潮材料用胶粘剂粘贴在保温层面上。

以沥青为主体材料的防潮层有两种结构和施工方法。一种是用沥青或沥青玛琋脂粘沥青油毡；一种是以玻璃丝布作胎料，两面涂刷沥青或沥青玛琋脂。沥青油毡因其过分卷折会断裂,只能用于平面或较大直径管道的防潮。而玻璃丝布能用于任意形状的粘贴,故应用广泛。

以聚乙烯薄膜作防潮层是直接将薄膜用胶粘剂粘贴在保温层的表面,施工方便。但由于胶粘剂价格较贵,此法应用尚不广泛。

以沥青为主体材料的防潮层施工是先将材料剪裁下来,对于油毡,多采用单块包裹法施工,因此油毡剪裁的长度为保温层外圆周长加搭接宽度(搭接宽度一般为30~50mm)。对于玻璃丝布,一般采用包缠法施工,即以螺旋状包缠于管道或设备的保温层外面,因此需将玻璃丝布剪成条带状,其宽度视保温层直径的大小而定。包缠防潮层时,应自下而上进行,先在保温层上涂刷一层1.5~2mm厚的沥青或沥青玛琋脂(如果采用的保温材料不易涂上沥青或沥青玛琋脂,可先在保温层上包缠一层玻璃丝布,然后再进行涂刷),再将油毡或玻璃丝布包缠到保温层的外面。纵向接缝应设在管道的侧面,并且接口向下,接缝用沥青或沥青玛琋脂封口,外面再用镀锌钢丝捆扎,间距为250~300mm,钢丝接头应接平,不得刺破防潮层。缠包玻璃丝布时,搭接宽度为10~20mm,缠包时应边缠边拉紧边整平,缠至布头时用镀锌钢丝扎紧。油毡或玻璃丝布包缠好后,最后在上面刷一层2~3mm厚的沥青或沥青玛琋脂。

4. 保护层施工

用作保护层的材料很多,使用时应随使用的地点和所处的条件,经技术经济比较后决定。材料不同,其结构和施工方法亦不同。保护层常用的材料和形式有沥青油毡加玻璃丝布构成的保护层;用玻璃丝布缠包的保护层;石棉石膏或石棉水泥保护层;金属薄板加工的保护壳等。

(1) 沥青油毡加玻璃丝布构成的保护层

先将沥青油毡按保温层或加上防潮层厚度加搭接长度(搭接长度一般为50mm)剪裁成块状,然后将油毡包裹到管道上,外面用镀锌钢丝捆扎,其间距为250~300mm。包裹油毡时,应自下而上进行,油毡的纵横向搭接长度为50mm,纵向搭接应用沥青或沥青玛琋脂封口,纵向接缝应设在管道的侧面,并且接口向下。油毡包裹在管道上后,外面将购置的或剪裁下来的带状玻璃丝布以螺旋状缠包到油毡的外面。每圈搭接的宽度为条带的1/3~1/2,开头处应缠包两圈后再以螺旋状向前缠包,起点和终点都应用镀锌钢丝捆扎,且不得少于两圈。缠包后的玻璃丝布应平整无皱纹、气泡,且松紧适当。

油毡和玻璃丝布构成的保护层一般用于室外敷设的管道,玻璃丝布表面根据需要还应涂刷一层耐气候变化的涂料或管道识别标志。

(2) 用玻璃丝布缠包的保护层

用玻璃丝布缠包于保温层或防潮层外面作保护层的施工方法同前。多用于室内架空及不易碰撞的管道。对于未设防潮层而又处于潮湿空气中的管道,为防止保温材料受潮,可先在保温层上涂刷一层沥青或沥青玛琋脂,然后再将玻璃丝布缠包在管道上。

(3) 石棉石膏及石棉水泥保护层

一般适用于室外及有防火要求的非矿纤材料保温管道。施工方法一般为涂抹法。施工时先将石棉石膏或石棉水泥按一定的比例用水调配成胶泥，如保温层（或防潮层）的外径小于200mm时，则将调配的胶泥直接涂抹在保温层或防潮层上；如果其外径不小于200mm，还应在保温层或防潮层外先用镀锌钢丝网包裹加强，并用镀锌钢丝将纵向接缝处缝合拉紧，然后将胶泥涂抹在镀锌钢丝网的外面。当保温层或防潮层的外径不大于500mm时，保护层的厚度为10mm；大于500mm时，厚度为15mm。

涂抹保护层时，一般分两次进行。第一次粗抹，第二次精抹。粗抹的厚度为设计厚度的1/3左右，胶泥可干一些，待粗抹的胶泥凝固稍干后，再进行第二次精抹。精抹的胶泥应适当稀一些，精抹必须保证厚度符合设计要求，且表面光滑平整，不得有明显的裂纹。

为防止保护层在冷热应力的影响下产生裂缝，可在第二遍涂抹的胶泥未干时将玻璃丝布以螺旋状在保护层上缠包一遍，搭接的宽度可为10mm。保护层干后则玻璃丝布与胶泥结成一体。

（4）金属薄板保护壳

作保温结构保护壳的金属薄板一般为薄钢板和薄铝板。其厚度根据保护层直径而定。一般直径不大于1000mm时，厚度为0.5mm；直径大于1000mm时，厚度为0.8mm。

金属薄板保护壳应事先根据使用对象的形状和连接方式用手工或机械加工好，然后才能安装到保温层或防潮层表面上。

金属薄板加工成保护壳后，凡用薄钢板制作的保护壳应在内外表面涂刷一层防锈漆后方可进行安装。安装保护壳时，应将其紧贴在保温层或防潮层上，纵横向接口搭接量一般为30~40mm，所有接缝必须有利于雨水排除，安装时应纵缝接口朝下，接缝一般用自攻螺栓固定，其间距为200mm左右。用自攻螺栓固定时，应先用手提式电钻用0.8倍螺栓直径的钻头钻孔，禁止用冲孔或其他方式打孔。安装有防潮层的金属保护壳时，则不能用自攻螺栓固定，可用镀锌薄钢板包扎固定，以防止自攻螺栓刺破防潮层。

金属保护壳因其价格较贵，并耗用钢材，仅用于部分室外管道及室内容易碰撞的管道以及有防火、美观等特殊要求的地方。

## 复习思考题

1. 试述埋地金属管道腐蚀机理。
2. 管道及金属设备表面易发生哪几种腐蚀现象，它们的危害有哪些？
3. 防止金属管道电化学腐蚀的对策有哪些？
4. 管道及设备在防腐处理之前，为什么需要进行表面处理？
5. 试述人工除锈、机械除锈、化学除锈及旧涂料表面处理的操作要点。
6. 手工涂刷油漆涂料时如何施工？
7. 管径为DN125的热力网送出水管管道的底色应涂什么颜色，色环什么颜色，其色环宽度是多少？
8. 作为防腐材料的沥青有哪些特性？

9. 石油沥青涂料防腐层施工时应符合哪些规定?
10. 如何调制冷底子油?
11. 如何调制沥青玛琋脂?
12. 为了延长管子的使用寿命,常在管内设置哪些衬里材料?
13. 保温的主要目的是什么,有何重要意义?
14. 作为保温材料应具有哪些特点?
15. 常用的保温方法有哪几种形式,并试述各种施工方法的操作步骤。
16. 以沥青为主体材料的防潮层有哪两种结构,它们的施工方法是什么?
17. 保护层常用的材料和形式有哪几种?

## 课后拓展

工作中应严格遵守防腐规范的要求,选择防腐材料和计算防腐层厚度,为安全生产打下牢固基础。管道存在的大量腐蚀缺陷是发生管道泄漏事故的主要原因,如不加强管理还可能发生更大的泄漏事故甚至燃爆事故。"安全生产无小事",安全事项应想到细微处、落到实际生产中。

# 教学项目 10
## 给水排水管道的维护与修理

**教学目标**

通过室外给水系统、排水系统维护与修理的学习,学生会编制建筑内部给水系统、排水系统及室外给水系统、排水系统维护与修理施工方案。

## 10.1 室外给水系统的维护与修理

### 10.1.1 室外给水管道的管理与维护

1. 室外给水管网的管理

（1）供水企业必须及时详细掌握管网现状资料，应建立完整的供水管网技术档案，并应逐步建立管网信息系统。

（2）管网技术档案应包括以下内容：

1）管道的直径、材质、位置、接口形式及敷设年份。

2）阀门、消火栓、泄水阀等主要配件的位置和特征。

3）用户接水管的位置及直径，用户的主要特征。

4）检漏记录、高峰时流量、阻力系数和管网改造结果等有关资料。

（3）供水量大于 $20 \times 10^4 m^3/d$ 的城市供水企业，对供水管网应进行测定。

1）应实施夏季高峰全面测压并绘制水等压线图。

2）对管网中主要管段（$DN \geqslant 500mm$，其中供水量大于 $100 \times 10^4 m^3/d$ 的供水企业为 $DN \geqslant 700mm$），在每年夏季高峰时，宜测定流量。测定方法可采用插入式流量计或便携式超声波流量计。

3）对管网中主要管段，每 2~4 年宜测定一次管道阻力系数。测定方法可利用管段测定流量装置和管段水头损失进行推算。

2. 室外给水管道的维护

（1）供水企业应按计划做好管网改造工作。对 $DN \geqslant 75mm$ 的管道，每年应安排不小于管道总长的 1% 进行改造；对 $DN \geqslant 50mm$ 的支管，每年应安排不小于管道总长的 2% 进行改造。改造的重点应是漏水较频繁或造成影响较严重的管道。管网改造应因地制宜。可选用拆旧换新、刮管涂衬、管内衬软管、管内套管道等多种方式。新敷管道材质应按安全可靠性高、维修量少、管道寿命长、内壁阻力系数小、造价相对低的原则选择；除特殊管段外，接口应采用橡胶圈密封的柔性接口。

（2）供水企业必须进行漏水检测，应及时发现漏水，修复漏水。采取合理有效的检漏措施，应及时发现暗漏和明漏的位置。可自建检漏队伍进行检漏；也可采取委托专业检漏单位定期检查为主，自检为辅的方式。城市供水企业管网基本漏损率不应大于 12%。

（3）加强对管线、阀门及附件的巡检督察工作，要及时保养、维修。对阀门的连接处、密封部位及密合面等经常检查，及时维修。对管线上所有排气阀加强维护检查，建立必要的定期换阀检修制度。

（4）预防水锤产生破坏。严格执行操作规程并设置"水锤"防护装置，设置减压装置，避免超压运行。

（5）对供水进行合理调度，使给水管网的工作压力稳定在一定的范围内，从而避免因管网压力不稳而产生的爆管等现象。

（6）做好冬季管道防冻措施。在结冻并不严重的地区，主要在出水立管上缠扎稻草之类保温材料；在比较严重地区，可在立管周围用水泥或砖砌成防冻围井，井填稻糠或锯末之类的保温材料，也可用珍珠岩保温砖将出水立管包围防冻；严重时，就要采取自动回水防冻水栓。同时要注意检查修复井室的井盖。

（7）为了减少管内的沉积、锈蚀，应对管网进行经常性的冲洗。

（8）配合城市工程建设，提供准确的地下管网图，避免土方开挖时破坏管道，避免在输水干管附近进行强度大的施工，以防止大的振动使管道破裂而漏水。

3. 室外给水管道的检漏

合理利用水资源，降低城市供水成本，保证城市供水压力，必须加强城市供水管网漏损控制。降低漏损的主要措施是及时发现漏水和修复漏水。

常见的检漏方法有以下几种。

（1）观察法　属于被动检漏法，用于检查明漏，通过观察地面现象来判断漏水情况。如管道附近的地面或路面下沉或松动、地面积雪局部先融或有清水渗出，天晴时管道附近地面潮湿不干，或天旱时某处草木茂盛，排水窨井中有清水流出，均表示有漏水的可能。

（2）音听法（听漏法）　属于主动检漏法，用于检查暗漏，地下管道的检漏可用此法。该法是采用音听仪器寻找漏水声，并确定漏水地点的方法。检漏前应掌握被检查管道的有关资料，然后先用电子音听器（或听棒）在可接触点（如消火栓、阀门）听声，以初步判断该点附近是否有管道漏水，再应选择寂静时段（一般为深夜），在沿管段的地面上，每1m左右，用音听器听声。检测的准确度与使用者操作的熟练程度和使用经验是分不开的，其依据是漏水产生振动的响声。当听到有嘶嘶噗噗的漏水声时，可在周围多找几个点细听，一般是声音大处，即是漏水点。听准后，打上记号，准备修理。当现场条件适合应用相关仪，可用该仪器复核漏水点。

检漏工作技术流程可采用如下流程：

1）区域漏水状况评估：通常情况下根据掌握的资料对区域漏水状况进行评估，制订检漏计划。

2）区域漏水评估。

3）漏水探测：环境调查、阀栓听声、路面听声、相关分析等。

4）漏水异常探测。

5）漏水点确认及定位：以钻探设备，通过漏水声在近距离高频进行漏水点的准确定位，要求不大于±1m。

6）漏水量计量及修复：利用计量设备，对漏水量进行计量，并对漏点进行修复。

7）漏水原因分析：针对漏点的管材、管径、埋深、形状、漏水量、漏水原因进行分析，并与图片一起存档。

8）存档（电脑化管理）。

（3）相关分析检漏法　即在漏水管道两端放置传感器，利用漏水噪声传到两端传感器的时间差，推算漏水点位置的方法。使用的设备是相关仪，它不用依赖于人的听力,只要输入现场条件(如管材、管径、两传感器之间距离),仪器会自动计算并确定漏水点位置,主要用于过河、过桥、穿越房屋的管道和绿化带、埋设较深的管道,有时也对漏水异常点进行校核、判断,两接触点距离不大于 200m 且 $DN \geqslant 400$ 的金属管段宜采用此法。操作时要求两传感器必须直接接触管壁或阀门、消火栓等附属设备。

(4) 区域检漏法　即在一定条件下测定小区内最低流量,以判断小区管网漏水量,并通过关闭区内阀门以确定漏水管段的方法。适用于居民区和深夜很少用水的地区,且区内管网阀门必须均能关闭严密。检测范围宜选择 2~3km 管长或 2000~5000 户居民为一个检漏小区。检漏宜在深夜进行,应关闭所有进入该小区的阀门,留一条管径为 $DN50$ 的旁通管使水进入该区,旁通管上安装连续测定流量计量仪表,精度应为 1 级表;当旁通管最低流量小于 $0.5 \sim 1.0 \mathrm{m}^3/(\mathrm{km} \cdot \mathrm{h})$ 时,可认为符合要求,不再检漏。超过上述标准时,可关闭区内部分阀门,进行对比,以确定漏水管段,然后再用音听法确定漏水位置。用区域检漏法可找出稍多一些的漏水点,但该法投入较大,检测间隔周期较长。

(5) 区域装表法　在检测区的进(出)水管上装置流量计,用进水总量和用水总量差,判断区内管网漏水的方法。为了减少装表和提高检测精度,测定期间该供水区域宜采用单管或两个管进水,其余与外区联系的阀门均关闭。进水管应安装水表,水表应考虑小流量时有较高精度。检测时应同时抄该用户水表和进水管水表,当二者差小于 3%~5% 时,可认为符合要求,不再检漏;当超过时,应采用区域检漏法或其他方法检漏以确定漏水点。

城市配水管网应主要靠主动检漏法。在漏水较频繁的城市或地区,巡检和居民报漏,能及早发现明漏,是检漏的辅助措施。城市道路下的管道检漏宜以音听法为主,其他方法为辅。非道路下埋地且附近无河道和排水道的输水管道,可以被动检漏法为主,主动检漏法为辅。

### 10.1.2　室外给水管道的维修

**1. 室外给水管道修理**

钢管、铸铁管、PVC 塑料管的修理方法参见室内给水管道修理。混凝土管的修理如下:

(1) 承插接口漏水修理

承插口密封材料为油麻时,如接口局部泄漏,应将泄漏处两侧宽 3cm、深 5cm 范围内的封口填料轻轻剔除,并注意不要振动不漏的部位,用水冲洗干净后再重新打油麻,捣实后再用青铅或水泥封口。如泄漏范围超过圆周一半以上时,则要将封口填料全部挖出,重新打油麻和用青铅或水泥封口。用胶圈密封的接口,由于胶圈不严产生的漏水,可将柔性接口改为刚性接口,重新用石棉水泥打口封堵,如图 10-1

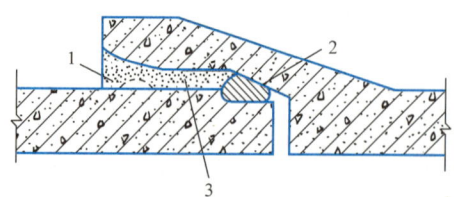

图 10-1　柔性接口改刚性接口示意图
1—凸台剔除;2—橡胶圈;3—石棉水泥

所示；若接口缝隙太小，可采用充填环氧砂浆，然后贴玻璃钢进行封堵，如图 10-2 所示；若接口漏水严重，不易修补，可用钢套管将整个接口包住，然后在腔内填自应力水泥砂浆封堵，如图 10-3 所示；如果接口漏水的修复是带水操作，一般采用柔性材料封堵的方法，操作时，先将特制的卡具固定在管身上，然后将柔性填料置于接口处，最后上紧卡具，使填料恰好堵死接口，如图 10-4 所示。

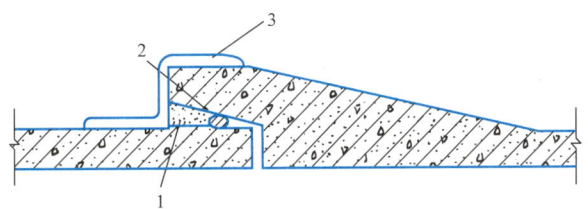

图 10-2　接口用包玻璃钢修理示意图

1—石棉水泥或环氧砂浆；2—橡胶圈；3—环向包玻璃钢 2 层纵向贴玻璃钢 2～4 层

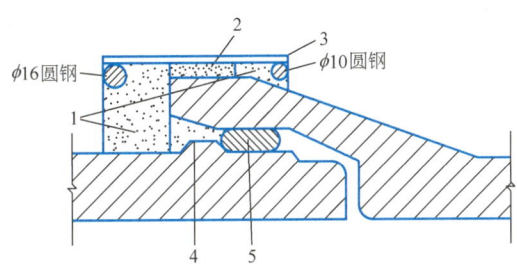

图 10-3　接口套钢管修理示意图

1—自应力水泥砂浆；2—油麻绳或布；3—5mm 钢板对合卡箍；4—石棉水泥；5—橡胶圈

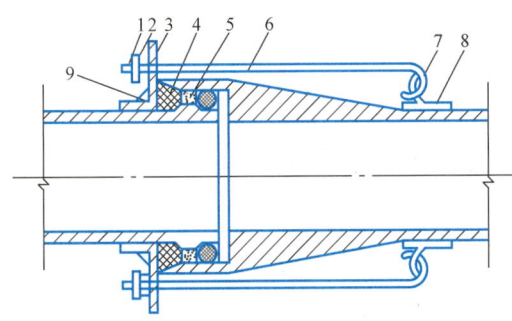

图 10-4　接口带水外加柔口的修理

1—螺母；2—套管；3—胶圈挡板；4—胶圈；5—油麻；6—拉钩螺栓；
7—固定拉钩；8—固定卡箍；9—胶圈挡筋

（2）管道有裂缝或砂眼

可用接套袖或防水水泥胶等堵漏剂堵漏的方法修理，但一般采用环氧砂浆修补的方法。环氧砂浆参考配合比为环氧树脂 6101 号或 634 号：丁二酯：乙二胺：水泥：砂 = 100：20：8：(100～200)：(450～650)。修补时，先沿裂缝凿成 1.5cm 深、2cm 宽的 V 形槽（如为砂眼时可先在砂眼处凿深 1.5cm 的小圆坑），使局部钢筋外露，槽长在裂缝两端各延伸 10～15cm。吹净槽内尘土，使其表面坚固、清洁、干燥、无水和油污。用毛刷在待修补处先涂一层薄而匀的环氧胶粘剂（注意：胶层下不得有气泡），在胶粘剂还发黏时，就用环氧砂浆填补缺槽。较大的裂缝，还可用包贴玻璃纤维布和贴钢板的方法堵漏，以增强环氧砂浆的抗裂能力，如图 10-5 和图 10-6 所示。玻璃纤维布的大小与层数应视裂缝大小而定，一般为 4～6 层。严重损坏的管段，可在损坏部位管外焊制一钢套管，内填油麻及石棉水泥。

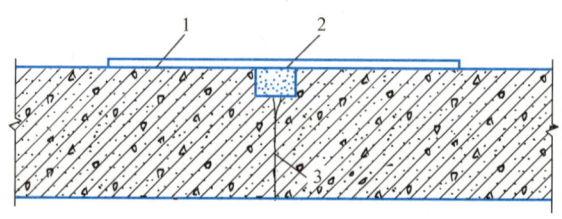

图 10-5　修理管身裂缝示意图
1—包或贴玻璃钢 4～6 层；2—环氧砂浆；3—纵裂或环裂

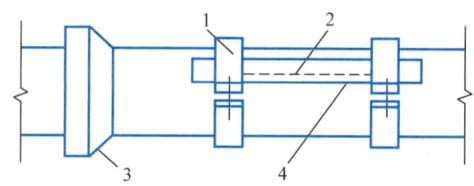

图 10-6　管身外贴钢板修补示意图
1—扁钢卡子；2—裂缝；3—混凝土管；4—环氧胶泥贴钢板

（3）换管修理

当管子无法修理或修理无效时，则考虑换管修理。换管修理一般是将管子砸断取出另换铸铁管。

2. 室外给水管道结冰故障的处理

管道冻结后，轻则影响输水，重则产生管道冻裂事故。管道需先进行解冻处理，若发现管道已冻裂，则按前述方法进行修理。管道解冻可采用热水烧烫、蒸汽融化、浸油火烧、烫筋插入、喷灯火烤、电动解冻器等方法。下面介绍其中三种方法。

（1）热水浇烫

先准备足够的开水（2～3 壶），从水嘴开始化开，把水嘴打开再逐步往下浇烫，应边敲管子边浇热水，直至水嘴有水流出来为止，管内的水流过一段时间后就会全部化开。

（2）烫筋插入

如果用一般方法不能解决，说明立管的地下部分也已结冻。这时应关闭水门，将水嘴的弯头拧下来，把立管内地上部分已融化的冰水抽出来，然后把钢筋烧红，插入立管，热的钢筋就会边化边下沉。待钢筋不热时，换热钢筋再烫、反复几次即可化开。这时，再上好水嘴，打开阀门。

(3) 电动解冻器

电动解冻器是利用电阻发热的原理制成,是一个很实用的解冻装置。但使用电动解冻器必须有专职电工操作并严格执行安全用电操作要求。

3. 室外给水管道结垢的处理

管道结垢指金属管道受到腐蚀,内壁发生了沉积和锈垢。其危害主要是增加水头损失,影响通水能力和水质。管道结垢后,需及时冲洗干净。可采用水冲洗、水汽联合冲洗和机械刮管三种措施。经过冲洗和刮管后,要在管道内壁加涂保护层,一般采用水泥砂浆涂层。最好在埋设新管时在工厂内喷涂完毕后再进行安装。

## 10.2 室外排水系统的维护与修理

### 10.2.1 室外排水管道的维护

为维持室外排水管道的水流畅通,保证排水管道的正常工作,必须做好以下日常的维护工作:

(1) 经常检查排水检查井的井盖、井座是否损坏,损坏的应及时修复或更换。

(2) 经常检查排水管道,发现管道破损和渗漏等现象,应及时修理。

(3) 定期检查排水沟渠、检查井及雨水井,了解淤塞情况及水流流速、充满度等情况,并定期清除淤泥和杂物。

(4) 雨季前后或暴雨后对排水明沟、雨水口等进行一次详细检查,清理淤物、疏通管道。

(5) 高寒地区检查井要作保温处理,防止冻结。

(6) 加强对入网污水的监督管理,严格实行排水许可制度,禁止不达标的污水排入城市排水管网,应进行局部处理并达标后才准许排入城市排水管网。

(7) 加大市政设施的监察力度,坚决打击偷盗和破坏市政设施的犯罪行为,同时搞好宣传教育工作,杜绝乱接头、乱倒垃圾的不良现象。

### 10.2.2 室外排水管道的修理

1. 管道损坏漏水的修理

排水管维修方法主要分为明开挖法和非开挖法。

明开挖维修就是将排水管道损坏处的路面挖开后进行维修。此方法施工技术简单,易于操作,适用于管道埋置较浅、管道损坏较严重的情况。但工期长,且施工时需考虑导流,对环境卫生及交通影响较大,不易于管道运行管理等。修理的方法可参照前述的方法。

非开挖维修方法是指不需要开挖路面便可对管道进行检查、维修的施工方法。其特点是:施工工期短,对环境卫生、交通及邻近建筑物影响较小;对管道早期质量缺陷及时维修,能提高管道运行质量,延长使用寿命。非开挖维修方法可分为局部维修和管段维修。局部维修方法较常用,是对节口管道错缝及渗漏点等进行维修,主要有注浆法、注浆加固法和内交套环加固法(有时几种方法可同时使用）。管段维修是对连续的一段管道或窨井至窨井之间的一段管道进行维修，主要有内衬法、缠绕法、翻转法。其技术复杂、费用高、工期长、实际操作难度大，但可用于城市管网的改造。在管道养护中应及时发现局部质量问题，采用局部法维修，尽量避免采用管段维修方法。

局部维修操作过程如下：

（1）选取需维修的连续的三座检查井，在两个端井处采用气囊进行封堵，在中间检查井用泵抽出管内余水，并采用鼓风机向管道内鼓入新鲜空气，将废气排出。

（2）对管道接口错缝采用千斤顶进行校正，接口缝用沥青麻丝、石棉水泥塞实，对于排水管来说若发生接口错缝较大者，其管口外抹带或外套环也基本上被破坏，需采用内套环进行加固，将内套环加工成 C 形环，待安装到指定的接口处，再用电焊机将切口焊好，由于在管道内焊接不易操作，可采用铆钉将 C 形环铆固到管壁上，然后再进行防腐处理。

（3）对于管外壁探测的脱空或潜蚀部位，用钻孔机或冲击钻将管壁钻穿，并用快硬水泥胶浆埋置注浆管，注浆管含有内丝，便于连接压浆管和待注浆完毕后用堵头进行封堵，把压力注浆机管与注浆管连接好压入已配制好的水泥浆体，并保持一定的压力和支荷时间，判断土体加固情况，处理管壁及接口的需观察管道接口处浆体渗出的情况，判断处理效果。

2. 管道的疏通

排水管渠必须定期进行清通，以防管内沉积物过多，影响管道的输水能力，甚至堵塞管道。排水管道疏通一般有以下几种方法：

（1）竹劈疏通法

这是传统的疏通方法，使用竹劈来疏通管道。若单根竹劈不够长，可用钢丝将几节竹劈接起来使用。竹劈端头可包上锐形铁尖以保护端头并增加锐利。疏通时，应将检查井中的沉积物用钩勺掏清，然后将竹劈从上游检查井推入，来回地进行抽拉。穿通后，在竹劈头上扎一团布或带刺钢丝，再来回拖拉竹劈；或将中间扎有刺钢丝球或麻布包的麻绳用竹劈牵引到下游的检查井，然后在两个检查井间将麻绳来回拉刷，可使管内沉积物松动，使其随水流冲走。此法工人劳动强度大，作业环境差，在井内操作的工人要戴防毒面具以免中毒。

（2）管道疏通机疏通法

疏通城市管网的疏通机型号有 GQ-600，适用于 $DN200 \sim DN600$ 的排水管道。

（3）水力清通

水力清通就是借助水头冲击力，推动管道内淤积物而达到清洗管道的目的。水力清通可以利用管渠内污水、自来水或附近河湖水进行冲洗。此法分自冲法和机械水冲法。

自冲法，即人工闭水法，是通过利用排水道自身污水，采取堵截、提升等方法，用污水将管道污物冲出。要求管道内必须有充足的水源，或在较短时间内有足够的蓄水能力。此法简单，易于操作，适宜埋置较深的排水管疏通，不适宜淤塞比较严重、淤泥粘结密实或无条件蓄水的地方。常用充气球堵塞法，具体做法是：采用气囊充气将检查井管口堵塞，利用上游来水蓄积一定高度的水位，再放去气球内的空气，气球缩小，浮于水面。在上游水头的作用下，污水高速流过，将淤泥冲入下游检查井中，然后用吸泥车抽走。

机械水冲法可采用管道疏通车（高压水冲车）、抽水机进行冲洗管沟。管道疏通车，利用泵将疏通车上水罐内的水通过软管及喷嘴冲洗管内沉积物，同时推动喷嘴前进，冲松的泥浆随水污泥冲至另一井内，再采用吸污车吸走。此法操作简便，效率高，工人操作条件好，不污染路面，但井距较长疏通清淤效果较差。

(4) 绞车疏通法

该法是将钢丝绳穿过要疏通的管段，钢丝绳两端分别与管段两端检查井上的绞车相连，利用绞车来回拉动钢丝绳，从而钢丝绳中间的清通工具也来回拖动，将管内杂物、污泥刮到检查井处，然后再将污泥捞起。绞车分手动绞车（图10-7）和机械绞车两种。疏通装置中的清通工具种类繁多，有松土器、弹簧刀及锚式清通工具、刮泥的清通工具等几大类。此法适合于疏通淤积严重、淤泥粘结密实的管道。

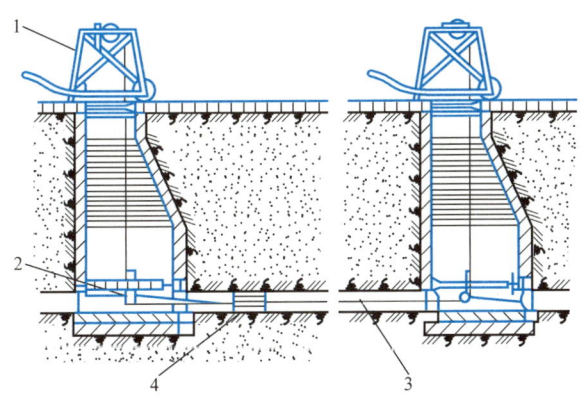

图 10-7　手动绞车疏通装置
1—手动绞车；2—滑轮；3—钢丝绳；4—清通工具

## 10.3　管道非开挖修复技术

### 10.3.1　非开挖技术发展与分类

许多管道的损坏仅仅发生在管道接口部位，如果只对接口进行修理，这就叫点状修理（Spot Repair）；如果对一节管道从头到尾都进行修理，这就叫整体修理（Whole Repair）。按点状修理和整体修理来划分，是排水管道修理技术分类的一种基本方法。

点状修复主要有嵌补法、注浆法和套环法。嵌补法是应用最早的一种非开挖修理方法，是在管道接口或裂缝部位，采用嵌补止水材料来阻止渗漏的做法。按照所用材料的不同，嵌补法又可分为刚性材料嵌补和柔性材料嵌补。注浆法是采用注浆的方法在管道外侧形成隔水帷幕，或在裂缝或接口部位直接注浆来阻止管道渗漏的做法。前者称为土体注浆，后者称为裂缝注浆。套环法是在接口部位安装止水套环的一种点状修复方法。套环与母管之间的止水材料有两种，一种是橡胶圈，另一种是密封胶。除老式钢套环外，套环法在各种点状修理方法中施工最方便，修理质量也是最可靠的。其缺点是套环对水流有一定影响，容易造成垃圾沉淀，对管道疏通也有妨碍。

线状修复技术即对一整段损坏管道进行修复的技术，又称整体修复技术。

按在旧管修复时新管材料插入旧管的方式，以及新管成型的方法，非开挖修复技术分为翻转、牵引法、制管法以及短管内衬法等。其中的翻转法和牵引法属于 CIPP（Cured In Place Pipe）现场固化管技术。

翻转法即把灌浸有热硬化性树脂的软管材料运到工地现场，利用水和空气的压力把材料翻转送至管道并使其紧贴于管道内壁，通过热水、蒸汽、喷淋或紫外线加热的方法使树脂材料固化，在旧管内形成一根高强度的内衬树脂新管的方法。由于翻转的动力是空气和水，只要材料加工上没有问题，一次施工的距离可以非常长。在日本北海道的工地上，有过对 DN600 的污水管道一次性施工长度为 500m 的记录。

在世界上具有代表性的翻转法技术为 Insituform 工法，在日本比较成熟的技术有：Turn Young 工法，In Pipe 工法，ICP Breathe 工法，Hose Lining 工法等。这些工法在材料强度、施工技术等方面各有特色，活跃在管道非开挖修复施工最前线，如图 10-8 所示。

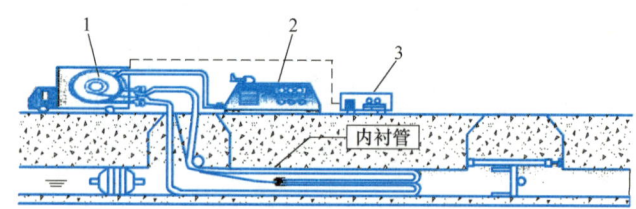

图 10-8 翻转法示意图
1—翻转设备；2—空压机；3—控制设备

牵引法即把灌浸有热硬化性树脂的软管材料运到工地现场后，采用牵引的方式把材料插入旧管内部，然后加压使之膨胀，并紧贴于管道内壁。其加热固化的方式和翻转法类似，一般也采用热水、蒸汽、喷淋或紫外线加热的方法，如图 10-9 所示。

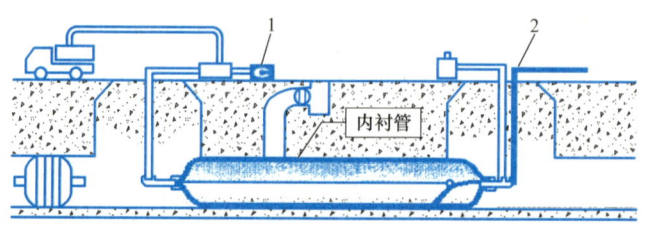

图 10-9 牵引法示意图
1—空压机；2—内衬管

具有代表性的牵引法施工技术有：日本的 EX 工法、FFT-S 工法、Omega Liner 工法和德国的 All Liner 工法等。

制管法是在旧管内，采用带状的硬塑材料使之嵌合后形成螺旋管，或采用塑料片材在旧管内接合制成塑料新管。在新管和旧管之间的缝隙内注浆，塑料新管只作为注浆时的内壳，起维持修复后管道内部形状的作用。

该方法的特点是在管道内即使有少量污水流动时也可以施工，在大管径（$DN800$ 以上）以及临时排水有困难的管道进行修复施工时应用较多。其缺点是管道的流水断面损失大，注浆的情况不易确认等。

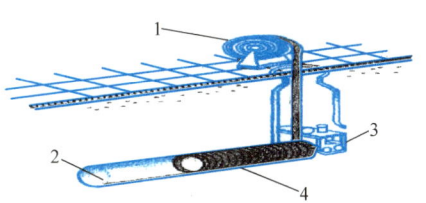

图 10-10　制管法示意图
1—制管用材料；2—旧管；3—制管机；
4—螺旋缠绕管

具有代表性的螺旋管法施工技术有：澳大利亚的 Rib Loc 工法，日本的 SPR 工法、Japan Danby 工法等。其原理如图 10-10 所示。

短管法是在 CIPP 技术尚未普及时作为临时的应急技术使用的一种修复方法。由于该技术成型的内衬管接头多、管道的流水断面损失大、注浆的情况不易确认等原因，将逐渐被其他技术所替代。其原理如图 10-11 所示。

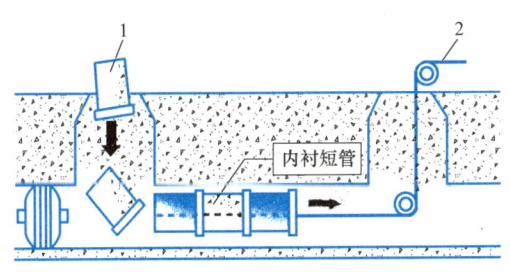

图 10-11　短管法修复示意图
1—短管；2—牵引索

管道经翻转法、牵引法和制管法修复后，管道的结构如图 10-12 所示三种情况的一种。

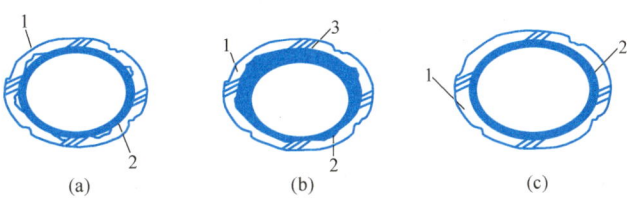

图 10-12　修复后管道的结构情况
1—旧管；2—内衬管；3—注浆液

图 10-12（a）称为自承管结构：内衬管结构可以不考虑旧管的强度，内衬管自身可以承受外部的压力，具有和新管同等以上的耐负载能力和持久性能，是按

开槽埋管时管道所承受的载荷来进行内衬管的结构设计的管道。

图 10-12 (b) 称为复合管结构：内衬管和旧管形成一体后共同承受外部的载荷，两者合成一体后具有和新管同等以上的耐负载能力和持久性能。这种管道需要在旧管和内衬管之间的缝隙内注浆，以达到复合的目的。

图 10-12 (c) 称为双层构造管结构：考虑旧管可以承受外部荷载，旧管和内衬管以双层构造的方式共同承受外部的载荷，具有和新管同等以上的耐负载能力和持久性能。

### 10.3.2 管道健康评估

1. CCTV 检测技术

(1) CCTV 发展背景

管网健康检查一般采用管道内窥电视检测系统，即 CCTV（Closed Circuit Television）检测，如图 10-13 所示。

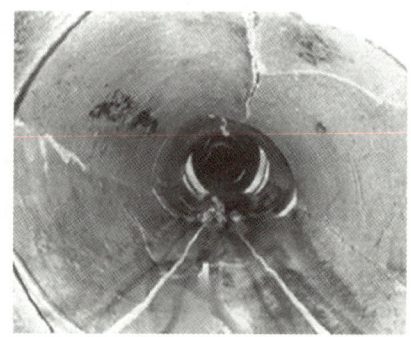

图 10-13 管道内窥电视检测系统

管道检测是进行修复和合理养护的前提，目的是了解管道内部状况。根据管道内部状况，可以确认管道是否需要修复和修复应采用何种工法。对于人员可以进入的大管径管道，从经济上考虑，可以派施工人员直接进入检查记录。而对于人员无法进入的管道，必须采用其他方法。现今使用最普遍的检测工具是管道闭路电视检测系统。该系统出现于 20 世纪 50 年代，到 80 年代此项技术基本成熟。通常，CCTV 系统安装在自走车上，可以进入管道内进行摄像记录。技术人员根据检测录像，进行管道状况的判读，可以确定下一步管道修复采用哪些方法比较合适。

(2) 检测评估

1) 管道结构状况评估

$$RI = 0.7 \times F + 0.1 \times K + 0.05 \times E + 0.15 \times T \tag{10-1}$$

式中　$RI$——管道结构状况评估指数，即修复指数；

　　　$F$——结构性缺陷参数；

　　　$K$——地区重要性参数；

　　　$E$——管道重要性参数；

　　　$T$——土质影响参数。

2）管道功能状况评估

$$MI = 0.8 \times G + 0.15 \times K + 0.05 \times E \qquad (10\text{-}2)$$

式中　$MI$——管道功能状况评估指数，即养护指数；

　　　$G$——功能性缺陷参数；

　　　$K$——地区重要性参数；

　　　$E$——管道重要性参数。

3）评估结果分析

见表 10-1、表 10-2。

**排水管道结构状况评估　　表 10-1**

| 修复指数 | $RI<4$ | $4 \leqslant RI<7$ | $RI \geqslant 7$ |
|---|---|---|---|
| 等级 | 一级 | 二级 | 三级 |
| 结构状况总体评估等级 | 无或有少量管道损坏，结构状况总体较好，可对损坏管道作点状修理或不修复 | 有较多管道损坏，结构状况总体一般，对损坏管道可作点状修理或缺陷管段整体修复 | 大部分管道已损坏，结构状况总体较差，可作更新改造 |
| 管段修复方案 | 点状修理或不修复 | 点状修理或缺陷管段整体修复 | 整段紧急修复或翻新 |

**排水管道功能状况评估　　表 10-2**

| 养护指数 | $MI<4$ | $4 \leqslant MI<7$ | $MI \geqslant 7$ |
|---|---|---|---|
| 等级 | 一级 | 二级 | 三级 |
| 功能状况总体评估等级 | 无或有少量管道局部超过允许淤积标准，功能状况总体较好，可不养护 | 有较多管道超过允许淤积标准，功能状况总体一般，需局部养护 | 大部分管道超过允许淤积标准，功能状况总体较差，需全部养护 |
| 管段养护方案 | 不养护 | 局部养护 | 整体养护 |

2．声纳检测

声纳是利用声音进行探测的一种工具，声纳技术最早应用于军事领域。在排水管道检测中，如果管道中充满水，那么管道中的能见度几乎为零，故无法直接采用 CCTV 进行检测。声纳技术正好可以克服此难点，将声纳检测仪的传感器浸入水中进行检测如图 10-14 所示。和 CCTV 不同，声纳系统采用一个适当的角度对管道内进行检测，声纳探头快速旋转，向外发射声纳波，然后接收被管壁或管中物反射的信号，经计算机处理后，形成管道纵横断面图，如图 10-15 所示。

声纳检测评估与 CCTV 检测相似，故不再重复。但相比 CCTV 检测，声纳检测横断面图像对轻微的结构性损坏缺陷不是非常明显，故一般应用于判断严重的管道结构性缺陷或管道积泥情况。

### 10.3.3　管道非开挖修复

工程实际上常用的有 CIPP 翻转内衬法、螺旋制管法、HDPE 管穿插牵引法等三种方法。

 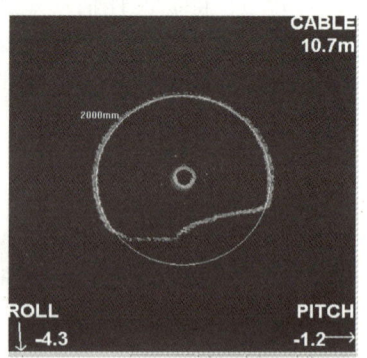

图 10-14　声纳仪　　　　　　　　　图 10-15　纵断面图

1. CIPP 翻转内衬法修复排水管道

(1) 工艺原理及特点

CIPP（Cured In Place Pipe）翻转法又称现场固化法，将无纺毡布或有纺尼龙粗纺布与聚乙烯或聚氯乙烯、聚氨酯薄膜复合成片材，根据介质不同选择工艺膜，然后根据被修管道内径，薄膜向外缝制成软管，并用相同品种薄膜条封住缝合口，排出软管内空气，加入树脂，赶压使树脂与软管浸渍均匀，然后利用水或气将软管反转进入被修管道内，此时软管内树脂面翻出并紧紧贴在已清洗干净的被修管道内，经过一定时间或温度，软管固化成刚性内衬管，从而达到堵漏、提压、减阻的管道修复目的。常用的树脂材料有 3 种：非饱和的聚合树脂（由于性能好，而且经济，故使用最广）、乙烯酯树脂和环氧树脂（耐腐蚀、耐高温，主要用于工业管道和压力管道）。内衬管与外管道的复合结构，改善了原管道的结构与输送状态，使修复后管道恢复或加强了其原来的输送功能，从而延长了管道的使用寿命。

1) 施工时间短。内衬管材料在工厂加工后运至工地，现场的施工从准备、翻转、加热，到固化需要时间短，可十分方便地解决施工临时排水问题。

2) 施工设备简单，占地面积小。

3) 内衬管耐久实用。内衬材料具有耐腐蚀、耐磨的特点，可提高管线的整体性能。材料强度大，耐久性根据设计要求最大可达 50 年，管道的地下水渗入问题可彻底解决。

4) 管道的断面损失小，内衬管表面光滑，水流摩阻下降（摩阻系数由混凝土管的 0.013～0.014 降为 0.010）。

5) 保护环境，节约资源。不开挖路面，不产生垃圾，对交通影响小，使施工形象大为改观，有较好的社会效益。

6) 施工不受季节影响，且适用于各种材质和形状管道。

7) 目前材料一般需进口，材料成本较高，应进行国产化以降低其成本。

8) 一次翻转厚度 10mm 以上软管，工艺难度较大。

(2) 施工过程

1) 施工流程

总体施工流程如图10-16所示。

2) 施工过程

① 准备工作。为尽量减小施工作业面，减少对交通的影响，可以原有窨井作为翻转施工井。在施工井上部制作翻转作业台，固定翻衬软管施工的诱导管，诱导管下端对准工作段旧管入口。在到达井内或管道的中间部设置挡板，使之坚固、稳定，以防止事故的发生。

② 翻转送入辅助内衬管。为保护树脂软管，并防止树脂外流影响地下水水质，把事先准备好的辅助内衬管翻转送入管内。

③ 树脂软管的翻转准备工作。在事先已准备的翻转作业台上，把通过保冷运到工地的树脂软管安装在翻转头上，接上空压机等。内衬软管首端进入诱导管，在诱导管出口处将首端外翻并用夹具固定。在作业前要防止材料固化，否则影响质量。

④ 翻转送入树脂软管经检查无误后，开动空压机等设备，用压缩空气使树脂软管沿工作段边外翻边前进，最终全部进入管内。翻转使内衬软管饱含树脂的一面向外，与原管内壁相贴。

⑤ 管头部切开。树脂管加热固化完毕后，为了保证施工后CIPP管材的管口部分保持整洁光滑，并能与井壁连成一体，把管的端部用特殊机械切开，采用快凝水泥在内衬材料和井壁间做一个斜坡，达到防渗漏、保护管口的目的。

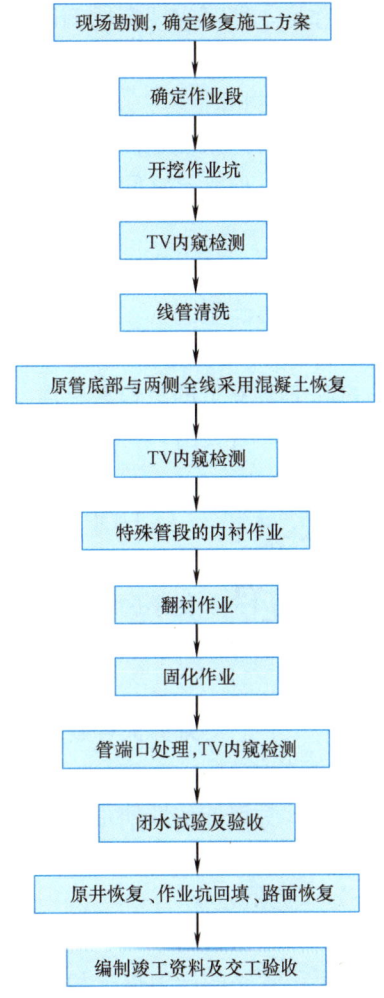

图10-16 翻转内衬法施工流程图

⑥ 工后管内检测。施工完成后，进行竣工验收。为了了解固化施工后管道内侧的质量情况，在管端部切开以后，对管道内部用CCTV进行检查。对于厚度小于10.5mm的管道，允许误差为设计厚度的0～20%。

⑦ 善后工作。拆除临时泵和管内的堵头，恢复管道通水，施工完成，工地现场恢复到原来的状况，管道的隐患解除。

2. HDPE穿插牵引修复技术修复给水管道

(1) 工艺原理及特点

非开挖HDPE管道穿插牵引修复技术是将一条新的管径略小于或等于旧管道的HDPE管，通过专用设备将横截面变为"U"形拉入管道，然后利用水压、高温水或高压蒸汽的作用将变形的管道复原并与原有管道内壁紧贴在一起。该方法操作简单易行，修复后的管道运行可靠性高。对于直管段，只需要在两端各开挖一个操作坑，即可实现穿插HDPE管道修复，最长可一次穿插1000m，可以用于$DN100\sim DN1000$的各种材质管线的内衬修复。

1) 连接可靠

聚乙烯管道系统之间采用电热熔方式连接，接头的强度高于管道本体强度，聚乙烯管与其他管道之间采用法兰连接，方便快捷。

2) 适用温度广

高密度聚乙烯的脆化温度约为-70℃，管道可在-60~60℃温度范围安全使用，不会发生脆裂。

3) 抗应力开裂性好

HDPE具有低的缺口敏感性、高的剪切强度和优异的抗刮痕能力，耐环境应力开裂性能非常突出。

10-1 彩图
Hdpe管道

4) 抗化学腐蚀性好

HDPE管道可耐多种化学介质的腐蚀，土壤中存在的化学物质不会对管道造成任何降解作用，不会发生腐烂、生锈或电化学腐蚀现象。因此它也不会促进藻类、细菌或真菌生长。

5) 耐老化、使用寿命长

含有2‰~2.5‰的均匀分布的炭黑的聚乙烯管道能够在室外露天存放或使用50年，不会因遭受紫外线辐射而损害。

6) 可挠性好

HDPE管道的柔性使得它容易弯曲，特别是对于老管线修复，可以吸收管线地质结构变化产生的微小变形。

7) 水流阻力小

HDPE管道具有光滑的内表面和粘附特性，具有比传统管材更高的输送能力，降低了管路的压力损失和输水能耗。HDPE管在加工过程中不添加重金属盐稳定剂，无毒性，具有良好的卫生性能。

(2) 施工过程

1) 施工流程

总体施工流程如图10-17所示。

2) 施工过程

① 检测

对原管道进行清洗后，必须采用CCTV管道内窥成像系统对清洗后的管道内壁进行检查，管道内不能有尖锐突起杂物，管道错位应进行修补，达到不影响HDPE管道与原管道紧密贴合的程度。清洗后应避免杂物、水等进入管道。

② HDPE管道焊接

HDPE管道采用电热熔专用设备焊接，应在无风、干燥的条件下进行，焊接后要自然冷却，绝对禁止油污。应有专人对每道焊口进行质量检验，检查凸边高度是否均匀、错皮量是否大于壁厚10%，不合格的焊口必须割开后重新焊接。必要时进行拉伸试验，检查焊口强度。管道焊接后需要自然冷却，导致焊接工作量较大，单个焊口从开始焊接到冷却完成，至少需要30min以上。为减少现场工作

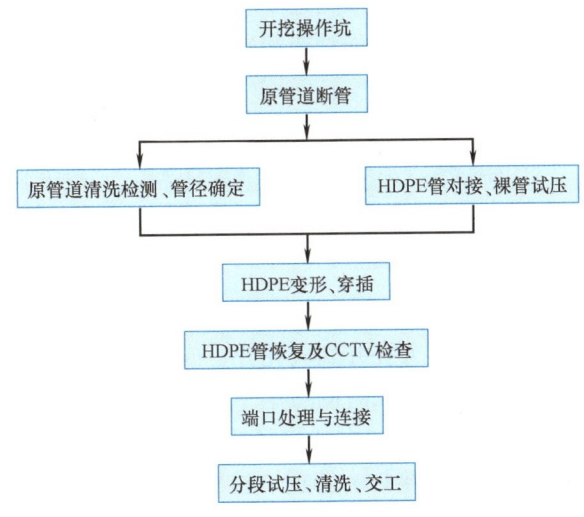

图 10-17 施工流程图

量,制造 HDPE 管道时应在条件允许的情况下尽量使管段长一些,以减少焊口数量。

③ HDPE 管穿插入管

HDPE 管道穿插时,牵引端和操作端应有可靠的通信方式,联合操作,控制牵引速度使 HDPE 管道匀速入管,避免忽快忽慢。各预焊管段需要连接时,两边要采用预见性减速制动,防止两端操作不同步导致拉力过大造成管道断裂。

④ 管道试压

试压时要做好安全措施,两端临时端板应采用钢管支撑,并临时点焊固定,避免试压时将临时端板压出造成事故。

3. 螺旋缠绕制管法

(1) 工艺原理及特点

该工艺是将专用制管材料(如带状聚氯乙烯 PVC)放在现有的检查井底部,通过专用的缠绕机,在原有的管道内螺旋旋转缠绕成一条固定口径的连续无缝的结构性防水新管,并在新管和旧管之间的空隙灌入水泥砂浆完成修复。

1) 一般情况下无需开沟槽,只需利用现有的检查井,占地面积小。

2) 施工所需设备固定放置在施工卡车上,便于移动,施工快速,也可根据现场情况放置在地面。

3) 适合在地理位置复杂的地方施工。

4) 即使管内留有少量污水(最高达 30%)也可带水继续施工。

5) 无养护过程,用户支管可在施工后立即打通。

6) 在损坏严重的管道内也能穿过断管处和接头断开处。

7) 柔性良好,即使在地层运动的情况下也能正常工作。

8) 具有独立的承载能力而不依赖原管道。

9) 内表面十分光滑,可提高水流通过能力。

10）施工安全，无噪声，不污染周边环境和对居民无干扰。
11）耐化学腐蚀能力强，材料的性能和质量不受环境影响。

（2）施工过程

1）施工流程

施工准备工作 → 旧有管道清洗 → CCTV检测 → 缠绕机具就位 → 加润滑剂 → 管道缠绕就位 → 张拉钢丝 → 空隙灌浆 → 支管、检查井恢复 → CCTV检测 → 浸水试验

2）施工过程

① 管道参数

螺旋缠绕管工艺施工是从人孔井到人孔井，或通过其他适合的进口安装。修复管道的最长长度限制来源于扩张时的扭矩。如果提供足够的扭矩力，可修复管道的长度就可以无限延长。目前一次性修复最长长度超过200m，带状型材是连续不断地被卷入且中间无任何接口。管道口径从150mm到2500mm均可采用该方法修复。

所选产品需经过严格的检验以确保质量。所用型材外表面布满T形肋，以增加其结构强度。内表面则光滑平整。型材两边各有公母锁扣，型材边缘的锁扣在螺旋旋转中互锁。

② 现场工作井

螺旋缠绕管固定口径法利用检查井作为工作井。对于大口径的管道，在检查井上部进行少量的开挖，扩大入口。检查井周围进行一定范围的围蔽，施工设备和材料直接堆放在检查井边。缠绕机放置在检查井底部。设备连接线和型材可以通过检查井口送到缠绕机。路面上放置型材的滚筒和辅助设备可以固定在卡车上，确保交通影响程度减到最小。

③ 设备准备

所有需要的设备可以安装在卡车上，并在卡车上操作。这些设备包括：

A. 检查井中制作新管的特殊缠绕机。
B. 适用于不同口径的缠绕头。
C. 驱动缠绕机的液压动力装置和软管。
D. 提供动力和照明的发电机。
E. 检查管道及监控施工用的闭路电视。
F. 放置型材的滚筒和支架。
G. 灌浆用的泵。
H. 检查井通风设备。

以上设备在施工前安装好，并进行调试。

④ 管道清洗和检测

用高压水清除管道内所有的垃圾、树根和其他可能影响新管安装的废物。需要修复的污水管线通过闭路电视进行检测并录像。所有障碍物都被记录在案，必要情况下重新清洗。支管的位置也被记录下来等待安装后重新打开。插入管道的支管和其他可能影响安装的障碍物都必须被清除。

⑤ 水流改道

A. 通常情况下，在螺旋缠绕扩张工艺的施工中并不需要抽水来改变水流，部分水流还是可以在管内通过。当水流过大或过急影响工人安全或在业主要求的情况下，需要进行水流改道或抽水。

B. 修复的管段内的水流可以通过各种方法进行控制。在上游检查井内用管塞将管道堵住或在必要情况下将水抽到下游人孔井、坑道或其他调节系统。

C. 螺旋缠绕管工艺的设备允许在施工过程中暂停，让水流通过。

⑥ 管道的缠绕

管按固定尺寸缠绕时，制管型材被不断地卷入缠绕机，通过螺旋旋转，型材两边的主次锁扣分别互锁，形成一条固定口径的连续无缝防水新管。当新管到达另一检查井后，停止缠绕。

用于螺旋缠绕固定口径管的制管型材接口采用电熔机进行电熔对焊。

⑦ 管道的灌浆

按固定尺寸缠绕新管，衬管安装后可能在母管和衬管之间会留有一定的环形间隙（环面），这一间隙需用水泥浆填满。环面灌浆的作用在于将母管的载荷转移到安装的新管上。

A. 灌浆材料的要求

灌浆采用流动性大、固化收缩性小、水合热量低的水泥浆，水泥∶水为1∶3，水泥浆密度不小于1.5倍水，强度不小于5MPa。

B. 分段灌浆

为了防止缠绕管因为灌浆而漂浮，采用注水压管分段灌浆。缠绕管安装完成后先封闭末端，然后往缠绕管中注水至管径一半或以上位置，再进行灌浆。整个管环面分段灌浆，每次灌入水泥浆的重量都要小于管内注水重量。先灌浆缠绕管底部，利用水泥浆粘合将缠绕管固定在旧管道底部，然后再逐段完成灌浆，直至整个管环面注满水泥浆。在注浆时，通过观察泥浆搅拌器旁边的压力表监控环面是否完全被水泥浆灌满。在灌浆的最后一步，一旦发现水泥浆从位于衬管另一端的注射管顶流出，马上关闭注射管阀门，然后水泥浆搅拌器上的压力表显示压力升高。这意味着水泥浆已经完全灌满，过量的水泥浆造成了水泥浆内部的压力升高。至此，灌浆应立即结束以防止损坏已经安装好的缠绕管。

### 10.3.4 案例模块

1. 工程概况

某路 DN500 管道修复 Nordipipe 翻转内衬工艺施工案例。工程管线为某路 DN500 给水管线，全长约 1890m，规格为：DN500 承插口铸铁管，该管线运行压力约为 0.3MPa，输送介质水。由于该路段交通繁忙，不具备路面开挖重新排管的条件，某自来水公司拟采用非开挖翻转内衬法，完成该管线的修复改造任务。

2. 主要工作量

（1）排 DN300 球墨铸铁临时管长 1890m。

（2）DN500 铸铁管管道清洗施工 1890m。

(3) $DN500$ 铸铁管管道内衬施工 1890m。

(4) $DN500$ 管端口处理 52 个。

(5) 作业坑 2 个。

(6) 管道试压 1MPa。

(7) 管内 TV 内窥检测 $1890×2$ 次 = 3780m。

3. 主要施工工艺及流程

某路 $DN500$ 自来水管道长 1890m，由于管道渗漏、腐蚀需要更新，采用翻转内衬法 Nordipipe 工艺进行更新，本工程根据美国 ASTM 标准设计为全结构衬管，设计厚度为 6mm，可不依靠旧管独立承压，承压达到 1.0MPa。

考虑到管道清洗和衬管施工，建议将整个工程分成 20 段，每段约 100m。工作坑的选择尽量在三通、弯头处。考虑到工作坑的开挖，管道断裂，清洗及衬管，整个施工周期约为 80d。

(1) 材料

1) 衬管

NordipipeTM 管是一种由带涂层的毡、玻璃纤维层和毡组成的三明治结构。对于更大管径的管线，可以再加上一层玻璃纤维、一层毡或者两者的结合体。因此，衬管自身具有足够的强度，不需要依靠母管，但其目的是减少不必要的截面积损失以及使管线末端完全密封住。

2) PE 涂层

用于自来水管道更新的涂层是低浓度聚乙烯（LLD-PE）。这种材料不仅有很好的防漏水性能，而且光滑的表面使其可以减少水流带来的摩擦阻力，提高管道更新后的输送能力，同时这种材料经过食品卫生检测，完全可以用于饮用水。

3) 胶粘剂

用于自来水管道更新的胶粘剂也是经过食品卫生检测，完全可以用在饮用水上的环氧树脂。环氧树脂拥有高度的柔韧性，这使它能够抵抗管道的移位和地面的振动，同时其强大的粘合力是其他任何一种胶粘剂所不可比拟的。

胶粘剂由环氧树脂和固化剂两部分组成，按一定的配合比混合搅拌。

(2) 安装

1) 施工准备

对施工现场进行勘察，确认图纸和有关资料的正确性并确认翻转方法为气翻，翻转长度计划在 100~200m/次。

开挖工作坑，工作坑长 3m、宽 2m，并挖到管底以下 50cm。所需空间不仅满足将衬管插入原管要求，还应满足一个工人的施工工作空间。

2) 管道清洗

清洗可选用机械清洗和高压水清洗，清洗结果以管道内壁无尘、无颗粒、无油垢、无超过 1cm 尖锐突起，管道内壁 70% 以上露出金属光泽为合格。

3) 翻转舱气翻工艺

① 材料准备

按照施工需要的数量，将环氧树脂和固化剂混合搅拌，并倒入衬管前端的几米内。

② 翻转准备

将充满树脂的内衬管通过翻转舱内的滚筒挤压并卷入翻转压力舱内。整条内衬管最后将拉成一卷。内衬管的另一端被固定在一个翻转头上。

③ 内衬翻转

内衬管在舱内空气压力的作用下，将从里面往外翻，也就是翻转。因为翻转，原本处于表面的涂层将成为内表面，也就是翻转以后新的管道内壁，而涂满树脂的织物支撑结构则与原管道内壁相贴。

在空气压力的作用下，衬管在管道内以 2~3m/min 的速度前进，这个速度是可以通过翻转舱内滚轴的转速来控制的。能够控制速度的翻转技术相比较其他翻转技术，有十分明显的优势。

在穿管过程中，内衬管是在没有摩擦的情况下进入原管，这就避免了其遭到损坏的风险。此外，内衬管的直径比原管径有轻微减少，它的延长性和极大的柔韧性使其能在较低的翻转压力下达到标准的直径值。因此，内衬管可以自然抵消母管内已存在的各种问题：如母管的直径变化，管道部分缺损，甚至椭圆状的变形等。多余的树脂可以用作填充母管内表面的不平、孔眼、缺损、凹槽等各种缺陷。

④ 衬管养护

当内衬管到达在工作段末端的接收坑后将被固定，一般这个位置是让内衬管末端露出工作段管道 1m 左右。接着在这段内衬管上插入一些用来释放空气的管子，这些管子同时连接在一个放散筒上。

然后一端通过翻转车上的蒸汽锅炉将蒸汽注入衬管内，另一端通过放散筒释放蒸汽。这样衬管内的温度就开始不断升高，到达某一常温并保持到环氧树脂固化。

环氧树脂的固化时间取决于以下因素：工作段长度，母管直径，地下情况，使用的蒸汽锅炉功率以及空气压缩机的流动速率。

当环氧树脂固化后，停止输入蒸汽而改用冷空气或水进行降温，直到衬管内的温度达到常温。

（3）管道末端处理

末端处理时为衬管末端提供机械保护并在母管与衬管间形成一个平滑均匀的过渡面，从而防止衬管因长期使用而造成端口损坏。每段衬管两端都以此种方法处理完成后，传统的管道连接方式都完全适用。

割除管道末端多余的衬管后，用快速反应环氧树脂对管道末端进行处理。同时在衬管内壁安装不锈钢套环。该套环使衬管更紧密地贴在原管上。

（4）维修养护

对于今后的维修养护或安装新支管，只需要用慢速切割机将衬管后的管道割断，在两边安装套环，然后用传统的连接方法连接。例如，原管道是铸铁管的话，先在切割边装一个不锈钢套环，然后用新的铸铁管，铸铁套筒，铸铁法兰安装一个新的三通。

(5) 逆反转工艺流程

逆反转工艺流程如图 10-18 所示。

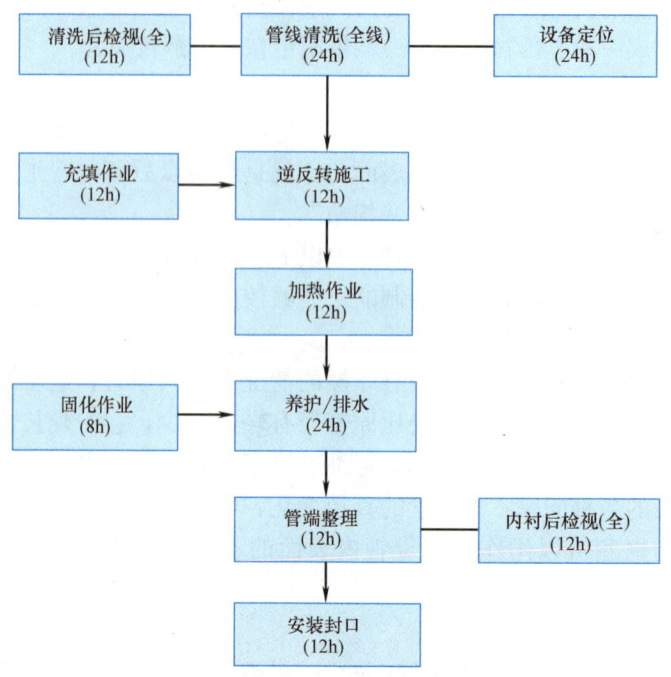

图 10-18 逆反转工艺流程图

4. 主要施工工艺描述

(1) 操作坑开挖

操作坑开挖前应做好开挖位置的详细探测，开挖过程中，做好地下管线、电缆、光缆以及附近建筑物的保护，为防止土方塌方，要做好降水及必要的支撑工作。交通路及路口地带，挖出土方要按照业主的要求堆放即外运到指定地点。操作坑开挖完成后按文明施工规定设置护栏、警示标志，操作坑尺寸根据管径及管线埋深确定，外形及尺寸为长 3000mm、宽 2000mm，保证两侧管端伸出开挖面 200mm，深度挖至管底以下 500mm。

(2) 用 CCTV 对需修复管道内壁进行检测

用 CCTV 对管道内部进行内窥检测，直接了解内部的各种情况，是目前国际上管道行业普遍使用的手段。在国内很多地区的有关单位也开始广泛使用。

管道 CCTV 通常是一辆安装有摄像机的自驱动小车，操作人员可以在外部遥控小车的运动和摄像机的拍摄，在外部的监视器可以观看管道内部的情况并进行录像。

小车驱动的 CCTV 由于构造原理，无论是轮子驱动还是履带驱动，爬坡能力均有限，在不光滑的管道内最大爬坡能力是 300～350m，目前世界上销售的产品中，最好的品牌都没有超过此极限。涂衬过材料的管道内壁特别光滑，根据以往的经验，小车的爬坡能力要降低一半。为保证检测工作台的顺利进行，前期的调研工作很重要，实在是 CCTV 走不到的地方，还是要人员进入管道内进行仔细检查，通过检测摸清管位，确定断管开口位置。

(3) 清管操作

必须使用合适的清管方法，用它来清除管子内的所有结垢、沉积物、原涂层的疏松或变质的残留物以及其他外界异物。

拉拔清管是把清洗器反复用绞车拖拉通过干管。清管器由一组弹簧钢锯齿形叶片组成，叶片安装在圆柱形坐架上，分行排列。相邻两行之间位置有偏移，使得这些叶片完全覆盖住管子的整个表面。清管器的前部和后部都设置了有眼螺栓，用来固定绞车钢丝绳，钢丝绳固定到大型绞车上，绞车安装在 2 台牵引机的动力输出装置上，一般这些绞车有两种速度，低速适合通过严重结垢管道的大阻力拖拉。

初步设计对铸铁管管内的石块、杂质将采用拉索弹性刮管器进行来回拖拉，清除管内的大部分杂质。对钢管管内除采用拉索弹性清管器进行来回拖拉清除管道内石块、杂质外，再用人工进入管内在每一节钢管焊接点两边 30cm 左右进行电动打磨管理，然后用高压水枪进行管内冲洗，使管壁达到穿插前的质量要求。

(4) 残留水及碎屑物的清洗

反转前应清除一切水及碎屑物，这一点很重要。通常用一种称为柱塞清管法的操作来完成。那是把一个柱塞器拖拉着通过干管的操作。柱塞由许多尺寸过大的橡胶圆盘组成，这些橡胶圆盘都安装在钢制底架上。应定期检查橡胶圆盘的磨损情况。对于结垢严重的干管，开始应使用对开式柱塞器，以免挤塞住。橡胶圆盘上开有三角形沟槽，使一些腐蚀碎屑物可以通过，随后的几次操作就可以把这些水和碎屑物除去。

(5) 内衬作业

管道内衬根据情况分段整理，端口单独处理。内衬作业为气压翻衬作业，翻衬速度为 4~6m/min。

(6) 内衬固化工序

内衬固化采用高温带压固化。固化压力为 0.1MPa，固化时间为 8h。

(7) 端口处理

管线内衬固化工序完成后，切除管端多余内衬，管口端部采用专业密封胶和不锈钢压环（压环尺寸：$DN500 \times 50 \times 4$）封口加强。

(8) 管线连接

管线连接采用标准球墨铸铁管件按常规方法连接。

5. 质量验收标准

(1) 管内壁清洗工序

1) 刮管器清洗：要求刮管清洗次数不少于 8 次，彻底清除管内壁结垢物。

2) 柱塞器清洗：要求柱塞器清洗次数不少于 2 次，彻底清除管内垢渣及管壁残留物。

3) 通风干燥：管内壁表面无湿水痕迹。

(2) 内衬工序

1) 内衬材料：采用"进口饮用水输水管道内衬复合软管"。其产品卫生标准：符合《生活饮用水输配水设备及防护材料的安全性评价标准》(GB/T 17279—1998)的规定。

2）内衬厚度：7mm。

3）内衬层：CCTV 内窥检测表面光滑平整，管内径短径处允许有褶皱。

（3）试压验收标准

符合国家或行业验收标准。

6. 主要材料

本工程主要材料见表 10-3 所列。

主要工程材料表　　　　　　表 10-3

| 序号 | 材料名称 | 规格型号 | 单位 | 数量 | 备注 |
| --- | --- | --- | --- | --- | --- |
| 1 | 复合内衬管 | DN500 | m | 1890 | 专用 |
| 2 | 端口密封胶 |  | kg | 100 | 专用 |
| 3 | 不锈钢压环 | DN500×50×4 | 个 | 52 | 专用 |

### 复习思考题

1. 室外给水系统维护项目有哪些？
2. 室外给水管道常见的修理方法有哪些？
3. 室外排水系统维护项目有哪些？
4. 室外排水管道常见的修理方法有哪些？
5. 室外给水管道如何检漏？
6. 叙述 CIPP 翻转内衬法修复特点。
7. 绘制翻转内衬法施工流程图，并说明其特点。

### 课后拓展

我们在工作中应严格遵守防腐规范的要求，选择防腐材料和计算防腐层厚度，为安全生产打下牢固基础。综上所述，管道存在的大量腐蚀缺陷是发生管道泄漏事故的主要原因，如不加强管理还可能发生更大的泄漏事故甚至燃爆事故。"安全生产无小事"，安全与个人、家庭、企业有着千丝万缕的联系，各项工作必须始终以安全工作为中心。

海尔集团名誉主席曾说：把每一件简单的事做好就是不简单；把每一件平凡的事做好就是不平凡。海尔集团"严、细、实、恒"的管理风格，把"细"和"实"提到了重要的层次上，以追求工作的零缺陷、高灵敏度为目标，把管理问题控制解决在最短时间、最小范围，使经济损失降到最低，逐步实现了管理的精细化，消除了企业管理的所有死角，大大降低了成本材料的消耗，使管理达到了及时、全面、有效的状况，每一个环节都能透出一丝不苟的严谨，真正做到了环环相扣、疏而不漏；而近些年不少公司的大起大落也在于，虽其规章制度不可谓不细、不严、不实，但往往说在口上，定在纸上，钉在墙上，就是落实不到行动上。真所谓成为细节，败也细节，一心渴望伟大、追求伟大，伟大却了无踪影；甘于平淡，认真做好每个细节，伟大却不期而至。这也就是细节的魅力。

# 参 考 文 献

[1] 白建国. 市政管道工程施工［M］. 北京：中国建筑工业出版社，2019.
[2] 上海市建设和交通委员会. 室外给水设计规范：GB 50013—2018［S］. 北京：中国计划出版社．2018.
[3] 边喜龙. 给水排水工程施工技术［M］. 北京：中国建筑工业出版社，2015.
[4] 边喜龙，张波，邓曼适. 市政管道工程施工［M］. 北京：中国建筑工业出版社，2011.
[5] 中华人民共和国建设部. 给水排水管道工程施工及验收规范：GB 50268—2008［S］. 北京：中国建筑工业出版社，2009.
[6] 张奎. 给水排水管道工程技术［M］. 北京：中国建筑工业出版社，2005.
[7] 姜湘山，张晓明. 市政工程管道工实用技术［M］. 北京：机械工业出版社，2005.
[8] 李德英. 供热工程［M］. 北京：中国建筑工业出版社，2005.
[9] 严纯文，蒋国胜，叶建良. 非开挖铺设地下管线工程技术［M］. 上海：上海科学技术出版社，2005.
[10] 邢丽贞. 市政管道施工技术［M］. 北京：化学工业出版社，2004.
[11] 周爱国. 隧道工程现场施工技术［M］. 北京：人民交通出版社，2004.
[12] 刘钊，余才高，周振强. 地铁工程设计与施工［M］. 北京：人民交通出版社，2004.
[13] 市政工程设计施工系列图集编绘组. 市政工程设计施工系列图集（给水、排水工程，下册）. 北京：中国建材工业出版社，2004.
[14] 贾宝，赵智等. 管道施工技术［M］. 北京：化学工业出版社，2003.
[15] 刘灿生. 给水排水工程施工手册［M］. 2版. 北京：中国建筑工业出版社，2002.
[16] 辽宁省建设厅. 建筑给水排水管道工程施工及采暖工程施工质量验收规范. 北京：中国建筑工业出版社，2002.
[17] 姜湘山. 简明管道工手册［M］. 北京：机械工业出版社，2001.
[18] 段常贵. 燃气输配［M］. 北京：中国建筑工业出版社，2001.
[19] 谷峡，边喜龙. 新编建筑给水排水工程师手册［M］. 哈尔滨：黑龙江科技出版社，2001.
[20] 夏明耀. 地下工程设计施工手册［M］. 北京：中国建筑工业出版社，1999.
[21] 郑达谦. 给水排水工程施工［M］. 3版. 北京：中国建筑工业出版社，1998.
[22] 孙连溪. 实用给水排水工程施工手册［M］. 北京：中国建筑工业出版社，1998.
[23] 中华人民共和国住宅与城乡建设部. 建筑给水排水硬聚氯乙烯管道工程技术规范. 北京：中国建筑工业出版社，1998.
[24] 严煦世，范瑾初. 给水工程［M］. 3版. 北京：中国建筑工业出版社，1995.
[25] 北京市政工程局. 市政工程施工手册第二卷专业施工技术（一）［M］. 北京：中国建筑工业出版社，1995.
[26] 高乃熙，张小珠. 顶岗技术［M］. 北京：中国建筑工业出版社，1984.